施工现场十大员技术管理手册

质 量 员

（第三版）

上海市建筑施工行业协会工程质量安全专业委员会

主编 薛 强 王景文

主审 潘 平

中国建筑工业出版社

图书在版编目（CIP）数据

质量员/薛强，王景文主编. —3 版. —北京：中国
建筑工业出版社，2016.9
（施工现场十大员技术管理手册）
ISBN 978-7-112-19748-4

Ⅰ.①质… Ⅱ.①薛…②王… Ⅲ.①建筑工程-质
量管理-技术手册 Ⅳ.①TU712-62

中国版本图书馆 CIP 数据核字（2016）第 210851 号

施工现场十大员技术管理手册

质 量 员
（第三版）

上海市建筑施工行业协会工程质量安全专业委员会
主编 薛 强 王景文
主审 潘 平

*

中国建筑工业出版社出版、发行（北京西郊百万庄）
各地新华书店、建筑书店经销
霸州市顺浩图文科技发展有限公司制版
北京圣夫亚美印刷有限公司印刷

*

开本：850×1168毫米 1/32 印张：15 字数：403 千字
2016 年 11 月第三版 2016 年 11 月第十九次印刷
定价：**38.00** 元
ISBN 978-7-112-19748-4
（29276）

本书以现行国家标准《建筑工程施工质量验收统一标准》GB 50300—2013 和相关专业的施工质量验收规范为依据，对建筑工程 15 个分部（子分部）工程的施工过程质量控制予以突出和强调。同时对质量员应具备的质量计划、材料质量控制、质量问题处理等相关知识，也做了相应介绍。

本书可供建筑施工企业技术管理人员、施工人员及质量检验人员参考。

责任编辑：郦锁林　王　治
责任校对：李欣慰　张　颖

《施工现场十大员技术管理手册》
（第三版）
编　委　会

主　　　任：黄忠辉
副 主 任：姜　敏　潘延平　薛　强
编　　　委：张国琮　张常庆　辛达帆　金磊铭
　　　　　　邱　震　叶佰铭　陈　兆　韩佳燕

本书编委会

主编单位：上海市建筑施工行业协会工程质量安全专业委员会

主　　编：薛　强　王景文

主　　审：潘　平

编写人员：贾小东　姜学成　孟　健　齐兆武
　　　　　王　彬　沈　骏　王　雄　邱锡宏
　　　　　李　松　李晓青　管际明　金放明
　　　　　邱志伟　张巳梁　陈家伟　沈　洁
　　　　　俞天雷　尹晓洁　张淳劼

丛 书 前 言

《施工现场十大员技术管理手册》（第三版）是在中国建筑工业出版社2001年发行的十大员丛书第二版的基础上修订而成，覆盖了施工现场项目第一线的技术管理关键岗位人员的技术、业务与管理基本理论知识与实践适用技巧。本套丛书在保留原丛书内容贴近施工现场实际，简洁、朴实、易学、易掌握需求的同时，融入了近年来建筑与市政工程规模日益高、大、深、新、重发展的趋势，充实了近段时期涌现的新结构、新材料、新工艺、新设备及绿色施工的精华，并力求与国际建设工程现代化管理实务接轨。因此，本套丛书具有新时代技术管理知识升级创新的特点，更适合新一代知识型专业管理人员的使用，其出版将促进我国建设项目有序、高效和高质量的实施，全面提升我国建筑与市政工程现场管理的水平。

本套丛书中的十大员，包括：施工员、质量员、造价员、材料员、安全员、试验员、测量员、机械员、资料员、现场电工。系统介绍了施工现场各类专业管理人员的职责范围，必须遵循的国家新颁发的相关法律法规、标准规范及政府管理性文件，专业管理的基本内容分类及基础理论，工作运作程序、方法与要点，专业管理涉及的新技术、新管理、新要求及重要常用表式。各大员专业丛书表述通俗简明易懂，实现了现场技术的实际操作性与管理系统性的融合及专业人员应知应会与能用善用的要求。

本套丛书为建筑与市政工程施工现场技术专业管理人员提供了操作性指导文本，并可用于施工现场一线各类技术工种操作人员的业务培训教材；既可作为高等专业学校及建筑施工技术管理职业培训机构的教材，也可作为建筑施工科研单位、政府建筑业管理部门与监督机构及相关技术管理咨询中介机构专业技术管理人员的参考书。

本套丛书在修订过程中得到了上海市住房和城乡建设管理委员会，上海市建设工程安全质量监督总站、上海市建筑施工行业协会与其他相关协会的指导，上海地区一批高水平且具有丰富实际经验的专家与行家参与丛书的编写活动。丛书各分册的作者耗费了大量的心血与精力，在此谨向本套丛书修订过程的指导者和参与者表示衷心感谢。

由于我国建筑与市政工程建设创新趋势迅猛，各类技术管理知识日新月异，因此本套丛书难免有不妥与不当之处，敬请广大读者批评指正，以便在今后修订中更趋完善。

愿《施工现场十大员技术管理手册》（第三版）为建筑业工程质量整治历年行动的实施，建筑与市政工程施工现场技术管理的全方位提升做出贡献。

第三版前言

随着我国建筑业发展和改革的深层次推进，新技术、新工艺、新材料的不断推广，新的技术和管理人员不断充实建筑施工队伍，特别是国家相继修订了《建筑工程施工质量验收统一标准》GB 50300—2013 和其他各项建筑工程各专业工程施工质量验收系列规范，全面调整了建筑工程质量验收规范的内容、要求与操作方法，且为顺应建筑工程质量验收制度的改革和推进"验评分离、强化验收、完善手段、过程控制"的基本原则。同时，为落实"节能、降耗、减排、环保"的基本国策，实现资源、能源的可持续发展，推动我国建筑产业的现代化进程，提高工业化水平，我们组织对《质量员》（第二版）进行修订。

本书参照现行行业标准《建筑与市政工程施工现场专业人员职业标准》JGJ/T 250—2011 的有关要求，对质量员和其他施工现场管理人员职责界定，突出实用性和可操作性，对建筑工程各分部（子分部）工程的施工质量控制进行了详细介绍。

本书包括建筑工程质量管理基础、建筑工程质量验收基础、建筑地基基础工程、地下防水工程、砌体结构工程、混凝土结构工程、钢结构工程、木结构工程、建筑地面工程、建筑装饰装修工程、屋面工程、建筑给水排水及采暖工程、建筑电气工程、通风与空调工程、智能建筑工程、建筑节能工程、电梯安装工程等17章内容。

期望本书能为我国建筑施工企业技术管理人员和质量检验人员掌握工程质量管理、控制、检验的新标准、新知识与提高应用能力有所裨益。

由于时间仓促，书中内容难免有欠缺、疏漏，敬请广大读者谅解和指正。

目　　录

1　建筑工程质量管理基础

1.1　建筑工程质量管理概述

1.1.1　质量与质量控制的概念

建筑工程质量是反映建筑工程满足相关标准规定或合同约定的要求,包括其在安全、使用功能及其在耐久性能、环境保护等方面所有明显和隐含能力的固有特性。通常,工程项目的质量是指通过工程建设过程所形成的工程项目,应满足用户从事生产、生活所需的功能和使用价值,应符合设计要求和合同规定的质量标准。

工程项目的质量控制是为了确保合同所规定的质量标准而进行的各项组织、管理工作和采取的一系列质量监控措施、手段和方法。对工程项目的质量控制包括政府、建设单位和施工单位对工程质量的控制;在实行建设监理制的管理中,质量监督机构和项目监理机构分别代表政府和业主对工程项目的质量实施控制。

1.1.2　影响工程质量的因素

在工程建设中,影响工程质量的因素主要有人、材料、机械设备法和环境等几方面。

1. 人的因素

工程建设的规划、决策、勘察、设计、施工与竣工验收等全过程,都是通过人的工作来完成的。参建各方人员的素质,即人的文化水平、技术水平、决策能力、管理能力、组织能力、作业能力、控制能力、身体素质及职业道德等,都将直接和间接地对规划、决策、勘察、设计和施工的质量产生影响。

为了调动人的积极性,避免因人的失误而影响工程质量,其至造成工程质量事故，要求管理人员和操作工人都应通过专业技术培训，并对他们的技术水平予以考核，在取得培训合格证或上岗证以后，持证上岗。并且应健全岗位责任制，充分发挥管理人员和操作工人在质量活动中的作用，禁止违章作业和野蛮施工。

2. 材料的因素

工程材料是指构成工程实体的各类建筑材料、构配件、半成品及成品等，它是工程建设的物质条件，是工程质量的基础；加强工程材料的质量控制，是提高工程质量的重要保障和前提。

（1）工程材料质量控制的内容主要包括其适用范围、适用标准、检验方法、质量标准和施工要求等。

（2）工程材料质量控制的要点：

1）采购订货前，审查有关性能、数据等是否与本工程要求相符。

2）进场前，核验产品出厂合格证和检测报告，对主要材料和构配件还应分批量按规定取样检验和复试。

3）对进口材料、设备应配合商检部门检验。

4）工程材料应按规定的条件保管，并在规定的条件和期限内使用；对保管不善或使用期限超过规定的材料，应再按规定取样测试，经检验合格后，才能使用。

5）在现场配制的材料，应先提出试配要求，经试验合格后，才能使用。

6）工程材料的抽样和检验方法，应符合国家有关标准和专业技术标准的规定；试验室应符合相应资质等级要求，计量器具应定期检定。

3. 施工机械设备的因素

施工机械设备是形成建筑工程产品的重要物质基础之一，对工程项目的施工进度、安全和质量均有直接的影响。

从工程质量角度出发，应着重从机械设备的性能参数、选型和使用要求等方面予以控制，特别是在主要施工设备进场前，应检查设备的性能检验报告和有效日期。

4. 方法的因素

方法是指工艺方法、操作方法和施工方案。在工程施工中，施工方案是否合理，施工工艺是否先进，施工操作是否正确，都将直接影响到工程质量。

5. 环境的因素

影响工程项目质量的环境因素较多。有工程技术环境，如工程地质、水文、气象等；工程管理环境，如质量保证体系、质量管理制度等；劳动环境，如劳动组合、劳动工具、工作面等。

环境因素对工程质量的影响，具有复杂而多变的特点，如气象条件就变化万千，温度、大风、暴雨、酷暑、严寒都直接影响工程质量。

1.2 政府对工程质量的监督管理

1.2.1 政府对工程质量的监督管理形式

1. 监督管理部门

国务院建设行政主管部门对全国的建设工程质量实施统一监督管理。国务院铁路、交通、水利等有关部门按照国务院规定的职责分工，负责对全国的有关专业建设工程质量的监督管理。

县级以上地方人民政府建设行政主管部门对本行政区域内的建设工程质量实施监督管理。县级以上地方人民政府交通、水利等有关部门在各自的职责范围内，负责对本行政区域内的专业建设工程质量的监督管理。

2. 监督检查内容

国务院建设行政主管部门和国务院铁路、交通、水利等有关部门应当加强对有关建设工程质量的法律、法规和强制性标准执行情况的监督管理。

国务院发展计划部门按照国务院规定的职责，组织稽查特派员，对国家出资的重大建设项目实施监督检查。

国务院经济贸易主管部门按照国务院规定的职责，对国家重大技术改造项目实施监督检查。

县级以上地方人民政府建设行政主管部门和其他有关部门应当加强对有关建设工程质量的法律、法规和强制性标准执行情况的监督检查。

3. 监督管理机构

建设工程质量监督管理，可以由建设行政主管部门或者其他有关部门委托的建设工程质量监督机构具体实施。

从事房屋建筑工程和市政基础设施工程质量监督的机构，必须按照国家有关规定经国务院建设行政主管部门或者省、自治区、直辖市人民政府建设行政主管部门考核；从事专业建设工程质量监督的机构，必须按照国家有关规定经国务院有关部门或者省、自治区、直辖市人民政府有关部门考核。经考核合格后，方可实施质量监督。

4. 监督管理措施

县级以上人民政府建设行政主管部门和其他有关部门履行监督检查职责时，有权采取下列措施：

（1）要求被检查的单位提供有关工程质量的文件和资料。

（2）进入被检查单位的施工现场进行检查。

（3）发现有影响工程质量的问题时，责令改正。

有关单位和个人对县级以上人民政府建设行政主管部门和其他有关部门进行的监督检查应当支持与配合，不得拒绝或者阻碍建设工程质量监督检查人员依法执行职务。

5. 建设工程竣工验收备案要求

建设单位应当自建设工程竣工验收合格之日起 15 日内，将建设工程竣工验收报告和规划、公安消防、环保等部门出具的认可文件或者准许使用文件报建设行政主管部门或者其他有关部门备案。

建设行政主管部门或者其他有关部门发现建设单位在竣工验收过程中有违反国家有关建设工程质量管理规定行为的，责令停止使用，重新组织竣工验收。

6. 其他有关要求

（1）供水、供电、供气、公安消防等部门或者单位不得明示或者暗示建设单位、施工单位购买其指定的生产供应单位的建筑材料、建筑构配件和设备。

（2）建设工程发生质量事故，有关单位应当在 24h 内向当地建设行政主管部门和其他有关部门报告。对重大质量事故，事故发生地的建设行政主管部门和其他有关部门报告。

凡重大及以上质量事故的调查程序按照国务院有关规定办理。

（3）任何单位和个人对建设工程的质量事故、质量缺陷都有权检举、控告、投诉。

1.2.2 工程建设质量检测制度

工程质量检测工作是对工程质量进行监督管理的重要手段之一。工程质量检测机构是对建设工程、建筑构件、制品及现场所用的有关建筑材料、设备质量进行检测的法定单位。在建设行政主管部门领导和标准化管理部门指导下开展检测工作，其出具的检测报告具有法定效力。法定的国家级检测机构出具的检测报告，在国内为最终裁定，在国外具有代表国家的性质。

工程质量检测机构的检测依据是国家、部门和地区颁发的有关建设工程的法规和技术标准。

国家检测中心受国务院建设行政主管部门的委托，有权对指定的国家重点工程进行检测复核，向国务院建设行政主管部门提出检测复核报告和建议。

各地检测机构有权对本地区正在施工的建设工程所用的建筑材料、混凝土、砂浆和建筑构件及工程结构等进行随机抽样检测，向本地建设行政主管部门和工程质量监督部门提出抽检和报告。

国家检测中心受国务院建设行政主管部门和国家技术监督管理部门的委托，有权对建筑构件、制品以及有关的材料、设备等产品进行抽样检测。省级、市（地区）级、县级检测机构，受同级的建设行政主管部门和技术监督管理部门委托，有权对本省、市、县的建筑构件、制品进行抽样检测。

对违反技术标准失去质量控制的产品，检测单位有权提请主管部门停止其生产，不合格的不得出厂，已出厂的不得使用。

1.2.3 工程质量保修制度

建设工程质量保修制度是指建设工程在办理交工验收手续后，在规定的保修期限内，因勘察、设计、施工、材料等原因造成的质量问题，要由施工单位负责维修、更换，由责任单位负责赔偿损失。质量问题是指工程不符合国家工程建设强制性标准、设计文件以及合同中对质量的要求。

建设工程承包单位在向建设单位提交工程竣工验收报告时，应向建设单位出具工程质量保修书，质量保修书中应明确建设工程保修范围、保修期限和保修责任等。

在正常使用条件下，建设工程的最低保修期限为：

（1）基础设施工程、房屋建筑工程的地基基础和主体结构工程，为设计文件规定的该工程的合理使用年限。

（2）屋面防水工程、有防水要求的卫生间、房间和外墙面的防渗漏，为5年。

（3）供热与供冷系统，为2个采暖期、供冷期。

（4）电气管线、给排水管道、设备安装和装修工程，为2年。

其他项目的保修期由发包方与承包方约定。保修期自竣工验收合格之日起计算。

1.2.4 质量认证制度

1. 质量认证的概念、分类及有效期

所谓质量认证，系指由具有一定权威，国家技术监督等主管部门批准的并为社会所公认的，独立于第一方（供方）和第二方（需方）的第三方机构（认证机构），通过科学、客观的鉴定，用合格证书或合格标志的形式，来表明某一产品或服务，某一组织的质量保证的能力符合特定的标准或技术规范。

按照认证对象的不同，质量认证可分为产品认证和质量体系认证两种。在建设工程领域，一般对质量形成过程的主体单位，即对从事建设工程项目勘察、设计、施工、监理、检测，包括房产开发商等单位的质量体系进行认证，以确认这些单位是否具有按标准规范要求保证工程质量的能力。

质量认证不实行终身制，质量认证证书的有效期一般为三年。期间认证机构对获证的单位还需进行定期和不定期的监督检查，在监督检查中如发现获证单位在质量管理中有较大、较严重的问题时，认证机构有权采取暂停认证、撤销认证及注销认证等处理方法，以保证质量认证的严肃性、连续性和有效性。

2. 建筑业质量体系认证

自 1994 年开始，由原建设部选择部分施工企业进行贯彻推行国际通行质量管理和质量保证 ISO 9000 族标准的试点，引导企业建立质量保证体系并通过质量体系认证。同时，建设工程勘察、设计和监理单位也逐步开展质量体系认证。

实践证明，建筑企业通过贯彻 ISO 9000 族标准，建立企业的质量体系并使其正常运行，在此基础上再取得质量体系的认证，不仅可以提高企业的整体素质，以增强企业在承担建设工程项目过程中抵御各种风险的能力，并能在社会上取得良好的信誉，通过贯标和认证，取得进入市场的"通行证"，提高自身在市场上的竞争力。

《中华人民共和国建筑法》规定："国家对从事建筑活动的单位推行质量体系认证制度"。这一规定表明，建设领域各勘察、设计、施工、监理等单位，按国际通行的 ISO 9000 族标准的要求，建立和健全质量体系，并取得质量体系认证将是工程质量管理从传统方法向现代化管理方法发展的主要方向和必然趋势。

从 2010 年开始，中国建筑施工企业实施"双标"认证，即现行国家标准《质量管理体系 要求》GB/T 19001 和《工程建设施工企业质量管理规范》GB/T 50430 的"双标"结合审核认证，从而使施工企业质量体系的建立和认证在规范化、程序化、本土化、行业化上有开拓与突破。

3. 工程建设物资的产品质量认证

目前，我国对重要的建筑材料、建筑构配件和设备，推行产品质量认证制度。建筑材料、构配件和设备的生产，企业根据自愿原则，可以向国务院建设行政主管部门或其授权的认证机构申请产品质量认证。经认证合格的，由认证机构颁发质量认证证书，准许企业在产品或其包装上使用质量认证标志。

1.3 施工单位及质量员的职责

1.3.1 施工单位的质量责任和义务

（1）施工单位应当依法取得相应等级的资质证书，并在其资质等级许可的范围内承揽工程。禁止超越本单位资质等级许可的业务范围或者以其他施工单位的名义承揽工程。禁止允许其他单位或者个人以本单位的名义承揽工程。不得转包或者违法分包工程。

（2）对建设工程的施工质量负责。应当建立质量责任制，确定工程项目的项目经理、技术负责人、施工管理负责人和质量管理及检验人员。

建设工程实行总承包的，总承包单位应当对全部建设工程质量负责。建设工程勘察、设计、施工、设备采购的一项或者多项实行总承包的，总承包单位应当对其承包的建设工程或者采购的设备的质量负责。

（3）总承包单位依法将建设工程分包给其他单位的，分包单位应当按照分包合同的约定对其分包工程的质量向总承包单位负责。总承包单位应当对其承包的建设工程的质量承担连带责任。

（4）必须按照工程设计图纸和施工技术标准施工，不得擅自修改工程设计，不得偷工减料。在施工过程中发现设计文件和图纸有差错的，应当及时提出意见和建议。

（5）必须按照工程设计要求、施工技术标准和合同约定，对建筑材料、建筑构配件、设备和商品混凝土进行检验。检验应当有书面记录和专人签字；未经检验或者检验不合格的，不得使用。

（6）必须建立、健全施工质量的检验制度，严格工序管理，做好隐蔽工程的质量检查和记录。隐蔽工程在隐蔽前，应当通知监理单位、建设单位和建设工程质量监督机构。

（7）施工人员对涉及结构安全的试块、试件以及有关材料，应当在建设单位或者工程监理单位监督下现场取样，并送具有相应资质等级的质量检测单位进行检测。

（8）对施工中出现质量问题的建设工程或者竣工验收不合格的建设工程，应当负责返修。

（9）应当建立、健全教育培训制度，加强对职工的教育培训。未经教育培训或者考核不合格的人员。不得上岗作业。

1.3.2 质量员的素质要求和工作职责

1. 质量员的素质要求

现行行业标准《建筑与市政工程施工现场专业人员职业标准》JGJ/T 250—2011对质量员的定义：在建筑与市政工程施工现场，从事施工质量策划、过程控制、检查、监督、验收等工作的专业人员。

质量员的工作具有很强的专业性和技术性，必须由专业技术人员承担，其职业能力评价，可采取专业学历、职业经历和专业能力评价相结合的综合评价方法。其中专业能力评价采用专业能力测试方法。专业能力测试包括专业知识和专业技能测试，应重点考查运用相关专业知识和专业技能解决工程实际问题的能力。

专业能力测试由省级住房和城乡建设行政主管部门统一组织实施，对专业能力测试合格，且专业学历和职业经历符合规定的质量员，颁发职业能力评价合格证书。

（1）质量员应具备表1-1规定的专业知识。

质量员应具备的专业知识 表 1-1

项次	分类	专业知识
1	通用知识	(1)熟悉国家工程建设相关法律法规。 (2)熟悉工程材料的基本知识。 (3)掌握施工图识读、绘制的基本知识。 (4)熟悉工程施工工艺和方法。 (5)熟悉工程项目管理的基本知识
2	基础知识	(1)熟悉相关专业力学知识。 (2)熟悉建筑构造、建筑结构和建筑设备的基本知识。 (3)熟悉施工测量的基本知识。 (4)掌握抽样统计分析的基本知识
3	岗位知识	(1)熟悉与本岗位相关的标准和管理规定。 (2)掌握工程质量管理的基本知识。 (3)掌握施工质量计划的内容和编制。 (4)熟悉工程质量控制的方法。 (5)了解施工试验的内容、方法和判定标准。 (6)掌握工程质量问题的分析、预防及处理方法

（2）质量员应具备表 1-2 规定的专业技能。

质量员应具备的专业技能 表 1-2

项次	分类	专业技能
1	质量计划准备	能够参与编制施工项目质量计划
2	材料质量控制	(1)能够评价材料、设备质量。 (2)能够判断施工试验结果
3	工序质量控制	(1)能够识读施工图。 (2)能够确定施工质量控制点。 (3)能够参与编写质量控制措施等质量控制文件,并实施质量交底。 (4)能够进行工程质量检查、验收、评定
4	质量问题处置	(1)能够识别质量缺陷,并进行分析和处理。 (2)能够参与调查、分析质量事故,提出处理意见
5	质量资料管理	能够编制、收集、整理质量资料

2. 质量员的工作职责

质量员的主要职责包括质量计划准备、材料质量控制、工序质量控制、质量问题处理和质量资料管理，工程实践中也可予以调整。

质量员的工作职责宜符合表 1-3 的规定。

质量员的工作职责

表 1-3

分类	主要工作职责	备注
质量计划准备	（1）参与进行施工质量策划。 （2）参与制定质量管理制度	施工质量策划是质量管理的一部分，是指制定质量目标并规定必要的运行过程和相关资源的活动。质量策划由项目经理主持，质量员参与
材料质量控制	（1）参与材料、设备的采购。 （2）负责核查进场材料、设备的质量保证资料，监督进场材料的抽样复验。 （3）负责监督、跟踪施工试验，负责计量器具的符合性审查	材料和设备的采购由材料员负责。质量员参与采购，主要是参与材料和设备的质量控制，以及材料供应商的考核。这里材料系指工程材料，不包括周转材料；设备指建筑设备，不包括施工机械。 （1）进场材料的抽样复验由材料员负责，质量员监督实施。进场材料和设备的质量保证资料包括： 1）产品清单（规格、产地、型号等）。 2）产品合格证、质保书、准用证等。 3）检验报告、复检报告。 4）生产厂家的资信证明。 5）国家和地方规定的其他质量保证资料。 （2）施工试验由施工员负责，质量员进行监督、跟踪。施工试验包括： 1）砂浆、混凝土的配合比、试块的强度、抗渗、抗冻试验。 2）钢筋（材）的强度、疲劳试验、焊接（机械连接）接头试验、焊缝强度检验等。 3）土工试验。 4）桩基检测试验。 5）结构、设备系统的功能性试验。 6）国家和地方规定需要进行试验的其他项目。 （3）计量器具符合性审查主要包括：计量器具是否按照规定进行送检、标定；检测单位的资质是否符合要求；受检器具是否进行有效标识等

分类	主要工作职责	备注
工序质量控制	(1)参与施工图会审和施工方案审查。 (2)参与制定工序质量控制措施。 (3)负责工序质量检查和关键工序、特殊工序的旁站检查，参与交接检验、隐蔽验收、技术复核。 (4)负责检验批和分项工程的质量验收、评定，参与分部工程和单位工程的质量验收、评定	工序质量是指每道工序完成后的工程产品质量。工序质量控制措施由项目技术负责人主持制定，质量员参与。 关键工序指施工过程中对工程主要使用功能、安全状况有重要影响的工序。特殊工序指施工过程中对工程主要使用功能不能由后续的检测手段和评价方法加以验证的工序。 检验批、分项分部工程和单位工程的划分见现行国家标准《建筑工程施工质量验收统一标准》GB 50300—2013
质量问题处置	(1)参与制定质量通病预防和纠正措施。 (2)负责监督质量缺陷的处理。 (3)参与质量事故的调查、分析和处理	质量通病是建筑工程中经常发生的、普遍存在的一些工程质量问题，质量缺陷是施工过程中出现的较轻微的、可以修复的质量问题，质量事故则是造成较大经济损失甚至一定人员伤亡的质量问题。 质量通病预防和纠正措施由项目技术负责人主持制定，质量员参与。 质量缺陷的处理由施工员负责，质量员进行监督、跟踪。 对于质量事故，应根据其损失的严重程度，由相应级别住房和城乡建设行政主管部门牵头调查处理，质量员应按要求参与
质量资料管理	(1)负责质量检查的记录，编制质量资料。 (2)负责汇总、整理、移交质量资料	质量员在资料管理中的职责： (1)进行或组织进行质量检查的记录。 (2)负责编制或组织编制本岗位相关技术资料。 (3)汇总、整理本岗位相关技术资料，并向资料员移交

1.4 施工项目质量管理

1.4.1 施工项目质量计划

施工项目质量计划是指确定施工项目的质量目标和如何达到这些质量目标所规定必要的作业过程、专门的质量措施和资源等工作。

1. 施工项目质量计划的编制的依据

(1) 施工合同中有关项目（或过程）的质量要求。

(2) 施工企业的质量管理体系、《质量手册》及相应的程序文件。

(3)《建筑工程施工质量验收统一标准》GB 50300—2013、施工操作规程及作业指导书。

(4)《中华人民共和国建筑法》、《建设工程质量管理条例》、《建设项目环境保护条例》及有关法规。

(5) 安全施工管理条例等。

2. 施工项目质量计划的主要内容

(1) 施工项目应达到的质量目标和要求，质量目标的分解。

(2) 施工项目经理部的职责、权限和资源的具体分配。

(3) 施工项目经理部实际运作的各过程步骤。

(4) 实施中应采用的程序、方法和指导书。

(5) 有关施工阶段相适用的试验、检查、检验、验证和评审的要求和标准。

(6) 达到质量目标的测量方法。

(7) 随施工项目的进展而更改和完善质量计划程序。

(8) 为达到质量目标应采用其他措施。

1.4.2 施工工序质量控制

1. 工序质量控制的概念和内容

工序质量是指施工中人、材料、机械、工艺方法和环境等对产品综合起作用的过程的质量，又称过程质量，它体现为产品质量。

工序质量控制就是对工序活动条件即工序活动投入的质量和工序活动效果的质量即分项工程质量的控制。在进行工序质量控制时要着重于以下几方面的工作：

（1）确定工序质量控制工作计划。一方面要求对不同的工序活动制定专门的保证质量的技术措施，做出物料投入及活动顺序的专门规定；另一方面要规定质量控制工作流程、质量检验制度等。

（2）主动控制工序活动条件的质量。工序活动条件主要指影响质量的五大因素，即人、材料、机械设备、方法和环境等。

（3）及时检验工序活动效果的质量。主要是实行班组自检、互检、上下道工序交接检，特别是对隐蔽工程和分项（部）工程的质量检验。

（4）设置工序质量控制点（工序管理点），实行重点控制。工序质量控制点是针对影响质量的关键部位或薄弱环节确定的重点控制对象。正确设置控制点并严格实施是进行工序质量控制的重点。

2. 工序质量控制点的设置原则

（1）重要的和关键性的施工环节和部位。

（2）质量不稳定、施工质量没有把握的施工工序和环节。

（3）施工技术难度大、施工条件困难的部位或环节。

（4）质量标准或质量精度要求高的施工内容和项目。

（5）对后续施工或后续工序质量或安全有重要影响的施工工序或部位。

（6）采用新技术、新工艺、新材料施工的部位或环节。

3. 工序质量控制点的管理

（1）质量控制措施的设计

选择了控制点，就要针对每个控制点进行控制措施设计。其主要步骤和内容如下：

1）列出质量控制点明细表。

2）设计控制点施工流程图。

3）进行工序分析，找出主导因素。

4）制定工序质量控制表，对各影响质量特性的主导因素规定明确的控制范围和控制要求。

5）编制保证质量的作业指导书。

6）编制计量网络图，明确标出各控制因素采用什么计量仪器、编号、精度等，以便进行精确计量。

7）质量控制点审核。可由设计者的上一级领导进行审核。

（2）质量控制点的实施

1）交底。将控制点的"控制措施设计"向操作班组进行认真交底，必须使工人真正了解操作要点。

2）质量控制人员在现场进行重点指导、检查、验收。

3）工人按作业指导书认真进行操作，保证每个环节的操作质量。

4）按规定做好检查并认真做好记录，取得第一手数据。

5）运用数据统计方法，不断进行分析与改进，直至质量控制点验收合格。

6）质量控制点实施中应明确工人、质量控制人员的职责。

4. 工程质量预控的概念

工程质量预控就是针对所设置的质量控制点或分项、分部工程，事先分析在施工中可能发生的质量问题和隐患，分析可能的原因，提出相应的预防措施和对策，实现对工程质量的主动控制。

5. 成品保护

成品保护一般是指在施工过程中，某些分项工程已经完成，而其他一些分项工程尚在施工；或者是在其分项工程施工过程中，某些部位已完成，而其他部位正在施工。在这种情况下，施工单位必须负责对已完成部分采取妥善措施予以保护，以免因成品缺乏保护或保护不善而造成损伤或污染，影响工程整体质量。

根据建筑产品的特点的不同，可以分别对成品采取"防护"、

"包裹"、"覆盖"、"封闭"等保护措施，以及合理安排施工顺序等来达到保护成品的目的。

1.4.3 质量控制方法

1. PDCA 循环工作方法

PDCA 循环是由计划（Plan）、实施（Do）、检查（Check）和处理（Action）四个阶段组成的工作循环，它是一种科学的质量程序和方法。PDCA 循环分为四个阶段八个步骤。

（1）计划阶段（Plan）：主要工作任务是制定质量管理目标、活动计划和管理项目的具体实施措施。

第一步，分析现状，找出存在的质量问题。

第二步，分析产生质量问题的原因和影响因素。

第三步，从各种原因和影响因素中找出影响质量的主要原因或影响因素。

第四步，针对影响质量主要原因或因素，制定改善质量的技术组织措施，提出执行措施的计划，并预计效果。

（2）实施阶段（Do）主要工作任务是按照第一阶段制定的计划措施，组织各方面的力量分头去认真贯彻执行。

第五步，即执行措施和计划。

（3）检查阶段（Check）主要工作任务是将实施效果与预期目标对比。

第六步，检查效果、发现问题。

（4）处理阶段（Ac-tion）主要工作任务是对检查结果进行总结和处理。

第七步，总结经验、纳入标准。

第八步，把遗留问题转入到下一个管理循环。

2. 质量控制统计分析方法

（1）排列图法

排列图法是利用排列图寻找影响质量主次因素的一种有效方法。排列图又称帕累托图或主次因素分析图，它是由两个纵坐标、一个横坐标、几个连起来的直方形和一条曲线所组成。

（2）因果分析图法

因果分析图法是利用因果分析图来系统整理分析某个质量问题（结果）与其产生原因之间关系的有效工具。因果分析图也称特性要因图，又因其形状常被称为树枝图或鱼刺图。

（3）直方图法

直方图法即频数分布直方图法，它是将收集到的质量数据进行分组整理，绘制成频数分布直方图，用以描述质量分布状态的一种分析方法，所以又称质量分布图法。

通过直方图的观察与分析，可了解产品质量的波动情况，掌握质量特性的分布规律，以便对质量状况进行分析判断。同时可通过质量数据特征值的计算，估算施工生产过程总体的不合格品率，评价过程能力等。

（4）控制图法

控制图又称管理图。它是在直角坐标系内画有控制界限，描述生产过程中产品量波动状态的图形。利用控制图区分质量波动原因，判明生产过程是否处于稳定状态的方法称为控制图法。

（5）相关图法

相关图又称散布图。在质量管理中它是用来显示两种质量数据之间关系的一种图形。质量数据之间的关系多属相关关系。一般有三种类型：一是质量特性和影响因素之间的关系；二是质量特性和质量特性之间的关系；三是影响因素和影响因素之间的关系。

可以用 x 轴和 y 轴表示质量特性值和影响因素，通过绘制散布图、计算相关系数等，分析研究两个变量之间是否存在相关关系，以及这种关系密切程度如何，进而对相关程度密切的两个变量，通过对其中一个变量的观察控制，去估计控制另一个变量的数值，以达到保证产品质量的目的。

（6）分层法

分层法又称分类法，是将调查搜集的原始数据，根据不同的目的和要求，按某一性质进行分组、整理的分析方法。分层的结果使数据各层间的差异突出地显示出来，层内的数据差异减少了。在此基础上再进行层间、层内的比较分析，可以更深刻地发现和认识质量问题的本质和规律。由于产品质量是多方面因素共同作用的结果，因而对同一批数据，可以按不同性质分层，使我们能从不同角度来考虑、分析产品存在的质量问题和影响因素。

常用的分层标志有：①按操作班组或操作者分层；②按机械设备型号、功能分层；③按工艺、操作方法分层；④按原材料产地或等级分层；⑤按时间顺序分层。

（7）统计调查表法

统计调查表法是利用专门设计的统计调查表，进行数据搜集、整理和粗略分析质量状态的一种方法。

在质量管理活动中，利用统计调查表搜集数据，简便灵活，便于整理。它没有固定的格式，一般可根据调查的项目，设计出不同的格式。常用的统计分析表有：①统计产品缺陷部位调查表；②统计不合格项目的调查表；③统计影响产品质量主要原因调查表；④统计质量检查评定用的调查表等。

1.4.4 工程质量问题分析和处理

1. 工程质量问题的分类

工程质量问题一般分为工程质量缺陷、工程质量通病、工程质量事故。

（1）工程质量缺陷：是指工程达不到技术标准允许的技术指标的现象。

（2）工程质量通病：是指各类影响工程结构、使用功能和外形观感的常见性质量损伤，犹如"多发病"一样，而称为质量通病。

（3）工程质量事故：是指在工程建设过程中或交付使用后，对工程结构安全、使用功能和外形观感影响较大、损失较大的质量损伤。如住宅阳台、雨篷倾覆，桥梁结构坍塌等。

2. 工程质量事故的分类

各门类、各专业工程，各地区、不同时期界定建设工程质量事故的标准尺度不一。《关于做好房屋建筑和市政基础设施工程质量事故报告和调查处理工作的通知》（建质〔2010〕111号）对工程质量事故通常采用按造成的人员伤亡或者直接经济损失程度进行分类。

3. 质量事故的报告、调查及处理

（1）工程质量事故发生后，事故现场有关人员应当立即向工程建设单位负责人报告；工程建设单位负责人接到报告后，应于1h内向事故发生地县级以上人民政府住房和城乡建设主管部门及有关部门报告。

情况紧急时，事故现场有关人员可直接向事故发生地县级以上人民政府住房和城乡建设主管部门报告。

（2）住房和城乡建设主管部门接到事故报告后，应当依照下列规定上报事故情况，并同时通知公安、监察机关等有关部门：

1）较大、重大及特别重大事故逐级上报至国务院住房和城乡建设主管部门，一般事故逐级上报至省级人民政府住房和城乡建设主管部门，必要时可以越级上报事故情况。

2）住房和城乡建设主管部门上报事故情况，应当同时报告本级人民政府；国务院住房和城乡建设主管部门接到重大和特别重大事故的报告后，应当立即报告国务院。

3）住房和城乡建设主管部门逐级上报事故情况时，每级上报时间不得超过2h。

4）事故报告后出现新情况，以及事故发生之日起30日内伤亡人数发生变化的，应当及时补报。

（3）住房和城乡建设主管部门应当按照有关人民政府的授权或委托，组织或参与事故调查组对事故进行调查。

（4）住房和城乡建设主管部门应当依据有关人民政府对事故调查报告的批复和有关法律法规的规定，对事故相关责任者实施行政处罚。处罚权限不属本级住房和城乡建设主管部门的，应当在收到事故调查报告批复后15个工作日内，将事故调查报告（附具有关证据材料）、结案批复、本级住房和城乡建设主管部门对有关责任者的处理建议等转送有权限的住房和城乡建设主管部门。

（5）住房和城乡建设主管部门应当依据有关法律法规的规定，对事故负有责任的建设、勘察、设计、施工、监理等单位和施工图审查、质量检测等有关单位分别给予罚款、停业整顿、降低资质等级、吊销资质证书其中一项或多项处罚，对事故负有责任的注册执业人员分别给予罚款、停止执业、吊销执业资格证书、终身不予注册其中一项或多项处罚。

2　建筑工程施工质量验收基础

2.1　标准规范的类型及关系

2.1.1　标准的等级

国家标准（GB）：在全国范围内普遍执行的标准规范。

行业标准（JGJ）：在建筑行业范围内执行的标准规范。

地方标准（DB）：在局部地区、范围内执行的标准规范。一般是经济发达地区反映先进技术；或为适应具有地方特色的建筑材料而制定的。

企业标准（QB）：仅适用于企业范围内。其一般反映企业的先进或具有专利性质的技术；或专为满足企业的特殊要求而制定的。企业标准属于企业行为，国家并不干预。有关统计表明，我国的大型建筑企业，约 20%～40% 有自己的企业标准或相当于企业标准的技术文件，如技术措施、统一规定等。

2.1.2　标准的性质

我国实行强制性标准与推荐性标准并行的双轨制；近年又增加了强制性条文这一层次。

1. 强制性标准（GB、JGJ、DB）

由政府有关部门以文件形式公布的标准规范。它有文件号及指定管理的行政部门，带有"行政命令"的强制性质。

2000 年 1 月，国务院以 279 号令的形式公布了《建设工程质量管理条例》，明确了建设、勘察、设计、监理、质监及政府有关部门在建设工程质量中应承担的责任。同时在"罚则"一章中规定，要对违反强制性标准者进行惩处——罚款 10 万元以上。

据不完全统计，我国现行强制性国家标准、行业标准、地方标准达 1.1 万余项，标准数量庞大，制定发布主体多，各级强制性标准之间缺乏有力的组织协调，亟须强化强制性标准统一管理。如果认为违反其中某一条都算作违反强制性标准的话，则《建设工程质量管理条例》的执行几乎是不可能的。

目前，根据国务院的要求，强制性标准整合精简工作正在有序推进。

2. 推荐性标准（CECS、GB/T、JGJ/T）

改革开放后，我国开始实行由行业协会、学会来编制、管理标准的做法。由非官方的中国工程建设标准化协会（CECS）编制了一批标准、规范。其特点是"自愿采用"，故带有推荐性质。推荐性标准的约束力是通过合同、协议的规定而体现的。作为强制性标准的补充，它起到了及时推广先进技术的作用；或补充大规范难以顾及的局部，从而起到了完善规范体系的作用。近年来我国推行机构改革，行政部门不再过多干预技术问题，许多原来的强制性标准经过修订，以在原标准号后加"/T"的形式而改为推荐性标准。

3. 强制性条文

强制性条文是直接涉及工程安全、环境保护、公众利益和人体健康的有关条款。这是具备一定法律性质的强制性标准中的个别条文，一般在标准发布公告中明确其条、款（号），在标准正文中以黑体字标识。

2000 年 3 月，原建设部召集我国工程建设主要标准规范管理、编制的主要人员，经过认真讨论，统一认识，并在反复推敲后，从各自管理的标准规范中挑选若干条款，编成了《工程建设标准强制性条文》（2000 年版）；随后住房和城乡建设部相继发布《工程建设标准强制性条文》（2009 年版）、《工程建设标准强制性条文》（2013 年版）。

总之，这三类标准规范可概括地以"行政性"、"推荐性"和"法律性"来表达其执行力度上的差别。

2.1.3 标准的分类

标准规范按其作用大体可分为以下三类。

基础标准：所有技术问题都必须服从的统一规定。如名词、术语、符号、计量单位、制图规定等。这是技术交流的基础。

应用标准：指导工程建设中各种行为所制定的规定。如规划、勘察、设计、施工等。绝大多数工程建设标准规范均属此类。

检验标准：对建筑工程的质量通过检测而加以确认，以作为可投入使用的依据，由此而制定的规定为检验标准。这也是工程建设标准规范体系中不可缺少的一环。

2.1.4 标准的关系

标准之间的关系可概括为：服从、分工、协调。

服从关系：下级标准服从上级标准；推荐标准服从强制标准；应用标准服从基础标准。"服从"意味着不得违反上级标准有关的原则和规定。但"服从"不等于"替代"。在上级标准中未能反映的属于发展性的先进技术或未能概括的一些局部、特殊问题，下级标准可以超越或列入，但不能互相矛盾或降低要求。

分工关系：在标准规范体系中，每本标准规范只能管辖特定范围内的技术内容。一般在标准规范总则的第1.0.2条及相应的条文说明中都会明确指出其应用的范围。

协调关系：技术问题往往交织成复杂的网络，每一本标准规范必然会发生与其相邻技术问题的相互配合问题。在分工的同时，要求相关标准规范在有关技术问题上应互相衔接，即协调一致。最常用的衔接形式是"应符合现行有关标准的要求"或"应遵守现行有关规范的规定"等。"现行"二字意味着当被引用的标准规范修订时，有关技术问题的衔接应做相应的变动，这就很好地解决了标准规范之间协调一致的问题。

2.2 建筑工程质量验收的依据

现行建筑工程施工质量验收系列规范（以下简称"验收规范"，目录见表2-1）是我国的国家标准，属强制性标准，即在中华人民共和国的行政区域内，工程建设的参与各方都必须无条件地执行。

"验收规范"是由《建筑工程施工质量验收统一标准》GB 50300—2013和各项建筑专业工程施工质量验收规范（以下简称"专业验收规范"）组成。"验收规范"适用于新建、改建和扩建的房屋建筑物和附属物、构筑物设施（含建筑设备安装工程）的施工质量验收。

需要说明的是，表2-1没有收录钢管混凝土结构、型钢混凝土结构、铝合金结构的等新兴专业的施工质量验收规范。而涉及工业设备、工业管道、电气装置、工业自动化仪表、工业炉砌筑等工业安装工程的质量验收，应执行相关现行国家标准的规定。各"专业验收规范"另有规定的应服从其规定。各"专业验收规范"必须与《建筑工程施工质量验收统一标准》GB 50300—2013配套使用。

建筑工程施工质量验收规范目录　　　　表2-1

序号	标准编号	标准名称	施行日期
1	GB 50300—2013	建筑工程施工质量验收统一标准	2014-06-01
2	GB 50202—2002	建筑地基基础工程施工质量验收规范	2002-05-01
3	GB 50203—2011	砌体结构工程施工质量验收规范	2012-05-01
4	GB 50204—2015	混凝土结构工程施工质量验收规范	2015-09-01
5	GB 50205—2001	钢结构工程施工质量验收规范	2002-03-01
6	GB 50206—2012	木结构工程施工质量验收规范	2012-08-01
7	GB 50207—2012	屋面工程质量验收规范	2012-10-01
8	GB 50208—2011	地下防水工程质量验收规范	2012-10-01
9	GB 50209—2010	建筑地面工程施工质量验收规范	2010-12-01
10	GB 50210—2001	建筑装饰装修工程质量验收规范	2002-03-01
11	GB 50242—2002	建筑给水排水及采暖工程施工质量验收规范	2002-04-01
12	GB 50243—2002	通风与空调工程施工质量验收规范	2002-04-01
13	GB 50303—2015	建筑电气工程施工质量验收规范	2016-08-01

序号	标准编号	标准名称	施行日期
14	GB 50310—2002	电梯工程施工质量验收规范	2002-06-01
15	GB 50339—2013	智能建筑工程质量验收规范	2014-02-01
16	GB 50411—2007	建筑节能工程施工质量验收规范	2007-10-01

2.3　建筑工程质量验收的划分

建筑工程施工质量验收涉及工程施工过程质量验收和竣工质量验收，是工程施工质量控制的重要环节。根据工程特点，按项目层次分解的原则合理划分工程施工质量验收层次，将有利于对工程施工质量进行过程控制和阶段质量验收，特别是不同专业工程的验收批的确定，将直接影响到工程施工质量验收工作的科学性、经济性、实用性和可操作性。因此，对施工质量验收层次进行合理划分非常必要，这有利于工程施工质量的过程控制和最终把关，确保工程质量符合有关标准。

2.3.1　单位工程

单位工程是指具备独立的设计文件、独立的施工条件并能形成独立使用功能的建筑物或构筑物。对于建筑工程，单位工程的划分应按下列原则确定：

（1）具备独立施工条件并能形成独立使用功能的建筑物或构筑物为一个单位工程。

（2）对于规模较大的单位工程，可将其能形成独立使用功能的部分划分为一个子单位工程。

子单位工程的划分一般可根据工程的建筑设计分区、使用功能的显著差异、结构缝的设置等实际情况，施工前，应由建设、监理、施工单位商定划分方案，并据此收集整理施工技术资料和验收。

（3）室外工程可根据专业类别和工程规模划分单位工程或子

单位工程、分部工程。

2.3.2 分部工程

分部工程，是单位工程的组成部分。一般按专业性质、工程部位或特点、功能和工程量确定。对于建筑工程，分部工程的划分应按下列原则确定：

（1）分部工程的划分应按专业性质、工程部位确定。如建筑工程划分为地基与基础、主体结构、建筑装饰装修、屋面、建筑给水排水及供暖、通风与空调、建筑电气、建筑智能化、建筑节能、电梯等分部工程。

（2）当分部工程较大或较复杂时，可按材料种类、施工特点、施工程序、专业系统及类别将分部工程划分为若干子分部工程。

2.3.3 分项工程

分项工程，是分部工程的组成部分。可按主要工种、材料、施工工艺、设备类别进行划分。如建筑工程主体结构分部工程中，混凝土结构子分部工程按主要工种分为模板、钢筋、混凝土等分项工程；按施工工艺又分为预应力、现浇结构、装配式结构等分项工程。

建筑工程分部或子分部工程、分项工程的具体划分详见《建筑工程施工质量验收统一标准》GB 50300—2013 及相关专业验收规范的规定。

2.3.4 检验批

检验批在《建筑工程施工质量验收统一标准》GB 50300—2013 中是指按相同的生产条件或按规定的方式汇总起来供抽样检验用的，由一定数量样本组成的检验体。它是建筑工程质量验收划分中的最小验收单位。

分项工程可由一个或若干个检验批组成，检验批可根据施工、质量控制和专业验收的需要，按工程量、楼层、施工段、变形缝进行划分。

施工前，应由施工单位制定分项工程和检验批的划分方案，并由项目监理机构审核。对于《建筑工程施工质量验收统一标准》GB 50300—2013 及相关专业验收规范未涵盖的分项工程和检验批，可由建设单位组织监理、施工等单位协商确定。

通常，多层及高层建筑的分项工程可按楼层或施工段来划分检验批；单层建筑的分项工程可按变形缝等划分检验批；地基与基础的分项工程一般划分为一个检验批，有地下层的基础工程可按不同地下层划分检验批；屋面工程的分项工程可按不同楼层屋面划分为不同的检验批；其他分部工程中的分项工程，一般按楼层划分检验批；对于工程量较少的分项工程可划分为一个检验批；安装工程一般按一个设计系统或设备组别划分为一个检验批；室外工程一般划分为一个检验批；散水、台阶、明沟等含在地面检验批中。

2.4 基本检验规定

2.4.1 现场质量管理

施工现场的质量管理按字义并不属于工程的"质量验收"问题，而只是对施工单位在管理方面（软件）的要求。但根据其对施工质量的重要影响，仍提出检查认证的要求。这是技术规范与管理标准互相结合的结果，符合我国的国情，带有资格认证的性质。

根据《建筑工程施工质量验收统一标准》GB 50300—2013第 3.0.1 条要求，任何施工单位及其施工现场，作为质量管理的最起码要求，必须做到"三有"，即"有标准"、"有机构"、"有制度"。

（1）"有标准"是指应有与现场施工相应的施工技术标准，这是进行工程质量验收的最基本条件，其必要性毋庸置疑。

（2）"有机构"是指每一施工现场均应有健全的质量管理体系，做到人员组织上落实。因为任何现场管理和质量控制都是需要有组织起来并分工明确的人来完成的。这里应该强调"健全"

二字。其表明不仅要求质量管理机构严密，而且实际上还能够有效地运行，真正发挥应有的作用。

（3）"有制度"是指有完善的检验制度和评定考核制度。制度是指导有关人员进行实际工作的具体措施。标准要求应该有落实到每一个检验人员的责任制度，有制度才能实现对施工全过程的有效控制。这里不仅包括各施工环节的验收制度；还应包括施工单位内部进行质量控制的评定考核制度。因为这是"验收"的基础，对于质量同样是很重要的。

在《建筑工程施工质量验收统一标准》GB 50300—2013 的附录 A 中给出了相应的检查记录表。检查以施工现场为单元进行，由施工单位填写，总监理工程师（或建设单位项目负责人）检查，最后做出结论，并作为开工的依据。

检查表格的表头部分反映所检查工程的背景，包括工程名称及当地建设行政主管部门批准发给的施工许可证（开工证填写编号）。此外，还应列出有关单位（建设、设计、施工、监理）的名称及负责人姓名。应注意的是，有关人员应有相应的资质，并且专业要对口。但表格无须有关人员的签字，只是明确其在质量管理中的地位而已。

2.4.2　施工质量控制

《建筑工程施工质量验收统一标准》GB 50300—2013 第 3.0.3 条根据全过程质量控制的思路，提出了通过三种形式的检查验收来控制施工质量的原则。这就是进场验收、工序检查和交接检验。

1. 进场验收

用于建筑工程的主要材料、半成品、成品、建筑构配件、器具和设备等对工程质量有举足轻重的影响。这部分对于建筑工程说来属于"原材料"的范畴；而对于供货单位来说，却是它们的"产品"。因此必须进行进场验收，以对其质量进行确认。执行中主要有三种形式。

（1）产品（材料）合格证：一般材料应根据订货合同和产品

的出厂合格证进行现场验收。即进货的同时，核对由供货方提供的质量证明文件。未经检验或检验达不到规定要求的应该拒收。

（2）产品（材料）的复验：对涉及安全、节能、环境保护和主要使用功能的重要材料、产品，由于其特殊的重要性，除检查产品合格证明文件以外，还应抽样进行复验。复验批量的划分、抽样比例、试验方法、质量指标等根据相应材料、产品标准或应用技术规程的要求进行。复验的目的是为了打击做伪造假、避免混料错批。有些建筑材料还有时效的影响（如水泥的潮解、结块等），必要的复验是必须进行的。

（3）监理检查认可：进场验收的最后一道关口是监理工程师的检查认可，当没有监理时建设单位的技术负责人也可以。未经签字认可的材料一律不得用于工程。

2. 工序检查

除原材料把关以外，对施工过程中的各工序进行质量监控也十分重要。这里，生产者的自行检查评定非常重要。真正的质量是"干"出来的，而不是"查"出来的。检查结果只能是对质量状况的一种反映而已。因此生产者的自检是验收的基础。

在施工过程中的每一道施工工序完成以后，均应进行质量检查，确认其是否达到验收标准或企业标准规定的要求。通过观察、量测、对比其质量指标是否达到标准的要求，然后做出评定。这种检查可由班组自检或专业质检员抽检的形式进行。检查后，应填写检验表格作为将来验收的依据。监理工程师也应对于其中比较重要和关键的工序作随机抽查以加强质量控制。

3. 交接检验

对于不同工种交叉施工的项目，还应进行交接检验。实际的工程质量是通过施工过程逐渐形成的。施工前期的缺陷应通过检查及时发现并加以消除，否则随着施工过程将逐渐累积，影响到更大的范围。施工中任何缺陷都应该消灭在萌芽状态，积累到后期处理付出的代价太大。因此，工序间的交接检验十分重要。

标准规定，不同工种（工序）交叉时，前一工序的质量必须通过交接检验得到确认，并形成记录，表明以前各工序质量可以保证。

对于监理单位提出检查要求的重要工序，应经监理工程师检查认可，才能进行下道工序施工。这样不仅能够保证施工质量，而且便于分清责任，避免纠纷。

上述三种检验形式充分体现了标准对于工程质量进行过程控制的原则。

2.4.3 施工质量验收

"验收"是施工类标准规范的重点。因此，《建筑工程施工质量验收统一标准》GB 50300—2013 中第 3.0.6 条和第 3.0.7 条分别规定建筑工程施工质量的验收要求及合格条件。具体按以下几个方面分别要求。

1. 自检合格

《建筑工程施工质量验收统一标准》GB 50300—2013 规定："工程质量验收均应在施工单位自检合格的基础上进行"。也就是说，只有施工单位自检合格后，才能提交监理（或建设）方面进行验收。这种"先自检，后验收"的程序，分清了两阶段的质量责任，将促进施工企业和监理（建设）单位加强合作，真正落实质量控制并明确责任。

2. 人员资格

施工质量的验收是由代表各方的验收人员来完成的。由于专业不同，检查验收的难度、深度不同，对验收人员提出了资格的要求。《建筑工程施工质量验收统一标准》GB 50300—2013 要求参加验收的各方人员应具备相应的资格。我国目前正在建立和完善从业人员资格认证的制度，这将对提高验收人员的业务素质，保证工程验收的工作质量，起到保障作用。

3. 检验批的验收

检验批是检测验收的基本单元。任何庞大复杂的建筑工程都可以分解成为不同类型的许多检验批，并通过对检验批内施工质量的检测验收来确认整个建筑工程的施工质量。因此，检验批的验收是整个验收体系的基础。检验批的质量按主控项目和一般项目进行验收。主控项目是对安全、环保、卫生、公益起决定性作用的检验项目，带有否决权的性质。而一般项目则不起决定性作用，根据不同的质量要求，允许有少量缺陷的存在。对此，在各专业验收规范的具体条款中都做出了相应的规定。

4. 见证检验

《建筑工程施工质量验收统一标准》GB 50300—2013 规定，对涉及结构安全、节能、环境保护和主要使用功能的试块、试件及材料，应在进场时或施工中按规定进行见证检验。即各方在场的情况下，在施工现场随机抽取试样进行检验。这样既有定时、定量的例行检验；又有不确定性很大的见证抽样检验。检验工作量增加不多，但检测的控制面及严密性却大大地加强了。

5. 隐蔽工程验收

在整个施工过程的检查验收中，有些检查项目在施工完成后将被覆盖，故在后续施工过程中无法再检查了。对这些项目，要在覆盖前进行隐蔽工程检查验收。例如，对于地下工程或混凝土结构，在覆盖或浇筑混凝土前就必须进行这样的检查验收。施工单位应通知有关单位，在各方人员在场的情况下检查，共同确认其符合设计文件和质量标准的要求后，形成验收文件，作为今后不同层次验收时的依据。

6. 实体检验

为强化验收，除常规检验及见证检验以外，《建筑工程施工质量验收统一标准》GB 50300—2013 还补充规定对涉及结构安全、节能、环境保护和使用功能的重要分部工程，应在验收前按规定进行抽样检验。增加这一层次的检验意义重大，其不同于施工过程中的各种检验，而是针对已施工完成的建筑工程实体直接进行的检验，因此更具有真实性和说服力。因为其综合反映了原材料、工艺、施工操作等对最终质量的影响。实体检验的数量应严格控制，只对涉及结构安全和使用功能的少数项目限量进行。但其对强化验收、严密质量控制起到了积极作用。

7. 观感质量

根据我国对施工质量验收的传统做法，在工程验收之前，应由验收人员通过现场巡视观察进行检查，对其外观质量进行评定确认。这种检查很难准确地定量，也只能由有经验的专家或专业技术人员根据观察感觉的印象，定性地进行评价。一般情况下，经过施工单位自检评定后进行的观感质量检查，不会有不及格的结论。但对明显的缺陷，应在经指出后迅速改进。

8. 工程勘察、设计文件

建筑工程的施工实际就是将反映建设单位意图的设计图纸变为建筑物实体的过程。按图施工是完成上述过程的一种再创造。因此，施工及其结果还应符合工程勘察、设计文件的要求。这也是工程竣工，进行验收时必须满足的重要条件。

9. 标准规范

为了适应当前对建筑工程施工质量的要求，我国已编制成验收类标准规范形成了完整的标准规范体系。建筑工程施工质量通过验收的基本条件是，应该符合上述规范的有关规定。不同专业的施工质量应符合相应的各专业验收规范的规定；而单位工程的验收则应符合《建筑工程施工质量验收统一标准》GB 50300—2013 的要求。

施工质量只有满足以上 9 个方面的要求才能通过验收。详尽地规定了通过验收的要求和条件，具有很具体的可操作性，体现了强化验收和完善验收手段的原则。

2.4.4　抽样方案

建筑工程体型庞大，专业众多。尽管可以划分成检验批进行检查验收，但多数情况下，不可能进行全面检测而只能依靠抽样检验。这就带来了抽样检验方案的问题。检验批是按数量不大且批内质量比较均匀一致的原则划分的。因此，抽取一定比例子样的检验结果，就有可能反映出该检验批（母体）的真正质量状态。出于对检测工作量及检测成本等的考虑，以及减少偶然性对检测结论的影响，《建筑工程施工质量验收统一标准》GB 50300—2013

在第 3.0.8 条中提出了下列五种抽样检验方案。

1. 全数检验方案

全数检验是抽样比例为 100％的特例，可以获得比较严密的质量控制效果但由于工作量太大，也只能在个别特定项目的检测上应用。全数检验方案的适用条件如下：

（1）重要的检验项目：只有重要的检验项目才有必要进行全数检验。例如，对预制混凝土构件或现浇混凝土结构，拆模后对外观质量的严重缺陷应通过全数观察检查而加以消除或返修。因为任何孔洞、主筋外露等关键部位的严重缺陷都可能对其受力性能造成影响。

（2）可采用快速简易检验方法的项目：肉眼观察判断是最简单易行的检验方法。如对钢筋安装后受力主筋的品种、规格、数量的检验就可用上述方式完成。

（3）非破损检查项目：如观察、量测等检验方法，不损及被检验的对象，才有可能进行全数检验。否则，检验成本和工作量太大，是无法实现全数检查的。

2. 计量、计数抽样方案

一般施工质量的定量检验均采用抽样检验的方式进行。根据检验性质的不同，可分为计量检验、计数检验以及计量-计数检验三种方式。

（1）计量检验：建筑材料（如钢筋、混凝土等）的强度、预制构件的结构性能（挠度、承载力、裂缝控制性能等）……，只能通过试验量测，对比试验实测值与标准允许值数值的大小，来确定其是否符合标准的要求。计量检验一般数量不多但较有说服力。抽样方案应解决检验批的范围（数量）；抽取样品的比例和抽样规则；质量检验指标；不符合要求时的处理方法等几方面的内容。

（2）计数检验：有些检验很难准确地定量（如外观质量），也只能定性地以缺陷计数的方法来反映其质量状态。由于各方面的原因，建筑物不可避免会有质量缺陷。可以通过检查这一类型的缺陷（如蜂窝、麻面等），并根据缺陷的性质反映为缺陷点，最后以缺陷点百分率的统计结果，以计数的方式来进行验收。

（3）计量-计数检验：有一类检验（如尺寸偏差）具有计量-计数混合型的性质。建筑物的尺寸偏差是无法避免的，但应限制在一定范围内（允许偏差），使其对结构性能及使用功能不致造成较大的影响。根据概率分布的规律，还将有相当多的检查点偏差超过允许值。事实上，只要其比率及超差量值不太大，仍可基本上不影响建筑物的安全和使用功能。因此，也采取合格点率（计数）的方法来进行控制。所以，像这样以计量方法检测，在此基础上以计数方法进行验收，也是可行的。

3. 复式抽样方案

抽样检验是我国目前施工质量验收的主要检验方式，但难免有偶然性带来误判的风险。减少风险最有效方法是扩大抽样比例，但这会引起检测工作量增加和成本的上升。为此，可以实行复式抽样方案。即当抽检子样的质量达不到合格的要求，但相差不大时，可以采用二次或多次抽样的方式扩大抽样比例，以多次抽样的总计结果对整个检验批的质量合格与否做出判断。

《建筑工程施工质量验收统一标准》GB 50300—2013 附录 D 给出了一般项目正常检验一次、二次抽样判定要求。

4. 调整型的抽检方案

对于连续生产（或施工）的检验批，在生产（或施工）稳定控制的条件下，可以采用调整型的抽样方案。施工质量控制中，检验批的划分主要考虑其代表性，有代表性时其检测结果才能反映真正的质量状况。

施工质量取决于施工工艺、机械设备、材料、人员、操作及外界环境条件等诸多复杂因素，不确定性很大。但当连续生产且质量控制比较稳定时，其质量波动就很小，适当扩大检验批的数量以降低抽检子样的数量是可行的。因为抽取子样在质量稳定的情况下仍有较好的代表性。

根据我国施工质量检验的实际情况，应逐渐推广应用调整型的抽样检验方案，以提高质量控制的水平。

5. 经验性的抽样方案

事实上，我国目前施工质量验收的检验，大多还停留在经验性的抽检方案上。检验批的划分；抽取子样的比例；检验质量指标的确定；检验批合格的条件；发生非正常验收时的处理方法……都基本上是根据积累的工程经验确定的。经历了几十年的工程实践，这些经验性的抽检方案至今仍未做大的改变。这说明其基本上能适应我国的国情。

2.4.5 检验批的抽样数量

《建筑工程施工质量验收统一标准》GB 50300—2013 第 3.0.9 条规定：检验批抽样样本应随机抽取，满足分布均匀、具有代表性的要求，抽样数量应符合有关专业验收规范的规定。当采用计数抽样时，最小抽样数量应符合表 2-2 的要求。

明显不合格的个体可不纳入检验批，但应进行处理，使其满足有关专业验收规范的规定，对处理的情况应予以记录并重新验收。

检验批最小抽样数量　　　　　　表 2-2

检验批的容量	最小抽样数量	检验批的容量	最小抽样数量
2～15	2	151～280	13
16～25	3	281～500	20
26～90	5	501～1200	32
91～150	8	1201～3200	50

目前对施工质量的检验大多没有具体的抽样方案，样本选取的随意性较大，有时不能代表母体的质量情况。因此规定随机抽样应满足样本分布均匀、抽样具有代表性等要求。

对抽样数量的规定依据国家标准《计数抽样检验程序 第 1 部分：按接收质量限（AQL）检索的逐批检验抽样计划》GB/T 2828.1—2012，给出了检验批验收时的最小抽样数量，其目的是要保证验收检验具有一定的抽样量，并符合统计学原理，使抽样更具代表性。最小抽样数量有时不是最佳的抽样数量，因此规定抽样数量尚应符合有关专业验收规范的规定。表 2-2 适用于计数抽样的检验批，对计量-计数混合抽样的检验批可参考使用。

检验批中明显不合格的个体主要可通过肉眼观察或简单的测试确定，这些个体的检验指标往往与其他个体存在较大差异，纳入检验批后会增大验收结果的离散性，影响整体质量水平的统计。同时，也为了避免对明显不合格个体的人为忽略情况，所以规定对明显不合格的个体可不纳入检验批，但必须进行处理，使其符合规定。

2.4.6 验收标准的风险界限

《建筑工程施工质量验收统一标准》GB 50300—2013 第 3.0.10 条规定：计量抽样的错判概率 α 和漏判概率 β 可按下列规定采取：

（1）主控项目：对应于合格质量水平的 α 和 β 均不宜超过 5%。

（2）一般项目：对应于合格质量水平的 α 不宜超过 5%，β 不宜超过 10%。

关于合格质量水平的错判概率 α，是指合格批被判为不合格的概率，即合格批被拒收的概率；漏判概率 β 为不合格批被判为合格批的概率，即不合格批被误收的概率。抽样检验必然存在这两类风险，通过抽样检验的方法使检验批 100% 合格是不合理的也是不可能的，在抽样检验中，两类风险控制范围是：$\alpha=1\%\sim5\%$；$\beta=5\%\sim10\%$。对于主控项目，其 α、β 均不宜超过 5%；对于一般项目，α 不宜超过 5%，β 不宜超过 10%。

对于结构安全和重要使用功能有决定性影响的主控项目，要求较高 α 及 β 的风险都不宜大于 5%。这也同时说明，即使对于这样重要的项目，风险概率也不可能降为零。从概率统计的角度而言，绝对的安全或可靠是不存在的。我们所做的工作也只是努力降低其风险概率，使其减小到可以接受的程度而已。

相比之下，一般项目的 β 风险要求则有所降低，只要求

10％以内。这是因为这些检验项目对安全和功能没有决定性的影响，过于苛求没有必要，反而会增加施工制造的经费成本。

据不完全统计，在我国的施工质量控制中，只有部分建筑材料性能的检测采用了科学的抽样检验方案，因而具有明确的风险界限。

长期以来，这种落后状态使建筑施工的质量控制与我国其他许多产品以及与国外施工验收相比，形成了巨大的差距。努力改进我国建筑工程施工质量的检验方法，提高各专业验收规范的水平，是当前亟待解决的重要问题之一。

注：本节主要观点，引自徐有邻《建筑工程施工质量验收统一标准理解与应用》中第三章第二节。

2.5 建筑工程质量验收程序和组织

依据《建筑工程施工质量验收统一标准》GB 50300—2013规定，建筑工程质量验收程序和组织应符合以下规定：

（1）检验批应由专业监理工程师组织施工单位项目专业质量检查员、专业工长等进行验收。

（2）分项工程应由专业监理工程师组织施工单位项目专业技术负责人等进行验收。

（3）分部工程应由总监理工程师组织施工单位项目负责人和项目技术负责人等进行验收。

勘察、设计单位项目负责人和施工单位技术、质量部门负责人应参加地基与基础分部工程的验收。

设计单位项目负责人和施工单位技术、质量部门负责人应参加主体结构、节能分部工程的验收。

（4）单位工程中的分包工程完工后，分包单位应对所承包的工程项目进行自检，并应按《建筑工程施工质量验收统一标准》GB 50300—2013规定的程序进行验收。验收时，总包单位应派人参加。分包单位应将所分包工程的质量控制资料整理完整，并移交给总包单位。

（5）单位工程完工后，施工单位应组织有关人员进行自检。总监理工程师应组织各专业监理工程师对工程质量进行竣工预验收。存在施工质量问题时，应由施工单位整改。整改完毕后，由施工单位向建设单位提交工程竣工报告，申请工程竣工验收。

（6）建设单位收到工程竣工报告后，应由建设单位项目负责人组织监理、施工、设计、勘察等单位项目负责人进行单位工程验收。

2.6 建筑工程质量验收合格条件

2.6.1 检验批质量验收

检验批质量验收合格应符合下列规定：

（1）主控项目的质量经抽样检验均应合格。

（2）一般项目的质量经抽样检验合格。当采用计数抽样时，合格点率应符合有关专业验收规范的规定，且不得存在严重缺陷。对于计数抽样的一般项目，正常检验一次、二次抽样可按《建筑工程施工质量验收统一标准》GB 50300—2013 附录 D 判定。

（3）具有完整的施工操作依据、质量验收记录。

2.6.2 分项工程质量验收

分项工程质量验收合格应符合下列规定：

（1）所含检验批的质量均应验收合格。

（2）所含检验批的质量验收记录应完整。

2.6.3 分部工程质量验收

分部工程质量验收合格应符合下列规定：

（1）所含分项工程的质量均应验收合格。

（2）质量控制资料应完整。

（3）有关安全、节能、环境保护和主要使用功能的抽样检验结果应符合相应规定。

（4）观感质量应符合要求。

2.6.4　单位工程质量验收

单位工程质量验收合格应符合下列规定：

（1）所含分部工程的质量均应验收合格。

（2）质量控制资料应完整。

（3）所含分部工程中有关安全、节能、环境保护和主要使用功能的检验资料应完整。

（4）主要使用功能的抽查结果应符合相关专业验收规范的规定。

（5）观感质量应符合要求。

2.7　非正常验收

（1）当建筑工程施工质量不符合要求时，应按下列规定进行处理：

1）经返工或返修的检验批，应重新进行验收。

2）经有资质的检测机构检测鉴定能够达到设计要求的检验批，应予以验收。

3）经有资质的检测机构检测鉴定达不到设计要求、但经原设计单位核算认可能够满足安全和使用功能的检验批，可予以验收。

4）经返修或加固处理的分项、分部工程，满足安全及使用功能要求时，可按技术处理方案和协商文件的要求予以验收。

（2）工程质量控制资料应齐全完整。当部分资料缺失时，应委托有资质的检测机构按有关标准进行相应的实体检验或抽样试验。

（3）经返修或加固处理仍不能满足安全或重要使用要求的分部工程及单位工程，严禁验收。

3 建筑地基基础工程

3.1 地 基 工 程

3.1.1 素土、灰土垫层质量控制

（1）素土、灰土地基土料应符合下列规定：

1）素土地基土料可采用黏土或粉质黏土，有机质含量不应大于5％，并应过筛，不应含有冻土或膨胀土，严禁采用地表耕植土、淤泥及淤泥质土、杂填土等土料。

2）灰土地基的土料可采用黏土或粉质黏土，有机质含量不应大于5％，并应过筛，其颗粒不得大于15mm，石灰宜采用新鲜的消石灰，其颗粒不得大于5mm，且不应含有未熟化的生石灰块粒，灰土的体积配合比宜为2：8或3：7，灰土应搅拌均匀。

（2）素土、灰土地基土料的施工含水量宜控制在最优含水量±2％的范围内，最优含水量可通过击实试验确定，也可按当地经验取用。

（3）素土、灰土地基的施工方法，分层铺填厚度，每层压实遍数等宜通过试验确定，分层铺填厚度宜取200～300mm，应随铺填随夯压密实。基底为软弱土层时，地基底部宜加强。

（4）素土、灰土换填地基宜分段施工，分段的接缝不应在柱基、墙角及承重窗间墙下位置，上下相邻两层的接缝距离不应小于500mm，接缝处宜增加压实遍数。

（5）基底存在洞穴、暗浜（塘）等软硬不均的部位时，应按设计要求进行局部处理。

（6）素土、灰土地基的施工检验应符合下列规定：

1）应每层进行检验，在每层压实系数符合设计要求后方可

铺填上层土。

2）可采用环刀法、贯入仪、静力触探、轻型动力触探或标准贯入试验等方法，其检测标准应符合设计要求。

3）采用环刀法检验施工质量时，取样点应位于每层厚度的2/3 深度处。筏形与箱形基础的地基检验点数量每 50～100m² 不应少于 1 个点；条形基础的地基检验点数量每 10～20m 不应少于 1 个点；每个独立基础不应少于 1 个点。

4）采用贯入仪或轻型动力触探检验施工质量时，每分层检验点的间距应小于 4m。

3.1.2 砂和砂石垫层质量控制

（1）砂和砂石地基的材料应符合下列规定：

1）宜采用颗粒级配良好的砂石，砂石的最大粒径不宜大于50mm，含泥量不应大于 5％。

2）采用细砂时应掺入碎石或卵石，掺量应符合设计要求。

3）砂石材料应去除草根、垃圾等有机物，有机物含量不应大于 5％。

（2）砂和砂石地基的施工应符合下列规定：

1）施工前应通过现场试验性施工确定分层厚度、施工方法、振捣遍数、振捣器功率等技术参数。

2）分段施工时应采用斜坡搭接，每层搭接位置应错开 0.5～1.0m，搭接处应振压密实。

3）基底存在软弱土层时应在与土面接触处先铺一层 150～300mm 厚的细砂层或铺一层土工织物。

4）分层施工时，下层经压实系数检验合格后方可进行上一层施工。

（3）砂石地基的施工质量宜采用环刀法、贯入法、载荷法、现场直接剪切试验等方法检测，并应符合上述"3.1.1 素土、灰土垫层质量控制"的有关规定。

3.1.3 粉煤灰垫层质量控制

（1）粉煤灰填筑材料应选用Ⅲ级以上粉煤灰，颗粒粒径宜为

0.001～2.0mm，严禁混入生活垃圾及其他有机杂质，并应符合建筑材料有关放射性安全标准的要求。

（2）粉煤灰地基施工应符合下列规定：

1）施工时应分层摊铺，逐层夯实，铺设厚度宜为200～300mm，用压路机时铺设厚度宜为300～400mm，四周宜设置具有防冲刷功能的隔离措施。

2）施工含水量宜控制在最优含水量±4%的范围内，底层粉煤灰宜选用较粗的灰，含水量宜稍低于最优含水量。

3）小面积基坑、基槽的垫层可用人工分层摊铺，用平板振动器或蛙式打夯机进行振（夯）实；大面积垫层应采用推土机摊铺、预压后用压路机碾压。

4）粉煤灰宜当天即铺即压完成，施工最低气温不宜低于0℃。

5）每层铺完检测合格后，应及时铺筑上层，并严禁车辆在其上行驶，铺筑完成应及时浇筑混凝土垫层或上覆300～500mm土进行封层。

（3）粉煤灰地基不得采用水沉法施工，在地下水位以下施工时，应采取降排水措施，不得在饱和或浸水状态下施工。基底为软土时，宜先铺填200mm左右厚的粗砂或高炉干渣。

（4）粉煤灰地基施工过程中应检验铺筑厚度、碾压遍数、施工含水量、搭接区碾压程度、压实系数等，并应符合上述"3.1.1素土、灰土垫层质量控制"的有关规定。

（5）竣工验收采用载荷试验检验垫层承载力，每单位工程不应少于3点，1000m²以上工程，每100m²至少应有1点，3000m²以上工程，每300m²至少应有1点。每一独立基础下至少应有1点，基槽每20延米应有1点。

3.1.4 预压地基质量控制

（1）施工前应在现场进行预压试验，并根据试验情况确定施工参数。

（2）水平排水砂垫层施工应符合下列规定：

1）垫层材料宜用中、粗砂，含泥量应小于5%。

2）垫层材料的干密度应大于1.5g/cm³。

3）在预压区内宜设置与砂垫层相连的排水盲沟或排水管。

（3）竖向排水体施工应符合下列规定：

1）砂井的砂料宜用中砂或粗砂，含泥量应小于3%，砂井的实际灌砂量不得小于计算值的95%。

2）砂袋或塑料排水带埋入砂垫层中的长度不应少于500mm，平面井距偏差不应大于井径，垂直度偏差宜小于1.5%，拔管后带上砂袋或塑料排水带的长度不应大于500mm，回带根数不应大于总根数的5%。

3）塑料排水带接长时，应采用滤膜内芯板平搭接的连接方式，搭接长度应大于200mm。

（4）堆载预压法施工时应根据设计要求分级逐渐加载。在加载过程中应每天进行竖向变形量、水平位移及孔隙水压力等项目的监测，且应根据监测资料控制加载速率。

（5）真空预压法施工应符合下列规定：

1）应根据场地大小、形状及施工能力进行分块分区，每个加固区应用整块密封薄膜覆盖。

2）真空预压的抽气设备宜采用射流真空泵，空抽时应达到95kPa以上的真空吸力，其数量应根据加固面积和土层性能等确定。

3）真空管路的连接点应密封，在真空管路中应设置止回阀和闸阀，滤水管应设在排水砂垫层中，其上覆盖厚度100～200mm的砂层。

4）密封膜热合黏结时宜用双热合缝的平搭接，搭接宽度应大于15mm，应铺设两层以上，覆盖膜周边采用挖沟折铺、平铺用黏土压边、围埝沟内覆水以及膜上全面覆水等方法进行密封。

5）当处理区有充足水源补给的透水层或有明显露头的透气层时，应采用封闭式截水墙形成防水帷幕等方法以隔断透水层或透气层。

6）施工现场应连续供电，当连续 5d 实测沉降速率小于或等于 2mm/d，或满足设计要求时，可停止抽真空。

（6）真空堆载联合预压法施工时，应先进行抽真空，真空压力达到设计要求并稳定后进行分级堆载，并根据位移和孔隙水压力的变化控制堆载速率。

（7）施工期质量检验应包括以下内容：

1）竖向排水体施工质量检测包括排水体的材料质量、沉降速率、位置、插入深度、高出砂垫层的距离以及插入塑料排水带的回带长度和根数等，砂井或袋装砂井的砂料必须取样进行颗粒分析和渗透性试验。

2）水平排水体砂料按施工分区进行检测单元划分，或以每 $10000m^2$ 的加固面积为一检测单元，每一检测单元的砂料检测数量不应少于 3 组。

3）堆载分级荷载的高度偏差不应大于本级荷载折算高度的 5％，最终堆载高度不应小于设计总荷载的折算高度。

4）堆载分级堆高结束后应在现场进行堆料的重度检测，检测数量宜为每 $1000m^2$ 一组，每组 3 个点。

5）堆载高度按每 $25m^2$ 一个点进行检测。

6）真空度观测可分为真空管内真空度和膜下真空度，每个膜下真空度测头监控面积宜为 $1000\sim2000m^2$。

7）抽真空期间真空管内真空度应大于 90kPa，膜下真空度宜大于 80kPa。

3.1.5 强夯地基质量控制

（1）施工前应在现场选取有代表性的场地进行试夯。试夯区在不同工程地质单元不应少于 1 处，试夯区不应小于 20m×20m。

（2）周边存在对振动敏感或有特殊要求的建（构）筑物和地下管线时，不宜采用强夯法。

（3）施工前应检查夯锤质量、尺寸、落距控制手段、排水设施及被夯地基的土质。

（4）在每一遍夯击前，应对夯点放线进行复核，夯完后检查夯坑位置，发现偏差或漏夯应及时纠正。

（5）施工中应检查夯锤落距、夯锤定位、锤重、夯击遍数及顺序、夯点定位、满夯后场地平整度、夯击范围（超出基础宽度）、间歇时间、夯击击数和最后两击发的平均夯沉量。对强夯置换尚应检查置换深度。

（6）检查施工过程中的各项测试数据和施工记录，不符合设计要求时应补夯或采取其他有效措施。强夯置换施工中可采用超重型或重型圆锥动力触探检查置换墩着底情况。

（7）重锤夯实地基的施工质量检验应分层进行，应分层取样检验土的干密度和含水量，每 $50\sim100m^2$ 面积内应有一个检测点。

（8）对强夯置换应检查置换墩底部深度，对降水联合低能级强夯应动态监测地下水位变化。

（9）重锤夯实的质量验收，除符合试夯最后下沉量的规定要求外，同时还要求基坑（槽）表面的总下沉量不小于试夯总下沉量的90%为合格。如不合格应进行补夯，直至合格为止。

（10）竣工后质量检验应包括以下内容：

1）强夯施工结束后质量检测的间隔时间：砂土地基不宜少于7d，粉性土地基不宜少于14d，黏性土地基不宜少于28d，强夯置换和降水联合低能级强夯地基质量检测的间隔时间不宜少于28d。

2）强夯处理后的地基承载力检验，应在施工结束后间隔一定时间进行，对于碎石土和砂土地基，间隔时间宜为（7～14）d；粉土和黏性土地基，间隔时间宜为（14～28）d；强夯置换地基，间隔时间宜为28d。

3）强夯地基均匀性检验，可采用动力触探试验或标准贯入试验、静力触探试验等原位测试，以及室内土工试验。检验点的数量，可根据场地复杂程度和建筑物的重要性确定，对于简单场地上的一般建筑物，按每 $400m^2$ 不少于 1 个检测点，且不少于 3点；对于复杂场地或重要建筑地基，每 $300m^2$ 不少于 1 个检验点，且不少于 3点。强夯置换地基，可采用超重型或重型动力触探试验等方法，检查置换墩着底情况及承载力与密度随深度的变化，检验数量不应少于墩点数的 3%，且不少于 3 点。

4) 强夯地基承载力检验的数量，应根据场地复杂程度和建筑物的重要性确定，对于简单场地上的一般建筑，每个建筑地基载荷试验检验点不应少于 3 点；对于复杂场地或重要建筑地基应增加检验点数。检测结果的评价，应考虑夯点和夯间位置的差异。强夯置换地基单墩载荷试验数量不应少于墩点数的 1%，且不少于 3 点；对饱和粉土地基，当处理后墩间土能形成 2.0m 以上厚度的硬层时，其地基承载力可通过现场单墩复合地基静载荷试验确定，检验数量不应少于墩点数的 1%，且每个建筑载荷试验检验点应不少于 3 点。

3.1.6 压实地基质量控制

（1）填料前，应清除填土层底面以下的耕土、植被或软弱土层等。

（2）压实填土施工过程中，应采取防雨、防冻措施，防止填料（粉质黏土、粉土）受雨水淋湿或冻结。

（3）基槽内压实时，应先压实基槽两边，再压实中间。

（4）冲击碾压法施工的冲击碾压宽度不宜小于 6m，工作面较窄时，需设置转弯车道，冲压最短直线距离不宜少于 100m，冲压边角及转弯区域应采用其他措施压实；施工时，地下水位应降低到碾压面以下 1.5m。

（5）性质不同的填料，应采取水平分层、分段填筑，并分层压实；同一水平层，应采用同一填料，不得混合填筑；填方分段施工时，接头部位如不能交替填筑，应按 1∶1 坡度分层留台阶；如能交替填筑，则应分层相互交替搭接，搭接长度不小于 2m；压实填土的施工缝，各层应错开搭接，在施工缝的搭接处，应适当增加压实遍数；边角及转弯区域应采取其他措施压实，以达到设计标准。

（6）施工过程中，应避免扰动填土下卧的淤泥或淤泥质土层。压实填土施工结束检验合格后，应及时进行基础施工。

（7）压实填土地基的质量检验应符合下列规定：

1）在施工过程中，应分层取样检验土的干密度和含水量；每 50～100m² 面积内应设不少于 1 个检测点，每一个独立基础下，检测点不少于 1 个点，条形基础每 20 延米设检测点不少于 1 个点，压实系数不得低于设计和规范的规定；采用灌水法或灌砂法检测的碎石土干密度不得低于 2.0t/m³。

2）有地区经验时，可采用动力触探、静力触探、标准贯入等原位试验，并结合干密度试验的对比结果进行质量检验。

3）冲击碾压法施工宜分层进行变形量、压实系数等土的物理力学指标监测和检测。

4）地基承载力验收检验，可通过静载荷试验并结合动力触探、静力触探、标准贯入等试验结果综合判定。每个单体工程静载荷试验不应少于 3 点，大型工程可按单体工程的数量或面积确定检验点数。

（8）压实地基的施工质量检验应分层进行。每完成一道工序，应按设计要求进行验收，未经验收或验收不合格时，不得进行下一道工序施工。

3.1.7　注浆加固质量控制

（1）注浆施工前应进行室内浆液配比试验和现场注浆试验。

（2）注浆施工应记录注浆压力和浆液流量，并应采用自动压力流量记录仪。

（3）注浆孔的孔径宜为 70～110mm，孔位偏差不应大于 50mm，钻孔垂直度偏差应小于 1/100。注浆孔的钻杆角度与设计角度之间的倾角偏差不应大于 2°。

（4）注浆管上拔时宜使用拔管机，并控制注浆芯管每次上拔高度。

（5）注浆过程中可采取调整浆液配合比、间歇式注浆、调整浆液的凝结时间、上口封闭等措施防止地面冒浆。

（6）注浆施工中应做好原材料检验、注浆体强度、注浆孔位孔深、注浆施工顺序、注浆压力、注浆流量等项目的记录与质量控制。

（7）水泥为主剂的注浆加固质量检验应符合下列规定：

1）注浆检验应在注浆结束28d后进行。可选用标准贯入、轻型动力触探、静力触探或面波等方法进行加固地层均匀性检测。

2）按加固土体深度范围每间隔1m取样进行室内试验，测定土体压缩性、强度或渗透性。

3）注浆检验点不应少于注浆孔数的2%～5%。检验点合格率小于80%时，应对不合格的注浆区实施重复注浆。

（8）硅化注浆加固质量检验应符合下列规定：

1）硅酸钠溶液灌注完毕，应在7～10d后，对加固的地基土进行检验。

2）应采用动力触探或其他原位测试检验加固地基的均匀性。

3）工程设计对土的压缩性和湿陷性有要求时，尚应在加固土的全部深度内，每隔1m取土样进行室内试验，测定其压缩性和湿陷性。

4）检验数量不应少于注浆孔数的2%～5%。

（9）碱液加固质量检验应符合下列规定：

1）碱液加固施工应做好施工记录，检查碱液浓度及每孔注入量是否符合设计要求。

2）开挖或钻孔取样，对加固土体进行无侧限抗压强度试验和水稳性试验。取样部位应在加固土体中部，试块数不少于3个，28d龄期的无侧限抗压强度平均值不得低于设计值的90%。将试块浸泡在自来水中，无崩解。当需要查明加固土体的外形和整体性时，可对有代表性加固土体进行开挖，量测其有效加固半径和加固深度。

3）检验数量不应少于注浆孔数的2%～5%。

（10）注浆加固处理后地基的承载力应进行静载荷试验检验。

（11）静载荷试验，每个单体建筑的检验数量不应少于3点。

3.1.8 复合地基质量控制

1. 砂石桩复合地基

（1）施工前应进行成桩工艺和成桩挤密试验，工艺性试桩的数量不应少于2根。

（2）振动沉管成桩法施工应根据沉管和挤密情况，控制填砂量、提升高度和速度、挤压次数和时间、电机的工作电流等。振动沉管法施工宜采用单打法或反插法。锤击法挤密应根据锤击的能量，控制分段的填砂量和成桩的长度，锤击沉管成桩法施工可采用单管法或双管法。

（3）施工时桩位水平偏差不应大于套管外径的0.3倍。套管垂直度偏差不应大于1/100。

（4）施工前应检查砂、砂石料的含泥量及有机质含量、样桩的位置等。

（5）施工中检查每根砂桩、砂石桩的桩位、灌砂、砂石量、标高、垂直度等。

（6）施工期间及施工结束后应检查砂石桩的施工记录，沉管法施工尚应检查套管往复挤压振动次数与时间、套管升降幅度和速度、每次填砂石量等项目施工记录。

（7）施工完成后应间隔一定时间方可进行质量检验，对饱和黏性土地基应待孔隙水压力消散后进行，间隔时间不宜少于28d，对粉土、砂土和杂填土地基，不宜少于7d。

（8）砂石桩的施工质量检验可采用单桩载荷试验，对桩体可采用动力触探试验检测，对桩间土可采用标准贯入、静力触探、动力触探或其他原位测试等方法进行检测，桩间土质量的检测位置应在等边三角形或正方形的中心，检测数量不应少于桩孔总数的2%。

（9）砂石桩地基承载力检验应采用复合地基载荷试验，检测数量不应少于总桩数的0.5%，且每个单体建筑不应少于3点。

2. 水泥土搅拌桩复合地基

（1）水泥土搅拌桩用于处理泥炭土、有机质土、pH值小于4的酸性土、塑性指数大于25的黏土，或在腐蚀性环境中以及无工程经验的地区使用时，必须通过现场和室内试验确定其适用性。

（2）施工前应进行工艺性试桩，数量不应少于2根。

（3）水泥土搅拌施工时，应随时检查施工中的各项记录，如发现地质条件发生变化，或有遗漏，或水泥土搅拌桩（水泥土搅拌点）施工质量不符合规定要求，应进行补桩或采取其他有效的补救措施。

（4）重点检查输浆量（水泥用量）、输浆速度、总输浆时间、桩长、搅拌头转数和提升速度、复搅次数和复搅深度、停浆处理方法等。

（5）水泥土搅拌桩桩体的主要检测内容如下：

1）成桩3d内，采用轻型动力触探（N_{10}）检查上部桩身的均匀性，检验数量为施工总桩数的1%，且不少于3根。

2）成桩7d后，采用浅部开挖桩头进行检查，开挖深度宜超过停浆（灰）面下0.5m，检查搅拌的均匀性，量测成桩直径，检查数量不少于总桩数的5%。

3）静载荷试验宜在成桩28d后进行。水泥土搅拌桩复合地基承载力检验应采用复合地基静载荷试验和单桩静载荷试验，验收检验数量不少于总桩数的1%，复合地基静载荷试验数量不少于3台（多轴搅拌为3组）。

4）对变形有严格要求的工程，应在成桩28d后，采用双管单动取样器钻取芯样作水泥土抗压强度检验，检验数量为施工总桩数的0.5%，且不少于6点。

（6）承载力检测。竖向承载水泥土搅拌桩复合地基竣工验收时，承载力检验应采用复合地基载荷试验和单桩载荷试验。载荷试验必须在桩身强度满足试验荷载条件时，并宜在成桩28d后进行。验收检测检验数量为桩总数的0.5%～1%，其中每单项工程单桩复合地基载荷试验的数量不应少于3根（多头搅拌为3组），其余可进行单桩静载荷试验或单桩、多桩复合地基载荷试验。

（7）基槽开挖后，应检验桩位、桩数与桩顶质量，如不符合设计要求，应采取有效补强措施。

3. 旋喷桩复合地基

（1）旋喷桩加固体强度和直径，应通过现场试验确定。

（2）旋喷桩复合地基宜在基础和桩顶之间设置褥垫层。褥垫层厚度宜为150～300mm，褥垫层材料可选用中砂、粗砂和级配砂石等，褥垫层最大粒径不宜大于20mm。褥垫层的夯填度不应大于0.9。

（3）施工前应检查水泥、外掺剂等的质量，桩位、压力表、流量表的精度和灵敏度、高压喷射设备的性能等。

（4）施工中应严格按照施工参数和材料用量施工，用浆量和提升速度应采用自动记录装置，并做好各项施工记录。

（5）施工中应检查施工参数（压力、水泥浆量、提升速度、旋转速度等）的应用情况及施工程序。

（6）旋喷桩可根据工程要求和当地经验采用开挖检查、钻孔取芯、标准贯入试验、动力触探和静载荷试验等方法进行检验。

（7）检验点布置应符合下列规定：

1）有代表性的桩位。

2）施工中出现异常情况的部位。

3）地基情况复杂，可能对旋喷桩质量产生影响的部位。

（8）旋喷桩的施工质量检验主要内容：

1）桩体的完整性。桩体的完整性检查，在施工完成的桩体上，钻孔取岩芯来观察桩体的完整性，并可将所取岩心做成标准试件进行室内压力试验，获得强度指标，是否满足设计要求。

2）桩体的有效直径。桩体的有效直径检查，当旋喷桩具有一定强度后，将桩顶部挖开，检查旋喷桩的直径、桩体施工质量（均匀性）等。

3）桩体的垂直度。桩体的垂直度，可以检查钻孔的垂直度，代替桩体的垂直度。在施工中经常测量钻机钻杆的垂直度，或测量孔的倾斜度。

4）桩体的强度。桩体的强度，可以采用钻孔取芯检查桩体强度，也可以采用标准贯入度试验、单桩载荷试验等方法检查桩体的强度。

（9）成桩质量检验点的数量不少于施工孔数的 2%，并不应少于 6 点。

（10）承载力的检测：承载力检验宜在成桩 28d 后进行。竣工验收时，旋喷桩复合地基承载力检验应采用复合地基静载荷试验和单桩静载荷试验。检验数量不得少于总桩数的 1%，且每个单体工程复合地基静载荷试验的数量不得少于 3 台。

4. 土和灰土挤密桩复合地基

（1）土和灰土挤密桩的土填料宜采用就地或就近基槽中挖出的粉质黏土。所用石灰应为Ⅲ级以上新鲜块灰，石灰使用前应消解并筛分，其粒径不应大于 5mm。

1）素土地基土料可采用黏土或粉质黏土，有机质含量不应大于 5%，并应过筛，不应含有冻土或膨胀土，严禁采用地表耕植土、淤泥及淤泥质土、杂填土等土料。

2）灰土地基的土料可采用黏土或粉质黏土，有机质含量不应大于 5%，并应过筛，其颗粒不得大于 15mm，石灰宜采用新鲜的消石灰，其颗粒不得大于 5mm，且不应含有未熟化的生石灰块粒，灰土的体积配合比宜为 2∶8 或 3∶7，灰土应搅拌均匀。

（2）桩孔夯填时填料的含水量宜控制在最优含水量±3% 的范围内，夯实后的干密度不应低于其最大干密度与设计要求压实系数的乘积。填料的最优含水量及最大干密度可通过击实试验确定。

（3）向孔内填料前，孔底应夯实，应抽样检查桩孔的直径、深度、垂直度和桩位偏差，并应符合下列规定：

1）桩孔直径的偏差不应大于桩径的 5%。

2）桩孔深度的偏差应为±500mm。

3）桩孔的垂直度偏差不宜大于 1.5%。

4）桩位偏差不宜大于桩径的 5%。

（4）桩孔经检验合格后，应按设计要求向孔内分层填入筛好的素土、灰土或其他填料，并应分层夯实至设计标高。

（5）灰土挤密桩、土挤密桩复合地基质量检验应符合下列规定：

1）桩孔质量检验应在成孔后及时进行，所有桩孔均需检验并做好记录，检验合格或经处理后方可进行夯填施工。

2）应随机抽样检测夯后桩长范围内灰土或土填料的平均压实系数，抽检的数量不应少于桩总数的1%，且不得少于9根。对灰土桩桩身强度有怀疑时，尚应检验消石灰与土的体积配合比。

3）应抽样检验处理深度内桩间土的平均挤密系数，检测探井数不应少于总桩数的0.3%，且每项单体工程不得少于3个。

4）对消除湿陷性的工程，除应检测上述内容外，尚应进行现场浸水静载荷试验，试验方法应符合现行国家标准《湿陷性黄土地区建筑规范》GB 50025 的规定。

5）承载力检验应在成桩后 14～28d 后进行，检测数量不应少于总桩数的1%，且每项单体工程复合地基静载荷试验不应少于3点。

（6）竣工验收时，灰土挤密桩、土挤密桩复合地基的承载力检验应采用复合地基静载荷试验。

5. 夯实水泥土桩复合地基

（1）夯实水泥土桩施工前应进行工艺性试桩，试桩数量不应少于2根。

（2）土料中的有机质含量不得大于5%，不得含有垃圾杂质、冻土或膨胀土等，使用时应过筛。混合料的含水量宜控制在最优含水量±2%的范围内。土料与水泥应拌合均匀，混合料搅拌时间不宜少于 2min，混合料坍落度宜为 30～50mm。

（3）施工应隔排隔桩跳打。向孔内填料前孔底应夯实，宜采用二夯一填的连续成桩工艺。每根桩的成桩过程应连续进行。桩顶夯填高度应大于设计桩顶标高 200～300mm，垫层施工时应将多余桩体凿除，桩顶面应水平。垫层铺设时应压（夯）密实，夯填度不应大于0.9。

（4）沉管法拔管速度宜控制为1.2～1.5m/min，每提升1.5～2.0m留振20s。桩管拔出地面后应用粒状材料或黏土封顶。

（5）施工中应检查孔位、孔深、孔径、水泥和土的配比、混合料含水量等。

（6）当采用轻型动力触探（N_{10}）或其他手段检验夯实水泥土桩复合地基质量时，使用前，应在现场做对比试验（与控制干密度对比）。

（7）施工过程中，对夯实水泥土桩的成桩质量，应及时进行抽样检验，抽样检验的数量不应少于总桩数的2%；对于干密度试验或轻型动力触探（N_{10}）。质量不合格的夯实水泥桩复合地基，可开挖一定数量的桩体，检查外观尺寸，取样做无侧限抗压强度试验。如仍不符合要求，应与设计部门协商，进行补桩。

（8）承载力检验应采用单桩复合地基载荷试验，对重要或大型工程，尚应进行多桩复合地基载荷试验，单体工程试验数量应为总桩数的0.5%～1.0%，且不应少于3点。

6. 水泥粉煤灰碎石桩复合地基（CFG桩）

（1）用振动沉管灌注成桩和长螺旋钻孔灌注成桩施工时，可选用电厂收集的粗灰；采用长螺旋钻孔、管内泵压混合料灌注成桩时，宜选用细度（0.045mm方孔筛筛余百分比）不大于45%的Ⅲ级或Ⅲ级以上等级的粉煤灰。

长螺旋钻孔、管内泵压混合料成桩施工时每方混合料粉煤灰掺量宜为70～90kg。

（2）成孔时宜先慢后快，并应及时检查、纠正钻杆偏差，成桩过程应连续进行。

（3）长螺旋钻孔、管内泵压混合料成桩施工时，当钻至设计深度后，应掌握提拔钻杆时间，混合料泵送量应与拔管速度相配合，压灌应一次连续灌注完成，压灌成桩时，钻具底端出料口不得高于钻孔内桩料的液面。

（4）沉管灌注成桩施工拔管速度应按匀速控制，并控制在1.2～1.5m/min，遇淤泥或淤泥质土层，拔管速度应适当放慢，沉管拔出地面确认成桩桩顶标高后，用粒状材料或湿黏性土封顶。

（5）振动沉管灌注成桩后桩顶浮浆厚度不宜大于200mm。

（6）拔管应在钻杆芯管充满混合料后开始，严禁先拔管后泵料。

（7）桩顶标高宜高于设计桩顶标高0.5m以上。

（8）桩的垂直度偏差不应大于1/100。满堂布桩基础的桩位偏差不应大于桩径的0.4倍；条形基础的桩位偏差不应大于桩径的0.25倍；单排布桩的桩位偏差不应大于60mm。

（9）成桩过程应抽样做混合料试块，每台机械一天应做一组（3块）试块（边长为150mm的立方体），标准养护，测定其立方体抗压强度。

（10）施工质量应检查施工记录、混合料坍落度、桩数、桩位偏差、褥垫层厚度、夯填度和桩体试块抗压强度等。

（11）竣工后质量检验应包括以下内容：

1）施工结束后，应对桩顶标高、桩位、桩体质量、地基承载力以及褥垫层的质量做检查。

2）地基承载力检验宜在施工结束28d后进行，应采用单桩复合地基载荷试验或单桩载荷试验，单体工程试验数量应为总桩数的1%且不应少于3点，对桩体检测应抽取不少于总桩数的10%进行低应变动力试验，检测桩身完整性。

3.2　基　础　工　程

3.2.1　无筋扩展基础质量控制

（1）砖砌体基础的施工应符合下列规定：

1）砖及砂浆的强度应符合设计要求，砂浆的稠度宜为70～100mm，砖的规格应一致，砖应提前浇水湿润。

2）砌筑应上下错缝，内外搭砌，竖缝错开不应小于 1/4 砖长，砖基础水平缝的砂浆饱满度不应低于 80%，内外墙基础应同时砌筑，对不能同时砌筑而又必须留置的临时间断处，应砌筑成斜槎，斜槎的水平投影长度不应小于高度的 2/3。

3）深浅不一致的基础，应从低处开始砌筑，并应由高处向低处搭砌，当设计无要求时，搭接长度不应小于基础底的高差，搭接长度范围内下层基础应扩大砌筑，砌体的转角处和交接处应同时砌筑，不能同时砌筑时应留槎、接槎。

4）宽度大于 300mm 的洞口，上方应设置过梁。

（2）毛石砌体基础的施工应符合下列规定：

1）毛石的强度、规格尺寸、表面处理和毛石基础的宽度、阶宽、阶高等应符合设计要求。

2）粗料毛石砌筑灰缝不宜大于 20mm，各层均应铺灰坐浆砌筑，砌好后的内外侧石缝应用砂浆勾嵌。

3）基础的第一皮及转角处、交接处和洞口处，应采用较大的平毛石，并采取大面朝下的方式坐浆砌筑，转角、阴阳角等部位应选用方正平整的毛石互相拉结砌筑，最上面一皮毛石应选用较大的毛石砌筑。

4）毛石基础应结合牢靠，砌筑应内外搭砌，上下错缝，拉结石、丁砌石交错设置，不应在转角或纵横墙交接处留设接槎，接槎应采用阶梯式，不应留设直槎或斜槎。

（3）混凝土基础施工应符合下列规定：

1）混凝土基础台阶应支模浇筑，模板支撑应牢固可靠，模板接缝不应漏浆。

2）台阶式基础宜一次浇筑完成，每层宜先浇边角，后浇中间，坡度较陡的锥形基础可采取支模浇筑的方法。

3）不同底标高的基础应开挖成阶梯状，混凝土应由低到高浇筑。

4）混凝土浇筑和振捣应满足均匀性和密实性的要求，浇筑完成后应采取养护措施。

3.2.2 钢筋混凝土扩展基础质量控制

（1）柱下钢筋混凝土独立基础施工应符合下列规定：

1）混凝土宜按台阶分层连续浇筑完成，对于阶梯形基础，每一台阶作为一个浇捣层，每浇筑完一台阶宜稍停 0.5～1.0h，待其初步获得沉实后，再浇筑上层，基础上有插筋埋件时，应固定其位置。

2）杯形基础的支模宜采用封底式杯口模板，施工时应将杯口模板压紧，在杯底应预留观测孔或振捣孔，混凝土浇筑应对称均匀下料，杯底混凝土振捣应密实。

3）锥形基础模板应随混凝土浇捣分段支设并固定牢靠，基础边角处的混凝土应捣实密实。

（2）钢筋混凝土条形基础施工应符合下列规定：

1）绑扎钢筋时，底部钢筋应绑扎牢固，采用 HPB300 钢筋时，端部弯钩应朝上，柱的锚固钢筋下端应用 90°弯钩与基础钢筋绑扎牢固，按轴线位置校核后上端应固定牢靠。

2）混凝土宜分段分层连续浇筑，每层厚度宜为 300～500mm，各段各层间应互相衔接，混凝土浇捣应密实。

（3）基础混凝土浇筑完后，外露表面应在 12h 内覆盖并保湿养护。

3.2.3 筏形与箱形基础质量控制

（1）基础混凝土可采用一次连续浇筑，也可留设施工缝分块连续浇筑，施工缝宜留设在结构受力较小且便于施工的位置。

（2）采用分块浇筑的基础混凝土，应根据现场场地条件、基坑开挖流程、基坑施工监测数据等合理确定浇筑的先后顺序。

（3）在浇筑基础混凝土前，应清除模板和钢筋上的杂物，表面干燥的垫层、木模板应浇水湿润。

（4）筏形与箱形基础混凝土浇筑应符合下列规定：

1）混凝土应连续浇筑，且应均匀、密实。

2）混凝土浇筑的布料点宜接近浇筑位置，应采取减缓混凝土下料冲击的措施，混凝土自高处倾落的自由高度应根据混凝土的粗骨料粒径确定，粗骨料粒径大于 25mm 时不应大于 3m，粗骨料粒径不大于 25mm 时不应大于 6m。

（5）筏形与箱形基础大体积混凝土浇筑应符合下列规定：

1）混凝土宜采用低水化热水泥，合理选择外掺料、外加剂，优化混凝土配合比。

2）混凝土宜采用斜面分层浇筑方法，混凝土应连续浇筑，分层厚度不应大于 500mm，层间间隔时间不应大于混凝土的初凝时间。

（6）筏形与箱形基础后浇带和施工缝的施工应符合下列规定：

1）地下室柱、墙、反梁的水平施工缝应留设在基础顶面。

2）基础垂直施工缝应留设在平行于平板式基础短边的任何位置且不应留设在柱角范围，梁板式基础垂直施工缝应留设在次梁跨度中间的 1/3 范围内。

3）后浇带和施工缝处的钢筋应贯通，侧模应固定牢靠。

4）箱形基础的后浇带两侧应限制施工荷载，梁、板应有临时支撑措施。

5）后浇带混凝土强度等级宜比两侧混凝土提高一级，施工缝处后浇混凝土应待先浇混凝土强度达到 1.2MPa 后方可进行。

3.2.4 灌注桩质量控制

1. 一般规定

（1）成孔的控制深度应符合下列要求：

1）摩擦型桩：摩擦桩应以设计桩长控制成孔深度；端承摩擦桩必须保证设计桩长及桩端进入持力层深度。当采用锤击沉管法成孔时，桩管入土深度控制应以标高为主，以贯入度控制为辅。

2）端承型桩：当采用钻（冲）、挖掘成孔时，必须保证桩端进入持力层的设计深度；当采用锤击沉管法成孔时，桩管入土深度控制以贯入度为主，以控制标高为辅。

（2）钢筋笼制作应符合下列规定：

1）钢筋笼宜分段制作，分段长度应根据钢筋笼整体刚度、钢筋长度以及起重设备的有效高度等因素确定。钢筋笼接头宜采用焊接或机械式接头，接头应相互错开。

2）钢筋笼应采用环形胎模制作，钢筋笼主筋净距应符合设计要求。

3）钢筋笼的材质、尺寸应符合设计要求，钢筋笼制作允许偏差应符合表 3-1 的规定。

钢筋笼制作允许偏差（mm）　　　　　表 3-1

项目	允许偏差	检查方法
主筋间距	±10	用钢尺量
长度	±100	用钢尺量
箍筋间距	±20	用钢尺量
直径	±10	用钢尺量

4）钢筋笼主筋混凝土保护层允许偏差应为±20mm，钢筋笼上应设置保护层垫块，每节钢筋笼不应少于 2 组，每组不应少于 3 块，且应均匀分布于同一截面上。

（3）钢筋笼安装入孔时，应保持垂直，对准孔位轻放，避免碰撞孔壁。钢筋笼安装应符合下列规定：

1）下节钢筋笼宜露出操作平台 1m。

2）上下节钢筋笼主筋连接时，应保证主筋部位对正，且保持上下节钢筋笼垂直，焊接时应对称进行。

3）钢筋笼全部安装入孔后应固定于孔口，安装标高应符合设计要求，允许偏差应为±100mm。

2. 泥浆护壁成孔灌注桩

（1）泥浆制备应选用高塑性黏土或膨润土。泥浆应根据施工机械、工艺及穿越土层情况进行配合比设计。

（2）泥浆护壁应符合下列规定：

1）施工期间护筒内的泥浆面应高出地下水位 1.0m 以上，在受水位涨落影响时，泥浆面应高出最高水位 1.5m 以上。

2）在清孔过程中，应不断置换泥浆，直至灌注水下混凝土。

3）灌注混凝土前，孔底500mm以内的泥浆相对密度应小于1.25；含砂率不得大于8%；黏度不得大于28s。

（3）成孔时宜在孔位埋设护筒，护筒设置应符合下列规定：

1）护筒应采用钢板制作，应有足够刚度及强度；上部应设置溢流孔，下端外侧应采用黏土填实，护筒高度应满足孔内泥浆面高度要求，护筒埋设应进入稳定土层。

2）护筒上应标出桩位，护筒中心与孔位中心偏差不应大于50mm。

3）护筒内径应比钻头外径大100mm，冲击成孔和旋挖成孔的护筒内径应比钻头外径大200mm，垂直度偏差不宜大于1/100。

（4）正、反循环成孔钻进应符合下列规定：

1）成孔直径不应小于设计桩径，钻头宜设置保径装置。

2）在软土层中钻进，应根据泥浆补给及排渣情况控制钻进速度。

3）钻机转速应根据钻头形式、土层情况、扭矩及钻头切削具磨损情况进行调整，硬质合金钻头的转速宜为40～80r/min，钢粒钻头的转速宜为50～120r/min，牙轮钻头的转速宜为60～180r/min。

（5）冲击成孔质量控制应符合下列规定：

1）在成孔前以及过程中应定期检查钢丝绳、卡扣及转向装置，冲击时应控制钢丝绳放松量。

2）开孔时，应低锤密击，当表土为淤泥、细砂等软弱土层时，可加黏土块夹小片石反复冲击造壁，孔内泥浆面应保持稳定。

3）进入基岩后，应采用大冲程、低频率冲击，当发现成孔偏移时，应回填片石至偏孔上方300～500mm处，然后重新冲孔。

4）成孔过程中应及时排除废渣，排渣可采用泥浆循环或淘渣筒,淘渣筒直径宜为孔径的50%~70%,每钻进0.5~1.0m应淘渣一次,淘渣后应及时补充孔内泥浆。

5) 应采取有效的技术措施防止扰动孔壁、塌孔、扩孔、卡钻和掉钻及泥浆流失等事故。

6) 每钻进4~5m应验孔一次,在更换钻头前或容易缩孔处,均应验孔。

7) 进入基岩后,非桩端持力层每钻进300~500mm和桩端持力层每钻进100~300m时,应清孔取样一次,并应做记录。

(6) 钢筋笼吊装完毕后,应安置导管或气泵管二次清孔,并应进行孔位、孔径、垂直度、孔深,沉渣厚度等检验,合格后应立即灌注混凝土。

(7) 灌注水下混凝土的质量控制应满足下列要求:

1) 开始灌注混凝土时,导管底部至孔底的距离宜为300~500mm。

2) 应有足够的混凝土储备量,导管一次埋入混凝土灌注面以下不应少于0.8m。

3) 导管埋入混凝土深度宜为2~6m。严禁将导管提出混凝土灌注面,并应控制提拔导管速度,应有专人测量导管埋深及管内外混凝土灌注面的高差,填写水下混凝土灌注记录。

4) 灌注水下混凝土必须连续施工,每根桩的灌注时间应按初盘混凝土的初凝时间控制,对灌注过程中的故障应记录备案。

5) 应控制最后一次灌注量,超灌高度宜为0.8~1.0m,凿除泛浆后必须保证暴露的桩顶混凝土强度达到设计等级。

3. 长螺旋钻孔压灌桩

(1) 长螺旋钻孔压灌桩应进行试钻孔,数量不应少于2根。

(2) 钻机定位后,应进行复检,钻头与桩位偏差不应大于20mm,开孔时下钻速度应缓慢,钻进过程中,不宜反转或提升钻杆。

(3) 螺旋钻杆与出土装置导向轮间隙不得大于钻杆外径的4%,出土装置的出土斗离地面高度不应小于1.2m。

（4）钻进至设计深度后，应先泵入混凝土并停顿 $10\sim20s$，提钻速度应根据土层情况确定，且应与混凝土泵送量相匹配。

（5）桩身混凝土的压灌应连续进行，钻机移位时，混凝土泵料斗内的混凝土应连续搅拌，斗内混凝土面应高于料斗底面以上不少于 400mm。

（6）压灌桩的充盈系数宜为 $1.0\sim1.2$，桩顶混凝土超灌高度不宜小于 0.3m。

（7）成桩后应及时清除钻杆及泵（软）管内残留的混凝土。

（8）钢筋笼宜整节安放，采用分段安放时接头可采用焊接或机械连接。

（9）混凝土压灌结束后，应立即将钢筋笼插至设计深度。钢筋笼的插设应采用专用插筋器。

4. 沉管灌注桩

（1）锤击沉管灌注桩的施工应符合下列规定：

1）桩管、混凝土预制桩尖或钢桩尖的加工质量和埋设位置应符合设计要求，桩管与桩尖的接触面应平整且具有良好的密封性。

2）锤击开始前，应使桩管与桩锤、桩架在同一垂线上。

3）桩管沉到设计标高并停止振动后应立即浇筑混凝土，灌注混凝土之前，应检查桩管内有无吞桩尖或进土、水及杂物。

4）桩身配钢筋笼时，第一次混凝土应先灌至笼底标高，然后放置钢筋笼，再灌混凝土至桩顶标高。

5）拔管速度要均匀，一般土层宜为 1.0m/min，软弱土层和较硬土层交界处宜为 $0.3\sim0.8m/min$，淤泥质软土不宜大于 0.8m/min。

6）拔管高度应与混凝土灌入量相匹配，最后一次拔管应高于设计标高，在拔管过程中应检测混凝土面的下降量。

（2）振动、振动冲击沉管灌注桩单打法的施工应符合下列规定：

1）施工中应按设计要求控制最后 30s 的电流、电压值。

2）沉管到位后，应立即灌注混凝土，桩管内灌满混凝土后，应先振动再拔管，拔管时，应边拔边振，每拔出 0.5～1.0m 停拔，振动 5～10s，直至全部拔出。

3）拔管速度宜为 1.2～1.5m/min，在软弱土层中，拔管速度宜为 0.6～0.8m/min。

（3）振动、振动冲击沉管灌注桩反插法的施工应符合下列规定：

1）拔管时，先振动再拔管，每次拔管高度为 0.5～1.0m，反插深度为 0.3～0.5m，直至全部拔出。

2）拔管过程中，应分段添加混凝土，保持管内混凝土面不低于地表面或高于地下水位 1.0～1.5m，拔管速度应小于 0.5m/min。

3）距桩尖处 1.5m 范围内，宜多次反插以扩大桩端部断面。

4）穿过淤泥夹层时，应减慢拔管速度，并减少拔管高度和反插深度，流动性淤泥土层、坚硬土层中不宜使用反插法。

（4）沉管灌注桩的混凝土充盈系数不应小于 1.0。

（5）沉管灌注桩全长复打桩施工时，第一次灌注混凝土应达到自然地面，然后一边拔管一边清除黏在管壁上和散落在地面上的混凝土或残土。复打施工应在第一次灌注的混凝土初凝之前完成，初打与复打的桩轴线应重合。

（6）沉管灌注桩桩身配有钢筋时，混凝土的坍落度宜为 80～100mm，素混凝土桩宜为 70～80mm。

5. 干作业成孔灌注桩

（1）开挖前，桩位外应设置定位基准桩，安装护筒或护壁模板应用桩中心点校正其位置。

（2）采用螺旋钻孔机钻孔施工应符合下列规定：

1）钻孔前应纵横调平钻机，安装护筒，采用短螺旋钻孔机钻进，每次钻进深度应与螺旋长度相同。

2）钻进过程中应及时清除孔口积土和地面散落土。

3）砂土层中钻进遇到地下水时，钻深不应大于初见水位。

4）钻孔完毕，应用盖板封闭孔口，不应在盖板上行车。

（3）采用混凝土护壁时，第一节护壁应符合下列规定：

1）孔圈中心线与设计轴线的偏差不应大于 20mm。

2）井圈顶面应高于场地地面 150～200mm。

3）壁厚应较下面井壁增厚 100～150mm。

（4）人工挖孔桩的桩净距小于 2.5m 时，应采用间隔开挖和间隔灌注，且相邻排桩最小施工净距不应小于 5.0m。

（5）混凝土护壁立切面宜为倒梯形，平均厚度不应小于 100mm，每节高度应根据岩土层条件确定，且不宜大于 1000mm。混凝土强度等级不应低于 C20，并应振捣密实。护壁应根据岩土条件进行配筋，配置的构造钢筋直径不应小于 8mm，竖向筋应上下搭接或拉接。

（6）挖孔应从上而下进行，挖土次序宜先中间后周边。扩底部分应先挖桩身圆柱体，再按扩底尺寸从上而下进行。

（7）挖至设计标高终孔后，应清除护壁上的泥土和孔底残渣、积水，验收合格后，应立即封底和灌注桩身混凝土。

6. 灌注桩质量检查

灌注桩等桩基工程应进行桩位、桩长、桩径、桩身质量和单桩承载力的检验。

（1）施工前检验

1）施工前应严格对桩位进行检验。

2）混凝土拌制应对原材料质量与计量、混凝土配合比，坍落度、混凝土强度等级等进行检查。

3）钢筋笼制作应对钢筋规格、焊条规格，品种、焊口规格、焊缝长度，焊缝外观和质量、主筋和箍筋的制作偏差等进行检查，钢筋笼制作允许偏差应符合表 3-1 的要求。

（2）施工检验

1）灌注混凝土前，应对已成孔的中心位置、孔深、孔径、垂直度，孔底沉渣厚度进行检验。

2）应对钢筋笼安放的实际位置等进行检查，并填写相应质量检测、检查记录。

3）干作业条件下成孔后应对大直径桩桩端持力层进行检验。

4）对于挤土顶制桩和挤土灌注桩，施工过程均应对桩顶和地面土体的竖向和水平位移进行系统观测；若发现异常，应采取复打、复压、引孔、设置排水措施及调整沉桩速率等措施。

（3）施工后检验

1）根据不同桩型应按规范规定检查成桩桩位偏差。

2）工程桩应进行承载力和桩身质量检验。

3）有下列情况之一的桩基工程，应采用静荷载试验对工程桩单桩竖向承载力进行检测，检测数量应根据桩基设计等级、施工前取得试验数据的可靠性因素，按现行行业标准《建筑基桩检测技术规范》JGJ 106确定：

① 工程施工前已进行单桩静载试验，但施工过程变更了工艺参数或施工质量出现异常时。

② 施工前工程未进行单桩静载试验的工程。

③ 地质条件复杂、桩的施工质量可靠性低。

④ 采用新桩型或新工艺。

4）有下列情况之一的桩基工程，可采用高应变动测法对工程桩单桩竖向承载力进行检测：

① 除上述3）规定条件外的桩基。

② 设计等级为甲、乙级的建筑桩基静载试验检测的辅助检测。

5）桩身质量除对预留混凝土试件进行强度等级检验外，尚应进行现场检测。检测方法可采用可靠的动测法，对于大直径桩还可采取钻芯法、声波透射法；检测数量可根据现行行业标准《建筑基桩检测技术规范》JGJ 106确定。

6）对专用抗拔桩和对水平承载力有特殊要求的桩基工程，应进行单桩抗拔静载试验和水平静载试验检测。

3.2.5 钢筋混凝土预制桩质量控制

（1）预制桩应符合国家现行标准《先张法预应力混凝土管

桩》GB 13476 和现行行业标准《预制钢筋混凝土方桩》JC 934 等的规定。

（2）混凝土预制桩的混凝土强度达到 70% 后方可起吊，达到 100% 后方可运输。

（3）混凝土预制桩制作允许偏差应符合现行国家标准《建筑地基基础工程施工规范》GB 51004 的规定。

（4）预制桩在施工现场运输、吊装过程中，严禁拖拉。

（5）接桩时，接头宜高出地面 0.5～1.0m，不宜在桩端进入硬土层时停顿或接桩。单根桩沉桩宜连续进行。

（6）锤击沉桩时应符合下列规定：

1）地表以下有厚度为 10m 以上的流塑性淤泥土层时，第一节桩下沉后宜设置防滑箍进行接桩作业。

2）桩锤、桩帽及送桩器应和桩身在同一中心线上，桩插入时的垂直度偏差不得大于 1/200。

3）沉桩顺序应按先深后浅、先大后小、先长后短、先密后疏的次序进行。

4）密集桩群应控制沉桩速率，宜自中间向两个方向或四周对称施打，一侧毗邻建（构）筑物或设施时，应由该侧向远离该侧的方向施打。

（7）当遇到贯入度剧变，桩身突然发生倾斜、位移或有严重回弹、桩顶或桩身出现严重裂缝、破碎等情况时，应暂停打桩，并分析原因，采取相应措施。

（8）锤击桩终止沉桩的控制标准应符合下列规定：

1）终止沉桩应以桩端标高控制为主，贯入度控制为辅，当桩端达到坚硬、硬塑的黏性土，中密以上粉土、砂土、碎石类土及风化岩时，可以贯入度控制为主，桩端标高控制为辅。

2）贯入度已达到设计要求而桩端标高未达到时，应继续锤击 3 阵，按每阵 10 击的贯入度不大于设计规定的数值予以确认，必要时施工控制贯入度应通过试验与设计协商确定。

（9）静力压桩施工的质量控制应符合下列规定：

1）第一节桩下压时垂直度偏差不应大于0.5%。

2）宜将每根桩一次性连续压到底，且最后一节有效桩长不宜小于5m。

3）抱压力不应大于桩身允许侧向压力的1.1倍。

4）对于大面积桩群，应控制日压桩量。

（10）静压送桩的质量控制应符合下列规定。

1）测量桩的垂直度并检查桩头质量，合格后方可送桩，压桩、送桩作业应连续进行。

2）送桩应采用专制钢质送桩器，不得将工程桩用作送桩器。

3）当场地上多数桩的有效桩长小于或等于15m或桩端持力层为风化软质岩，需要复压时，送桩深度不宜超过1.5m。

4）除满足上述3）规定外，当桩的垂直度偏差小于1%，且桩的有效桩长大于15m时，静压桩送桩深度不宜超过8m。

5）送桩的最大压桩力不宜超过桩身允许抱压压桩力的1.1倍。

（11）引孔压桩法质量控制应符合下列规定：

1）引孔宜采用螺旋钻干作业法；引孔的垂直度偏差不宜大于0.5%。

2）引孔作业和压桩作业应连续进行，间隔时间不宜大于12h；在软土地基中不宜大于3h。

3）引孔中有积水时，宜采用开口型桩尖。

（12）静压桩终压的控制标准应符合下列规定：

1）静压桩应以标高为主，压力为辅。

2）静压桩终压标准可结合现场试验结果确定。

3）终压连续复压次数应根据桩长及地质条件等因素确定，对于入土深度大于或等于8m的桩，复压次数可为2~3次，对于入土深度小于8m的桩，复压次数可为3~5次。

4）稳压压桩力不应小于终压力，稳定压桩的时间宜为5~10s。

（13）混凝土预制桩应进行桩位、桩长、桩径、桩身质量和单桩承载力的检验。

（14）施工前应严格对桩位进行检验。

（15）预制桩（混凝土预制桩、钢桩）施工前应进行下列检验：

1）成品桩应按选定的标准图或设计图制作，现场应对其外观质量及桩身混凝土强度进行检验。

2）应对接桩用焊条、压桩用压力表等材料和设备进行检验。

（16）预制桩（混凝土预制桩、钢桩）施工过程中应进行下列检验：

1）打入（静压）深度、停锤标准、静压终止压力值及桩身（架）垂直度检查。

2）接桩质量、接桩间歇时间及桩顶完整状况。

3）每米进尺锤击数、最后 1.0m 进尺锤击数、总锤击数，最后三阵贯入度及桩尖标高等。

（17）施工后检验参见"3.2.4 灌注桩质量控制"相关内容。

3.2.6 钢桩质量控制

（1）钢桩制作应符合下列规定：

1）制作钢桩的材料应符合设计要求，并有出厂合格证明和试验报告，现场制作钢桩应有平整的场地及挡风防雨设施。

2）钢桩的分段长度应与沉桩工艺及沉桩设备相适应，同时应考虑制作条件、运输和装卸能力，长度不宜大于 15m。

3）用于地下水有侵蚀性的地区或腐蚀性土层的钢桩，应按设计要求作防腐处理。

（2）钢管桩制作外形尺寸允许偏差、H 型桩及其他异型钢桩制作外形允许偏差应符合现行国家标准《建筑地基基础工程施工规范》GB 51004 的规定。

（3）钢管桩对接接口允许偏差应符合下列规定：

1）管节对口拼装时，相邻管节的焊缝应错开 1/8 周长以上。相邻管节：管径≤700mm 时，管径允许偏差≤2mm；管径＞700mm 时，管径允许偏差≤3mm。

2）管节对口拼接时，相邻管节对口板边高差的允许偏差应符合表3-2的规定。

相邻管节对口板边高差的允许偏差　　　　表3-2

板厚δ(mm)	允许偏差(mm)
δ≤10	≤1
10<δ≤20	≤2
δ>20	<δ/10,且≤3

（4）钢桩的每个接头焊接完毕，应冷却1min后方可锤击，每个接头除应进行外观检查外，尚应按接头总数的5%做超声波检查，同一工程中，探伤检查不应少于3个接头。

（5）钢桩施工过程中的桩位允许偏差应为50mm。直桩垂直度偏差应小于1/100，斜桩倾斜度的偏差应为倾斜角正切值的15%。

（6）质量检验参见"3.2.5钢筋混凝土预制桩质量控制"中相关内容。

3.2.7 沉井和沉箱质量控制

1. 沉井

（1）沉井制作的质量应符合现行国家标准《建筑地基基础工程施工质量验收规范》GB 50202的规定。

（2）沉井下沉结束，刃脚平均标高与设计标高的偏差不得超过100mm；沉井水平位移不得超过下沉总深度的1%，当下沉总深度小于10m时，其水平位移不得超过100mm。矩形沉降刃脚底面四角（圆形沉井为相互垂直两直径与圆周的交点）中的任何两角的高差，不得超过该两角间水平距离的1%，且最大不得超过300mm。如两角间水平距离小于10m，其刃脚底面高差允许为100mm。

2. 沉箱

（1）在沉箱结构制作期间，需对结构制作偏差等内容进行控制，以便控制沉箱制作质量。沉箱制作时的质量控制应符合现行国家标准《建筑地基基础工程施工质量验收规范》GB 50202的规定。

（2）在沉箱下沉期间，需对沉箱的下沉姿态进行控制，以便掌握沉箱下沉深度及偏差情况，便于及时调整各施工参数，确保沉箱最终下沉施工精度，对沉箱下沉质量进行控制。一般沉箱下沉时，在初期阶段由于插入土体深度浅，是容易出现下沉偏差的阶段，但是也容易进行调整。因此在沉箱下沉初期应根据监测情况控制好沉箱姿态，以便形成良好下沉轨道。在沉箱下沉中期，沉箱下沉轨道已形成，应以保证施工效率为主。在沉箱下沉后期，应逐渐控制下沉速度，而根据监测情况以调整沉箱下沉姿态为主。使沉箱下沉至设计标高时能够满足施工精度要求。

当沉箱下沉至设计标高，准备封底施工时，一般应进行 8h 连续观察，如下沉量小于 10mm，即可进行封底混凝土浇筑施工。沉箱下沉结束后，其质量控制指标应符合现行国家标准《建筑地基基础工程施工质量验收规范》GB 50202 的规定。

（3）沉箱封底的质量控制标准应符合现行国家标准《建筑地基基础工程施工质量验收规范》GB 50202 的规定。

（4）在沉箱施工的过程中，有必要对沉箱的结构内力、基坑周围土体和基坑周边的环境进行全面和系统的监测。一方面，通过监测对沉箱的变形及内力进行实时监控，从而确保结构本身的安全并保证周边的环境的变形在可控范围内；另一方面，监测的结果可以验证设计时所采取的假设和参数的正确性，评价相关的施工技术措施的效果，指导沉箱的施工。

在沉箱结构制作及下沉过程中，需对沉箱各施工阶段进行监测。主要内容包括：由于沉箱工艺是采取先在地面进行结构制作，随后进行下沉的施工工艺。在结构制作期间，需对结构制作偏差，制作阶段结构的地面沉降情况等内容进行监测。在沉箱下沉期间，需对沉箱的下沉姿态进行控制。

结合相关施工经验，在沉箱下沉阶段监测内容主要包括沉箱姿态情况、沉箱下沉深度、工作室内气压大小等数据。

3.3 基坑工程

3.3.1 灌注桩排桩围护墙质量控制

（1）灌注桩在施工前应进行试成孔，试成孔数量应根据工程规模及施工场地地质情况确定，且不宜少于2根。

（2）混凝土灌注桩设有预埋件时，应根据预埋件用途和受力特点的要求，控制其安装位置及方向。

（3）非均匀配筋的钢筋笼吊放安装时，严禁旋转或倒置，钢筋笼扭转角度应小于5°。

（4）灌注桩排桩施工质量控制应符合下列规定：

1）桩位偏差，轴线及垂直轴线方向均不宜大于50mm。

2）孔深偏差应为300mm，孔底沉渣不应大于200mm。

3）桩身垂直度偏差不应大于1/150，桩径允许偏差应为30mm。

（5）采用混凝土灌注桩时，其质量检测应符合下列规定：

1）应采用低应变动测法检测桩身完整性，检测桩数不宜少于总桩数的20％，且不得少于5根。

2）当根据低应变动测法判定的桩身完整性为Ⅲ类或Ⅳ类时，应采用钻芯法进行验证，并应扩大低应变动测法检测的数量。

3.3.2 板桩围护墙质量控制

（1）混凝土板桩转角处应设置转角桩，钢板桩在转角处应设置异形板桩。初始桩和转角桩应较其他桩加长2～3m。初始桩和转角桩的桩尖应制成对称形。

（2）板桩围护墙基坑邻近建（构）筑物及地下管线时，应采用静力压桩法施工，并应采用导孔法或根据环境状况控制压桩施工速率。

（3）钢板桩施工应符合下列规定：

1）钢板桩的规格、材质及排列方式应符合设计或施工工艺要求，钢板桩堆放场地应平整坚实，组合钢板桩堆高不宜大于

3 层。

2）钢板桩打入前应进行验收，桩体不应弯曲，锁口不应有缺损和变形，钢板桩锁口应通过套锁检查后再施工。

3）桩身接头在同一标高处不应大于 50%，接头焊缝质量不应低于 Ⅱ 级焊缝要求。

4）钢板桩施工时，应采用减少沉桩时的挤土与振动影响的工艺与方法，并应采用注浆等措施控制钢板桩拔出时由于土体流失造成的邻近设施下沉。

（4）混凝土板桩构件的拆模应在强度达到设计强度 30% 后进行，吊运应达到设计强度的 70%，沉桩应达到设计强度的 100%。

（5）混凝土板桩沉桩施工中，凹凸榫应楔紧。

（6）板桩回收应在地下结构与板桩墙之间回填施工完成后进行。钢板桩在拔除前应先用振动锤夹紧并振动，拔除后的桩孔应及时注浆填充。

（7）钢板桩均为工厂成品，新桩可按出厂标准检验，重复使用的钢板桩应符合现行国家标准《建筑地基基础工程施工质量验收规范》GB 50202 及相关规范的规定。

3.3.3 咬合桩围护墙质量控制

（1）咬合桩施工前，应沿咬合桩两侧设置导墙，导墙上的定位孔直径应大于套管或钻头直径 30～50mm，导墙厚度宜为 200～500mm。导墙结构应建于坚实的地基上，并能承受施工机械设备等附加荷载。套管的垂直度偏差不应大于 2‰。

（2）桩垂直度偏差不应大于 3‰，桩位偏差值应小于 10mm，桩孔口中心允许偏差应为 ±10mm。

（3）采用全套管钻孔时，应保持套管底口超前于取土面且深度不小于 2.5m。

（4）全套管法施工时，应保证套管的垂直度，钻至设计标高后，应先灌入 2～3m³ 混凝土，再将套管搓动（或回转）提升200～300mm。边灌注混凝土边拔套管，混凝土应高出套管底端不小于 2.5m。地下水位较高的砂土层中，应采取水下混凝土浇筑工艺。

3.3.4 型钢水泥土搅拌墙质量控制

（1）型钢宜在水泥土搅拌墙施工结束后 30min 内插入，相邻型钢焊接接头位置应相互错开，竖向错开距离不宜小于 1m。

（2）采用型钢水泥土搅拌墙作为基坑支护结构时，基坑开挖前应检验水泥土搅拌桩的桩身强度，强度指标应符合设计要求。水泥土搅拌桩的桩身强度宜采用浆液试块强度试验的方法确定，也可以采用钻取桩芯强度试验的方法确定，并应符合下列规定：

1）浆液试块强度试验应提取刚搅拌完成且尚未凝固的水泥土搅拌桩浆液。

试验数量及方法：每台班抽查 1 根桩，每根桩设不少于 2 个取样点，应在基坑坑底以上 1m 范围内和坑底以上最软弱土层处的搅拌桩内设置取样点，每个取样点制作 3 件水泥土试块。

2）钻取桩芯强度试验应采用地质钻机并选择可靠的取芯钻具，钻取搅拌桩施工后 28d 龄期的水泥土芯样，钻取的芯样应立即密封并及时进行无侧限抗压强度试验。

取芯数量及方法：抽取总桩数的 2%，并不应少于 3 根，每根桩取芯数量为在连续钻取的全桩长范围内的桩芯上取不少于 5 组，每组 3 件试块，取样点应取沿桩长不同深度和不同土层处的 5 点，在基坑坑底附近应设取样点，钻取桩芯得到的试块强度，宜根据钻取桩芯过程中芯样的损伤情况，乘以 1.2～1.3 的系数，钻孔取芯完成后的空隙应注浆填充。

3）当能建立静力触探、标准贯入或动力触探等原位测试结果与浆液试块强度试验或钻取桩芯强度试验结果的对应关系时，也可采用试块或芯样强度试验结合原位试验的方法综合检验桩身强度。

（3）型钢水泥土搅拌墙成墙期监控、成墙验收中除桩体强度检验项目外，基坑开挖期质量检查尚应符合现行行业标准《型钢水泥土搅拌墙技术规程》JGJ/T 199 的规定。

3.3.5　地下连续墙质量控制

（1）成槽施工前，应沿地下连续墙两侧设置导墙，导墙宜采用混凝土结构，且混凝土强度等级不宜低于 C20。导墙底面不宜设置在新近填土上，且埋深不宜小于 1.5m。导墙的强度和稳定性应满足成槽设备和顶拔接头管施工的要求。

（2）成槽前，应根据地质条件进行护壁泥浆材料的试配及室内性能试验，泥浆配比应按试验确定。泥浆拌制后应贮放 24h，待泥浆材料充分水化后方可使用。成槽时，泥浆的供应及处理设备应满足泥浆使用量的要求，泥浆的性能应符合相关技术指标的要求。

（3）单元槽段宜采用间隔一个或多个槽段的跳幅施工顺序。每个单元槽段，挖槽分段不宜超过 3 个。成槽时，护壁泥浆液面应高于导墙底面 500mm。

（4）槽段接头应满足混凝土浇筑压力对其强度和刚度的要求。安放槽段接头时，应紧贴槽段垂直缓慢沉放至槽底。遇到阻碍时，槽段接头应在清除障碍后入槽。混凝土浇灌过程中应采取防止混凝土产生绕流的措施。

（5）钢筋笼制作时，纵向受力钢筋的接头不宜设置在受力较大处。同一连接区段内，纵向受力钢筋的连接方式和连接接头面积百分率应符合现行国家标准《混凝土结构设计规范》GB 50010 对板类构件的规定。

1）钢筋笼应设置定位垫块，垫块在垂直方向上的间距宜取 3~5m，在水平方向上宜每层设置 2~3 块。

2）单元槽段的钢筋笼宜整体装配和沉放。需要分段装配时，宜采用焊接或机械连接，钢筋接头的位置宜选在受力较小处，并应符合现行国家标准《混凝土结构设计规范》GB 50010 对钢筋连接的有关规定。

3）钢筋笼应根据吊装的要求，设置纵横向起吊桁架；桁架主筋宜采用 HRB400 级钢筋，钢筋直径不宜小于 20mm，且应满足吊装和沉放过程中钢筋笼的整体性及钢筋笼骨架不产生塑性变形的要求。钢筋连接点出现位移、松动或开焊时，钢筋笼不得入槽，应重新制作或修整完好。

（6）地下连续墙应采用导管法浇筑混凝土。导管拼接时，其接缝应密闭。混凝土浇筑时，导管内应预先设置隔水栓。

（7）槽段长度不大于 6m 时，混凝土宜采用两根导管同时浇筑；槽段长度大于 6m 时，混凝土宜采用三根导管同时浇筑。每根导管分担的浇筑面积应基本均等。钢筋笼就位后应及时浇筑混凝土。混凝土浇筑过程中，导管埋入混凝土面的深度宜在 2.0～4.0m 之间，浇筑液面的上升速度不宜小于 3m/h。混凝土浇筑面宜高于地下连续墙设计顶面 500mm。

（8）除有特殊要求外，地下连续墙的施工偏差应符合现行国家标准《建筑地基基础工程施工质量验收规范》GB 50202 的规定。

（9）地下连续墙的质量检测应符合下列规定：

1）应进行槽壁垂直度检测，检测数量不得小于同条件下总槽段数的 20％，且不应少于 10 幅；当地下连续墙作为主体地下结构构件时，应对每个槽段进行槽壁垂直度检测。

2）应进行槽底沉渣厚度检测；当地下连续墙作为主体地下结构构件时，应对每个槽段进行槽底沉渣厚度检测。

3）应采用声波透射法对墙体混凝土质量进行检测，检测墙段数量不宜少于同条件下总墙段数的 20％，且不得少于 3 幅，每个检测墙段的预埋超声波管数不应少于 4 个，且宜布置在墙身截面的四边中点处。

4）当根据声波透射法判定的墙身质量不合格时，应采用钻芯法进行验证。

5）地下连续墙作为主体地下结构构件时，其质量检测尚应符合相关标准的要求。

3.3.6 水泥土重力式围护墙质量控制

（1）水泥土重力式围护墙施工时遇有明浜、洼地，应抽水和清淤，并应回填素土压实，不应回填杂填土，遇有暗浜时应增加水泥掺量。

（2）围护墙体应采用连续搭接的施工方法，应控制桩位偏差和桩身垂直度，应有足够的搭接长度并形成连续的墙体。

（3）水泥土重力式围护墙顶部应设置钢筋混凝土压顶板，压顶板与水泥土加固体间应设置连接钢筋。

（4）钢管、钢筋或毛竹插入时应采取可靠的定位措施，并应在成桩后 16h 内施工完毕。

（5）水泥土重力式围护墙应按成桩施工期、基坑开挖前和基坑开挖期三个阶段进行质量检测。

（6）采用双轴水泥土搅拌桩的质量检测应符合下列规定：

1）成桩施工期质量检测应包括原材料检查、掺合比试验、搅拌和喷浆起止时间等。

2）基坑开挖前，应对围护结构进行质量检测，宜采用钻取桩芯的方法检测桩长和桩身强度，对开挖深度大于 5m 的基坑应采用制作水泥土试块的方法检测桩身强度，质量检测应符合下列规定：

① 应采用边长为 70.7mm 的立方体试块，宜每个机械台班抽查 2 根桩，每根桩制作水泥土试块三组，取样点应低于有效桩顶下 3m，试块应在水下养护并测定龄期 28d 的无侧限抗压强度。

② 钻取桩芯宜采用 $\phi110$ 钻头，在开挖前或搅拌桩龄期达到 28d 后连续钻取全桩长范围内的桩芯，桩芯应呈硬塑状态并无明显的夹泥、夹砂断层，芯样应立即封存并及时进行强度试验，取样数量不少于总桩数的 1% 且不应少于 5 根，单根取芯数量不应少于 3 组，每组 3 件试块，第一次取芯不合格应加倍取芯，取芯应随机进行。

3）基坑开挖期应对开挖面桩体外观质量以及桩体渗漏水等情况进行质量检查。

3.3.7 土钉墙质量控制

（1）土钉成孔的允许偏差应符合表 3-3 的规定。

（2）土钉筋体保护层厚度不应小于 25mm。

土钉成孔的允许偏差 表 3-3

项目	允许偏差
孔位	±100mm
成孔倾角	±3″
孔深	+50mm 0
孔径	±10mm

（3）成孔过程中遇到障碍需调整孔位时，不应降低原有支护设计的安全度。

（4）土钉墙的质量检测应符合下列规定：

1）应对土钉的抗拔承载力进行检测，土钉检测数量不宜少于土钉总数的1%，且同一土层中的土钉检测数量不应少于3根；对安全等级为二级、三级的土钉墙，抗拔承载力检测值分别不应小于土钉轴向拉力标准值的1.3倍、1.2倍；检测土钉应采用随机抽样的方法选取；检测试验应在注浆固结体强度达到10MPa或达到设计强度的70%后进行；当检测的土钉不合格时，应扩大检测数量。

2）应进行土钉墙面层喷射混凝土的现场试块强度试验，每500m² 喷射混凝土面积的试验数量不应少于一组，每组试块不应少于3个。

3）应对土钉墙的喷射混凝土面层厚度进行检测，每 500m² 喷射混凝土面积的检测数量不应少于一组，每组的检测点不应少于3个；全部检测点的面层厚度平均值不应小于厚度设计值，最小厚度不应小于厚度设计值的80%。

4）复合土钉墙中的预应力锚杆，应进行抗拔承载力检测。

5）复合土钉墙中的水泥土搅拌桩或旋喷桩用作截水帷幕时，应在基坑开挖前或开挖时，检测水泥土固结体的尺寸、搭接宽度；检测点应按随机方法选取或选取施工中出现异常、开挖中出现漏水的部位；对设置在支护结构外侧单独的截水帷幕，其质量可通过开挖后的截水效果判断。

6）对施工质量有怀疑时，可在搅拌桩、高压喷射注浆液固结后，采用钻芯法检测帷幕固结体的单轴抗压强度、连续性及深度；检测点的数量不应少于 3 处。

3.3.8　内支撑质量控制

（1）支撑系统施工应符合《钢结构工程施工质量验收规范》GB 50205 和《混凝土结构工程施工质量验收规范》GB 50204 的有关规定，且应符合现行国家标准《建筑地基基础工程施工质量验收规范》GB 50202 的规定。

（2）立柱的施工应符合下列要求：

1）立柱桩混凝土的浇筑面宜高于设计桩顶 500mm。

2）采用钢立柱时，立柱周围的空隙应用碎石回填密实，并宜辅以注浆措施。

3）立柱的定位和垂直度宜采用专门措施进行控制，对格构柱、H 型钢柱，尚应同时控制转向偏差。

（3）内支撑的施工偏差应符合下列要求：

1）支撑标高的允许偏差应为 30mm。

2）支撑水平位置的允许偏差应为 30mm。

3）临时立柱平面位置的允许偏差应为 50mm，垂直度的允许偏差应为 1/150。

（4）支撑结构爆破拆除前，应对永久结构及周边环境采取隔离防护措施。

3.4　土 方 施 工

3.4.1　土方开挖质量控制

1. 对定位放线的控制

复核建筑物的定位桩、轴线、方位和几何尺寸。

2. 对土方开挖的控制

检查挖土标高、截面尺寸、放坡和排水。地下水位应保持低于开挖面 500mm 以下。

基坑开挖完毕应由施工单位、设计单位、勘察单位、监理单位或建设单位等有关人员共同到现场进行检查、鉴定验槽，核对地质资料，检查地基土与工程地质勘察报告、设计图纸要求是否相符合，有无破坏原状土结构或发生较大的扰动现象。

3. 基坑（槽）验收

由施工单位、设计单位、监理单位或建设单位、质量监督部门等共同进行验槽、用表面检查验槽法，必要时采用钎探检查，检查合格，填写基坑槽验收记录，办理交接手续。

3.4.2 土方运输质量控制

（1）严禁超载运输土方，运输过程中应进行覆盖，严格控制车速，不超速、不超重，安全生产。

（2）施工现场运输道路要布置有序，避免运输混杂、交叉，影响安全及进度。

（3）土方运输装卸要有专人指挥倒车。

3.4.3 土方回填与压实质量控制

1. 填料要求与含水量控制

填方土料应符合设计要求，如设计无要求时应符合以下规定：

（1）碎石类土、砂土和爆破石渣（粒径不大于每层铺土厚度的 2/3），可用于表层下的填料。

（2）含水量符合压实要求的黏性土，可作各层填料。

（3）淤泥和淤泥质土，一般不作填料，在软土层区，经处理符合要求的，可填筑次要部位。

（4）填土土料含水量的大小，直接影响到压实质量，在压实前应先试验，以得到符合密实度要求条件下的最优含水量和最少压实夯实遍数。黏性土料施工含水量与最优含水量之差，可控制在±2%范围内。

2. 基底处理

（1）场地回填应先清除基底上垃圾、草皮、树根，排除坑穴中的积水、淤泥和杂物，并应采取措施防止地表滞水流入填方区，浸泡地基，造成基土塌陷。

（2）当填方基底为松土时，应将基底充分夯实和碾压密实。

（3）当填方位于水田、沟渠、池塘等松散土地段，应排水疏干，或作换填处理。

（4）当填土场地陡于 1/5 时，应将斜坡挖成阶梯形，阶高 0.2～0.3m，阶宽大于 1m，分层填土。

3. 质量控制与检验

（1）回填施工过程中应检查排水措施，每层填筑厚度、含水量控制和压实程序。

（2）对每层回填的质量进行检验，采用环刀法（或灌砂法、灌水法）取样测定土（石）的干密度，求出土（石）的密实度，或用小轻便触探仪检验干密度和密实度。

（3）基坑和室内填土，每层按 100～500m² 取样 1 组；场地平整填方，每层按 400～900m² 取样一组；基坑和管沟回填每 20～50m² 取样 1 组，但每层均不少于 1 组，取样部位在每层压实后的下半部。

（4）干密度应有 90％以上符合设计要求，10％的最低值与设计值之差，不大于 0.08t/m³，且不应集中。

（5）填方施工结束后应检查标高、边坡坡度、压实程度等，检验标准参见现行国家标准《建筑地基基础工程施工质量验收规范》GB 50202 及相关规范的规定。

3.5 地下水控制

3.5.1 集水明排

为防止排水沟和集水井在使用过程中出现渗透现象，施工中可在底部浇筑素混凝土垫层，在沟两侧采用水泥砂浆护壁。土方施工过程中，应注意定期清理排水沟中的淤泥，以防止排水沟堵塞。另外还要定期观测排水沟是否出现裂缝，及时进行修补，避免渗漏。

3.5.2　截水

基坑工程隔水措施可采用水泥土搅拌桩、高压喷射注浆、地下连续墙、咬合桩、小齿口钢板桩等。有可靠工程经验时，可采用地层冻结技术（冻结法）阻隔地下水。当地质条件、环境条件复杂或基坑工程等级较高时，可采用多种隔水措施联合使用的方式，增强隔水可靠性。如搅拌桩结合旋喷桩、地下连续墙结合旋喷桩、咬合桩结合旋喷桩等。

隔水帷幕在设计深度范围内应保证连续性，在平面范围内宜封闭，确保隔水可靠性。其插入深度应根据坑内潜水降水要求、地基土抗渗流（或抗管涌）稳定性要求确定。隔水帷幕的自身强度应满足设计要求，抗渗性能应满足自防渗要求。

基坑预降水期间可根据坑内、外水位观测结果判断止水帷幕的可靠性；当基坑隔水帷幕出现渗水时，可设置导水管、导水沟等构成明排系统，并应及时封堵。水、土流失严重时，应立即回填基坑后再采取补救措施。

3.5.3　井点降水

每根喷射井点管埋设完毕，必须及时进行单井试抽，排出的浑浊水不得回入循环管路系统，试抽时间要持续到水由浑浊变清为止。喷射井点系统安装完毕，亦需进行试抽，不应有漏气或翻砂冒水现象。工作水应保持清洁，在降水过程中应视水质浑浊程度及时更换。

3.5.4　回灌

对于坑内减压降水，坑外回灌井深度不宜超过承压含水层中基坑截水帷幕的深度，以影响坑内减压降水效果。对于坑外减压降水，回灌井与减压井的间距宜通过计算确定，回灌砂井或回灌砂沟与降水井点的距离一般不宜小于 6m，以防降水井点仅抽吸回灌井点的水，而使基坑内水位无法下降。回灌砂沟应设在透水性较好的土层内。在回灌保护范围内，应设置水位观测井，根据水位动态变化调节回灌水量。

回灌井施工结束至开始回灌，应至少有2~3周的时间间隔，以保证井管周围止水封闭层充分密实，防止或避免回灌水沿井管周围向上反渗、地面泥浆水喷溢。井管外侧止水封闭层顶至地面之间，宜用素混凝土充填密实。

为保证回灌畅通，回灌井过滤器部位宜扩大孔径或采用双层过滤结构。回灌过程中为防止回灌井堵塞，每天应进行至少1~2次回扬，至出水由浑浊变清后，恢复回灌。

回灌水必须是洁净的自来水或利用同一含水层中的地下水，并应经常检查回灌设施，防止堵塞。

4 地下防水工程

4.1 主体结构防水工程

4.1.1 防水混凝土质量控制

1. 一般规定

（1）防水混凝土适用于抗渗等级不小于 P6 的地下混凝土结构。不适用于环境温度高于 80℃的地下工程。处于侵蚀性介质中，防水混凝土的耐侵蚀性要求应符合现行国家标准《工业建筑防腐蚀设计规范》GB 50046 和《混凝土结构耐久性设计规范》GB 50476 的有关规定。

（2）防水混凝土的施工配合比应通过试验确定，试配混凝土的抗渗等级应比设计要求提高 0.2MPa。

（3）防水混凝土结构底板的混凝土垫层，强度等级不应小于 C15，厚度不应小于 100mm，在软弱土层中不应小于 150mm。

（4）防水混凝土结构，应符合下列规定：

1）结构厚度不应小于 250mm。

2）裂缝宽度不得大于 0.2mm，并不得贯通。

3）钢筋保护层厚度应根据结构的耐久性和工程环境选用，迎水面钢筋保护层厚度不应小于 50mm。

（5）防水混凝土配料应按配合比准确称量。

（6）防水混凝土采用预拌混凝土时，入泵坍落度宜控制在 120～160mm，坍落度每小时损失不应大于 20mm，坍落度总损失值不应大于 40mm。

（7）防水混凝土应分层连续浇筑，分层厚度不得大于 500mm。

（8）用于防水混凝土的模板应拼缝严密、支撑牢固。

（9）防水混凝土拌合物应采用机械搅拌，搅拌时间不宜小于2min。掺外加剂时，搅拌时间应根据外加剂的技术要求确定。

（10）防水混凝土拌合物在运输后如出现离析，必须进行二次搅拌。当坍落度损失后不能满足施工要求时，应加入原水胶比的水泥浆或掺加同品种的减水剂进行搅拌，严禁直接加水。

（11）防水混凝土应采用机械振捣，避免漏振、欠振和超振。

（12）防水混凝土结构内部设置的各种钢筋或绑扎铁丝，不得接触模板。用于固定模板的螺栓必须穿过混凝土结构时，可采用工具式螺栓或螺栓加堵头，螺栓上应加焊方形止水环。拆模后应将留下的凹槽用密封材料封堵密实，并应用聚合物水泥砂浆抹平。

（13）防水混凝土分项工程检验批的抽样检验数量，应按混凝土外露面积每 100m^2 抽查 1 处，每处 10m^2，且不得少于3 处。

2. 防水混凝土试件留置

（1）防水混凝土抗压强度试件，应在混凝土浇筑地点随机取样后制作，并应符合下列规定：

1）同一工程、同一配合比的混凝土，取样频率与试件留置组数应符合现行国家标准《混凝土结构工程施工质量验收规范》GB 50204 的有关规定。

2）抗压强度试验应符合现行国家标准《普通混凝土力学性能试验方法标准》GB/T 50081 的有关规定。

3）结构构件的混凝土强度评定应符合现行国家标准《混凝土强度检验评定标准》GB/T 50107 的有关规定。

（2）防水混凝土抗渗性能应采用标准条件下养护混凝土抗渗试件的试验结果评定，试件应在混凝土浇筑地点随机取样后制作，并应符合下列规定：

1）连续浇筑混凝土每 500m^3 应留置一组 6 个抗渗试件，且每项工程不得少于两组；采用预拌混凝土的抗渗试件，留置组数应视结构的规模和要求而定。

2）抗渗性能试验应符合现行国家标准《普通混凝土长期性能和耐久性能试验方法标准》GB/T 50082 的有关规定。

4.1.2 水泥砂浆防水层质量控制

（1）防水砂浆应包括聚合物水泥防水砂浆、掺外加剂或掺合料的防水砂浆，宜采用多层抹压法施工。水泥砂浆防水层适用于地下工程主体结构的迎水面或背水面。不适用于受持续振动或环境温度高于 80℃的地下工程。

（2）聚合物水泥防水砂浆厚度单层施工宜为 6～8mm，双层施工宜为 10～12mm；掺外加剂或掺合料的水泥防水砂浆厚度宜为 18～20mm。

（3）水泥砂浆防水层的基层质量应符合下列规定：

1）基层表面应平整、坚实、清洁，并应充分湿润、无明水。

2）基层表面的孔洞、缝隙，应采用与防水层相同的水泥砂浆堵塞并抹平。

3）施工前应将埋设件、穿墙管预留凹槽内嵌填密封材料后，再进行水泥砂浆防水层施工。

（4）水泥砂浆防水层施工应符合下列规定：

1）水泥砂浆的配制，应按所掺材料的技术要求准确计量。

2）分层铺抹或喷涂，铺抹时应压实、抹平，最后一层表面应提浆压光。

3）防水层各层应紧密黏合，每层宜连续施工；必须留设施工缝时，应采用阶梯坡形槎，但与阴阳角处的距离不得小于 200mm。

4）水泥砂浆终凝后应及时进行养护，养护温度不宜低于5℃，并应保持砂浆表面湿润，养护时间不得少于 14d；聚合物水泥防水砂浆未达到硬化状态时，不得浇水养护或直接受雨水冲刷，硬化后应采用干湿交替的养护方法。潮湿环境中，可在自然条件下养护。

（5）水泥砂浆防水层分项工程检验批的抽样检验数量，应按施工面积每 100m² 抽查 1 处，每处 10m²，且不得少于 3 处。

4.1.3 卷材防水层质量控制

（1）卷材防水层适用于受侵蚀性介质作用或受振动作用的地下工程；卷材防水层应铺设在主体结构的迎水面。

（2）卷材防水层用于建筑物地下室时，应铺设在结构底板垫层至墙体防水设防高度的结构基面上；用于单建式的地下工程时，应从结构底板垫层铺设至顶板基面，并应在外围形成封闭的防水层。

（3）铺贴防水卷材前，基面应干净、干燥，并应涂刷基层处理剂；当基面潮湿时，应涂刷湿固化型胶黏剂或潮湿界面隔离剂。

（4）基层阴阳角应做成圆弧或 45°坡角，其尺寸应根据卷材品种确定；在转角处、变形缝、施工缝、穿墙管等部位应铺贴卷材加强层，加强层宽度不应小于 500mm。

（5）卷材防水层的基面应坚实、平整、清洁。

（6）铺贴各类防水卷材应符合下列规定：

1）应按上述（4）的要求铺设卷材加强层。

2）结构底板垫层混凝土部位的卷材可采用空铺法或点黏法施工，其黏结位置、点黏面积应按设计要求确定；侧墙采用外防外贴法的卷材及顶板部位的卷材应采用满黏法施工。

3）卷材与基面、卷材与卷材间的黏结应紧密、牢固；铺贴完成的卷材应平整顺直，搭接尺寸应准确，不得产生扭曲和皱折。

4）卷材搭接处和接头部位应黏贴牢固，接缝口应封严或采用材性相容的密封材料封缝。

5）铺贴立面卷材防水层时，应采取防止卷材下滑的措施。

6）铺贴双层卷材时，上下两层和相邻两幅卷材的接缝应错开 1/3～1/2 幅宽，且两层卷材不得相互垂直铺贴。

（7）卷材防水层完工并经验收合格后应及时做保护层。保护层应符合下列规定：

1）顶板的细石混凝土保护层与防水层之间宜设置隔离层。细石混凝土保护层厚度：机械回填时不宜小于 70mm，人工回填时不宜小于 50mm。

2）底板的细石混凝土保护层厚度不应小于 50mm。

3）侧墙宜采用软质保护材料或铺抹 20mm 厚 1：2.5 水泥砂浆。

（8）卷材防水层分项工程检验批的抽样检验数量，应按铺贴面积每 100m² 抽查 1 处，每处 10m²，且不得少于 3 处。

（9）卷材防水层完工并经验收合格后应及时做保护层。保护层应符合下列规定：

1）顶板的细石混凝土保护层与防水层之间宜设置隔离层。细石混凝土保护层厚度：机械回填时不宜小于 70mm，人工回填时不宜小于 50mm。

2）底板的细石混凝土保护层厚度不应小于 50mm。

3）侧墙宜采用软质保护材料或铺抹 20mm 厚 1：2.5 水泥砂浆。

（10）卷材防水层分项工程检验批的抽样检验数量，应按铺贴面积每 100m² 抽查 1 处，每处 10m²，且不得少于 3 处。

4.1.4 涂料防水层质量控制

（1）涂料防水层适用于受侵蚀性介质作用或受振动作用的地下工程；有机防水涂料宜用于主体结构的迎水面，无机防水涂料宜用于主体结构的迎水面或背水面。

（2）有机防水涂料可采用反应型、水乳型、聚合物水泥等涂料；无机防水涂料可采用掺外加剂、掺合料的水泥基防水涂料或水泥基渗透结晶型防水涂料。

（3）有机防水涂料基面应干燥。当基面较潮湿时，应涂刷湿固化型胶结剂或潮湿界面隔离剂；无机防水涂料施工前，基面应充分润湿，但不得有明水。

（4）无机防水涂料基层表面应干净、平整、无浮浆和明显积水。

（5）有机防水涂料基层表面应基本干燥，不应有气孔、凹凸不平、蜂窝麻面等缺陷。涂料施工前，基层阴阳角应做成圆弧形。

（6）涂料防水层的施工应符合下列规定：

1）多组分涂料应按配合比准确计量，搅拌均匀，并应根据有效时间确定每次配制的用量。

2）涂料应分层涂刷或喷涂，涂层应均匀，涂刷应待前遍涂层干燥成膜后进行。每遍涂刷时应交替改变涂层的涂刷方向，同层涂膜的先后搭压宽度宜为 30～50mm。

3）涂料防水层的甩槎处接槎宽度不应小于 100mm，接涂前应将其甩槎表面处理干净。

4）采用有机防水涂料时，基层阴阳角处应做成圆弧；在转角处、变形缝、施工缝、穿墙管等部位应增加胎体增强材料和增涂防水涂料，宽度不应小于 500mm。

5）胎体增强材料的搭接宽度不应小于 100mm。上下两层和相邻两幅胎体的接缝应错开 1/3 幅宽，且上下两层胎体不得相互垂直铺贴。铺贴时，应使胎体层充分浸透防水涂料，不得有露槎及褶皱。

（7）有机防水涂料施工完后应及时做保护层，保护层应符合下列规定：

1）底板、顶板应采用 20mm 厚 1∶2.5 水泥砂浆层和 40～50mm 厚的细石混凝土保护层，防水层与保护层之间宜设置隔离层。

2）侧墙背水面保护层应采用 20mm 厚 1∶2.5 水泥砂浆。

3）侧墙迎水面保护层宜选用软质保护材料或采用 20mm 厚 1∶2.5 水泥砂浆。

（8）涂料防水层分项工程检验批的抽样检验数量，应按涂层面积每 100m^2 抽查 1 处，每处 10m^2，且不得少于 3 处。

4.1.5 塑料防水板防水层质量控制

（1）塑料防水板防水层适用于经常承受水压、侵蚀性介质或有振动作用的地下工程；塑料防水板宜铺设在复合式衬砌的初期支护与二次衬砌之间。

（2）塑料防水板防水层应牢固地固定在基面上，固定点的间距应根据基面平整情况确定，拱部宜为 0.5～0.8m、边墙宜为 1.0～1.5m、底部宜为 1.5～2.0m。局部凹凸较大时，应在凹处加密固定点。

（3）塑料防水板防水层的基面应平整、无尖锐突出物；基面平整度 D/L 不应大于 1/6。

注：D 为初期支护基面相邻两凸面间凹进去的深度，L 为初期支护基面相邻两凸面间的距离。

（4）塑料防水板的铺设应符合下列规定：

1）铺设塑料防水板前应先铺缓冲层，缓冲层应用暗钉圈固定在基面上；缓冲层搭接宽度不应小于 50mm；铺设塑料防水板时，应边铺边用压焊机将塑料防水板与暗钉圈焊接。

2）两幅塑料防水板的搭接宽度不应小于 100mm，下部塑料防水板应压住上部塑料防水板。接缝焊接时，塑料防水板的搭接层数不得超过 3 层。

3）塑料防水板的搭接缝应采用双焊缝，每条焊缝的有效宽度不应小于 10mm。

4）塑料防水板铺设时宜设置分区预埋注浆系统。

5）分段设置塑料防水板防水层时，两端应采取封闭措施。

（5）塑料防水板应牢固地固定在基面上，固定点间距应根据基面平整情况确定，拱部宜为 0.5～0.8m、边墙宜为 1.0～1.5m、底部宜为 1.5～2.0m；局部凹凸较大时，应在凹处加密固定点。

（6）塑料防水板铺设时应少留或不留接头，当留设接头时，应对接头进行保护。再次焊接时应将接头处的塑料防水板擦拭干净。

（7）铺设塑料防水板时，不应绷得太紧，宜根据基面的平整度留有充分的余地。

（8）防水板的铺设应超前混凝土施工，超前距离宜为 5～

20m，并应设临时挡板防止机械损伤和电火花灼伤防水板。

（9）二次衬砌混凝土施工时应符合下列规定：

1）绑扎、焊接钢筋时应采取防刺穿、灼伤防水板的措施。

2）混凝土出料口和振捣棒不得直接接触塑料防水板。

（10）塑料防水板防水层铺设完毕后，应进行质量检查，并应在验收合格后进行下道工序的施工。

（11）塑料防水板防水层分项工程检验批的抽样检验数量，应按铺设面积每 100m² 抽查 1 处，每处 10m²，且不得少于 3 处。焊缝检验应按焊缝条数抽查 5％，每条焊缝为 1 处，且不得少于 3 处。

4.1.6 金属板防水层质量控制

（1）金属板防水层适用于抗渗性能要求较高的地下工程；金属板应铺设在主体结构迎水面。

（2）金属板的拼接应采用焊接，拼接焊缝应严密。竖向金属板的垂直接缝，应相互错开。

（3）金属板的拼接及金属板与工程结构的锚固件连接应采用焊接。金属板的拼接焊缝应进行外观检查和无损检验。

1）主体结构内侧设置金属防水层时，金属板应与结构内的钢筋焊牢，也可在金属防水层上焊接一定数量的锚固件

2）主体结构外侧设置金属防水层时，金属板应焊在混凝土结构的预埋件上。金属板经焊缝检查合格后，应将其与结构间的空隙用水泥砂浆灌实。

（4）金属板表面有锈蚀、麻点或划痕等缺陷时，其深度不得大于该板材厚度的负偏差值。

（5）金属板防水层应用临时支撑加固。金属板防水层底板上应预留浇捣孔，并应保证混凝土浇筑密实，待底板混凝土浇筑完后应补焊严密。

（6）金属板防水层应采取防锈措施。

（7）金属板防水层分项工程检验批的抽样检验数量，应按铺设面积每 10m² 抽查 1 处，每处 1m²，且不得少于 3 处。焊缝表

面缺陷检验应按焊缝的条数抽查 5%，且不得少于 1 条焊缝；每条焊缝检查 1 处，总抽查数不得少于 10 处。

4.1.7　膨润土防水材料防水层

（1）膨润土防水材料防水层适用于 pH 为 4～10 的地下环境中；膨润土防水材料防水层应用于复合式衬砌的初期支护与二次衬砌之间以及明挖法地下工程主体结构的迎水面，防水层两侧应具有一定的夹持力。

（2）膨润土防水材料中的膨润土颗粒应采用钠基膨润土，不应采用钙基膨润土。

（3）膨润土防水材料防水层基面应坚实、清洁，不得有明水，基面平整度 D/L 不应大于 1/6；基层阴阳角应做成圆弧或坡角。

（4）膨润土防水毯的织布面和膨润土防水板的膨润土面，均应与结构外表面密贴。

（5）膨润土防水材料应采用水泥钉和垫片固定；立面和斜面上的固定间距宜为 400～500mm，平面上应在搭接缝处固定。

（6）膨润土防水材料的搭接宽度应大于 100mm 搭接部位的固定间距宜为 200～300mm，固定点与搭接边缘的距离宜为 25～30mm，搭接处应涂抹膨润土密封膏。平面搭接缝处可干撒膨润土颗粒，其用量宜为 0.3～0.5kg/m。

（7）膨润土防水材料的收口部位应采用金属压条和水泥钉固定，并用膨润土密封膏覆盖。

（8）转角处和变形缝、施工缝、后浇带等部位均应设置宽度不小于 500mm 加强层，加强层应设置在防水层与结构外表面之间。穿墙管件部位宜采用膨润土橡胶止水条、膨润土密封膏进行加强处理。

（9）膨润土防水材料分段铺设时，应采取临时遮挡防护措施。

（10）膨润土防水材料防水层分项工程检验批的抽样检验数量，应按铺设面积每 100m² 抽查 1 处，每处 10m²，且不得少于 3 处。

4.2 细部构造防水工程

4.2.1 施工缝质量控制

（1）防水混凝土应连续浇筑，宜少留施工缝。当留设施工缝时，应符合下列规定：

1）墙体水平施工缝不应留在剪力最大处或底板与侧墙的交接处，应留在高出底板表面不小于 300mm 的墙体上。拱（板）墙结合的水平施工缝，宜留在拱（板）墙接缝线以下 150～300mm 处。墙体有预留孔洞时，施工缝距孔洞边缘不应小于 300mm。

2）垂直施工缝应避开地下水和裂隙水较多的地段，并宜与变形缝相结合。

（2）施工缝的施工应符合下列规定：

1）水平施工缝浇筑混凝土前，应将其表面浮浆和杂物清除，然后铺设净浆或涂刷混凝土界面处理剂、水泥基渗透结晶型防水涂料等材料，再铺 30～50mm 厚的 1∶1 水泥砂浆，并应及时浇筑混凝土。

2）垂直施工缝浇筑混凝土前，应将其表面清理干净，再涂刷混凝土界面处理剂或水泥基渗透结晶型防水涂料，并应及时浇筑混凝土。

3）遇水膨胀止水条（胶）应与接缝表面密贴。

4）选用的遇水膨胀止水条（胶）应具有缓胀性能，7d 的净膨胀率不宜大于最终膨胀率的 60%，最终膨胀率宜大于 220%。

5）采用中埋式止水带或预埋式注浆管时，应定位准确、固定牢靠。

4.2.2 变形缝质量控制

（1）变形缝处混凝土结构的厚度不应小于 300mm。

（2）用于沉降的变形缝最大允许沉降差值不应大于 30mm。

（3）变形缝的宽度宜为 20～30mm。

（4）中埋式止水带施工应符合下列规定：

1）止水带埋设位置应准确，其中间空心圆环应与变形缝的中心线重合。

2）止水带应固定，顶、底板内止水带应成盆状安设。

3）中埋式止水带先施工一侧混凝土时，其端模应支撑牢固，并应严防漏浆。

4）止水带的接缝宜为一处，应设在边墙较高位置上，不得设在结构转角处，接头宜采用热压焊接。

5）中埋式止水带在转弯处应做成圆弧形，（钢边）橡胶止水带的转角半径不应小于200mm，转角半径应随止水带的宽度增大而相应加大。

（5）安设于结构内侧的可卸式止水带施工时应符合下列规定：

1）所需配件应一次配齐。

2）转角处应做成45°折角，并应增加紧固件的数量。

（6）变形缝与施工缝均用外贴式止水带（中埋式）时，其相交部位宜采用十字配件。变形缝用外贴式止水带的转角部位宜采用直角配件。

（7）密封材料嵌填施工时，应符合下列规定：

1）缝内两侧基面应平整干净、干燥，并应刷涂与密封材料相容的基层处理剂。

2）嵌缝底部应设置背衬材料。

3）嵌填应密实连续、饱满，并应黏结牢固。

（8）在缝表面黏贴卷材或涂刷涂料前，应在缝上设置隔离层。

4.2.3 后浇带质量控制

（1）后浇带宜用于不允许留设变形缝的工程部位。

（2）后浇带应在其两侧混凝土龄期达到42d后再施工；高层建筑的后浇带施工应按规定时间进行。

（3）后浇带应采用补偿收缩混凝土浇筑，其抗渗和抗压强度等级不应低于两侧混凝土。

（4）后浇带应设在受力、和变形较小的部位，其间距和位置应按结构设计要求确定，宽度宜为700～1000mm。

（5）后浇带两侧可做成平直缝或阶梯缝。

（6）后浇带混凝土施工前，后浇带部位和外贴式止水带应防止落入杂物和损伤外贴止水带。

（7）后浇带两侧的接缝处理应符合上述"4.2.1 施工缝质量控制"中的规定。

（8）采用膨胀剂拌制补偿收缩混凝土时，应按配合比准确计量。

（9）后浇带混凝土应一次浇筑，不得留设施工缝；混凝土浇筑后应及时养护，养护时间不得少于28d。

（10）后浇带需超前止水时，后浇带部位的混凝土应局部加厚，并应增设外贴式或中埋式止水带。

4.2.4 穿墙管质量控制

（1）穿墙管（盒）应在浇筑混凝土前预埋。

（2）穿墙管与内墙角、凹凸部位的距离应大于250mm。

（3）金属止水环应与主管或套管满焊密实，采用套管式穿墙防水构造时，翼环与套管应满焊密实，并应在施工前将套管内表面清理干净。

（4）相邻穿墙管间的间距应大于300mm。

（5）采用遇水膨胀止水圈的穿墙管，管径宜小于50mm，止水圈应采用胶黏剂满黏固定于管上，并应涂缓胀剂或采用缓胀型遇水膨胀止水圈。

（6）穿墙管线较多时，宜相对集中，并应采用穿墙盒方法。穿墙盒的封口钢板应与墙上的预埋角钢焊严，并应从钢板上的预留浇注孔注入柔性密封材料或细石混凝土。

（7）当工程有防护要求时，穿墙管除应采取防水措施外，尚应采取满足防护要求的措施。

（8）穿墙管伸出外墙的部位，应采取防止回填时将管体损坏的措施。

4.2.5 埋设件质量控制

（1）结构上的埋设件应采用预埋或预留孔（槽）等。

（2）埋设件端部或预留孔（槽）底部的混凝土厚度不得小于 250mm，当厚度小于 250mm 时，应采取局部加厚或其他防水措施。

（3）预留孔（槽）内的防水层，宜与孔（槽）外的结构防水层保持连续。

4.2.6 预留通道接头质量控制

（1）预留通道接头处的最大沉降差值不得大于 30mm。

（2）中埋式止水带、遇水膨胀橡胶条（胶）、预埋注浆管、密封材料、可卸式止水带的施工应符合上述"4.2.2 变形缝质量控制"的有关规定。

（3）预留通道先施工部位的混凝土、中埋式止水带和防水相关的预埋件等应及时保护，并应确保端部表面混凝土和中埋式止水带清洁，埋设件不得锈蚀。

（4）当先浇混凝土中未预埋可卸式止水带的预埋螺栓时，可选用金属或尼龙的膨胀螺栓固定可卸式止水带。采用金属膨胀螺栓时，可选用不锈钢材料或用金属涂膜、环氧涂料等涂层进行防锈处理。

4.2.7 桩头和孔口质量控制

1. 桩头

（1）应按设计要求将桩顶剔凿至混凝土密实处，并应清洗干净。

（2）破桩后如发现渗漏水，应及时采取堵漏措施。

（3）涂刷水泥基渗透结晶型防水涂料时，应连续、均匀，不得少涂或漏涂，并应及时进行养护。

（4）采用其他防水材料时，基面应符合施工要求。

（5）应对遇水膨胀止水条（胶）进行保护。

2. 孔口

（1）地下工程通向地面的各种孔口应采取防地面水倒灌的措

施。人员出入口高出地面的高度宜为500mm，汽车出入口设置明沟排水时，其高度宜为150mm，并应采取防雨措施。

（2）窗井的底部在最高地下水位以上时，窗井的底板和墙应做防水处理，并宜与主体结构断开。

（3）窗井或窗井的一部分在最高地下水位以下时，窗井应与主体结构连成整体，其防水层也应连成整体，并应在窗井内设置集水井。

（4）无论地下水位高低，窗台下部的墙体和底板应做防水层。

（5）窗井内的底板，应低于窗下缘300mm。窗井墙高出地面不得小于500mm。窗井外地面应做散水，散水与墙面间应采用密封材料嵌填。

（6）通风口应与窗井同样处理，竖井窗下缘离室外地面高度不得小于500mm。

4.2.8 坑、池质量控制

（1）坑、池、储水库宜采用防水混凝土整体浇筑，内部应设防水层。受振动作用时应设柔性防水层。

（2）底板以下的坑、池，其局部底板应相应降低，并应使防水层保持连续。

4.3 特殊施工法的结构防水

4.3.1 锚喷支护质量控制

（1）锚喷支护适用于暗挖法地下工程的支护结构及复合式衬砌的初期支护。

（2）喷射混凝土施工前，应根据围岩裂隙及渗漏水的情况，预先采用引排或注浆堵水。

采用引排措施时，应采用耐侵蚀、耐久性好的塑料丝盲沟或弹塑性软式导水管等导水材料。

（3）锚喷支护用作工程内衬墙时，应符合下列规定：

1）宜用于防水等级为三级的工程。

2）喷射混凝土宜掺入速凝剂、膨胀剂或复合型外加剂、钢纤维与合成纤维等材料，其品种及掺量应通过试验确定。

3）喷射混凝土的厚度应大于80mm，对地下工程变截面及轴线转折点的阳角部位，应增加50mm以上厚度的喷射混凝土。

4）喷射混凝土设置预埋件时，应采取防水处理。

5）喷射混凝土终凝2h后，应喷水养护，养护时间不得少于14d。

（4）锚喷支护作为复合式衬砌的一部分时，应符合下列规定：

1）宜用于防水等级为一、二级工程的初期支护。

2）锚喷支护的施工应符合上述（3）中2）～5）的规定。

（5）喷射混凝土终凝2h后应采取喷水养护，养护时间不得少于14d；当气温低于5℃时，不得喷水养护。

（6）喷射混凝土试件制作组数应符合下列规定：

1）地下铁道工程应按区间或小于区间断面的结构，每20延米拱和墙各取抗压试件一组；车站取抗压试件两组。其他工程应按每喷射50m³同一配合比的混合料或混合料小于50m³的独立工程取抗压试件一组。

2）地下铁道工程应按区间结构每40延米取抗渗试件一组；车站每20延米取抗渗试件一组。其他工程当设计有抗渗要求时，可增做抗渗性能试验。

（7）锚杆必须进行抗拔力试验。同一批锚杆每100根应取一组试件，每组3根，不足100根也取3根。同一批试件抗拔力平均值不应小于设计锚固力，且同一批试件抗拔力的最小值不应小于设计锚固力的90%。

（8）锚喷支护分项工程检验批的抽样检验数量，应按区间或小于区间断面的结构每20延米抽查1处，车站每10延米抽查1处，每处10m²，且不得少于3处。

4.3.2 地下连续墙质量控制

（1）地下连续墙适用于地下工程的主体结构、支护结构以及复合式衬砌的初期支护。

（2）地下连续墙应采用防水混凝土。胶凝材料用量不应小于 $400kg/m^3$，水胶比不得大于 0.55，坍落度不得小于 180mm。

（3）地下连续墙施工时，混凝土应按每一个单元槽段留置一组抗压试件，每 5 个槽段留置一组抗渗试件。

（4）叠合式侧墙的地下连续墙与内衬结构连接处，应凿毛并清洗干净，必要时应作特殊防水处理。

（5）地下连续墙应根据工程要求和施工条件划分单元槽段，宜减少槽段数量。墙体幅间接缝应避开拐角部位。

（6）地下连续墙如有裂缝、孔洞、露筋等缺陷，应采用聚合物水泥砂浆修补；地下连续墙槽段接缝如有渗漏，应采用引排或注浆封堵。

（7）地下连续墙分项工程检验批的抽样检验数量，应按每连续 5 个槽段抽查 1 个槽段，且不得少于 3 个槽段。

4.3.3 沉井质量控制

（1）沉井适用于下沉施工的地下建筑物或构筑物。沉井主体应采用防水混凝土浇筑。

（2）沉井施工缝的施工应符合上述"4.2.1 施工缝质量控制"中的相关规定。固定模板的螺栓穿过混凝土井壁时，螺栓部位的防水处理采用工具式螺栓或螺栓加堵头，螺栓上应加焊方形止水环。

（3）沉井干封底施工应符合下列规定：

1）沉井基底土面应全部挖至设计标高，待其下沉稳定后再将井内积水排干。

2）清除浮土杂物，底板与井壁连接部位应凿毛、清洗干净或涂刷混凝土界面处理剂，及时浇筑防水混凝土封底。

3）在软土中封底时，宜分格逐段对称进行。

4）封底混凝土施工过程中，应从底板上的集水井中不间断地抽水。

5）封底混凝土达到设计强度后，方可停止抽水；集水井的封堵应采用微膨胀混凝土填充捣实，并用法兰、焊接钢板等方法封平。

（4）沉井水下封底施工应符合下列规定：

1）井底应将浮泥清除干净，并铺碎石垫层。

2）底板与井壁连接部位应冲刷干净。

3）封底宜采用水下不分散混凝土，其坍落度宜为 180～220mm。

4）封底混凝土应在沉井全部底面积上连续均匀浇筑。

5）封底混凝土达到设计强度后，方可从井内抽水，并应检查封底质量。

（5）当沉井与位于不透水层内的地下工程连接时，应先封住井壁外侧含水层的渗水通道。

（6）防水混凝土底板应连续浇筑，不得留设施工缝，底板与井壁接缝处的防水施工要求应符合上述"4.2.1 施工缝质量控制"中的规定。

（7）沉井分项工程检验批的抽样检验数量，应按混凝土外露面积每 $100m^2$ 抽查 1 处，每处 $10m^2$，且不得少于 3 处。

4.3.4 逆筑结构质量控制

（1）逆筑结构适用于地下连续墙为主体结构或地下连续墙与内衬构成复合式衬砌进行逆筑法施工的地下工程。

（2）地下连续墙为主体结构逆筑法施工应符合下列规定：

1）地下连续墙墙面应凿毛、清洗干净，并宜做水泥砂浆防水层。

2）地下连续墙与顶板、中楼板、底板接缝部位应凿毛处理，施工缝的施工应符合上述"4.2.1 施工缝质量控制"的有关规定。

3）钢筋接驳器处宜涂刷水泥基渗透结晶型防水涂料。

（3）地下连续墙与内衬构成复合式衬砌逆筑法施工除应符合上述（2）的规定外，尚应符合下列规定：

1）顶板及中楼板下部 500mm 内衬墙应同时浇筑，内衬墙下部应做成斜坡形；斜坡形下部应预留 300～500mm 空间，并应待下部先浇混凝土施工 14d 后再行浇筑。

2）浇筑混凝土前，内衬墙的接缝面应凿毛、清洗干净，并应设置遇水膨胀止水条或止水胶和预埋注浆管。

3）内衬墙的后浇筑混凝土应采用补偿收缩混凝土，浇筑口宜高于斜坡顶端 200mm 以上。

（4）内衬墙垂直施工缝应与地下连续墙的槽段接缝相互错开 2.0～3.0m。

（5）底板混凝土应连续浇筑，不宜留设施工缝；底板与桩头接缝部位的防水处理应符合上述"4.2.7 桩头和孔口质量控制"的有关规定。

（6）底板混凝土达到设计强度后方可停止降水，并应将降水井封堵密实。

（7）逆筑结构分项工程检验批的抽样检验数量，应按混凝土外露面积每 100m² 抽查 1 处，每处 10m²，且不得少于 3 处。

4.4 地下工程排水工程

4.4.1 渗排水、盲沟排水质量控制

（1）渗排水适用于无自流排水条件、防水要求较高且有抗浮要求的地下工程。盲沟排水适用于地基为弱透水性土层、地下水量不大或排水面积较小，地下水位在结构底板以下或在丰水期地下水位高于结构底板的地下工程。

（2）集水管应放置在过滤层中间。

（3）渗排水应符合下列规定：

1）渗排水层用砂、石应洁净，含泥量不应大于 2.0%。

2）粗砂过滤层总厚度宜为 300mm，如较厚时应分层铺填；过滤层与基坑土层接触处，应采用厚度为 100～150mm、粒径为 5～10mm 的石子铺填。

3）集水管应设置在粗砂过滤层下部，坡度不宜小于 1%，且不得有倒坡现象。集水管之间的距离宜为 5～10m，并与集水

井相通。

4）工程底板与渗排水层之间应做隔浆层，建筑周围的渗排水层顶面应做散水坡。

（4）纵向盲沟铺设前，应将基坑底铲平，并应按设计要求铺设碎砖（石）混凝土层。

（5）盲沟排水应符合下列规定：

1）盲沟成型尺寸和坡度应符合设计要求。

2）盲沟的类型及盲沟与基础的距离应符合设计要求。

3）盲沟用砂、石应洁净，含泥量不应大于2.0%。

4）盲沟在转弯处和高低处应设置检查井，出水口处应设置滤水箅子。

（6）盲管应采用塑料（无纺布）带、水泥钉等固定在基层上，固定点拱部间距宜为300～500mm，边墙宜为1000～1200mm，在不平处应增加固定点。

（7）环向盲管宜整条铺设，需要有接头时，宜采用与盲管相配套的标准接头及标准三通连接。

（8）渗排水、盲沟排水均应在地基工程验收合格后进行施工。

（9）集水管宜采用无砂混凝土管、硬质塑料管或软式透水管。

（10）渗排水、盲沟排水分项工程检验批的抽样检验数量，应按10%抽查，其中按两轴线间或10延米为1处，且不得少于3处。

4.4.2 塑料排水板排水质量控制

（1）塑料排水板适用于无自流排水条件且防水要求较高的地下工程以及地下工程种植顶板排水。

（2）塑料排水板应选用抗压强度大且耐久性好的凸凹型排水板。

（3）铺设塑料排水板应采用搭接法施工，长短边搭接宽度均不应小于100mm。塑料排水板的接缝处宜采用配套胶黏剂黏结或热熔焊接。

（4）地下工程种植顶板种植土若低于周边土体，塑料排水板排水层必须结合排水沟或盲沟分区设置，并保证排水畅通。

（5）塑料排水板应与土工布复合使用。土工布宜采用 $200\sim400g/m^2$ 的聚酯无纺布。土工布应铺设在塑料排水板的凸面上，相邻土工布搭接宽度不应小于 200mm，搭接部位应采用黏合或缝合。

（6）塑料排水板排水分项工程检验批的抽样检验数量，应按铺设面积每 $100m^2$ 抽查 1 处，每处 $10m^2$，且不得少于 3 处。

4.5 注 浆 防 水

4.5.1 预注浆、后注浆质量控制

（1）预注浆适用于工程开挖前预计涌水量较大的地段或软弱地层；后注浆适用于工程开挖后处理围岩渗漏及初期壁后空隙回填。

（2）在砂卵石层中宜采用渗透注浆法；在黏土层中宜采用劈裂注浆法；在淤泥质软土中宜采用高压喷射注浆法。

（3）注浆孔数量、布置间距、钻孔深度除应符合设计要求外，尚应符合下列规定：

1）注浆孔深小于 10m 时，孔位最大允许偏差应为 100mm，钻孔偏斜率最大允许偏差应为 1%。

2）注浆孔深大于 10m 时，孔位最大允许偏差应为 50mm，钻孔偏斜率最大允许偏差应为 0.5%。

（4）岩石地层或衬砌内注浆前，应将钻孔冲洗干净。

（5）注浆前，应进行测定注浆孔吸水率和地层吸浆速度等参数的压水试验。

（6）注浆过程控制应符合下列规定：

1）根据工程地质条件、注浆目的等控制注浆压力和注浆量。

2）回填注浆应在衬砌混凝土达到设计强度的 70% 后进行，衬砌后围岩注浆应在充填注浆固结体达到设计强度的 70% 后

进行。

3）浆液不得溢出地面和超出有效注浆范围，地面注浆结束后注浆孔应封填密实。

4）注浆范围和建筑物的水平距离很近时，应加强对邻近建筑物和地下埋设物的现场监控。

5）注浆点距离饮用水源或公共水域较近时，注浆施工如有污染应及时采取相应措施。

（7）注浆过程中应加强监测，当发生围岩或衬砌变形、堵塞排水系统、窜浆、危及地面建筑物等异常情况时，可采取下列措施：

1）降低注浆压力或采用间歇注浆，直到停止注浆。

2）改变注浆材料或缩短浆液凝胶时间。

3）调整注浆实施方案。

（8）单孔注浆结束的条件，应符合下列规定：

1）预注浆各孔段均应达到设计要求并应稳定 10min，且进浆速度应为开始进浆速度的 1/4 或注浆量达到设计注浆量的 80%。

2）衬砌后回填注浆及围岩注浆应达到设计终压。

3）其他各类注浆，应满足设计要求。

（9）预注浆和衬砌后围岩注浆结束前，应在分析资料的基础上，采取钻孔取芯法对注浆效果进行检查，必要时应进行压（抽）水试验。当检查孔的吸水量大于 1.0L/min·m 时，应进行补充注浆。

（10）注浆结束后，应将注浆孔及检查孔封填密实。

（11）预注浆、后注浆分项工程检验批的抽样检验数量，应按加固或堵漏面积每 $100m^2$ 抽查 1 处，每处 $10m^2$，且不得少于 3 处。

4.5.2 结构裂缝注浆质量控制

（1）结构裂缝注浆适用于混凝土结构宽度大于 0.2mm 的静止裂缝、贯穿性裂缝等堵水注浆。

（2）裂缝注浆应待结构基本稳定和混凝土达到设计强度后进行。

（3）结构裂缝堵水注浆宜选用聚氨酯、丙烯酸盐等化学浆液；补强加固的结构裂缝注浆宜选用改性环氧树脂、超细水泥等浆液。

（4）结构裂缝注浆应符合下列规定：

1）施工前，应沿缝清除基面上油污杂质。

2）浅裂缝应骑缝黏埋注浆嘴，必要时沿缝开凿"U"形槽并用速凝水泥砂浆封缝。

3）深裂缝应骑缝钻孔或斜向钻孔至裂缝深部，孔内安设注浆管或注浆嘴，间距应根据裂缝宽度而定，但每条裂缝至少有一个进浆孔和一个排气孔。

4）注浆嘴及注浆管应设在裂缝的交叉处、较宽处及贯穿处等部位；对封缝的密封效果应进行检查。

5）注浆后待缝内浆液固化后，方可拆下注浆嘴并进行封口抹平。

（5）结构裂缝注浆分项工程检验批的抽样检验数量，应按裂缝的条数抽查 10%，每条裂缝检查 1 处，且不得少于 3 处。

5 砌体结构工程

5.1 砌筑砂浆

5.1.1 砂浆原材料

（1）对工程中所使用的原材料、成品及半成品应进行进场验收，检查其合格证书、产品检验报告等，并应符合设计及国家现行有关标准要求。对涉及结构安全、节能、环境保护和主要使用功能的重要原材料、成品及半成品应按有关规定进行见证取样、送样复验；其中水泥的强度和安定性应按其批号分别进行见证取样、复验。

（2）水泥使用应符合下列规定：

1）水泥进场时应对其品种、等级、包装或散装仓号、出厂日期等进行检查，并应对其强度、安定性进行复验，其质量必须符合现行国家标准《通用硅酸盐水泥》GB 175 的有关规定。

2）当在使用中对水泥质量有怀疑或水泥出厂超过 3 个月（快硬硅酸盐水泥超过 1 个月）时，应复查试验，并按复验结果使用。

3）不同品种的水泥，不得混合使用。

（3）砂浆用砂宜采用过筛中砂，并应满足下列要求：

1）不应混有草根、树叶、树枝、塑料、煤块、炉渣等杂物。

2）砂中含泥量、泥块含量、石粉含量、云母、轻物质、有机物、硫化物、硫酸盐及氯盐含量（配筋砌体砌筑用砂）等应符合现行行业标准《普通混凝土用砂、石质量及检验方法标准》JGJ 52 的有关规定。

3）人工砂、山砂及特细砂，应经试配能满足砌筑砂浆技术条件要求。

（4）拌制水泥混合砂浆的粉煤灰、建筑生石灰、建筑生石灰粉及石灰膏应符合下列规定：

1）粉煤灰、建筑生石灰、建筑生石灰粉的品质指标应符合现行行业标准《粉煤灰在混凝土及砂浆中应用技术规程》JGJ 28、《建筑生石灰》JC/T 479、《建筑生石灰粉》JC/T 480 的有关规定。

2）建筑生石灰、建筑生石灰粉熟化为石灰膏，其熟化时间分别不得少于 7d 和 2d；沉淀池中储存的石灰膏，应防止干燥、冻结和污染，严禁采用脱水硬化的石灰膏；建筑生石灰粉、消石灰粉不得替代石灰膏配制水泥石灰砂浆。

3）石灰膏的用量，应按稠度 120mm±5mm 计量，现场施工中石灰膏不同稠度的换算系数，可按表 5-1 确定。

石灰膏不同稠度的换算系数　　　　表 5-1

稠度(mm)	120	110	100	90	80	70	60	50	40	30
换算系数	1.00	0.99	0.97	0.95	0.93	0.92	0.90	0.88	0.87	0.86

（5）拌制砂浆用水的水质应符合现行行业标准《混凝土用水标准》JGJ 63 的有关规定。

（6）在砂浆中掺入的砌筑砂浆增塑剂、早强剂、缓凝剂、防冻剂、防水剂等砂浆外加剂，其品种和用量应经有资质的检测单位检验和试配确定。所用外加剂的技术性能应符合国家现行有关标准《砌筑砂浆增塑剂》JG/T 164、《混凝土外加剂》GB 8076、《砂浆、混凝土防水剂》JC 474 的质量要求。

5.1.2　预拌砂浆质量控制

（1）砌体结构工程使用的预拌砂浆，应符合设计要求及国家现行标准《预拌砂浆》GB/T 25181、《蒸压加气混凝土用砌筑砂浆与抹面砂浆》JC 890 和《预拌砂浆应用技术规程》JGJ/T 223 的规定。

（2）不同品种和强度等级的产品应分别运输、储存和标识，不得混杂。

（3）湿拌砂浆应采用专用搅拌车运输，湿拌砂浆运至施工现场后，应进行稠度检验，除直接使用外，应储存在不吸水的专用容器内，并应根据不同季节采取遮阳、保温和防雨雪措施。

（4）湿拌砂浆在储存、使用过程中不应加水。当存放过程中出现少量泌水时，应拌合均匀后使用。

（5）干混砂浆及其他专用砂浆在运输和储存过程中，不得淋水、受潮、靠近火源或高温。袋装砂浆应防止硬物划破包装袋。

（6）干混砂浆及其他专用砂浆储存期不应超过 3 个月；超过 3 个月的干混砂浆在使用前应重新检验，合格后使用。

（7）湿拌砂浆、干混砂浆及其他专用砂浆的使用时间应按厂方提供的说明书确定。

5.1.3 现场拌制砂浆质量控制

（1）现场拌制砂浆应根据设计要求和砌筑材料的性能，对工程中所用砌筑砂浆进行配合比设计，当原材料的品种、规格、批次或组成材料有变更时，其配合比应重新确定。

（2）配制砌筑砂浆时，各组分材料应采用质量计量。在配合比计量过程中，水泥及各种外加剂配料的允许偏差为±2%；砂、粉煤灰、石灰膏配料的允许偏差为±5%。砂子计量时，应扣除其含水量对配料的影响。

（3）现场拌制砌筑砂浆时，应采用机械搅拌，搅拌时间自投料完起算，应符合下列规定：

1）水泥砂浆和水泥混合砂浆不应少于 120s。

2）水泥粉煤灰砂浆和掺用外加剂的砂浆不应少于 180s。

3）掺液体增塑剂的砂浆，应先将水泥、砂干拌混合均匀后，将混有增塑剂的拌合水倒入干混砂浆中继续搅拌；掺固体增塑剂的砂浆，应先将水泥、砂和增塑剂干拌混合均匀后，将拌合水倒入其中继续搅拌。从加水开始，搅拌时间不应少于 210s。

4）预拌砂浆及加气混凝土砌块专用砂浆的搅拌时间应符合有关技术标准或产品说明书的要求。

（4）改善砌筑砂浆性能时，宜掺入砌筑砂浆增塑剂。

（5）现场搅拌的砂浆应随拌随用，拌制的砂浆应在 3h 内使用完毕；当施工期间最高气温超过 30℃ 时，应在 2h 内使用完毕。对掺用缓凝剂的砂浆，其使用时间可根据其缓凝时间的试验结果确定。

（6）砌体结构工程使用的湿拌砂浆，除直接使用外必须储存在不吸水的专用容器内，并根据气候条件采取遮阳、保温、防雨雪等措施，砂浆在储存过程中严禁随意加水。

5.1.4 砂浆试块制作及养护

（1）砂浆试块应在现场取样制作。砂浆立方体试块制作及养护应符合现行行业标准《建筑砂浆基本性能试验方法标准》JGJ/T 70 的规定。

（2）砌筑砂浆的验收批，同一类型、强度等级的砂浆试块不应少于 3 组。

（3）砂浆试块制作应符合下列规定：

1）制作试块的稠度应与实际使用的稠度一致。

2）湿拌砂浆应在卸料过程中的中间部位随机取样。

3）现场拌制的砂浆，制作每组试块时应在同一搅拌盘内取样。同一搅拌盘内砂浆不得制作一组以上的砂浆试块。

5.2 砖砌体工程

5.2.1 一般规定

（1）用于清水墙、柱表面的砖，应边角整齐，色泽均匀。

（2）砌体砌筑时，混凝土多孔砖、混凝土实心砖、蒸压灰砂砖、蒸压粉煤灰砖等块体的产品龄期不应小于 28d。

（3）有冻胀环境和条件的地区，地面以下或防潮层以下的砌体，不应采用多孔砖。

（4）不同品种的砖不得在同一楼层混砌。

（5）多孔砖的孔洞应垂直于受压面砌筑。半盲孔多孔砖的封底面应朝上砌筑。

（6）竖向灰缝不应出现瞎缝、透明缝和假缝。

（7）砖砌体施工临时间断处补砌时，必须将接槎处表面清理干净，洒水湿润，并填实砂浆，保持灰缝平直。

5.2.2 施工质量控制

（1）砌筑烧结普通砖、烧结多孔砖、蒸压灰砂砖、蒸压粉煤灰砖砌体时，砖应提前1~2d适度湿润，严禁采用干砖或处于吸水饱和状态的砖砌筑，块体湿润程度宜符合下列规定：

1）烧结类块体的相对含水率60%~70%。

2）混凝土多孔砖及混凝土实心砖不需浇水湿润，但在气候干燥炎热的情况下，宜在砌筑前对其喷水湿润。其他非烧结类块体的相对含水率40%~50%。

（2）砖砌体的转角处和交接处应同时砌筑。在抗震设防烈度8度及以上地区，对不能同时砌筑的临时间断处应砌成斜槎。其中普通砖砌体的斜槎水平投影长度不应小于高度（h）的2/3（图5-1）。多孔砖砌体的斜槎长高比不应小于1/2。斜槎高度不得超过一步脚手架高度。

（3）砖砌体的转角处和交接处对非抗震设防及在抗震设防烈

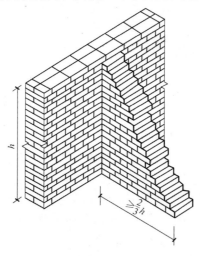

图 5-1 砖砌体斜槎砌筑示意图

度为 6 度、7 度地区的临时间断处,当不能留斜槎时,除转角处外,可留直槎,但应做成凸槎。留直槎处应加设拉结钢筋(图5-2),其拉结筋应符合下列规定:

1) 每 120mm 墙厚应设置 1φ6 拉结钢筋;当墙厚为 120mm时,应设置 2φ6 拉结钢筋。

2) 间距沿墙高不应超过 500mm,且竖向间距偏差不应超过 100mm。

3) 埋入长度从留槎处算起每边均不应小于 500mm 对抗震设防烈度 6 度、7 度的地区,不应小于 1000mm。

4) 末端应设 90°弯钩。

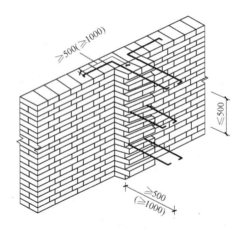

图 5-2 砖砌体直槎和拉结筋示意图

(4) 与构造柱相邻部位砌体应砌成马牙槎。马牙槎应先退后进,每个马牙槎沿高度方向的尺寸不宜超过 300mm,凹凸尺寸宜为 60mm。砌筑时,砌体与构造柱间应沿墙高每 500mm 设拉结钢筋,钢筋数量及伸入墙内长度应满足设计要求。

(5) 砖砌体的下列部位不得使用破损砖:

1) 砖柱、砖垛、砖拱、砖碹、砖过梁、梁的支承处、砖挑层及宽度小于 1m 的窗间墙部位。

2) 起拉结作用的丁砖。

3）清水砖墙的顺砖。

（6）砖砌体在下列部位应使用丁砌层砌筑，且应使用整砖：

1）每层承重墙的最上一皮砖。

2）楼板、梁、柱及屋架的支承处。

3）砖砌体的台阶水平面上。

4）挑出层。

（7）水池、水箱和有冻胀环境的地面以下工程部位不得使用多孔砖。

（8）砖柱和带壁柱墙砌筑应符合下列规定：

1）砖柱不得采用包心砌法。

2）带壁柱墙的壁柱应与墙身同时咬槎砌筑。

3）异形柱、垛用砖，应根据排砖方案事先加工。

（9）采用铺浆法砌筑砌体，铺浆长度不得超过 750mm；当施工期间气温超过 30℃时，铺浆长度不得超过 500mm。

（10）240mm 厚承重墙的每层墙的最上一皮砖，砖砌体的阶台水平面上及挑出层的外皮砖，应整砖丁砌。

（11）弧拱式及平拱式过梁的灰缝应砌成楔形缝，拱底灰缝宽度不宜小于 5mm，拱顶灰缝宽度不应大于 15mm，拱体的纵向及横向灰缝应填实砂浆；平拱式过梁拱脚下面应伸入墙内不小于 20mm；砖砌平拱过梁底应有 1% 的起拱。

（12）砖过梁底部的模板及其支架拆除时，灰缝砂浆强度不应低于设计强度的 75%。

（13）砖砌体的灰缝应横平竖直，厚薄均匀。水平灰缝厚度和竖向灰缝宽度宜为 10mm，但不应小于 8mm，且不应大于 12mm。

（14）夹心复合墙的砌筑应符合下列规定：

1）墙体砌筑时，应采取措施防止空腔内掉落砂浆和杂物。

2）拉结件设置应符合设计要求，拉结件在叶墙上的搁置长度不应小于叶墙厚度的 2/3，并不应小于 60mm。

3）保温材料品种及性能应符合设计要求。保温材料的浇注压力不应对砌体强度、变形及外观质量产生不良影响。

（15）砌筑水池、化粪池、窨井和检查井，应符合下列规定：

1）当设计无要求时，应采用普通砖和水泥砂浆砌筑，并砌筑严实。

2）砌体应同时砌筑；当同时砌筑有困难时，接槎应砌成斜槎。

3）各种管道及附件，应在砌筑时按设计要求埋设。

5.2.3 质量检查

（1）砖、水泥、钢筋、预拌砂浆、专用砌筑砂浆、复合夹心墙的保温材料、外加剂等原材料进场时，应检查其质量合格证明；对有复检要求的原材料应送检，检验结果应满足设计及相应国家现行标准要求。

（2）砖的质量检查，应包括其品种、规格、尺寸、外观质量及强度等级，符合设计及产品标准要求后方可使用。

（3）砖砌体工程施工过程中，应对拉结钢筋及复合夹心墙拉结件进行隐蔽前的检查。

5.3 混凝土小型空心砌块砌体工程

本节适用于普通混凝土小型空心砌块和轻骨料混凝土小型空心砌块（以下简称小砌块）等砌体工程。

5.3.1 一般规定

（1）施工前，应按房屋设计图编绘小砌块平、立面排块图，施工中应按排块图施工。

（2）施工采用的小砌块的产品龄期不应小于 28d。

（3）砌筑小砌块时，应清除表面污物，剔除外观质量不合格的小砌块。

（4）砌筑小砌块砌体，宜选用专用小砌块砌筑砂浆。

（5）承重墙体使用的小砌块应完整、无破损、无裂缝。

（6）小砌块应将生产时的底面朝上反砌于墙上。

（7）小砌块墙体宜逐块坐（铺）浆砌筑。

5.3.2　施工质量控制

（1）小砌块墙内不得混砌黏土砖或其他墙体材料。当需局部嵌砌时，应采用强度等级不低于 C20 的适宜尺寸的配套预制混凝土砌块。

（2）小砌块砌体应对孔错缝搭砌。搭砌应符合下列规定：

1）单排孔小砌块的搭接长度应为块体长度的 1/2，多排孔小砌块的搭接长度不宜小于砌块长度的 1/3。

2）当个别部位不能满足搭砌要求时，应在此部位的水平灰缝中设 φ4 钢筋网片，且网片两端与该位置的竖缝距离不得小于400mm，或采用配块。

3）墙体竖向通缝不得超过 2 皮小砌块，独立柱不得有竖向通缝。

（3）墙体转角处和纵横交接处应同时砌筑。临时间断处应砌成斜槎，斜槎水平投影长度不应小于斜槎高度。临时施工洞口可预留直槎，但在补砌洞口时，应在直槎上下搭砌的小砌块孔洞内用强度等级不低于 Cb20 或 C20 的混凝土灌实。

（4）小砌块砌体的水平灰缝厚度和竖向灰缝宽度宜为10mm，但不应小于 8mm，也不应大于 12mm，且灰缝应横平竖直。

（5）需移动砌体中的小砌块或砌筑完成的砌体被撞动时，应重新铺砌。

（6）砌入墙内的构造钢筋网片和拉结筋应放置在水平灰缝的砂浆层中，不得有露筋现象。钢筋网片应采用点焊工艺制作，且纵横筋相交处不得重叠点焊，应控制在同一平面内。

（7）底层室内地面以下或防潮层以下的砌体，应采用强度等级不低于 C20（或 Cb20）的混凝土灌实小砌块的孔洞。

（8）砌筑普通混凝土小型空心砌块砌体，不需对小砌块浇水湿润，如遇天气干燥炎热，宜在砌筑前对其喷水湿润；对轻骨料混凝土小砌块，应提前浇水湿润，块体的相对含水率宜为40％～

50%。雨天及小砌块表面有浮水时，不得施工。

（9）在散热器、厨房和卫生间等设备的卡具安装处砌筑的小砌块，宜在施工前用强度等级不低于 C20（或 Cb20）的混凝土将其孔洞灌实。

（10）每步架墙（柱）砌筑完后，应随即刮平墙体灰缝。

（11）芯柱处小砌块墙体砌筑应符合下列规定：

1）每一楼层芯柱处第一皮砌块应采用开口小砌块。

2）砌筑时应随砌随清除小砌块孔内的毛边，并将灰缝中挤出的砂浆刮净。

（12）芯柱混凝土宜选用专用小砌块灌孔混凝土。浇筑芯柱混凝土应符合下列规定：

1）每次连续浇筑的高度宜为半个楼层，但不应大于 1.8m。

2）浇筑芯柱混凝土时，砌筑砂浆强度应大于 1MPa。

3）清除孔内掉落的砂浆等杂物，并用水冲淋孔壁。

4）浇筑芯柱混凝土前，应先注入适量与芯柱混凝土成分相同的去石砂浆。

5）每浇筑 400～500mm 高度捣实一次，或边浇筑边捣实。

5.3.3 质量检查

（1）小砌块、水泥、钢筋、预拌砂浆、专用砌筑砂浆、复合夹心墙的保温材料、外加剂等原材料进场时，应检查其质量合格证书；对有复检要求的原材料应及时送检，检验结果应满足设计及国家现行相关标准要求。

（2）小砌块的质量检查，应包括其品种、规格、尺寸、外观质量及强度等级，符合设计及产品标准要求后方可使用。

（3）小砌块砌体工程施工过程中，应对拉结钢筋或钢筋网片进行隐蔽前的检查。

（4）对小砌块砌体的芯柱检查应符合下列规定：

1）对小砌块砌体的芯柱混凝土密实性，应采用锤击法进行检查，也可采用钻芯法或超声法进行检测。

2）楼盖处芯柱尺寸及芯柱设置应逐层检查。

5.4 石砌体工程

5.4.1 一般规定

（1）石砌体采用的石材应质地坚实，无裂纹和无明显风化剥落；用于清水墙、柱表面的石材，尚应色泽均匀；石材的放射性应经检验，其安全性应符合现行国家标准《建筑材料放射性核素限量》GB 6566 的有关规定。

（2）石材表面的泥垢、水锈等杂质，砌筑前应清除干净。

（3）石砌体的转角处和交接处应同时砌筑。对不能同时砌筑而又需留置的临时间断处，应砌成斜槎。

（4）梁、板类受弯构件石材，不应存在裂痕。梁的顶面和底面应为粗糙面，两侧面应为平整面；板的顶面和底面应为平整面，两侧面应为粗糙面。

（5）石砌体应采用铺浆法砌筑，砂浆应饱满，叠砌面的黏灰面积应大于80%。

（6）毛石、毛料石、粗料石、细料石砌体灰缝厚度应均匀，灰缝厚度应符合下列规定：

1）毛石砌体外露面的灰缝厚度不宜大于40mm。

2）毛料石和粗料石的灰缝厚度不宜大于20mm。

3）细料石的灰缝厚度不宜大于5mm。

（7）在毛石和实心砖的组合墙中，毛石砌体与砖砌体应同时砌筑，并每隔4～6皮砖用2～3皮丁砖与毛石砌体拉结砌合；两种砌体间的空隙应填实砂浆。

（8）毛石墙和砖墙相接的转角处和交接处应同时砌筑。转角处、交接处应自纵墙（或横墙）每隔4～6皮砖高度引出不小于120mm与横墙（或纵墙）相接。

（9）石砌体每天的砌筑高度不得大于1.2m。

5.4.2 砌筑施工质量控制

（1）砌筑时，不应出现通缝、干缝、空缝和孔洞。

（2）砌筑毛石基础的第一皮石块应坐浆，并将大面向下；砌筑料石基础的第一皮石块应用丁砌层坐浆砌筑。

（3）毛石砌体的第一皮及转角处、交接处和洞口处，应用较大的平毛石砌筑。每个楼层（包括基础）砌体的最上一皮，宜选用较大的毛石砌筑。

（4）毛石砌筑时，对石块间存在较大的缝隙，应先向缝内填灌砂浆并捣实，然后再用小石块嵌填，不得先填小石块后填灌砂浆，石块间不得出现无砂浆相互接触现象。

5.4.3 挡土墙施工质量控制

（1）砌筑毛石挡土墙应按分层高度砌筑，并应符合下列规定：

1）每砌 3～4 皮为一个分层高度，每个分层高度应将顶层石块砌平。

2）两个分层高度间分层处的错缝不得小于 80mm。

（2）料石挡土墙，当中间部分用毛石砌筑时，丁砌料石伸入毛石部分的长度不应小于 200mm。

（3）挡土墙的泄水孔当设计无规定时，施工应符合下列规定：

1）泄水孔应均匀设置，在每米高度上间隔 2m 左右设置一个泄水孔。

2）泄水孔与土体间铺设长宽各为 300mm、厚 200mm 的卵石或碎石作疏水层。

（4）挡土墙内侧回填土必须分层夯填，分层松土厚度宜为 300mm。墙顶土面应有适当坡度使流水流向挡土墙外侧面。

5.4.4 质量检查

（1）料石进场时应检查其品种、规格、颜色以及强度等级的检验报告，并应符合设计要求，石材材质应质地坚实，无风化剥落和裂缝。

（2）应对现场二次加工的料石进行检查，各种砌筑用料石的宽度、厚度均不宜小于 200mm，长度不宜大于厚度的 4 倍。

5.5 配筋砌体工程

5.5.1 一般规定

（1）配筋砌体工程施工还应符合上述"5.2 砖砌体工程"及"5.3 混凝土小型空心砌块砌体工程"的相关要求和规定。

（2）施工配筋小砌块砌体剪力墙，应采用专用的小砌块砌筑砂浆砌筑，专用小砌块灌孔混凝土浇筑芯柱。

（3）配筋砌体中钢筋的防腐应符合设计要求。

（4）设置在砌体水平灰缝内的钢筋，应沿灰缝厚度居中放置。灰缝厚度应大于钢筋直径 6mm 以上；当设置钢筋网片时，应大于网片厚度 4mm 以上，但灰缝最大厚度不宜大于 15mm。砌体外露面砂浆保护层的厚度不应小于 15mm。

（5）设置在灰缝内的钢筋，应居中置于灰缝内，水平灰缝厚度应大于钢筋直径 4mm 以上。

（6）配筋砖砌体构件、组合砌体构件和配筋砌块砌体剪力墙构件的混凝土、砂浆的强度等级及钢筋的牌号、规格、数量应符合设计要求。

（7）伸入砌体内的拉结钢筋，从接缝处算起，不应小于 500mm。对多孔砖墙和砌块墙不应小于 700mm。

（8）网状配筋砌体的钢筋网，不得用分离放置的单根钢筋代替。

5.5.2 配筋砖砌体施工质量控制

（1）钢筋砖过梁内的钢筋应均匀、对称放置，过梁底面应铺 1：2.5 水泥砂浆层，其厚度不宜小于 30mm，钢筋应埋入砂浆层中，两端伸入支座砌体内的长度不应小于 240mm，并应有 90° 弯钩埋入墙的竖缝内。钢筋砖过梁的第一皮砖应丁砌。

（2）网状配筋砌体的钢筋网，宜采用焊接网片。

（3）由砌体和钢筋混凝土或配筋砂浆面层构成的组合砌体构件，其连接受力钢筋的拉结筋应在两端做成弯钩，并在砌筑砌体时正确埋入。

（4）组合砌体构件的面层施工，应在砌体外围分段支设模板，每段支模高度宜在 500mm 以内，浇水润湿模板及砖砌体表面，分层浇筑混凝土或砂浆，并振捣密实；钢筋砂浆面层施工，可采用分层抹浆的方法，面层厚度应符合设计要求。

（5）墙体与构造柱的连接处应砌成马牙槎。

（6）构造柱混凝土可分段浇筑，每段高度不宜大于 2m。浇筑构造柱混凝土时，应采用小型插入式振动棒边浇筑边振捣的方法。

（7）钢筋混凝土构造柱的竖向受力钢筋应在基础梁和楼层圈梁中锚固，锚固长度应符合设计要求。

5.5.3 配筋砌块砌体施工质量控制

（1）芯柱的纵向钢筋应通过清扫口与基础圈梁、楼层圈梁、连系梁伸出的竖向钢筋绑扎搭接或焊接连接，搭接或焊接长度应符合设计要求。当钢筋直径大于 22mm 时，宜采用机械连接。

（2）芯柱竖向钢筋应居中设置，顶端固定后再浇筑芯柱混凝土。

（3）配筋砌块砌体剪力墙的水平钢筋，在凹槽砌块的混凝土带中的锚固、搭接长度应符合设计要求。

（4）配筋砌块砌体剪力墙两平行钢筋间的净距不应小于 50mm。水平钢筋搭接时应上下搭接，并应加设短筋固定。水平钢筋两端宜锚入端部灌孔混凝土中。

（5）浇筑芯柱混凝土时，其连续浇筑高度不应大于 1.8m。

（6）当剪力墙墙端设置钢筋混凝土柱作为边缘构件时，应按先砌砌块墙体，后浇筑混凝土柱的施工顺序，墙体中的水平钢筋应在柱中锚固，并应满足钢筋的锚固长度要求。

5.5.4 质量检查

（1）配筋砌体施工质量检查，还应参考上述"5.2 砖砌体工程""5.3 混凝土小型空心砌块砌体工程"的相关内容。

（2）混凝土构造柱拆模后，应对构造柱外观缺陷进行检查。

检查的方法应符合现行国家标准《混凝土结构工程施工质量验收规范》GB 50204 的规定。

5.6 填充墙砌体工程

5.6.1 一般规定

（1）砌筑填充墙时，轻骨料混凝土小型空心砌块和蒸压加气混凝土砌块的产品龄期不应小于 28d，蒸压加气混凝土砌块的含水率宜小于 30%。

（2）填充墙砌体砌筑，应在承重主体结构检验批验收合格后进行；填充墙顶部与承重主体结构之间的空隙部位，应在填充墙砌筑 14d 后进行砌筑。

（3）烧结空心砖、蒸压加气混凝土砌块、轻骨料混凝土小型空心砌块等的运输、装卸过程中，严禁抛掷和倾倒；进场后应按品种、规格堆放整齐，堆置高度不宜超过 2m。蒸压加气混凝土砌块在运输及堆放中应防止雨淋。

（4）吸水率较小的轻骨料混凝土小型空心砌块及采用薄灰砌筑法施工的蒸压加气混凝土砌块，砌筑前不应对其浇（喷）水湿润；在气候干燥炎热的情况下，对吸水率较小的轻骨料混凝土小型空心砌块宜在砌筑前喷水湿润。

（5）采用普通砌筑砂浆砌筑填充墙时，烧结空心砖、吸水率较大的轻骨料混凝土小型空心砌块应提前 1～2d 浇（喷）水湿润。蒸压加气混凝土砌块采用蒸压加气混凝土砌块砌筑砂浆或普通砌筑砂浆砌筑时，应在砌筑当天对砌块砌筑面喷水湿润。块体湿润程度宜符合下列规定：

1）烧结空心砖的相对含水率 60%～70%。

2）吸水率较大的轻骨料混凝土小型空心砌块、蒸压加气混凝土砌块的相对含水率 40%～50%。

（6）在没有采取有效措施的情况下，不应在下列部位或环境中使用轻骨料混凝土小型空心砌块或蒸压加气混凝土砌块砌体：

1）建筑物防潮层以下墙体。

2）长期浸水或化学侵蚀环境。

3）砌体表面温度高于 80℃的部位。

4）长期处于有振动源环境的墙体。

（7）在厨房、卫生间、浴室等处采用轻骨料混凝土小型空心砌块、蒸压加气混凝土砌块砌筑墙体时，墙底部宜现浇混凝土坎台，其高度宜为 150mm。

（8）填充墙砌体与主体结构间的连接构造应符合设计要求，未经设计同意，不得随意改变连接构造方法。

（9）在填充墙上钻孔、镂槽或切锯时，应使用专用工具，不得任意剔凿。

（10）各种预留洞、预埋件、预埋管，应按设计要求设置，不得砌筑后剔凿。

（11）抗震设防地区的填充砌体应按设计要求设置构造柱及水平连系梁，且填充砌体的门窗洞口部位，砌块砌筑时不应侧砌。

（12）轻骨料混凝土小型空心砌块应采用整块砌块砌筑；当蒸压加气混凝土砌块需断开时，应采用无齿锯切割，裁切长度不应小于砌块总长度的 1/3。

（13）蒸压加气混凝土砌块、轻骨料混凝土小型空心砌块等不同强度等级的同类砌块不得混砌，亦不应与其他墙体材料混砌。

（14）填充墙拉结筋处的下皮小砌块宜采用半盲孔小砌块或用混凝土灌实孔洞的小砌块；薄灰砌筑法施工的蒸压加气混凝土砌块砌体，拉结筋应放置在砌块上表面设置的沟槽内。

（15）蒸压加气混凝土砌块、轻骨料混凝土小型空心砌块不应与其他块体混砌，不同强度等级的同类块体也不得混砌。

注：窗台处和因安装门窗需要，在门窗洞口处两侧填充墙上、中、下部可采用其他块体局部嵌砌；对与框架柱、梁不脱开方法的填充墙，填塞填充墙顶部与梁之间缝隙可采用其他块体。

5.6.2 施工质量控制

1. 烧结空心砖砌体

（1）烧结空心砖墙应侧立砌筑，孔洞应呈水平方向。空心砖墙底部宜砌筑3皮普通砖，且门窗洞口两侧一砖范围内应采用烧结普通砖砌筑。

（2）砌筑空心砖墙的水平灰缝厚度和竖向灰缝宽度宜为10mm，且不应小于8mm，也不应大于12mm。竖缝应采用刮浆法，先抹砂浆后再砌筑。

（3）砌筑时，墙体的第一皮空心砖应进行试摆。排砖时，不够半砖处应采用普通砖或配砖补砌，半砖以上的非整砖宜采用无齿锯加工制作。

（4）烧结空心砖砌体组砌时，应上下错缝，交接处应咬槎搭砌，掉角严重的空心砖不宜使用。转角及交接处应同时砌筑，不得留直槎，留斜槎时，斜槎高度不宜大于1.2m。

（5）外墙采用空心砖砌筑时，应采取防雨水渗漏的措施。

2. 蒸压加气混凝土砌块砌体

（1）填充墙砌筑时应上下错缝，搭接长度不宜小于砌块长度的1/3，且不应小于150mm。当不能满足时，在水平灰缝中应设置$2\phi6$钢筋或$\phi4$钢筋网片加强，加强筋从砌块搭接的错缝部位起，每侧搭接长度不宜小700mm。

（2）蒸压加气混凝土砌块采用薄层砂浆砌筑法砌筑时，应符合下列规定：

1）砌筑砂浆应采用专用黏结砂浆。

2）砌块不得用水浇湿，其灰缝厚度宜为2～4mm。

3）砌块与拉结筋的连接，应预先在相应位置的砌块上表面开设凹槽；砌筑时，钢筋应居中放置在凹槽砂浆内。

4）砌块砌筑过程中，当在水平面和垂直面上有超过2mm的错边量时，应采用钢齿磨板和磨砂板磨平，方可进行下道工序施工。

（3）采用非专用黏结砂浆砌筑时，水平灰缝厚度和竖向灰缝宽度不应超过 15mm。

3. 轻骨料混凝土小型空心砌块砌体

（1）轻骨料混凝土小型空心砌块砌体的砌筑质量控制，应符合上述"5.3 混凝土小型空心砌块砌体工程"的相关内容。

（2）当小砌块墙体孔洞中需填充隔热或隔声材料时，应砌一皮填充一皮，且应填满，不得捣实。

（3）轻骨料混凝土小型空心砌块填充墙砌体，在纵横墙交接处及转角处应同时砌筑；当不能同时砌筑时，应留成斜槎，斜槎水平投影长度不应小于高度的 2/3。

（4）当砌筑带保温夹心层的小砌块墙体时，应将保温夹心层一侧靠置室外，并应对孔错缝。左右相邻小砌块中的保温夹心层应互相衔接，上下皮保温夹心层间的水平灰缝处宜采用保温砂浆砌筑。

5.6.3 质量检查

（1）砖、小砌块、水泥、钢筋、预拌砂浆、专用砌筑砂浆、复合夹心墙的保温材料、外加剂等原材料进场时，应检查其质量合格证明；对有复检要求的原材料应送检，检验结果应满足设计及相应国家现行标准要求。

（2）砖的质量检查，应包括其品种、规格、尺寸、外观质量及强度等级，符合设计及产品标准要求后方可使用。

（3）小砌块的质量检查，应包括其品种、规格、尺寸、外观质量及强度等级，符合设计及产品标准要求后方可使用。

（4）混凝土构造柱拆模后，应对构造柱外观缺陷进行检查。检查的方法应符合现行国家标准《混凝土结构工程施工质量验收规范》GB 50204 的规定。

6 混凝土结构工程

6.1 模 板 工 程

6.1.1 一般规定

（1）模板及支架应保证工程结构和构件各部分形状、尺寸和位置准确，且应便于钢筋安装和混凝土浇筑、养护。

（2）模板及支架材料的技术指标应符合国家现行有关标准的规定。

（3）模板及支架宜选用轻质、高强、耐用的材料。连接件宜选用标准定型产品。

（4）接触混凝土的模板表面应平整，并应具有良好的耐磨性和硬度；清水混凝土模板的面板材料应能保证脱模后所需的饰面效果。

（5）脱模剂应能有效减小混凝土与模板间的吸附力，并应有一定的成膜强度，且不应影响脱模后混凝土表面的后期装饰。

6.1.2 模板制作与安装质量控制

（1）模板面板背楞的截面高度宜统一。模板制作与安装时，面板拼缝应严密。有防水要求的墙体，其模板对拉螺栓中部应设止水片，止水片应与对拉螺栓环焊。

（2）与通用钢管支架匹配的专用支架，应按图加工、制作。搁置于支架顶端可调托座上的主梁，可采用木方、木工字梁或截面对称的型钢制作。

（3）安装模板时，应进行测量放线，并应采取保证模板位置准确的定位措施。对竖向构件的模板及支架，应根据混凝土一次浇筑高度和浇筑速度，采取竖向模板抗侧移、抗浮和抗倾覆措施。对水平构件的模板及支架，应结合不同的支架和模板面板形式，采取支架间、模板间及模板与支架间的有效拉结措施。对可能承受较大风荷载的模板，应采取防风措施。

（4）对跨度不小于4m的梁、板，其模板施工起拱高度宜为梁、板跨度的1/1000～3/1000。起拱不得减少构件的截面高度。

（5）采用门式钢管架搭设模板支架时，应符合现行行业标准《建筑施工门式钢管脚手架安全技术规范》JGJ 128的有关规定。当支架高度较大或荷载较大时，主立杆钢管直径不宜小于48mm，并应设水平加强杆。

（6）支架的竖向斜撑和水平斜撑应与支架同步搭设，支架应与成型的混凝土结构拉结。钢管支架的竖向斜撑和水平斜撑的搭设，应符合国家现行有关钢管脚手架标准的规定。

（7）对现浇多层、高层混凝土结构，上、下楼层模板支架的立杆宜对准。模板及支架杆件等应分散堆放。

（8）模板安装应保证混凝土结构构件各部分形状、尺寸和相对位置准确，并应防止漏浆。

（9）模板安装应与钢筋安装配合进行，梁柱节点的模板宜在钢筋安装后安装。

（10）模板与混凝土接触面应清理干净并涂刷脱模剂，脱模剂不得污染钢筋和混凝土接槎处。

（11）后浇带的模板及支架应独立设置。

（12）固定在模板上的预埋件、预留孔和预留洞，均不得遗漏，且应安装牢固、位置准确。

6.1.3 模板拆除与维护质量控制

（1）混凝土结构浇筑后，达到一定强度方可拆模。模板拆卸时间应按照结构特点和混凝土所达到的强度来确定。拆模要掌握好时机，应保证混凝土达到必要的强度，同时又要及时，以便于模板周转和加快施工进度。

（2）模板拆除时，可采取先支的后拆、后支的先拆，先拆非承重模板、后拆承重模板的顺序，并应从上而下进行拆除。

（3）侧模拆除时，混凝土强度应能保证其表面及棱角不因拆模而受损坏，预埋件或外露钢筋插铁不因拆模碰损或松动。冬期施工时，应视其施工方法和混凝土强度增长情况及测温情况决定拆模时间。

（4）底模及其支架的拆除，结构混凝土强度应符合设计要求。当设计无要求时，同条件养护试件的混凝土强度应符合表6-1的规定。

拆模时混凝土强度要求   表 6-1

构件类型	构件跨度 （m）	达到设计的混凝土立方体抗压 强度标准值的百分率（%）
板	≤2	≥50
	>2,≤8	≥75
	>8	≥100
梁、拱、壳	≤8	≥75
	>8	≥100
悬臂结构	—	≥100

（5）位于楼层间连续支模层的底层支架的拆除时间，应根据各支架层已浇筑混凝土强度的增长情况以及顶部支模层的施工荷载在连续支模层及楼层间的荷载传递计算确定。模板支架拆除后，应对其结构上部施工荷载及堆放料具进行严格控制，或经验算在结构底部增设临时支撑。悬挑结构按施工方案加临时支撑。

（6）采用快拆支架体系时，且立柱间距不大于2m时，板底模板可在混凝土强度达到设计强度等级值的50%时，保留支架体系并拆除模板板块；梁底模板应在混凝土强度达到设计强度等级值的75%时，保留支架体系并拆除模板板块。

（7）后张预应力混凝土结构的侧模宜在施加预应力前拆除，底模及支架的拆除应按施工技术方案执行，并不应在预应力建立前拆除。

（8）大体积混凝土的拆模时间除应满足混凝土强度要求外，

还应使混凝土内外温差降低到 25℃ 以下时方可拆模。否则应采取有效措施防止产生温度裂缝。

（9）拆下的模板及支架杆件不得抛掷，应分散堆放在指定地点，并应及时清运。

（10）模板拆除后应将其表面清理干净，对变形和损伤部位应进行修复。

6.1.4 质量检查

（1）模板、支架杆件和连接件的进场检查，应符合下列规定：

1）模板表面应平整；胶合板模板的胶合层不应脱胶翘角；支架杆件应平直，应无严重变形和锈蚀；连接件应无严重变形和锈蚀，并不应有裂纹。

2）模板的规格和尺寸，支架杆件的直径和壁厚，及连接件的质量，应符合设计要求。

3）施工现场组装的模板，其组成部分的外观和尺寸，应符合设计要求。

4）必要时，应对模板、支架杆件和连接件的力学性能进行抽样检查。

5）应在进场时和周转使用前全数检查外观质量。

（2）模板安装后应检查尺寸偏差。固定在模板上的预埋件、预留孔和预留洞，应检查其数量和尺寸。

（3）采用扣件式钢管作模板支架时，质量检查应符合下列规定：

1）梁下支架立杆间距的偏差不宜大于 50mm，板下支架立杆间距的偏差不宜大于 100mm；水平杆间距的偏差不宜大于 50mm。

2）应检查支架顶部承受模板荷载的水平杆与支架立杆连接的扣件数量，采用双扣件构造设置的抗滑移扣件，其上下应顶紧，间隙不应大于 2mm。

3）支架顶部承受模板荷载的水平杆与支架立杆连接的扣件

拧紧力矩，不应小于 40N·m，且不应大于 65N·m；支架每步双向水平杆应与立杆扣接，不得缺失。

（4）采用碗扣式、盘扣式或盘销式钢管架作模板支架时，质量检查应符合下列规定：

1）插入立杆顶端可调托座伸出顶层水平杆的悬臂长度，不应超过 650mm。

2）水平杆杆端与立杆连接的碗扣、插接和盘销的连接状况，不应松脱。

3）竖向和水平斜撑的设置应符合设计或施工方案要求。

6.2 钢 筋 工 程

6.2.1 一般规定

（1）钢筋的性能应符合国家现行有关标准的规定。

（2）当需要进行钢筋代换时，应办理设计变更文件。

（3）施工过程中应采取防止钢筋混淆、锈蚀或损伤的措施。

（4）施工中发现钢筋脆断、焊接性能不良或力学性能显著不正常等现象时，应停止使用该批钢筋，并应对该批钢筋进行化学成分检验或其他专项检验。

（5）浇筑混凝土之前，应进行钢筋隐蔽工程验收。隐蔽工程验收应包括下列主要内容：

1）纵向受力钢筋的牌号、规格、数量、位置。

2）钢筋的连接方式、接头位置、接头质量、接头面积百分率、搭接长度、锚固方式及锚固长度。

3）箍筋、横向钢筋的牌号、规格、数量、间距、位置，箍筋弯钩的弯折角度及平直段长度。

4）预埋件的规格、数量和位置。

（6）钢筋、成型钢筋进场检验，当满足下列条件之一时，其检验批容量可扩大一倍：

1）获得认证的钢筋、成型钢筋。

2）同一厂家、同一牌号、同一规格的钢筋，连续三批均一次检验合格。

3）同一厂家、同一类型、同一钢筋来源的成型钢筋，连续三批均一次检验合格。

6.2.2 钢筋现场加工质量控制

（1）钢筋加工前应将表面清理干净。表面有颗粒状、片状老锈或有损伤的钢筋不得使用。

（2）钢筋宜采用机械设备进行调直，也可采用冷拉方法调直。当采用机械设备调直时，调直设备不应具有延伸功能。当采用冷拉方法调直时，HPB300 光圆钢筋的冷拉率不宜大于 4%；HRB335、HRB400、HRB500、HRBF335、HRBF400、HRBF500 及 RRB400 带肋钢筋的冷拉率，不宜大于 1%。钢筋调直过程中不应损伤带肋钢筋的横肋。调直后的钢筋应平直，不应有局部弯折。

（3）钢筋弯折的弯弧内直径应符合下列规定：

1）光圆钢筋，不应小于钢筋直径的 2.5 倍。

2）335MPa 级、400MPa 级带肋钢筋，不应小于钢筋直径的 4 倍。

3）500MPa 级带肋钢筋，当直径为 28mm 以下时不应小于钢筋直径的 6 倍，当直径为 28mm 及以上时不应小于钢筋直径的 7 倍。

4）位于框架结构顶层端节点处的梁上部纵向钢筋和柱外侧纵向钢筋，在节点角部弯折处，当钢筋直径为 28mm 以下时不宜小于钢筋直径的 12 倍，当钢筋直径为 28mm 及以上时不宜小于钢筋直径的 16 倍。

5）箍筋弯折处尚不应小于纵向受力钢筋直径；箍筋弯折处纵向受力钢筋为搭接钢筋或并筋时，应按钢筋实际排布情况确定箍筋弯弧内直径。

（4）纵向受力钢筋的弯折后平直段长度应符合设计要求及现行国家标准《混凝土结构设计规范》GB 50010 的有关规定。光圆钢筋末端作 180°弯钩时，弯钩的弯折后平直段长度不应小于钢筋直径的 3 倍。

（5）箍筋、拉筋的末端应按设计要求作弯钩，并应符合下列规定：

1）对一般结构构件，箍筋弯钩的弯折角度不应小于 90°，弯折后平直段长度不应小于箍筋直径的 5 倍；对有抗震设防要求或设计有专门要求的结构构件，箍筋弯钩的弯折角度不应小于135°，弯折后平直段长度不应小于箍筋直径的 10 倍和 75mm 两者之中的较大值。

2）圆形箍筋的搭接长度不应小于其受拉锚固长度，且两末端均应作不小于 135°的弯钩，弯折后平直段长度对一般结构构件不应小于箍筋直径的 5 倍，对有抗震设防要求的结构构件不应小于箍筋直径的 10 倍和 75mm 的较大值。

3）拉筋用作梁、柱复合箍筋中单肢箍筋或梁腰筋间拉结筋时，两端弯钩的弯折角度均不应小于 135°，弯折后平直段长度应符合上述 1）对箍筋的有关规定；拉筋用作剪力墙、楼板等构件中拉结筋时，两端弯钩可采用一端 135°另一端 90°，弯折后平直段长度不应小于拉筋直径的 5 倍。

（6）焊接封闭箍筋宜采用闪光对焊，也可采用气压焊或单面搭接焊，并宜采用专用设备进行焊接。焊接封闭箍筋下料长度和端头加工应按焊接工艺确定。焊接封闭箍筋的焊点设置，应符合下列规定：

1）每个箍筋的焊点数量应为 1 个，焊点宜位于多边形箍筋中的某边中部，且距箍筋弯折处的位置不宜小于 100mm。

2）矩形柱箍筋焊点宜设在柱短边，等边多边形柱箍筋焊点可设在任一边；不等边多边形柱箍筋焊点应位于不同边上。

3）梁箍筋焊点应设置在顶边或底边。

（7）当钢筋采用机械锚固措施时，钢筋锚固端的加工应符合国家现行相关标准的规定。采用钢筋锚固板时，应符合现行行业标准《钢筋锚固板应用技术规程》JGJ 256 的有关规定。

6.2.3 钢筋连接与安装质量控制

（1）钢筋接头宜设置在受力较小处；有抗震设防要求的结构中，梁端、柱端箍筋加密区范围内不宜设置钢筋接头，且不应进行钢筋搭接。同一纵向受力钢筋不宜设置两个或两个以上接头。接头末端至钢筋弯起点的距离，不应小于钢筋直径的 10 倍。

（2）钢筋机械连接施工应符合下列规定：

1）加工钢筋接头的操作人员应经专业培训合格后上岗，钢筋接头的加工应经工艺检验合格后方可进行。

2）机械连接接头的混凝土保护层厚度宜符合现行国家标准《混凝土结构设计规范》GB 50010 中受力钢筋的混凝土保护层最小厚度规定，且不得小于 15mm。接头之间的横向净间距不宜小于 25mm。

3）螺纹接头安装后应使用专用扭力扳手校核拧紧扭力矩。挤压接头压痕直径的波动范围应控制在允许波动范围内，并使用专用量规进行检验。

4）机械连接接头的适用范围、工艺要求、套筒材料及质量要求等应符合现行行业标准《钢筋机械连接技术规程》JGJ 107 的有关规定。

（3）钢筋焊接施工应符合下列规定：

1）从事钢筋焊接施工的焊工应持有钢筋焊工考试合格证，并应按照合格证规定的范围上岗操作。

2）在钢筋工程焊接施工前，参与该项工程施焊的焊工应进行现场条件下的焊接工艺试验，经试验合格后，方可进行焊接。焊接过程中，如果钢筋牌号、直径发生变更，应再次进行焊接工艺试验。工艺试验使用的材料、设备、辅料及作业条件均应与实际施工一致。

3）细晶粒热轧钢筋及直径大于 28mm 的普通热轧钢筋，其焊接参数应经试验确定；余热处理钢筋不宜焊接。

4）电渣压力焊只应使用于柱、墙等构件中竖向受力钢筋的连接。

5）钢筋焊接接头的适用范围、工艺要求、焊条及焊剂选择、焊接操作及质量要求等应符合现行行业标准《钢筋焊接及验收规程》JGJ 18 的有关规定。

（4）当纵向受力钢筋采用机械连接接头或焊接接头时，接头的设置应符合下列规定：

1）同一构件内的接头宜分批错开。

2）接头连接区段的长度为 $35d$，且不应小于 500mm，凡接头中点位于该连接区段长度内的接头均应属于同一连接区段；其中 d 为相互连接两根钢筋中较小直径。

3）同一连接区段内，纵向受力钢筋接头面积百分率为该区段内有接头的纵向受力钢筋截面面积与全部纵向受力钢筋截面面积的比值；纵向受力钢筋的接头面积百分率应符合下列规定：

① 受拉接头，不宜大于 50%；受压接头，可不受限制。

② 板、墙、柱中受拉机械连接接头，可根据实际情况放宽；装配式混凝土结构构件连接处受拉接头，可根据实际情况放宽。

③ 直接承受动力荷载的结构构件中，不宜采用焊接；当采用机械连接时，不应超过 50%。

（5）当纵向受力钢筋采用绑扎搭接接头时，接头的设置应符合下列规定：

1）同一构件内的接头宜分批错开。各接头的横向净间距 s 不应小于钢筋直径，且不应小于 25mm。

2）接头连接区段的长度为 1.3 倍搭接长度，凡接头中点位于该连接区段长度内的接头均应属于同一连接区段；搭接长度可取相互连接两根钢筋中较小直径计算。纵向受力钢筋的最小搭接长度应符合现行国家标准《混凝土结构工程施工规范》GB 50666 的规定。

3）同一连接区段内，纵向受力钢筋接头面积百分率为该区段内有接头的纵向受力钢筋截面面积与全部纵向受力钢筋截面面积的比值（图 6-1）；纵向受压钢筋的接头面积百分率可不受限值；纵向受拉钢筋的接头面积百分率应符合下列规定：

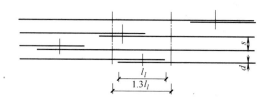

图 6-1 钢筋绑扎搭接接头连接区段及接头面积百分率

注：图中所示搭接接头同一连接区段内的搭接钢筋为两根，

当各钢筋直径相同时，接头百分率为 50%。

① 梁类、板类及墙类构件，不宜超过 25%；基础筏板，不宜超过 50%。

② 柱类构件，不宜超过 50%。

③ 当工程中确有必要增大接头面积百分率时，对梁类构件，不应大于 50%；对其他构件，可根据实际情况适当放宽。

（6）在梁、柱类构件的纵向受力钢筋搭接长度范围内应按设计要求配置箍筋，并应符合下列规定：

1）箍筋直径不应小于搭接钢筋较大直径的 25%。

2）受拉搭接区段的箍筋间距不应大于搭接钢筋较小直径的 5 倍，且不应大于 100mm。

3）受压搭接区段的箍筋间距不应大于搭接钢筋较小直径的 10 倍，且不应大于 200mm。

4）当柱中纵向受力钢筋直径大于 25mm 时，应在搭接接头两个端面外 100mm 范围内各设置两个箍筋，其间距宜为 50mm。

（7）钢筋绑扎应符合下列规定：

1）钢筋的绑扎搭接接头应在接头中心和两端用铁丝扎牢。

2）墙、柱、梁钢筋骨架中各竖向面钢筋网交叉点应全数绑扎；板上部钢筋网的交叉点应全数绑扎，底部钢筋网除边缘部分外可间隔交错绑扎。

3）梁、柱的箍筋弯钩及焊接封闭箍筋的焊点应沿纵向受力钢筋方向错开设置。

4）构造柱纵向钢筋宜与承重结构同步绑扎。

5）梁及柱中箍筋、墙中水平分布钢筋、板中钢筋距构件边缘的起始距离宜为50mm。

（8）构件交接处的钢筋位置应符合设计要求。当设计无具体要求时，应保证主要受力构件和构件中主要受力方向的钢筋位置。框架节点处梁纵向受力钢筋宜放在柱纵向钢筋内侧；当主次梁底部标高相同时，次梁下部钢筋应放在主梁下部钢筋之上；剪力墙中水平分布钢筋宜放在外侧，并宜在墙端弯折锚固。

（9）钢筋安装应采用定位件固定钢筋的位置，并宜采用专用定位件。定位件应具有足够的承载力、刚度、稳定性和耐久性。定位件的数量、间距和固定方式，应能保证钢筋的位置偏差符合国家现行有关标准的规定。混凝土框架梁、柱保护层内，不宜采用金属定位件。

（10）钢筋安装过程中，因施工操作需要而对钢筋进行焊接时，应符合现行行业标准《钢筋焊接及验收规程》JGJ 18 的有关规定。

（11）采用复合箍筋时，箍筋外围应封闭。梁类构件复合箍筋内部，宜选用封闭箍筋，奇数肢也可采用单肢箍筋；柱类构件复合箍筋内部可部分采用单肢箍筋。

（12）钢筋安装应采取防止钢筋受模板、模具内表面的脱模剂污染的措施。

6.2.4 质量检查

（1）钢筋进场检查应符合下列规定：

1）应检查钢筋的质量证明文件。

2）应按国家现行有关标准的规定抽样检验屈服强度、抗拉强度、伸长率、弯曲性能及单位长度重量偏差。

3）经产品认证符合要求的钢筋，其检验批量可扩大一倍。在同一工程中，同一厂家、同一牌号、同一规格的钢筋连续三次进场检验均一次检验合格时，其后的检验批量可扩大一倍。

4）钢筋的外观质量。

5）当无法准确判断钢筋品种、牌号时，应增加化学成分、晶粒度等检验项目。

（2）成型钢筋进场时，应检查成型钢筋的质量证明文件、成型钢筋所用材料质量证明文件及检验报告，并应抽样检验成型钢筋的屈服强度、抗拉强度、伸长率和重量偏差。检验批量可由合同约定，同一工程、同一原材料来源、同一组生产设备生产的成型钢筋，检验批量不宜大于30t。

（3）钢筋调直后，应检查力学性能和单位长度重量偏差。但采用无延伸功能的机械设备调直的钢筋，可不进行本条规定的检查。

（4）钢筋加工后，应检查尺寸偏差；钢筋安装后，应检查品种、级别、规格、数量及位置。

（5）钢筋连接施工的质量检查应符合下列规定：

1）钢筋焊接和机械连接施工前均应进行工艺检验。机械连接应检查有效的形式检验报告。

2）钢筋焊接接头和机械连接接头应全数检查外观质量，搭接连接接头应抽检搭接长度。

3）螺纹接头应抽检拧紧扭矩值。

4）钢筋焊接施工中，焊工应及时自检。当发现焊接缺陷及异常现象时，应查找原因，并采取措施及时消除。

5）施工中应检查钢筋接头百分率。

6）应按现行行业标准《钢筋机械连接技术规程》JGJ 107、《钢筋焊接及验收规程》JGJ 18 的有关规定抽取钢筋机械连接接头、焊接接头试件作力学性能检验。

6.3 预应力工程

6.3.1 一般规定

（1）预应力工程施工应根据环境温度采取必要的质量保证措施，并应符合下列规定：

1）当工程所处环境温度低于-15℃时，不宜进行预应力筋张拉。

2）当工程所处环境温度高于35℃或日平均环境温度连续5日低于5℃时，不宜进行灌浆施工；当在环境温度高于35℃或日平均环境温度连续5日低于5℃条件下进行灌浆施工时，应采取专门的质量保证措施。

（2）预应力筋等材料在运输、存放、加工、安装过程中，应采取防止其损伤、锈蚀或污染的措施，并应符合下列规定：

1）有黏结预应力筋展开后应平顺，不应有弯折，表面不应有裂纹、小刺、机械损伤、氧化铁皮和油污等。

2）预应力筋用锚具、夹具、连接器和锚垫板表面应无污物、锈蚀、机械损伤和裂纹。

3）无黏结预应力筋护套应光滑、无裂纹、无明显褶皱。

4）后张预应力用成孔管道内外表面应清洁，无锈蚀，不应有油污、孔洞和不规则的褶皱，咬口不应有开裂或脱落。

（3）浇筑混凝土之前，应进行预应力隐蔽工程验收。隐蔽工程验收应包括下列主要内容：

1）预应力筋的品种、规格、级别、数量和位置。

2）成孔管道的规格、数量、位置、形状、连接以及灌浆孔、排气兼泌水孔。

3）局部加强钢筋的牌号、规格、数量和位置。

4）预应力筋锚具和连接器及锚垫板的品种、规格、数量和位置。

（4）预应力筋、锚具、夹具、连接器、成孔管道的进场检验，当满足下列条件之一时，其检验批容量可扩大一倍：

1）获得认证的产品。

2）同一厂家、同一品种、同一规格的产品，连续三批均一次检验合格。

（5）预应力筋张拉机具及压力表应定期维护。张拉设备和压力表应配套标定和使用，标定期限不应超过半年。

6.3.2 制作与安装质量控制

1. 预应力筋制作

（1）预应力筋的下料长度应经计算确定，并应采用砂轮锯或切断机等机械方法切断。预应力筋制作或安装时，不应用作接地线，并应避免焊渣或接地电火花的损伤。

（2）无黏结预应力筋在现场搬运和铺设过程中，不应损伤其塑料护套。当出现轻微破损时，应及时采用防水胶带封闭；严重破损的不得使用。

（3）钢绞线挤压锚具应采用配套的挤压机制作，挤压操作的油压最大值应符合使用说明书的规定。采用的摩擦衬套应沿挤压套筒全长均匀分布；挤压完成后，预应力筋外端露出挤压套筒不应少于1mm。

（4）钢丝镦头及下料长度偏差应符合下列规定：

1）镦头的头型直径不宜小于钢丝直径的1.5倍，高度不宜小于钢丝直径。

2）镦头不应出现横向裂纹。

3）当钢丝束两端均采用镦头锚具时，同一束中各根钢丝长度的极差不应大于钢丝长度的1/5000，且不应大于5mm。当成组张拉长度不大于10m的钢丝时，同组钢丝长度的极差不得大于2mm。

2. 预应力筋安装

（1）成孔管道的连接应密封，并应符合相关规定。

（2）预应力筋或成孔管道应按设计规定的形状和位置安装，并应符合下列规定：

1）预应力筋或成孔管道应平顺，并与定位钢筋绑扎牢固。定位钢筋直径不宜小于10mm，间距不宜大于1.2m，板中无黏结预应力筋的定位间距可适当放宽，扁形管道、塑料波纹管或预应力筋曲线曲率较大处的定位间距，宜适当缩小。

2）凡施工时需要预先起拱的构件，预应力筋或成孔管道宜随构件同时起拱。

3）预应力筋或成孔管道控制点竖向位置允许偏差应符合设计和规范的规定。

（3）预应力筋和预应力孔道的间距和保护层厚度，应符合下列规定：

1）先张法预应力筋之间的净间距，不宜小于预应力筋公称直径或等效直径的 2.5 倍和混凝土粗骨料最大粒径的 1.25 倍，且对预应力钢丝、三股钢绞线和七股钢绞线分别不应小于15mm、20mm 和 25mm。当混凝土振捣密实性有可靠保证时，净间距可放宽至粗骨料最大粒径的 1.0 倍。

2）对后张法预制构件，孔道之间的水平净间距不宜小于50mm，且不宜小于粗骨料最大粒径的 1.25 倍；孔道至构件边缘的净间距不宜小于 30mm，且不宜小于孔道外径的 50%。

3）在现浇混凝土梁中，曲线孔道在竖直方向的净间距不应小于孔道外径，水平方向的净间距不宜小于孔道外径的 1.5 倍，且不应小于粗骨料最大粒径的 1.25 倍；从孔道外壁至构件边缘的净间距，梁底不宜小于 50mm，梁侧不宜小于 40mm；裂缝控制等级为三级的梁，从孔道外壁至构件边缘的净间距，梁底不宜小于 60mm，梁侧不宜小于 50mm。

4）预留孔道的内径宜比预应力束外径及需穿过孔道的连接器外径大 6～15mm，且孔道的截面积宜为穿入预应力束截面积的 3 倍～4 倍。

5）当有可靠经验并能保证混凝土浇筑质量时，预应力孔道可水平并列贴紧布置，但每一并列束中的孔道数量不应超过2 个。

6）板中单根无黏结预应力筋的水平间距不宜大于板厚的 6倍，且不宜大于 1m；带状束的无黏结预应力筋根数不宜多于 5根，束间距不宜大于板厚的 12 倍，且不宜大于 2.4m。

7）梁中集束布置的无黏结预应力筋，束的水平净间距不宜小于 50mm，束至构件边缘的净间距不宜小于 40mm。

（4）预应力孔道应根据工程特点设置排气孔、泌水孔及灌浆孔，排气孔可兼作泌水孔或灌浆孔，并应符合下列规定：

1）当曲线孔道波峰和波谷的高差大于 300mm 时，应在孔道波峰设置排气孔，排气孔间距不宜大于 30m。

2）当排气孔兼作泌水孔时，其外接管伸出构件顶面高度不宜小于 300mm。

（5）锚垫板、局部加强钢筋和连接器应按设计要求的位置和方向安装牢固，并应符合下列规定：

1）锚垫板的承压面应与预应力筋或孔道曲线末端的切线垂直。预应力筋曲线起始点与张拉锚固点之间的直线段最小长度应符合设计和规范的规定。

2）采用连接器接长预应力筋时，应全面检查连接器的所有零件，并应按产品技术手册要求操作。

3）内埋式固定端锚垫板不应重叠，锚具与锚垫板应贴紧。

（6）后张法有黏结预应力筋穿入孔道及其防护，应符合下列规定：

1）对采用蒸汽养护的预制构件，预应力筋应在蒸汽养护结束后穿入孔道。

2）预应力筋穿入孔道后至孔道灌浆的时间间隔不宜过长，当环境相对湿度大于 60% 或处于近海环境时，不宜超过 14d；当环境相对湿度不大于 60% 时，不宜超过 28d；否则，宜对预应力筋采取防锈措施。

（7）预应力筋等安装完成后，应做好成品保护工作。

（8）当采用减摩材料降低孔道摩擦阻力时，应符合下列规定：

1）减摩材料不应对预应力筋、成孔管道及混凝土产生不利影响。

2）灌浆前应将减摩材料清除干净。

6.3.3 张拉和放张质量控制

（1）预应力筋张拉设备及压力表应定期维护和标定。张拉设备和压力表应配套标定和使用，标定期限不应超过半年。当使用过程中出现反常现象或张拉设备检修后，应重新标定。

注：1. 压力表的量程应大于张拉工作压力读值，压力表的精确度等级不应低于1.6级。

2. 标定张拉设备用的试验机或测力计的测力示值不确定度，不应大于1.0%。

3. 张拉设备标定时，千斤顶活塞的运行方向应与实际张拉工作状态一致。

（2）施加预应力时，混凝土强度应符合设计要求，且同条件养护的混凝土立方体抗压强度，应符合下列规定：

1）不应低于设计混凝土强度等级值的75%。

2）采用消除应力钢丝或钢绞线作为预应力筋的先张法构件，尚不应低于30MPa。

3）不应低于锚具供应商提供的产品技术手册要求的混凝土最低强度要求。

4）后张法预应力梁和板，现浇结构混凝土的龄期分别不宜小于7d和5d。

注：为防止混凝土早期裂缝而施加预应力时，可不受本条的限制，但应满足局部受压承载力的要求。

（3）采用应力控制方法张拉时，应校核最大张拉力下预应力筋伸长值。实测伸长值与计算伸长值的偏差应控制在±6%之内，否则应查明原因并采取措施后再张拉。必要时，宜进行现场孔道摩擦系数测定，并可根据实测结果调整张拉控制力。

（4）预应力筋的张拉顺序应符合设计要求，并应符合下列规定：

1）应根据结构受力特点、施工方便及操作安全等因素确定张拉顺序。

2）预应力筋宜按均匀、对称的原则张拉。

3）现浇预应力混凝土楼盖，宜先张拉楼板、次梁的预应力筋，后张拉主梁的预应力筋。

4）对预制屋架等平卧叠浇构件，应从上而下逐榀张拉。

（5）后张预应力筋应根据设计和专项施工方案的要求采用一

端或两端张拉。采用两端张拉时，宜两端同时张拉，也可一端先张拉锚固，另一端补张拉。当设计无具体要求时，应符合下列规定：

1）有黏结预应力筋长度不大于 20m 时，可一端张拉，大于 20m 时，宜两端张拉；预应力筋为直线形时，一端张拉的长度可延长至 35m。

2）无黏结预应力筋长度不大于 40m 时，可一端张拉，大于 40m 时，宜两端张拉。

（6）后张有黏结预应力筋应整束张拉。对直线形或平行编排的有黏结预应力钢绞线束，当能确保各根钢绞线不受叠压影响时，也可逐根张拉。

（7）预应力筋张拉时，应从零拉力加载至初拉力后，量测伸长值初读数，再以均匀速率加载至张拉控制力。塑料波纹管内的预应力筋，张拉力达到张拉控制力后宜持荷 2～5min。

（8）预应力筋张拉中应避免预应力筋断裂或滑脱。当发生断裂或滑脱时，应符合下列规定：

1）对后张法预应力结构构件，断裂或滑脱的数量严禁超过同一截面预应力筋总根数的 3%，且每束钢丝或每根钢绞线不得超过一丝；对多跨双向连续板，其同一截面应按每跨计算。

2）对先张法预应力构件，在浇筑混凝土前发生断裂或滑脱的预应力筋必须更换。

（9）锚固阶段张拉端预应力筋的内缩量应符合设计要求。

（10）先张法预应力筋的放张顺序，应符合下列规定：

1）宜采取缓慢放张工艺进行逐根或整体放张。

2）对轴心受压构件，所有预应力筋宜同时放张。

3）对受弯或偏心受压的构件，应先同时放张预压应力较小区域的预应力筋，再同时放张预压应力较大区域的预应力筋。

4）当不能按上述 1）～3）的规定放张时，应分阶段、对称、相互交错放张。

5）放张后，预应力筋的切断顺序，宜从张拉端开始依次切向另一端。

（11）后张法预应力筋张拉锚固后，如遇特殊情况需卸锚时，应采用专门的设备和工具。

（12）预应力筋张拉或放张时，应采取有效的安全防护措施，预应力筋两端正前方不得站人或穿越。

（13）预应力筋张拉时，应对张拉力、压力表读数、张拉伸长值、锚固回缩值及异常情况处理等作出详细记录。

6.3.4 灌浆及封锚质量控制

（1）后张法有黏结预应力筋张拉完毕并经检查合格后，应尽早进行孔道灌浆，孔道内水泥浆应饱满、密实。

（2）后张法预应力筋锚固后的外露多余长度，宜采用机械方法切割，也可采用氧-乙炔焰切割，其外露长度不宜小于预应力筋直径的 1.5 倍，且不应小于 30mm。

（3）灌浆用水泥浆应符合下列规定：

1）采用普通灌浆工艺时，稠度宜控制在 12～20s，采用真空灌浆工艺时，稠度宜控制在 18～25s。

2）水灰比不应大于 0.45。

3）3h 自由泌水率宜为 0，且不应大于 1%，泌水应在 24h 内全部被水泥浆吸收。

4）24h 自由膨胀率，采用普通灌浆工艺时不应大于 6%；采用真空灌浆工艺时不应大于 3%。

5）水泥浆中氯离子含量不应超过水泥重量的 0.06%。

6）28d 标准养护的边长为 70.7mm 的立方体水泥浆试块抗压强度不应低于 30MPa。

7）稠度、泌水率及自由膨胀率的试验方法应符合现行国家标准《预应力孔道灌浆剂》GB/T 25182 的规定。

注：1. 一组水泥浆试块由 6 个试块组成。

2. 抗压强度为一组试块的平均值，当一组试块中抗压强度最大值或最小值与平均值相差超过 20% 时，应取中间 4 个试块强度的平均值。

（4）灌浆施工应符合下列规定：

1）宜先灌注下层孔道，后灌注上层孔道。

2）灌浆应连续进行，直至排气管排除的浆体稠度与注浆孔处相同且无气泡后，再顺浆体流动方向依次封闭排气孔；全部出浆口封闭后，宜继续加压 0.5～0.7MPa，并应稳压 1～2min 后封闭灌浆口。

3）当泌水较大时，宜进行二次灌浆和对泌水孔进行重力补浆。

4）因故中途停止灌浆时，应用压力水将未灌注完孔道内已注入的水泥浆冲洗干净。

（5）真空辅助灌浆时，孔道抽真空负压宜稳定保持为 0.08～0.10MPa。

6.3.5 质量检查

（1）预应力工程材料进场检查应符合下列规定：

1）应检查规格、外观、尺寸及其质量证明文件。

2）应按现行国家有关标准的规定进行力学性能的抽样检验。

3）经产品认证符合要求的产品，其检验批量可扩大一倍。在同一工程中，同一厂家、同一品种、同一规格的产品连续三次进场检验均一次检验合格时，其后的检验批量可扩大一倍。

（2）预应力筋的制作应进行下列检查：

1）采用镦头锚时的钢丝下料长度。

2）钢丝镦头外观、尺寸及头部裂纹。

3）挤压锚具制作时挤压记录和挤压锚具成型后锚具外预应力筋的长度。

4）钢绞线压花锚具的梨形头尺寸。

（3）预应力筋、预留孔道、锚垫板和锚固区加强钢筋的安装应进行下列检查：

1）预应力筋的外观、品种、级别、规格、数量和位置等。

2）预留孔道的外观、规格、数量、位置、形状以及灌浆孔、排气兼泌水孔等。

3）锚垫板和局部加强钢筋的外观、品种、级别、规格、数量和位置等。

4）预应力筋锚具和连接器的外观、品种、规格、数量和位置等。

（4）预应力筋张拉或放张应进行下列检查：

1）预应力筋张拉或放张时的同条件养护混凝土试块的强度。

2）预应力筋张拉记录。

3）先张法预应力筋张拉后与设计位置的偏差。

（5）灌浆用水泥浆及灌浆应进行下列检查：

1）配合比设计阶段检查稠度、泌水率、自由膨胀率、氯离子含量和试块强度。

2）现场搅拌后检查稠度、泌水率，并根据验收规定检查试块强度。

3）灌浆质量检查灌浆记录。

（6）封锚应进行下列检查：

1）锚具外的预应力筋长度。

2）凸出式封锚端尺寸。

3）封锚的表面质量。

6.4 混凝土工程

6.4.1 一般规定

（1）混凝土强度应按现行国家标准《混凝土强度检验评定标准》GB/T 50107 的规定分批检验评定。划入同一检验批的混凝土，其施工持续时间不宜超过 3 个月。

检验评定混凝土强度时，应采用 28d 或设计规定龄期的标准养护试件。

试件成型方法及标准养护条件应符合现行国家标准《普通混凝土力学性能试验方法标准》GB/T 50081 的规定。采用蒸汽养护的构件，其试件应先随构件同条件养护，然后再置入标准养护条件下继续养护至 28d 或设计规定龄期。

（2）当采用非标准尺寸试件时，应将其抗压强度乘以尺寸折算系数，折算成边长为150mm的标准尺寸试件抗压强度。尺寸折算系数应按现行国家标准《混凝土强度检验评定标准》GB/T 50107采用。

（3）当混凝土试件强度评定不合格时，应委托具有资质的检测机构按国家现行有关标准的规定对结构构件中的混凝土强度进行推定，并应按现行国家标准《混凝土强度检验评定标准》GB/T 50107的规定进行处理。

（4）混凝土有耐久性指标要求时，应按现行行业标准《混凝土耐久性检验评定标准》JGJ/T 193的规定检验评定。

（5）大批量、连续生产的同一配合比混凝土，混凝土生产单位应提供基本性能试验报告。

（6）预拌混凝土的原材料质量、制备等应符合现行国家标准《预拌混凝土》GB/T 14902的规定。

（7）原材料进场后，应按种类、批次分开储存与堆放，应标识明晰，并应符合下列规定：

1）散装水泥、矿物掺合料等粉体材料，应采用散装罐分开储存；袋装水泥、矿物掺合料、外加剂等，应按品种、批次分开码垛堆放，并应采取防雨、防潮措施，高温季节应有防晒措施。

2）骨料应按品种、规格分别堆放，不得混入杂物，并应保持洁净和颗粒级配均匀。骨料堆放场地的地面应做硬化处理，并应采取排水、防尘和防雨等措施。

3）液体外加剂应放置于阴凉干燥处，应防止日晒、污染、浸水，使用前应搅拌均匀；有离析、变色等现象时，应经检验合格后再使用。

（8）水泥、外加剂进场检验，当满足下列情况之一时，其检验批容量可扩大一倍：

1）获得认证的产品。

2）同一厂家、同一品种、同一规格的产品，连续三次进场检验均一次检验合格。

6.4.2 混凝土的原材料

1. 水泥

（1）水泥品种与强度等级的选用应根据设计、施工要求以及工程所处环境确定。对于一般建筑结构及预制构件的普通混凝土，宜采用通用硅酸盐水泥；高强混凝土和有抗冻要求的混凝土宜采用硅酸盐水泥或普通硅酸盐水泥；有预防混凝土碱-骨料反应要求的混凝土工程宜采用碱含量低于 0.6% 的水泥；大体积混凝土宜采用中、低热硅酸盐水泥或低热矿渣硅酸盐水泥。水泥应符合现行国家标准《通用硅酸盐水泥》GB 175 和《中热硅酸盐水泥低热硅酸盐水泥低热矿渣硅酸盐水泥》GB 200 的有关规定。

（2）水泥进场时，应对其品种、代号、强度等级、包装或散装仓号、出厂日期等进行检查，并应对水泥的强度、安定性和凝结时间进行检验，检验结果应符合现行国家标准《通用硅酸盐水泥》GB 175 的相关规定。

（3）水泥质量主要控制项目应包括凝结时间、安定性、胶砂强度、氧化镁和氯离子含量，碱含量低于 0.6% 的水泥主要控制项目还应包括碱含量，中、低热硅酸盐水泥或低热矿渣硅酸盐水泥主要控制项目还应包括水化热。

2. 粗骨料、细骨料

（1）粗骨料应符合现行行业标准《普通混凝土用砂、石质量及检验方法标准》JGJ 52 的规定。

（2）细骨料应符合现行行业标准《普通混凝土用砂、石质量及检验方法标准》JGJ 52 的规定；混凝土用海砂应符合现行行业标准《海砂混凝土应用技术规范》JGJ 206 的有关规定。

（3）混凝土原材料中的粗骨料、细骨料质量应符合现行行业标准《普通混凝土用砂、石质量及检验方法标准》JGJ 52 的规定，使用经过净化处理的海砂应符合现行行业标准《海砂混凝土应用技术规范》JGJ 206 的规定，再生混凝土骨料应符合现行国家标准《混凝土用再生粗骨料》GB/T 25177 和《混凝土和砂浆用再生细骨料》GB/T 25176 的规定。

（4）粗骨料质量主要控制项目应包括颗粒级配、针片状颗粒含量、含泥量、泥块含量、压碎值指标和坚固性，用于高强混凝土的粗骨料主要控制项目还应包括岩石抗压强度。

（5）细骨料质量主要控制项目应包括颗粒级配、细度模数、含泥量、泥块含量、坚固性、氯离子含量和有害物质含量；海砂主要控制项目除应包括上述指标外尚应包括贝壳含量；人工砂主要控制项目除应包括上述指标外尚应包括石粉含量和压碎值指标，人工砂主要控制项目可不包括氯离子含量和有害物质含量。

3. 矿物掺合料

（1）用于混凝土中的矿物掺合料可包括粉煤灰、粒化高炉矿渣粉、硅灰、沸石粉、钢渣粉、磷渣粉；可采用两种或两种以上的矿物掺合料按一定比例混合使用。粉煤灰应符合现行国家标准《用于水泥和混凝土中的粉煤灰》GB/T 1596 的有关规定，粒化高炉矿渣粉应符合现行国家标准《用于水泥和混凝土中的粒化高炉矿渣粉》GB/T 18046 的有关规定，钢渣粉应符合现行国家标准《用于水泥和混凝土中的钢渣粉》GB/T 20491 的有关规定，其他矿物掺合料应符合相关现行国家标准的规定并满足混凝土性能要求；矿物掺合料的放射性应符合现行国家标准《建筑材材料放射性核素限量》GB 6566 的有关规定。

（2）混凝土用矿物掺合料进场时，应对其品种、技术指标、出厂日期等进行检查，并应对矿物掺合料的相关技术指标进行检验，检验结果应符合国家现行有关标准的规定。

（3）粉煤灰的主要控制项目应包括细度、需水量比、烧失量和三氧化硫含量，C 类粉煤灰的主要控制项目还应包括游离氧化钙含量和安定性；粒化高炉矿渣粉的主要控制项目应包括比表面积、活性指数和流动度比；钢渣粉的主要控制项目应包括比表面积、活性指数、流动度比、游离氧化钙含量、三氧化硫含量、氧化镁含量和安定性；磷渣粉的主要控制项目应包括细度、活性指数、流动度比、五氧化二磷含量和安定性；硅灰的主要控制项目应包括比表面积和二氧化硅含量。矿物掺合料的主要控制项目还应包括放射性。

4．外加剂

（1）混凝土外加剂按其主要功能分为：

1）改善混凝土拌合物流动性能的外加剂，包括各种减水剂、引气剂和泵送剂等。

2）调节混凝土凝结时间、硬化性能的外加剂，包括缓凝剂、早强剂和速凝剂等。

3）改善混凝土耐久性能的外加剂，包括引气剂、防水剂和阻锈剂等。

4）改善混凝土其他性能的外加剂，包括加气剂、膨胀剂、防冻剂等。

（2）外加剂应符合国家现行标准《混凝土外加剂》GB 8076、《混凝土防冻剂》JC 475 和《混凝土膨胀剂》GB 23439 的有关规定。

（3）混凝土外加剂进场时，应对其品种、性能、出厂日期等进行检查，并应对外加剂的相关性能指标进行检验，检验结果应符合现行国家标准《混凝土外加剂》GB 8076 和《混凝土外加剂应用技术规范》GB 50119 等的规定。

检查质量证明文件和抽样检验报告。检查数量：按同一厂家、同一品种、同一性能、同一批号且连续进场的混凝土外加剂，不超过 50t 为一批，每批抽样数最不应少于一次。

（4）外加剂质量主要控制项目应包括掺外加剂混凝土性能和外加剂匀质性两方面，混凝土性能方面的主要控制项目应包括减水率、凝结时间差和抗压强度比，外加剂匀质性方面的主要控制项目应包括 pH 值、氯离子含量和碱含量；引气剂和引气减水剂主要控制项目还应包括含气量；防冻剂主要控制项目还应包括含气量和 50 次冻融强度损失率比；膨胀剂主要控制项目还应包括凝结时间、限制膨胀率和抗压强度。

5．混凝土用水

（1）混凝土拌制及养护用水应符合现行行业标准《混凝土用

水标准》JGJ 63 的规定。采用饮用水时，可不检验；采用中水、搅拌站清洗水、施工现场循环水等其他水源时，应对其成分进行检验。

（2）混凝土用水主要控制项目应包括 pH 值、不溶物含量、可溶物含量、硫酸根离子含量、氯离子含量、水泥凝结时间差和水泥胶砂强度比；当混凝土骨料为碱活性时，主要控制项目还应包括碱含量。

（3）未经处理的海水严禁用于钢筋混凝土结构和预应力混凝土结构中混凝土的拌制和养护。

（4）当骨料具有碱活性时，混凝土用水不得采用混凝土企业生产设备洗涮水。

6. 质量检查

（1）原材料进场时，供方应对进场材料按材料进场验收所划分的检验批提供相应的质量证明文件，外加剂产品尚应提供使用说明书。当能确认连续进场的材料为同一厂家的同批出厂材料时，可按出厂的检验批提供质量证明文件。

（2）原材料进场时，应对材料外观、规格、等级、生产日期等进行检查，并应对其主要技术指标按下述（3）的规定划分检验批进行抽样检验，每个检验批检验不得少于 1 次。

经产品认证符合要求的水泥、外加剂，其检验批量可扩大一倍。在同一工程中，同一厂家、同一品种、同一规格的水泥、外加剂，连续三次进场检验均一次合格时，其后的检验批量可扩大一倍。

（3）原材料进场质量检查应符合下列规定：

1）应对水泥的强度、安定性及凝结时间进行检验。同一生产厂家、同一等级、同一品种、同一批号且连续进场的水泥，袋装水泥不超过 200t 应为一批，散装水泥不超过 500t 应为一批。

2）应对粗骨料的颗粒级配、含泥量、泥块含量、针片状含量指标进行检验，压碎指标可根据工程需要进行检验，应对细骨料颗粒级配、含泥量、泥块含量指标进行检验。当设计文件有要求或结构处于易发生碱骨料反应环境中时，应对骨料进行碱活性检验。抗冻等级 F100 及以上的混凝土用骨料，应进行坚固性检验。骨料不超过 400m³ 或 600t 为一检验批。

3）应对矿物掺合料细度（比表面积）、需水量比（流动度比）、活性指数（抗压强度比）、烧失量指标进行检验。粉煤灰、矿渣粉、沸石粉不超过 200t 应为一检验批，硅灰不超过 30t 应为一检验批。

4）应按外加剂产品标准规定对其主要匀质性指标和掺外加剂混凝土性能指标进行检验。同一品种外加剂不超过 50t 应为一检验批。

5）当采用饮用水作为混凝土用水时，可不检验。当采用中水、搅拌站清洗水或施工现场循环水等其他水源时，应对其成分进行检验。

（4）当使用中水泥质量受不利环境影响或水泥出厂超过三个月（快硬硅酸盐水泥超过 1 个月）时，应进行复验，并应按复验结果使用。

6.4.3 混凝土配合比设计质量控制

（1）混凝土配合比设计应符合现行行业标准《普通混凝土配合比设计规程》JGJ 55 的有关规定。

（2）混凝土配合比应满足混凝土施工性能要求，强度以及其他力学性能和耐久性能应符合设计要求。

（3）对首次使用、使用间隔时间超过 3 个月的配合比应进行开盘鉴定，开盘鉴定应符合下列规定：

1）生产使用的原材料应与配合比设计一致。

2）混凝土拌合物性能应满足施工要求。

3）混凝土强度评定应符合设计要求。

4）混凝土耐久性能应符合设计要求。

（4）混凝土最大水胶比和最小胶凝材料用量，应符合现行行业标准《普通混凝土配合比设计规程》JGJ 55 的有关规定。

（5）当设计文件对混凝土提出耐久性指标时，应进行相关耐久性试验验证。

（6）施工配合比应经技术负责人批准。在使用过程中，应根据反馈的混凝土动态质量信息对混凝土配合比及时进行调整。

（7）遇有下列情况时，应重新进行配合比设计：

1）当混凝土性能指标有变化或有其他特殊要求时。

2）当原材料品质发生显著改变时。

3）同一配合比的混凝土生产间断 3 个月以上时。

6.4.4 混凝土搅拌和运输质量控制

1. 混凝土搅拌的质量控制

在拌制工序中，拌制的混凝土拌合物的均匀性应按要求进行检查。要检查混凝土均匀性时，应在搅拌机卸料过程中，从卸料流出的 1/4～3/4 之间部位采取试样。检测结果应符合下列规定：

（1）混凝土中砂浆密度，两次测值的相对误差不应大于 0.8%。

（2）单位体积混凝土中粗骨料含量，两次测值的相对误差不应大于 5%。

（3）混凝土搅拌的最短时间应符合相应规定。

（4）混凝土拌合物稠度，应在搅拌地点和浇筑地点分别取样检测，每工作班不少于抽检两次。

（5）根据需要，如果应检查混凝土拌合物其他质量指标时，检测结果也应符合现行国家标准《混凝土质量控制标准》GB 50164 的要求。

2. 混凝土水平运输的质量控制

（1）预拌混凝土应采用符合规定的运输车运送。运输车在运送时应能保持混凝土拌合物的均匀性，不应产生分层离析现象。

（2）采用混凝土搅拌运输车运输混凝土时，应符合下列规定：

1）接料前，搅拌运输车应排净罐内积水。

2）在运输途中及等候卸料时，应保持搅拌运输车罐体正常转速，不得停转。

3）卸料前，搅拌运输车罐体宜快速旋转搅拌 20s 以上后再卸料。

（3）混凝土的运送时间系指从混凝土由搅拌机卸入运输车开始至该运输车开始卸料为止。运送时间应满足合同规定，当合同未作规定时，采用搅拌运输车运送的混凝土，宜在 1.5h 内卸料；采用翻斗车运送的混凝土，宜在 1.0h 内卸料；当最高气温低于 25℃时，运送时间可延长 0.5h。如需延长运送时间，则应采取相应的技术措施，并应通过试验验证。混凝土的运送频率，应能保证混凝土施工的连续性。

（4）运输车在运送过程中应采取措施，避免遗撒。

3. 质量检查

（1）混凝土在生产过程中的质量检查应符合下列规定：

1）生产前应检查混凝土所用原材料的品种、规格是否与施工配合比一致。在生产过程中应检查原材料实际称量误差是否满足要求，每一工作班应至少检查 2 次。

2）生产前应检查生产设备和控制系统是否正常、计量设备是否归零。

3）混凝土拌合物的工作性检查每 $100m^3$ 不应少于 1 次，且每一工作班不应少于 2 次，必要时可增加检查次数。

4）骨料含水率的检验每工作班不应少于 1 次；当雨雪天气等外界影响导致混凝土骨料含水率变化时，应及时检验。

（2）混凝土应进行抗压强度试验。有抗冻、抗渗等耐久性要求的混凝土，还应进行抗冻性、抗渗性等耐久性指标的试验。其试件留置方法和数量，应按现行国家标准《混凝土结构工程施工质量验收规范》GB 50204 的有关规定执行。

（3）采用预拌混凝土时，供方应提供混凝土配合比通知单、混凝土抗压强度报告、混凝土质量合格证和混凝土运输单；当需要其他资料时，供需双方应在合同中明确约定。预拌混凝土质量控制资料的保存期限，应满足工程质量追溯的要求。

6.4.5 混凝土输送、浇筑、振捣和养护质量控制

1. 混凝土输送

(1) 混凝土泵送的质量控制

1) 混凝土运送至浇筑地点，如混凝土拌合物出现离析或分层现象，应对混凝土拌合物进行二次搅拌。

2) 混凝土运至浇筑地点时，应检测其稠度，所测稠度值应符合设计和施工要求，其允许偏差值应符合有关标准的规定。

3) 混凝土拌合物运至浇筑地点时的入模温度，最高不宜超过 35℃，最低不宜低于 5℃。

(2) 混凝土运输、输送、浇筑过程中严禁加水；混凝土运输、输送、浇筑过程中散落的混凝土严禁用于混凝土结构构件的浇筑。

(3) 输送混凝土的管道、容器、溜槽不应吸水、漏浆，并应保证输送通畅。输送混凝土时，应根据工程所处环境条件采取保温、隔热、防雨等措施。

2. 混凝土浇筑

(1) 浇筑混凝土前，应清除模板内或垫层上的杂物。表面干燥的地基、垫层、模板上应洒水湿润；现场环境温度高于 35℃时，宜对金属模板进行洒水降温；洒水后不得留有积水。

(2) 混凝土浇筑应保证混凝土的均匀性和密实性。混凝土宜一次连续浇筑。当不能一次连续浇筑时，可留设施工缝或后浇带分块浇筑。

(3) 混凝土浇筑过程应分层进行，分层浇筑应符合设计或规范规定的分层振捣厚度要求，上层混凝土应在下层混凝土初凝之前浇筑完毕。

(4) 混凝土运输、输送入模的过程应保证混凝土连续浇筑，从运输到输送入模的延续时间不宜超过表 6-2 的规定，且不应超过表 6-3 的规定。掺早强型减水剂、早强剂的混凝土，以及有特殊要求的混凝土，应根据设计及施工要求，通过试验确定允许时间。

运输到输送入模的延续时间限值 （min）　　　表 6-2

条件	气　温	
	≤25℃	>25℃
不掺外加剂	90	60*
掺外加剂	150	120

混凝土运输、输送、浇筑及间歇的全部时间限值 （min）　表 6-3

条件	气　温	
	≤25℃	>25℃
不掺外加剂	180	150
掺外加剂	240	210

（5）混凝土浇筑的布料点宜接近浇筑位置，应采取减少混凝土下料冲击的措施，并应符合下列规定：

1）宜先浇筑竖向结构构件，后浇筑水平结构构件。

2）浇筑区域结构平面有高差时，宜先浇筑低区部分再浇筑高区部分。

（6）柱、墙模板内的混凝土浇筑倾落高度应满足表 6-4 的规定，当不能满足规定时，应加设串筒、溜管、溜槽等装置。

柱、墙模板内混凝土浇筑倾落高度限值 （m）　　表 6-4

条　　件	浇筑倾落高度限值
粗骨料粒径大于 25mm	≤3
粗骨料粒径小于等于 25mm	≤6

注：当有可靠措施能保证混凝土不产生离析时，混凝土倾落高度可不受本表限制。

（7）混凝土浇筑后，在混凝土初凝前和终凝前宜分别对混凝土裸露表面进行抹面处理。

（8）结构面标高差异较大处，应采取防止混凝土反涌的措施，并且宜按"先低后高"的顺序浇筑混凝土。

（9）浇筑混凝土时应分段分层连续进行，浇筑层高度应根据混凝土供应能力、一次浇筑方量、混凝土初凝时间、结构特点、钢筋疏密综合考虑决定，使用插入式振捣器时，一般为振捣器作用部分长度的 1.25 倍。

（10）浇筑混凝土应连续进行，如必须间歇，其间歇时间应尽量缩短，并应在前层混凝土初凝之前，将次层混凝土浇筑完毕。间歇的最长时间应按所用水泥品种、气温及混凝土凝结条件确定，一般超过 2h 应按施工缝处理（当混凝土凝结时间小于 2h 时，则应当执行混凝土的初凝时间）。

（11）混凝土应布料均衡。应对模板及支架进行观察和维护，发生异常情况应及时进行处理。混凝土浇筑和振捣应采取防止模板、钢筋、钢构件、预埋件及其定位件移位的措施。

（12）在地基上浇筑混凝土前，对地基应事先按设计标高和轴线进行校正，并应清除淤泥和杂物。同时注意排除开挖出来的水和开挖地点的流动水，以防冲刷新浇筑的混凝土。

（13）多层框架按分层分段施工，水平方向以结构平面的伸缩缝分段，垂直方向按结构层次分层。在每层中先浇筑柱，再浇筑梁、板。洞口浇筑混凝土时，应使洞口两侧混凝土高度大体一致。振捣时，振捣棒应距洞边 30cm 以上，从两侧同时振捣，以防止洞口变形，大洞口下部模板应开口并补充振捣。构造柱混凝土应分层浇筑，内外墙交接处的构造柱和墙同时浇筑，振捣要密实。采用插入式振捣器捣实普通混凝土的移动间距不宜大于作用半径的 1.5 倍，振捣器距离模板不应大于振捣器作用半径的1/2，不碰撞各种预埋件。

3. 混凝土振捣

（1）混凝土振捣应能使模板内各个部位混凝土密实、均匀，不应漏振、欠振、过振。

（2）混凝土振捣宜采用机械振捣。当施工无特殊振捣要求时，可采用振捣棒进行捣实，插入间距不应大于振捣棒振动作用半径的一倍，连续多层浇筑时，振捣棒应插入下层拌合物约

50mm 进行振捣；当浇筑厚度不大于 200mm 的表面积较大的平面结构或构件时，宜采用表面振动成型；当采用干硬性混凝土拌合物浇筑成型混凝土制品时，宜采用振动台或表面加压振动成型。

（3）混凝土分层振捣的最大厚度，应符合下列规定：

混凝土分层振捣厚度：

附着振动器——根据设置方式，通过试验确定。

振动棒——振动棒作用部分长度的 1.25 倍。

表面振动器——200mm。

（4）振捣时间宜按拌合物稠度和振捣部位等不同情况，控制在 10～30s 内，当混凝土拌合物表面出现泛浆，基本无气泡逸出，可视为捣实。

（5）特殊部位的混凝土应采取下列加强振捣措施：

1）宽度大于 0.3m 的预留洞底部区域，应在洞口两侧进行振捣，并应适当延长振捣时间；宽度大于 0.8m 的洞口底部，应采取特殊的技术措施。

2）后浇带及施工缝边角处应加密振捣点，并应适当延长振捣时间。

3）钢筋密集区域或型钢与钢筋结合区域，应选择小型振动棒辅助振捣、加密振捣点，并应适当延长振捣时间。

4）基础大体积混凝土浇筑流淌形成的坡脚，不得漏振。

（6）混凝土拌合物从搅拌机卸出后到浇筑完毕的延续时间不宜超过表 6-5 的规定。

混凝土拌合物从搅拌机卸出后到浇筑完毕的延续时间（min） 表 6-5

混凝土生产地点	气 温	
	≤25℃	>25℃
预拌混凝土搅拌站	150	120
施工现场	120	90
混凝土制品厂	90	60

（7）在混凝土浇筑时，应制作供结构或构件出池、拆模、吊装、张拉、放张和强度合格评定用的同条件养护试件，并应按设计要求制作抗冻、抗渗或其他性能试验用的试件。

（8）在混凝土浇筑及静置过程中，应在混凝土终凝前对浇筑面进行抹面处理。

（9）混凝土构件成型后，在强度达到 1.2MPa 以前，不得在构件上面踩踏行走。

4. 混凝土养护

（1）混凝土的养护时间应符合下列规定：

1）采用硅酸盐水泥、普通硅酸盐水泥或矿渣硅酸盐水泥配制的混凝土不应少于 7d；采用其他品种水泥时，养护时间应根据水泥性能确定。

2）采用缓凝型外加剂、大掺量矿物掺合料配制的混凝土不应少于 14d。

3）抗渗混凝土、强度等级 C60 及以上的混凝土不应少于 14d。

4）后浇带混凝土的养护时间不应少于 14d。

5）地下室底层墙、柱和上部结构首层墙、柱宜适当增加养护时间。

6）基础大体积混凝土养护时间应根据施工方案确定。

（2）基础大体积混凝土裸露表面应采用覆盖养护方式。当混凝土表面以内 40～80mm 位置的温度与环境温度的差值小于 25℃时，可结束覆盖养护。覆盖养护结束但尚未到达养护时间要求时，可采用洒水养护方式直至养护结束。

（3）柱、墙混凝土养护方法应符合下列规定：

1）地下室底层和上部结构首层柱、墙混凝土带模养护时间不宜少于 3d；带模养护结束后可采用洒水养护方式继续养护，必要时也可采用覆盖养护或喷涂养护剂养护方式继续养护。

2）其他部位柱、墙混凝土可采用洒水养护；必要时，也可采用覆盖养护或喷涂养护剂养护。

（4）混凝土强度达到 1.2MPa 前，不得在其上踩踏、堆放荷载、安装模板及支架。

（5）同条件养护试件的养护条件应与实体结构部位养护条件相同，并应采取措施妥善保管。

（6）施工现场应具备混凝土标准试块制作条件，并应设置标准试块养护室或养护箱。标准试块养护应符合国家现行有关标准的规定。

6.4.6 混凝土施工缝与后浇带施工质量控制

（1）施工缝和后浇带的留设位置应在混凝土浇筑前确定。施工缝和后浇带宜留设在结构受剪力较小且便于施工的位置。受力复杂的结构构件或有防水抗渗要求的结构构件，施工缝留设位置应经设计单位确认。

（2）水平施工缝的留设位置应符合下列规定：

1）柱、墙施工缝可留设在基础、楼层结构顶面，柱施工缝与结构上表面的距离宜为 0～100mm，墙施工缝与结构上表面的距离宜为 0～300mm。

2）柱、墙施工缝也可留设在楼层结构底面，施工缝与结构下表面的距离宜为 0～50mm；当板下有梁托时，可留设在梁托下 0～20mm。

3）高度较大的柱、墙、梁以及厚度较大的基础，可根据施工需要在其中部留设水平施工缝；当因施工缝留设改变受力状态而需要调整构件配筋时，应经设计单位确认。

4）特殊结构部位留设水平施工缝应经设计单位确认。

（3）竖向施工缝和后浇带的留设位置应符合下列规定：

1）有主次梁的楼板施工缝应留设在次梁跨度中间 1/3 范围内。

2）单向板施工缝应留设在与跨度方向平行的任何位置。

3）楼梯梯段施工缝宜设置在梯段板跨度端部 1/3 范围内。

4）墙的施工缝宜设置在门洞口过梁跨中 1/3 范围内，也可留设在纵横墙交接处。

5）后浇带留设位置应符合设计要求。

6）特殊结构部位留设竖向施工缝应经设计单位确认。

（4）设备基础施工缝留设位置应符合下列规定：

1）水平施工缝应低于地脚螺栓底端，与地脚螺栓底端的距离应大于150mm；当地脚螺栓直径小于30mm时，水平施工缝可留设在深度不小于地脚螺栓埋入混凝土部分总长度的3/4处。

2）竖向施工缝与地脚螺栓中心线的距离不应小于250mm，且不应小于螺栓直径的5倍。

（5）承受动力作用的设备基础施工缝留设位置，应符合下列规定：

1）标高不同的两个水平施工缝，其高低结合处应留设成台阶形，台阶的高宽比不应大于1.0。

2）竖向施工缝或台阶形施工缝的断面处应加插钢筋，插筋数量和规格应由设计确定。

3）施工缝的留设应经设计单位确认。

（6）施工缝、后浇带留设界面，应垂直于结构构件和纵向受力钢筋。结构构件厚度或高度较大时，施工缝或后浇带界面宜采用专用材料封挡。

（7）混凝土浇筑过程中，因特殊原因需临时设置施工缝时，施工缝留设应规整，并宜垂直于构件表面，必要时可采取增加插筋、事后修凿等技术措施。

（8）施工缝和后浇带应采取钢筋防锈或阻锈等保护措施。

6.4.7 大体积混凝土质量控制

1．混凝土温度控制

（1）混凝土入模温度不宜大于30℃；混凝土浇筑体最大温升值不宜大于50℃。

（2）在覆盖养护或带模养护阶段，混凝土浇筑体表面以内40～100mm位置处的温度与混凝土浇筑体表面温度差值不应大于25℃；结束覆盖养护或拆模后，混凝土浇筑体表面以内40～100mm位置处的温度与环境温度差值不应大于25℃。

（3）混凝土浇筑体内部相邻两测温点的温度差值不应大于 25℃。

（4）混凝土降温速率不宜大于 2.0℃/d；当有可靠经验时，降温速率要求可适当放宽。

2. 大体积混凝土测温

（1）宜根据每个测温点被混凝土初次覆盖时的温度确定各测点部位混凝土的入模温度。

（2）浇筑体周边表面以内测温点、浇筑体表面测温点、环境测温点的测温，应与混凝土浇筑、养护过程同步进行。

（3）应按测温频率要求及时提供测温报告，测温报告应包含各测温点的温度数据、温差数据、代表点位的温度变化曲线、温度变化趋势分析等内容。

（4）混凝土浇筑体表面以内 40~100mm 位置的温度与环境温度的差值小于 20℃时，可停止测温。

3. 基础大体积混凝土结构浇筑

（1）用多台输送泵接输送泵管浇筑时，输送泵管布料点间距不宜大于 10m，并宜由远而近浇筑。

（2）用汽车布料杆输送浇筑时，应根据布料杆工作半径确定布料点数量，各布料点浇筑速度应保持均衡。

（3）宜先浇筑深坑部分再浇筑大面积基础部分。

（4）基础大体积混凝土浇筑最常采用的方法为斜面分层；如果对混凝土流淌距离有特殊要求的工程，混凝土可采用全面分层或分块分层的浇筑方法。在保证各层混凝土连续浇筑的条件下，层与层之间的间歇时间应尽可能缩短，以满足整个混凝土浇筑过程连续。

（5）混凝土分层浇筑应采用自然流淌形成斜坡，并应沿高度均匀上升，分层厚度不宜大于 500mm。

（6）混凝土浇筑后，在混凝土初凝前和终凝前宜分别对混凝土裸露表面进行抹面处理，抹面次数宜适当增加。

（7）混凝土拌合物自由下落的高度超过 2m 时，应采用串筒、溜槽或振动管下落工艺，以保证混凝土拌合物不发生离析。

（8）基础大体积混凝土结构浇筑应有排除积水或混凝土泌水的有效技术措施。可以在混凝土垫层施工时预先在横向做出 2cm 的坡度，在结构四周侧模的底部开设排水孔，使泌水及时从孔中自然流出。当混凝土大坡面的坡脚接近顶端时，应改变混凝土的浇筑方向，即从顶端往回浇筑，与原斜坡相交成一个集水坑，另外有意识地加强两侧模板外的混凝土浇筑强度，这样集水坑逐步在中间缩小成小水潭，然后用泵及时将泌水排除。采用这种方法适用于排除最后阶段的所有泌水。

6.5 现浇结构工程

6.5.1 一般规定

（1）现浇结构质量验收应符合下列规定：

1）现浇结构质量验收应在拆模后、混凝土表面未作修整和装饰前进行，并应作出记录。

2）已经隐蔽的不可直接观察和量测的内容，可检查隐蔽工程验收记录。

3）修整或返工的结构构件或部位应有实施前后的文字及图像记录。

（2）现浇结构不应有影响结构性能或使用功能的尺寸偏差；混凝土设备基础不应有影响结构性能和设备安装的尺寸偏差。

对超过尺寸允许偏差且影响结构性能和安装、使用功能的部位，应由施工单位提出技术处理方案，经监理、设计单位认可后进行处理。对经处理的部位应重新验收。

6.5.2 混凝土缺陷修整

（1）混凝土结构缺陷可分为尺寸偏差缺陷和外观缺陷。尺寸偏差缺陷和外观缺陷可分为一般缺陷和严重缺陷。混凝土结构尺寸偏差超出规范规定，但尺寸偏差对结构性能和使用功能未构成影响时，应属于一般缺陷；而尺寸偏差对结构性能和使用功能构成影响时，应属于严重缺陷。

（2）施工过程中发现混凝土结构缺陷时，应认真分析缺陷产生的原因。对严重缺陷施工单位应制定专项修整方案，方案应经论证审批后再实施，不得擅自处理。

（3）混凝土结构外观一般缺陷修整应符合下列规定：

1）露筋、蜂窝、孔洞、夹渣、疏松、外表缺陷，应凿除胶结不牢固部分的混凝土，应清理表面，洒水湿润后应用 1∶2～1∶2.5 水泥砂浆抹平。

2）应封闭裂缝。

3）连接部位缺陷、外形缺陷可与面层装饰施工一并处理。

（4）混凝土结构外观严重缺陷修整应符合下列规定：

1）露筋、蜂窝、孔洞、夹渣、疏松、外表缺陷，应凿除胶结不牢固部分的混凝土至密实部位，清理表面，支设模板，洒水湿润，涂抹混凝土界面剂，应采用比原混凝土强度等级高一级的细石混凝土浇筑密实，养护时间不应少于 7d。

2）开裂缺陷修整应符合下列规定：

①民用建筑的地下室、卫生间、屋面等接触水介质的构件，均应注浆封闭处理。民用建筑不接触水介质的构件，可采用注浆封闭、聚合物砂浆粉刷或其他表面封闭材料进行封闭。

②无腐蚀介质工业建筑的地下室、屋面、卫生间等接触水介质的构件，以及有腐蚀介质的所有构件，均应注浆封闭处理。无腐蚀介质工业建筑不接触水介质的构件，可采用注浆封闭、聚合物砂浆粉刷或其他表面封闭材料进行封闭。

3）清水混凝土的外形和外表严重缺陷，宜在水泥砂浆或细石混凝土修补后用磨光机械磨平。

（5）混凝土结构尺寸偏差一般缺陷，可结合装饰工程进行修整。

（6）混凝土结构尺寸偏差严重缺陷，应会同设计单位共同制定专项修整方案，结构修整后应重新检查验收。

6.5.3 质量检查

（1）混凝土结构施工质量检查可分为过程控制检查和拆模后的实体质量检查。过程控制检查应在混凝土施工全过程中，按照施工段划分和工序安排及时进行；拆模后的实体质量检查应在混凝土表面未做处理和装饰前进行。

（2）混凝土结构质量的检查，应符合下列规定：

1）检查的频率、时间、方法和参加检查的人员，应当根据质量控制的需要确定。

2）施工单位应对完成施工的部位或成果的质量进行自检，自检应全数检查。

3）混凝土结构质量检查应做出记录。对于返工和修补的构件，应有返工修补前后的记录，并应有图像资料。

4）混凝土结构质量检查中，对于已经隐蔽、不可直接观察和量测的内容，可检查隐蔽工程验收记录。

5）需要对混凝土结构的性能进行检验时，应委托有资质的检测机构检测并出具检测报告。

（3）混凝土结构的质量过程控制检查宜包括下列内容：

1）模板：①模板与模板支架的安全性；②模板位置、尺寸；③模板的刚度和密封性；④模板涂刷隔离剂及必要的表面湿润；⑤模板内杂物清理。

2）钢筋及预埋件：①钢筋的规格、数量；②钢筋的位置；③钢筋的保护层厚度；④预埋件（预埋管线、箱盒、预留孔洞）规格、数量、位置及固定。

3）混凝土拌合物：①坍落度、入模温度等；②大体积混凝土的温度测控。

4）混凝土浇筑：①混凝土输送、浇筑、振捣等；②混凝土浇筑时模板的变形、漏浆等；③混凝土浇筑时钢筋和预埋件（预埋管线、预留孔洞）位置；④混凝土试件制作；⑤混凝土养护；⑥施工载荷加载后，模板与模板支架的安全性。

（4）混凝土结构拆除模板后的实体质量检查宜包括下列

内容：

1）构件的尺寸、位置：①轴线位置、标高；②截面尺寸、表面平整度；③垂直度（构件垂直度、单层垂直度和全高垂直度）。

2）预埋件：①数量；②位置。

3）构件的外观缺陷。

4）构件的连接及构造做法。

（5）混凝土结构质量过程控制检查、拆模后实体质量检查的方法与合格判定，应符合现行国家标准《混凝土结构工程施工质量验收规范》GB 50204 及相关标准的规定。相关标准未做规定时，可在施工方案中作出规定并经监理单位批准后实施。

6.6 装配式结构工程

装配式混凝土结构系指由预制混凝土构件通过可靠的连接方式装配而成的混凝土结构，包括装配整体式混凝土结构、全装配混凝土结构等。在建筑工程中，简称为装配式建筑；在结构工程中，简称装配式结构（也有学者主张将木结构、钢结构中可进行装配施工的结构部分列为装配式结构的范畴）。

装配式建筑具有工业化水平高、便于冬期施工、减少施工现场湿作业量、减少材料消耗、减少工地扬尘和建筑垃圾等优点，它有利于实现提高建筑质量、提高生产效率、降低成本、实现节能减排和保护环境的目的。为落实"节能、降耗、减排、环保"的基本国策，实现资源、能源的可持续发展，推动我国建筑产业的现代化进程，提高工业化水平，现行国家标准《混凝土结构工程施工质量验收规范》GB 50204—2015、现行行业标准《装配式混凝土结构技术规程》JGJ 1—2014 以及相关专用标准图集，对装配式建筑的设计、施工、验收、使用维护等环节，给予了积极的关注和探索，并将成熟的经验和成果转化为可执行的具体要求和明确规定。

6.6.1 一般规定

（1）预制构件的混凝土强度等级不宜低于 C30；预应力混凝土预制构件的混凝土强度等级不宜低于 C40，且不应低于 C30；现浇混凝土的强度等级不应低于 C25。

（2）预制构件的吊环应采用未经冷加工的 HPB300 级钢筋制作。吊装用内埋式螺母或吊杆的材料应符合国家现行相关标准的规定。

（3）预制结构构件采用钢筋套筒灌浆连接时，应在构件生产前进行钢筋套筒灌浆连接接头的抗拉强度试验，每种规格的连接接头试件数量不应少于 3 个。

（4）预制构件经检查合格后，应在构件上设置可靠标识。在装配式结构的施工全过程中，应采取防止预制构件损伤或污染的措施。

6.6.2 预制构件的制作、运输质量控制

1. 构件制作

（1）模具应具有足够的强度、刚度和整体稳定性，并应能满足预制构件预留孔、插筋、预埋吊件及其他预埋件的定位要求。模具设计应满足预制构件质量、生产工艺、模具组装与拆卸、周转次数等要求。跨度较大的预制构件的模具应根据设计要求预设反拱。

（2）在混凝土浇筑前应进行预制构件的隐蔽工程检查，检查项目应包括下列内容：

1）钢筋的牌号、规格、数量、位置、间距等。

2）纵向受力钢筋的连接方式、接头位置、接头质量、接头面积百分率、搭接长度等。

3）箍筋、横向钢筋的牌号、规格、数量、位置、间距，箍筋弯钩的弯折角度及平直段长度。

4）预埋件、吊环、插筋的规格、数量、位置等。

5）灌浆套筒、预留孔洞的规格、数量、位置等。

6）钢筋的混凝土保护层厚度。

7）夹心外墙板的保温层位置、厚度，拉结件的规格、数量、位置等。

8）预埋管线、线盒的规格、数量、位置及固定措施。

（3）当采用平卧重叠法制作预制构件时，应在下层构件的混凝土强度达到 5.0MPa 后，再浇筑上层构件混凝土，上、下层构件之间应采取隔离措施。

（4）带门窗、预埋管线预制构件的制作，应符合下列规定：

1）门窗框、预埋管线应在浇筑混凝土前预先放置并固定，固定时应采取防止窗破坏及污染窗体表面的保护措施。

2）当采用铝窗框时，应采取避免铝窗框与混凝土直接接触发生电化学腐蚀的措施。

3）应采取控制温度或受力变形对门窗产生的不利影响的措施。

（5）采用现浇混凝土或砂浆连接的预制构件结合面，制作时应按设计要求进行处理。设计无具体要求时，宜进行拉毛或凿毛处理，也可采用露骨料粗糙面。

（6）预制构件的外观质量不应有严重缺陷，且不宜有一般缺陷。对已出现的一般缺陷，应按技术方案进行处理，并应重新检验。

（7）预制构件应按设计要求和现行国家标准《混凝土结构工程施工质量验收规范》GB 50204 的有关规定进行结构性能检验。

（8）陶瓷类装饰面砖与构件基面的黏结强度应符合现行行业标准《建筑工程饰面砖黏结强度检验标准》JGJ 110 和《外墙面砖工程施工及验收规范》JGJ 126 等的规定。

（9）夹心外墙板的内外叶墙板之间的拉结件类别、数量及使用位置应符合设计要求。

（10）预制构件脱模起吊时的混凝土强度应根据计算确定，且不宜小于 15MPa。后张有黏结预应力混凝土预制构件应在预应力筋张拉并灌浆后起吊，起吊时同条件养护的水泥浆试块抗压强度不宜小于 15MPa。

（11）预制构件检查合格后，应在构件上设置表面标识，标识内容宜包括构件编号、制作日期、合格状态、生产单位等信息。

2. 构件制作工艺

（1）模具组装

在生产模位区，根据生产操作空间进行模具的布置排列。模具组装前，模板必须清理干净，在与混凝土接触的模板表面应均匀涂刷脱模剂，饰面材料铺贴范围内不得涂刷脱模剂。

模具的安装与固定要求平直、紧密、不倾斜、尺寸准确。

（2）饰面铺贴

饰面砖、石材铺贴前应清理模具，按预制加工图分类编号与对号铺放。饰面砖、石材铺放按控制尺寸和标高在模具上设置标记，并按标记固定和校正饰面砖、石材。入模后，应根据模具设置基准进行预铺设，待全部尺寸调整无误后，再用双面胶带或硅胶将面砖套件或石材位置固定牢固。饰面材料与混凝土的结合应牢固，两者之间连接件的结构、数量、位置和防腐处理应符合设计要求。满黏法施工的石材和面砖等饰面材料与混凝土之间应无空鼓。饰面材料铺设后表面应平整，接缝应顺直，接缝的宽度和深度应符合设计要求。

涂料饰面的构件表面应平整、光滑，棱角、线槽应顺畅，大于 1mm 的气孔应进行填充修补。预制构件装饰涂饰施工应按现行国家标准《住宅装饰装修工程施工规范》GB 50327 执行。

（3）门窗框安装

门窗框应直接安装在墙板构件的模具中，门窗框安装的位置应符合设计要求。生产时，应在模具体系上设置限位框或限位件进行固定，防止门框和窗框移位。门窗框与模板接触面应采用双面胶密封保护，与混凝土的连接可依靠专用金属拉片固定。门窗框应采取纸包裹和遮盖等保护措施，不得污染、划伤和损坏门窗框。在生产、吊装完成纸包裹和遮盖等之前，禁止撕除门窗保护。

（4）钢筋安装

在模外成型的钢筋骨架，应吊到模内整体拼装连接。钢筋骨架尺寸必须准确，骨架吊运时应采用多吊点的专用吊架进行，防止钢筋骨架在吊运时变形。钢筋骨架应轻放入模，在模具内应放置塑料垫块，防止钢筋骨架直接接触饰面砖或石材。入模后尽量避免移动钢筋骨架，防止引起饰面材料移动、走位。钢筋骨架应采用垫、吊等可靠方式，确保钢筋各部位的保护层厚度。

（5）成型

构件浇筑成型前必须逐件进行隐蔽项目检测和检查。隐蔽项目检测和检查的主要项目有模具、隔离剂及隔离剂涂刷、钢筋成品（骨架）质量、保护层控制措施、预留孔道、配件和埋件等。

混凝土投料高度应小于 500mm，混凝土的铺设应均匀，构件表面应平整。可采用插入式振动棒振捣，逐排振捣密实，振动器不应碰到面砖、预埋件。单块预制构件混凝土浇筑过程应连续进行，以避免单块构件施工缝或冷缝出现。

配件、埋件、门框和窗框处混凝土应密实，配件、埋件和门窗外露部分应有防止污损的措施，并应在混凝土浇筑后将残留的混凝土及时擦拭干净。混凝土表面应及时用泥板抹平提浆，需要时还应对混凝土表面进行二次抹面。

（6）养护

预制构件混凝土浇筑完毕后，应及时养护。构件采用低温蒸汽养护，蒸养可在原生产模位上进行。蒸养分静停、升温、恒温和降温四个阶段。静停从构件混凝土全部浇捣完毕开始计算，静停时间不宜少于 2h。升温速度不得大于 15℃/h。恒温时最高温度不宜超过 55℃，恒温时间不宜少于 3h。降温速度不宜大于 10℃/h。为确保蒸养质量，蒸养的过程尽量采用自动控制，不能自动控制的，车间要安排专人进行人工控制。

（7）脱模

预制构件蒸汽养护后，蒸养罩内外温差小于 20℃时，方可进行脱罩作业。预制构件拆模起吊前应检验其同条件养护混凝土的试块强度，达到设计强度 75% 方能拆模起吊。应根据模具结构按序拆除模具，不得使用振动构件方式拆模。预制构件起吊前，应确认构件与模具间的连接部分完全拆除后方可起吊。预制构件起吊的吊点设置，除强度应符合设计要求外，还应满足预制构件平稳起吊的要求，构件起吊宜以 4~6 点吊进行。

3. 运输堆放

（1）预制构件运输宜选用低平板车，车上应设有专用架，且有可靠的稳定构件措施。预制构件混凝土强度达到设计强度时方可运输。

（2）预制构件采用装箱方式运输时，箱内四周应采用木材、混凝土块作为支撑物，构件接触部位用柔性垫片填实，支撑牢固不得有松动。

（3）预制外墙板宜采用竖直立放式运输，预制叠合楼板、预制阳台板、预制楼梯可采用平放运输，并正确选择支垫位置。

（4）预制构件运送到施工现场后，应按规格、品种、所用部位、吊装顺序分别设置堆场。现场存放堆场应设置在吊车工作范围内，避免起吊盲点，堆垛之间宜设置通道。

（5）现场运输道路和堆放堆场应平整坚实，并有排水措施。运输车辆进入施工现场的道路，应满足预制构件的运输要求。卸放、吊装工作范围内，不得有障碍物，并应有可满足预制构件周转使用的场地。

（6）预制外墙板可采用插放或靠放，插放架、靠放架应安全可靠。采用靠放架直立堆放的墙板宜对称靠放，饰面朝外，与竖向的倾斜角不宜大于 10°。

堆放架应有足够的刚度，并需支垫稳固，防止倾倒或下沉。宜将相邻堆放架连成整体，预制外墙板应外饰面朝外，对连接止水条、高低口、墙体转角等薄弱部位应加强保护。

（7）预制叠合楼板可采用叠放方式，层与层之间应垫平、垫实，各层支垫必须在一条垂直线上，最下面一层支垫应通长设置。叠放层数不应大于 6 层。

6.6.3 预制构件安装与连接质量控制

1. 构件安装与连接

(1) 安装施工前,应复核构件装配位置、节点连接构造及临时支撑方案等。并应按吊装流程核对构件编号,清点数量。吊装流程可按同一类型的构件,以顺时针或逆时针方向依次进行。构件吊装的有条理性,对楼层安全围挡和作业安全有利。

(2) 安装施工前,应检查复核吊装设备及吊具处于安全操作状态。并应核实现场环境、天气、道路状况等满足吊装施工要求。

(3) 装配式结构施工前,宜选择有代表性的单元进行预制构件试安装,并应根据试安装结果及时调整完善施工方案和施工工艺。

(4) 未经设计允许不得对预制构件进行切割、开洞。

(5) 在装配式结构的施工全过程中,应采取防止预制构件及预制构件上的建筑附件、预埋件、预埋吊件等损伤或污染的保护措施。

(6) 预制构件搁置(放)的底面应清理干净,按楼层标高控制线垫放硬垫块,逐块安装。

(7) 预制构件起吊时的吊点合力应与构件重心重合,宜采用可调式横吊梁均衡起吊就位。预制构件吊具宜采用标准吊具,吊具应经计算,有足够安全度。吊具可采用预埋吊环或埋置式接驳器的形式。

(8) 为了保证预制构件安装就位准确,预制构件吊装前,应按设计要求在构件和相应的支承结构上标志中心线、标高等控制尺寸,按设计要求校核预埋件及连接钢筋等,并作出标志。

(9) 预制构件吊装前应进行试吊,吊钩与限位装置的距离不应小于1m。起吊应依次逐级增加速度,不应越档操作。构件吊装下降时,构件根部应系好揽风绳控制构件转动,保证构件就位平稳。

(10) 预制构件应按标准图或设计的要求吊装。起吊时绳索与构件水平面的夹角不宜小于 45°，否则应采用吊架或经验算确定。

（11）采用后挂预制外墙板的形式，安装前应检查、复核连接预埋件的数量、位置、尺寸和标高，并避免后浇填充连梁内的预留筋与预制外墙板埋件螺栓相碰。

（12）后挂的预制外墙板吊装，应先将楼层内埋件和螺栓连接、固定后，再起吊预制外墙板，预制外墙板上的埋件、螺栓与楼层结构形成可靠连接后，再脱钩、松钢丝绳和卸去吊具。

（13）先行吊装的预制外墙板，安装时与楼层应有可靠安全的临时支撑。与预制外墙板连接的临时调节杆、限位器应在混凝土强度达到设计要求后方可拆除。

（14）预制叠合楼板、预制阳台板、预制楼梯需设置支撑时应经过计算且符合设计要求。支撑体系可采用钢管排架、单支顶支撑或门架式等。支撑体系拆除应符合现行国家标准《混凝土结构工程施工质量验收规范》GB 50204 底模拆除时的混凝土强度要求。

（15）预制外墙板相邻两板之间的连接，可采用设置预埋件焊接或螺栓连接形式，控制板与板之间位置，可在外墙板上、中、下各设 1 个连接端（点），保证板之间的固定牢固。做法可采用构件上预埋接驳器，用铁件（卡）连接。

（16）预制外墙板饰面材料碰损，应在安装前修补，调换，修补饰面材料应采用配套胶黏剂。凡涉及结构性的损伤，需经设计、施工和制作单位协商处理，应满足结构安全、使用功能。

2. 构件与现浇结构的连接

（1）预制构件与现浇混凝土部分连接应按设计图纸与节点施工。预制构件与现浇混凝土接触面，构件表面宜采用拉毛或表面露石处理，也可采用凿毛的处理方法。

（2）预制构件外墙模施工时，应先将外墙模安装到位，再进行内衬现浇混凝土剪力墙的钢筋绑扎。预制阳台板与现浇梁、板连接时，应先将预制阳台板安装到位，再进行现浇梁、板的钢筋绑扎。

（3）预制构件插筋影响现浇混凝土结构部分钢筋绑扎时，应采用在预制构件上预留接驳器，待现浇混凝土结构钢筋绑扎完成后，再将锚筋旋入接驳器，完成锚筋与预制构件之间的连接。

（4）预制楼梯与现浇梁板采用预埋件焊接连接时，应先施工梁板，后放置、焊接楼梯；当采用锚固钢筋连接时，应先放置楼梯，后施工梁板。

3. 预制装配结构现浇节点混凝土浇筑

（1）装配式结构连接节点及叠合构件浇筑混凝土之前，应进行隐蔽工程验收。隐蔽工程验收应包括下列主要内容：

1）混凝土粗糙面的质量，键槽的尺寸、数量、位置。

2）钢筋的牌号、规格、数量、位置、间距，箍筋弯钩的弯折角度及平直段长度。

3）钢筋的连接方式、接头位置、接头数量、接头面积百分率、搭接长度、锚固方式及锚固长度。

4）预埋件、预留管线的规格、数量、位置。

（2）预制构件与现浇混凝土部分连接应按设计图纸与节点施工。预制构件与现浇混凝土接触面，构件表面应作凿毛处理。

（3）预制构件锚固钢筋应按现行规范、规程执行，当有专项设计图纸时，应满足设计要求。

（4）采用预埋件与螺栓形式连接时，预埋件和螺栓必须符合设计要求。

（5）浇筑用混凝土、砂浆、水泥浆的强度及收缩性能应满足设计要求，骨料最大尺寸应小于浇筑处最小尺寸的 1/4。设计无规定时，混凝土、砂浆的强度等级不应低于构件混凝土强度等级，并宜采取快硬措施。

（6）装配节点处混凝土、砂浆浇筑应振捣密实，并采取保温保湿养护措施。混凝土浇筑时，应采取留置必要数量的同条件试块或其他混凝土实体强度检测措施，以核对混凝土的强度已达到后续施工的条件。临时固定措施，可以在不影响结构安全性前提下分阶段拆除。对拆除方法、时间及顺序，应事先进行验算及制定方案。

（7）预制阳台与现浇梁、板连接时，预制阳台预留锚固钢筋必须符合设计要求与满足规范规定的长度。

（8）预制楼梯与现浇梁板的连接，当采用预埋件焊接连接时，先施工梁板后焊接、放置楼梯，焊接满足设计要求。当采用锚固钢筋连接时，锚固钢筋必须符合设计要求。

（9）预制构件在现浇混凝土叠合构件中应符合下列规定：

1）在主要承受静力荷载的梁中，预制构件的叠合面应有凹凸差不小于6mm的粗糙面，且不得疏松和有浮浆。

2）当浇筑叠合板时，预制板的表面应有凹凸差不小于4mm的粗糙面。

（10）装配式结构的连接节点应逐个进行隐蔽工程检查，并填写记录。

7 钢结构工程

7.1 钢结构原材料

7.1.1 钢材的验收

为实现从源头上控制钢结构工程的质量，必须严格执行钢材的验收制度，以下为钢材验收的主要内容：

（1）核对钢材的名称、规格、型号、材质、钢材的制造标准、数量等是否与采购单、合同等相符。

（2）核对钢材的质量保证书是否与钢材上打印的记号相符。根据现行国家标准《碳素结构钢》GB/T 700、《低合金高强度结构钢》GB/T 1591、《建筑结构用钢板》GB/T 19879 及其他相关标准的规定核查钢材的炉号、钢号、化学成分及机械性能等。

（3）钢材复验

1）对属于下列情况之一的钢材，应进行抽样复验。

① 国外进口钢材；②钢材混批；③板厚等于或大于 40mm，且设计有 Z 向性能要求的厚板；④安全等级为一级的建筑结构和大跨度钢结构中主要受力构件所采用的钢材；⑤设计有复验要求的钢材；⑥对质量有疑义的钢材。

2）钢材复验内容应包括力学性能试验和化学成分分析，其取样、制样及试验方法可按现行国家标准执行。

3）当设计文件无特殊要求时，钢材抽样复验的检验批宜按下列规定执行。

① 牌号为 Q235、Q345 且板厚小于 40mm 的钢材，应按同一生产厂家、同一牌号、同一质量等级的钢材组成检验批，每批重量不应大于 150t；同一生产厂家、同一牌号的钢材供货重量

超过600t且全部复验合格时，每批的组批重量可扩大至400t。

② 牌号为 Q235、Q345 且板厚大于或等于 40mm 的钢材，应按同一生产厂家、同一牌号、同一质量等级的钢材组成检验批，每批重量不应大于 60t；同一生产厂家、同一牌号的钢材供货重量超过 600t 且全部复验合格时，每批的组批重量可扩大至 400t。

③ 牌号为 Q390 的钢材，应按同一生产厂家、同一质量等级的钢材组成检验批，每批重量不应大于 60t；同一生产厂家的钢材供货重量超过 600t 且全部复验合格时，每批的组批重量可扩大至 300t。

④ 牌号为 Q235GJ、Q345GJ、Q390GJ 的钢板，应按同一生产厂家、同一牌号、同一质量等级的钢材组成检验批，每批重量不应大于 60t；同一生产厂家、同一牌号的钢材供货重量超过 60t 且全部复验合格时，每批的组批重量可扩大至 300t。

⑤ 牌号为 Q420、Q460、Q420GJ、Q460GJ 的钢材，每个检验批应由同一牌号、同一质量等级、同一炉号、同一厚度、同一交货状态的钢材组成，每批重量不应大于 60t。

⑥ 有厚度方向要求的钢板，宜附加逐张超声波无损探伤复验。

（4）应对钢材进行外观检查，检查内容应包括：结疤、裂纹、分层、重皮、砂孔、变形、机械损伤等缺陷。有上述缺陷的应另行堆放，以便研究处理。钢材表面的锈蚀深度，应不大于其厚度负偏差的 0.5 倍。

（5）核查钢材的外形尺寸。以下有关国家标准中规定了各类钢材外形尺寸的允许偏差：

1）热轧钢板的厚度允许偏差应符合现行国家标准《热轧钢板和钢带的形状、尺寸重量和允许偏差》GB/T 709 的规定。

2）热轧角钢尺寸、外形允许偏差应符合现行国家标准《热轧型钢》GB/T 706 的规定。

3）热轧工字钢及热轧槽钢尺寸、外形允许偏差应符合现行国家标准《热轧型钢》GB/T 706 的规定。

4）热轧 H 型钢（宽、中、窄翼缘）尺寸、外形允许偏差应符合现行国家标准《热轧 H 型钢和剖分 T 型钢》GB/T 11263 的规定。

5）结构用钢管有热轧无缝钢管和焊接用钢管两大类，焊接钢管一般由钢带卷焊而成。一般工程结构用无缝钢管的外形、尺寸允许偏差应符合现行国家标准《结构用无缝钢管》GB/T 8162 的规定。

7.1.2 连接材料

1. 焊接材料

（1）焊接材料的品种、规格、性能等应符合国家现行有关产品标准和设计要求。焊条、焊丝、焊剂、电渣焊熔嘴等焊接材料应与设计选用的钢材相匹配，且应符合现行国家标准《钢结构焊接规范》GB 50661 的有关规定。

（2）用于重要焊缝的焊接材料，或对质量合格证明文件有疑义的焊接材料，都应进行抽样复验，复验时焊丝宜按五个批（相当炉批）取一组试验，焊条宜按三个批（相当炉批）取一组试验。

（3）用于焊接切割的气体应符合国家现行标准《钢结构焊接规范》GB 50661 和《氩》GB/T 4842、《工业液体 二氧化碳》GB/T 6052、《焊接用二氧化碳》HG/T 2537、《深度冷冻法生产氧气及相关气体安全技术规程》GB 16912、《溶解乙炔》GB 6819、《工业燃气 切割焊接用丙烯》HG/T 3661.1、《工业燃气 切割焊接用丙烷》HG/T 3661.2、《工业用环氧氯丙烷》GB/T 13097、《焊接用混合气体 氩-二氧化碳》HG/T 3728 等的规定。

2. 紧固件

（1）高强度大六角头螺栓连接副和扭剪型高强度螺栓连接副，应分别有扭矩系数和紧固轴力（预拉力）的出厂合格检验报告，并随箱带。当高强度螺栓连接副保管时间超过 6 个月后使用时，应按相关要求重新进行扭矩系数或紧固轴力试验，并应在合格后再使用。

（2）高强度大六角头螺栓连接副和扭剪型高强度螺栓连接副，应分别进行扭矩系数和紧固轴力（预拉力）复验，试验螺栓应从施工现场待安装的螺栓批中随机抽取，每批应抽取 8 套连接副进行复验。

（3）建筑结构安全等级为一级，跨度为 40m 及以上的螺栓球节点钢网架结构，其连接高强度螺栓应进行表面硬度试验，8.8 级的高强度螺栓其表面硬度应为 HRC21～29，10.9 级的高强度螺栓其表面硬度应为 HRC32～36，且不得有裂纹或损伤。

（4）普通螺栓作为永久性连接螺栓，且设计文件要求或对其质量有疑义时，应进行螺栓实物最小拉力载荷复验，复验时每一规格螺栓应抽查 8 个。

3. 钢铸件、锚具和销轴

（1）预应力钢结构锚具应根据预应力构件的品种、锚固要求和张拉工艺等选用，锚具材料应符合设计文件、国家现行标准《预应力筋用锚具、夹具和连接器》GB/T 14370 和《预应力筋用锚具、夹具和连接器应用技术规程》JGJ 85 的有关规定。

（2）销轴规格和性能应符合设计文件和现行国家标准《销轴》GB/T 882 的有关规定。

7.1.3　涂装材料

（1）钢结构防腐涂料、稀释剂和固化剂，应按设计文件和国家现行有关产品标准的规定选用，其品种、规格、性能等应符合设计文件及国家现行有关产品标准的要求。

（2）富锌防腐油漆的锌含量应符合设计文件及现行行业标准《富锌底漆》HG/T 3668 的有关规定。

（3）钢结构防火涂料的品种和技术性能，应符合设计文件和现行国家标准《钢结构防火涂料》GB 14907 等的有关规定。

（4）钢结构防火涂料的施工质量验收应符合现行国家标准《钢结构工程施工质量验收规范》GB 50205 的有关规定。

7.2　钢结构连接

7.2.1　钢结构焊接质量控制

1. 焊接工艺技术要求

（1）对于焊条手工电弧焊、半自动实芯焊丝气体保护焊、半自动药芯焊丝气体保护或自保护焊和自动埋弧焊等焊接方法，根部焊道最大厚度、填充焊道最大厚度、单道角焊缝最大焊脚尺寸和单道焊最大焊层宽度宜符合设计和规范的规定。经焊接工艺评定合格验证除外。

（2）多层焊时应连续施焊，每一焊道焊接完成后应及时清理焊渣及表面飞溅物，发现影响焊接质量的缺陷时，应清除后方可再焊。遇有中断施焊的情况，应采取适当的后热、保温措施，再次焊接时重新预热温度应高于初始预热温度。

（3）塞焊和槽焊可采用焊条手工电弧焊、气体保护电弧焊及自保护电弧焊等焊接方法。平焊时，应分层熔敷焊缝，每层溶渣冷却凝固后，必须清除方可重新焊接；立焊和仰焊时，每道焊缝焊完后，应待熔渣冷却并清除后方可施焊后续焊道。

（4）严禁在调质钢上采用塞焊和槽焊焊缝。

2. 焊接变形控制

（1）在进行构件或组合构件的装配和部件间连接时，以及将部件焊接到构件上时，采用的工艺和顺序应使最终构件的变形和收缩最小。

（2）根据构件上焊缝的布置，可按下列要求采用合理的焊接顺序控制变形：

1）对接接头、T形接头和十字接头，在工件放置条件允许或易于翻身的情况下，宜双面对称焊接；有对称截面的构件，宜对称于构件中和轴焊接；有对称连接杆件的节点，宜对称于节点轴线同时对称焊接。

2）非对称双面坡口焊缝，宜先焊深坡口侧，然后焊满浅坡口侧，最后完成深坡口侧焊缝，特厚板宜增加轮流对称焊接的循环次数。

3）对长焊缝宜采用分段退焊法或与多人对称焊接法同时运用。

4）宜采用跳焊法，避免工件局部热量集中。

（3）构件装配焊接时，应先焊预计有较大收缩量的接头，后焊预计收缩量较小的接头，接头应在尽可能小的拘束状态下焊接。对于预计有较大收缩或角变形的接头，可通过计算预估焊接收缩和角变形量的数值，在正式焊接前采用预留焊接收缩裕量或预置反变形方法控制收缩和变形。

（4）对于组合构件的每一组件，应在该组件焊接到其他组件以前完成拼接；多组件构成的复合构件应采取分部组装焊接，分别矫正变形后再进行总装焊接的方法降低构件的变形。

（5）对于焊缝分布相对于构件的中心轴明显不对称的异形截面的构件，在满足设计计算要求的情况下，可采用增加或减少填充焊缝面积的方法或采用补偿加热的方法使构件的受热平衡，以降低构件的变形。

3. 焊接检验

（1）焊接质量检验内容

焊接质量检验是钢结构质量保证体系中的关键环节，包括焊接前检验、焊接中的检验和焊接后的检验，各阶段检验内容见表7-1。

焊接质量检查内容 表 7-1

阶段	检 验 内 容
焊前检验	（1）按设计文件和相关标准的要求对工程中所用钢材、焊接材料的规格、型号(牌号)、材质、外观及质量证明文件进行确认。 （2）焊工合格证及认可范围确认。 （3）焊接工艺技术文件及操作规程审查。 （4）坡口形式、尺寸及表面质量检查。 （5）组对后构件的形状、位置、错边量、角变形、间隙等检查。 （6）焊接环境、焊接设备等条件确认。 （7）定位焊缝的尺寸及质量认可。 （8）焊接材料的烘干、保存及领用情况检查。 （9）引弧板、引出板和衬垫板的装配质量检查

阶段	检 验 内 容
焊中检验	(1)实际采用的焊接电流、焊接电压、焊接速度、预热温度、层间温度及后热温度和时间等焊接工艺参数与焊接工艺文件的符合性检查。 (2)多层多道焊焊道缺欠的处理情况确认。 (3)采用双面焊清根的焊缝,应在清根后进行外观检查及规定的无损检测。 (4)多层多道焊中焊层、焊道的布置及焊接顺序等检查
焊后检验	(1)焊缝的外观质量与外形尺寸检查。 (2)焊缝的无损检测。 (3)焊接工艺规程记录及检验报告审查

注:表中检验内容为应检验的至少内容,还应根据设计和工程实际予以适当补充。

（2）常用焊缝检验方法

1）焊缝检验包括外观检查和焊缝内部缺陷的检查。

2）外观检查主要采用目视检查（VT，借助直尺、焊缝检测尺、放大镜等），辅以磁粉探伤（MT）、渗透探伤（PT）检查表面和近表面缺陷。

3）内部缺陷的检测一般可采用超声波探伤（UT）和射线探伤（RT），宜首选超声波探伤，当要求采用射线探伤等其他探伤方法时，应在设计文件或供货合同中指明。

（3）抽样方法要求

根据现行国家标准《钢结构焊接规范》GB 50661 的规定，抽样检查时除设计指定焊缝外应采用随机取样方式取样，同时尚应满足以下要求：

1）焊缝处数的计数方法：工厂制作焊缝长度小于等于1000mm 时，每条焊缝为 1 处；长度大于 1000mm 时，将其划分为每 300mm 为 1 处；现场安装焊缝每条焊缝为 1 处。

2）可按下列方法确定检查批：

①制作焊缝可以同一工区（车间）按一定的焊缝数量组成批；多层框架结构可以每节柱的所有构件组成批。

②安装焊缝可以区段组成批；多层框架结构可以每层（节）

的焊缝组成批。

　　3）批的大小宜为300~600处。

　　4）抽样检查的焊缝数如不合格率小于2%时，该批验收应定为合格；不合格率大于5%时，该批验收应定为不合格；不合格率为2%~5%时，应加倍抽检，且必须在原不合格部位两侧的焊缝延长线各增加一处，如在所有抽检焊缝中不合格率不大于3%时，该批验收应定为合格，大于3%时，该批验收应定为不合格。当批量验收不合格时，应对该批余下焊缝的全数进行检查。当检查出一处裂纹缺陷时，应加倍抽查，如在加倍抽检焊缝中未检查出其他裂纹缺陷时，该批验收应定为合格，当检查出多处裂纹缺陷或加倍抽查又发现裂纹缺陷时，应对该批余下焊缝的全数进行检查。

　　（4）外观检测应符合下列规定：

　　1）所有焊缝应冷却到环境温度后方可进行外观检测。

　　2）外观检测采用目测方式，裂纹的检查应辅以5倍放大镜并在合适的光照条件下进行，必要时可采用磁粉探伤或渗透探伤检测，尺寸的测量应用量具、卡规。

　　3）栓钉焊接接头的焊缝外观质量应符合现行国家标准《钢结构焊接规范》GB 50661的要求。外观质量检验合格后进行打弯抽样检查，合格标准：当栓钉弯曲至30°时，焊缝和热影响区不得有肉眼可见的裂纹，检查数量不应小于栓钉总数的1%且不少于10个。

　　4）电渣焊、气电立焊接头的焊缝外观成形应光滑，不得有未熔合、裂纹等缺陷；当板厚小于30mm时，压痕、咬边深度不应大于0.5mm；板厚不小于30mm时，压痕、咬边深度不应大于1.0mm。

　　（5）超声波检测

　　对接及角接接头的检验等级应根据质量要求分为A、B、C三级，检验的完善程度A级最低，B级一般，C级最高，应根据结构的材质、焊接方法、使用条件及承受载荷的不同，合理选用检验级别。对接及角接接头检验范围确定应符合下列规定：

1）A级检验采用一种角度的探头在焊缝的单面单侧进行检验，只对能扫查到的焊缝截面进行探测，一般不要求作横向缺欠的检验。母材厚度大于50mm时，不得采用A级检验。

2）B级检验采用一种角度探头在焊缝的单面双侧进行检验，受几何条件限制时，应在焊缝单面、单侧采用两种角度探头（两角度之差大于15°）进行检验。母材厚度大于100mm时，应采用双面双侧检验，受几何条件限制时，应在焊缝双面单侧，采用两种角度探头（两角度之差大于15°）进行检验，检验应覆盖整个焊缝截面。条件允许时应作横向缺欠检验。

3）C级检验至少应采用两种角度探头在焊缝的单面双侧进行检验。同时应作两个扫查方向和两种探头角度的横向缺欠检验。母材厚度大于100mm时，应采用双面双侧检验。检查前应将对接焊缝余高磨平，以便探头在焊缝上作平行扫查。焊缝两侧斜探头扫查经过母材部分应采用直探头作检查。当焊缝母材厚度不小于100mm，或窄间隙焊缝母材厚度不小于40mm时，应增加串列式扫查。

7.2.2　钢结构紧固件连接质量控制

1. 普通紧固件连接

（1）普通螺栓可采用普通扳手紧固，螺栓紧固应使被连接件接触面、螺栓头和螺母与构件表面密贴。普通螺栓紧固应从中间开始，对称向两边进行，大型接头宜采用复拧。

（2）普通螺栓作为永久性连接螺栓时，紧固连接应符合下列规定：

1）螺栓头和螺母侧应分别放置平垫圈，螺栓头侧放置的垫圈不应多于2个，螺母侧放置的垫圈不应多于1个。

2）承受动力荷载或重要部位的螺栓连接，设计有防松动要求时，应采取有防松动装置的螺母或弹簧垫圈，弹簧垫圈应放置在螺母侧。

3）对工字钢、槽钢等有斜面的螺栓连接，宜采用斜垫圈。

4）同一个连接接头螺栓数量不应少于2个。

5）螺栓紧固后外露丝扣不应少于 2 扣，紧固质量检验可采用锤敲检验。

（3）连接薄钢板采用的拉铆钉、自攻钉、射钉等，其规格尺寸应与被连接钢板相匹配，其间距、边距等应符合设计文件的要求。钢拉铆钉和自攻螺钉的钉头部分应靠在较薄的板件一侧。自攻螺钉、钢拉铆钉、射钉等与连接钢板应紧固密贴，外观应排列整齐。

（4）射钉施工时，穿透深度不应小于 10.0mm。

2. 高强度螺栓连接

（1）高强度螺栓连接副应按批配套进场，并附有出厂质量保证书。高强度螺栓连接副应在同批内配套使用。

（2）高强度螺栓连接副在运输、保管过程中，应轻装、轻卸，防止损伤螺纹。

（3）高强度螺栓连接副应按包装箱上注明的批号、规格分类保管；室内存放，堆放应有防止生锈、潮湿及沾染脏物等措施。高强度螺栓连接副在安装使用前严禁随意开箱。

（4）高强度螺栓连接副的保管时间不应超过 6 个月。当保管时间超过 6 个月后使用时，必须按要求重新进行扭矩系数或紧固轴力试验，检验合格后，方可使用。

（5）高强度螺栓连接处的钢板表面处理方法及除锈等级应符合设计要求。连接处钢板表面应平整、无焊接飞溅、无毛刺、无油污。经处理后的摩擦型高强度螺栓连接的摩擦面抗滑移系数应符合设计要求。

（6）经处理后的高强度螺栓连接处摩擦面应采取保护措施，防止沾染脏物和油污。严禁在高强度螺栓连接处摩擦面上作标记。

（7）高强度螺栓连接安装时，在每个节点上应穿入的临时螺栓和冲钉数量，由安装时可能承担的荷载计算确定，并应符合下列规定：

1）不得少于节点螺栓总数的 1/3。

2）不得少于 2 个临时螺栓。

3）冲钉穿入数量不宜多于临时螺栓数量的 30%。

（8）在安装过程中，不得使用螺纹损伤及沾染脏物的高强度螺栓连接副，不得用高强度螺栓兼作临时螺栓。

（9）高强度螺栓的安装应在结构构件中心位置调整后进行，其穿入方向应以施工方便为准，并力求一致。高强度螺栓连接副组装时，螺母带圆台面的一侧应朝向垫圈有倒角的一侧。对于大六角头高强度螺栓连接副组装时，螺栓头下垫圈有倒角的一侧应朝向螺栓头。

（10）安装高强度螺栓时，严禁强行穿入。当不能自由穿入时，该孔应用铰刀进行修整，修整后孔的最大直径不应大于 1.2 倍螺栓直径，且修孔数量不应超过该节点螺栓数量的 25%。修孔前应将四周螺栓全部拧紧，使板密贴后再进行铰孔。严禁气割扩孔。

（11）大六角头高强度螺栓施工所用的扭矩扳手，班前必须校正，其扭矩相对误差应为 ±5%，合格后方准使用。校正用的扭矩扳手，其扭矩相对误差应为 ±3%。

（12）大六角头高强度螺栓拧紧时，应只在螺母上施加扭矩。

（13）高强度螺栓在初拧、复拧和终拧时，连接处的螺栓应按一定顺序施拧，确定施拧顺序的原则为由螺栓群中央顺序向外拧紧和从接头刚度大的部位向约束小的方向拧紧。

（14）对于露天使用或接触腐蚀性气体的钢结构，在高强度螺栓拧紧检查验收合格后，连接处板缝应及时用腻子封闭。

（15）经检查合格后的高强度螺栓连接处，防腐、防火应按设计要求涂装。

3. 高强度螺栓紧固质量检验

（1）大六角头高强度螺栓连接施工紧固质量检查，可采用扭矩法和转角法。

（2）扭剪型高强度螺栓终拧检查，以目测尾部梅花头拧断为合格。对于不能用专用扳手拧紧的扭剪型高强度螺栓，应按扭矩法和转角法的规定进行终拧紧固质量检查。

7.3　钢结构加工制作

7.3.1　零件及钢部件加工质量控制

1. 放样和号料

（1）放样和号料应根据施工详图和工艺文件进行，并应按要求预留余量。

（2）放样和样板（样杆）的允许偏差应符合现行国家标准《钢结构工程施工规范》GB 50755 的规定。

（3）号料的允许偏差应符合现行国家标准《钢结构工程施工规范》GB 50755 的规定。

2. 切割

（1）钢材切割可采用气割、机械切割、等离子切割等方法，选用的切割方法应满足工艺文件的要求。切割后的飞边、毛刺应清理干净。

（2）钢材切割面应无裂纹、夹渣、分层等缺陷和大于 1mm 的缺棱。

（3）气割的允许偏差应符合现行国家标准《钢结构工程施工规范》GB 50755 的规定。

（4）机械剪切的零件厚度不宜大于 12.0mm，剪切面应平整。碳素结构钢在环境温度低于 −20℃、低合金结构钢在环境温度低于 −15℃时，不得进行剪切、冲孔。

（5）机械剪切的允许偏差应符合现行国家标准《钢结构工程施工规范》GB 50755 的规定。

（6）钢网架（桁架）用钢管杆件宜用管子车床或数控相贯线切割机下料，下料时应预放加工余量和焊接收缩量，焊接收缩量可由工艺试验确定。钢管杆件加工的允许偏差应符合现行国家标准《钢结构工程施工规范》GB 50755 的规定。

3. 矫正和成型

（1）碳素结构钢在环境温度低于−16℃、低合金结构钢在环境温度低于−12℃时，不应进行冷矫正和冷弯曲。碳素结构钢和低合金结构钢在加热矫正时，加热温度应为700～800℃，最高温度严禁超过900℃，最低温度不得低于600℃。

（2）当零件采用热加工成型时，可根据材料的含碳量，选择不同的加热温度。加热温度应控制在900～1000℃，也可控制在1100～1300℃；碳素结构钢和低合金结构钢在温度分别下降到700℃和800℃前，应结束加工；低合金结构钢应自然冷却。

（3）热加工成型温度应均匀，同一构件不应反复进行热加工；温度冷却到200～400℃时，严禁捶打、弯曲和成型。

（4）工厂冷成型加工钢管，可采用卷制或压制工艺。

（5）矫正后的钢材表面，不应有明显的凹痕或损伤，划痕深度不得大于0.5mm，且不应超过钢材厚度允许负偏差的1/2。

（6）型钢冷矫正和冷弯曲的最小曲率半径和最大弯曲矢高，应符合现行国家标准《钢结构工程施工规范》GB 50755的规定。

（7）钢材矫正后的允许偏差应符合现行国家标准《钢结构工程施工规范》GB 50755的规定。

（8）钢管弯曲成型的允许偏差应符合现行国家标准《钢结构工程施工规范》GB 50755的规定。

4. 边缘加工

（1）气割或机械剪切的零件，需要进行边缘加工时，其刨削量不应小于2.0mm。

（2）边缘加工的允许偏差应符合现行国家标准《钢结构工程施工规范》GB 50755的规定。

（3）焊缝坡口可采用气割、铲削、刨边机加工等方法，焊缝坡口的允许偏差应符合现行国家标准《钢结构工程施工规范》GB 50755的规定。

（4）零部件采用铣床进行铣削加工边缘时，加工后的允许偏差应符合现行国家标准《钢结构工程施工规范》GB 50755的规定。

5. 制孔

（1）利用钻床进行多层板钻孔时，应采取有效的防止窜动措施。

（2）机械或气割制孔后，应清除孔周边的毛刺、切屑等杂物；孔壁应圆滑，应无裂纹和大于 1.0mm 的缺棱。

6. 螺栓球和焊接球加工

（1）螺栓球宜热锻成型，加热温度宜为 1150～1250℃，终锻温度不得低于 800℃，成型后螺栓球不应有裂纹、褶皱和过烧。

（2）螺栓球加工的允许偏差应符合现行国家标准《钢结构工程施工规范》GB 50755 的规定。

（3）焊接空心球宜采用钢板热压成半圆球，加热温度宜为 1000～1100℃，并应经机械加工坡口后焊成圆球。焊接后的成品球表面应光滑平整，不应有局部凸起或褶皱。

（4）焊接空心球加工的允许偏差应符合现行国家标准《钢结构工程施工规范》GB 50755 的规定。

7.3.2 构件组装与预拼装质量控制

1. 构件组装

（1）组装焊接处的连接接触面及沿边缘 30～50mm 范围内的铁锈、毛刺、污垢等，应在组装前清除干净。

（2）板材、型材的拼接应在构件组装前进行；构件的组装应在部件组装、焊接、校正并经检验合格后进行。

（3）箱形构件的侧板拼接长度不应小于 600mm，相邻两侧板拼接缝的间距不宜小于 200mm；侧板在宽度方向不宜拼接，当宽度超过 2400mm 确需拼接时，最小拼接宽度不宜小于板宽的 1/4。

（4）设计无特殊要求时，用于次要构件的热轧型钢可采用直口全熔透焊接拼接，其拼接长度不应小于 600mm。

（5）钢管接长时，相邻管节或管段的纵向焊缝应错开，错开的最小距离（沿弧长方向）不应小于钢管壁厚的 5 倍，且不应小于 200mm。

（6）构件组装间隙应符合设计和工艺文件要求，当设计和工艺文件无规定时，组装间隙不宜大于 2.0mm。

（7）焊接构件组装时应预设焊接收缩量，并应对各部件进行合理的焊接收缩量分配。重要或复杂构件宜通过工艺性试验确定焊接收缩量。

（8）设计要求起拱的构件，应在组装时按规定的起拱值进行起拱，起拱允许偏差为起拱值的 0～10%，且不应大于 10mm。设计未要求但施工工艺要求起拱的构件，起拱允许偏差不应大于起拱值的 ±10%，且不应大于 ±10mm。

（9）桁架结构组装时，杆件轴线交点偏移不应大于 3mm。

（10）吊车梁和吊车桁架组装、焊接完成后不应允许下挠。吊车梁的下翼缘和重要受力构件的受拉面不得焊接工装夹具、临时定位板、临时连接板等。

（11）拆除临时工装夹具、临时定位板、临时连接板等，严禁用锤击落，应在距离构件表面 3～5mm 处采用气割切除，对残留的焊疤应打磨平整，且不得损伤母材。

（12）构件端部铣平后顶紧接触面应有 75% 以上的面积密贴，应用 0.3mm 的塞尺检查，其塞入面积应小于 25%，边缘最大间隙不应大于 0.8mm。

（13）构件的隐蔽部位应在焊接和涂装检查合格后封闭；完全封闭的构件内表面可不涂装。

（14）构件端部加工应在构件组装、焊接完成并经检验合格后进行。

（15）构件外形矫正可采用冷矫正和热矫正。当设计有要求时，矫正方法和矫正温度应符合设计文件要求；当设计文件无要求时，矫正方法和矫正温度参见上述"7.3.1 零件及钢部件加工质量控制"中"3. 矫正和成型"的相关内容。

（16）构件应在组装完成并经检验合格后再进行焊接。

2. 钢结构预拼装

(1) 预拼装前，单个构件应检查合格；当同一类型构件较多时，可选择一定数量的代表性构件进行预拼装。

(2) 构件可采用整体预拼装或累积连续预拼装。当采用累积连续预拼装时，两相邻单元连接的构件应分别参与两个单元的预拼装。

(3) 构件应在自由状态下进行预拼装。

(4) 构件预拼装应按设计图的控制尺寸定位，对有预起拱、焊接收缩等的预拼装构件，应按预起拱值或收缩量的大小对尺寸定位进行调整。

(5) 采用螺栓连接的节点连接件，必要时可在预拼装定位后进行钻孔。

(6) 当多层板叠采用高强度螺栓或普通螺栓连接时，宜先使用不少于螺栓孔总数 10% 的冲钉定位，再采用临时螺栓紧固。

临时螺栓在一组孔内不得少于螺栓孔数量的 20%，且不应少于 2 个；预拼装时应使板层密贴。螺栓孔应采用试孔器进行检查，并应符合下列规定：

1) 当采用比孔公称直径小 1.0mm 的试孔器检查时，每组孔的通过率不应小于 85%。

2) 当采用比螺栓公称直径大 0.3mm 的试孔器检查时，通过率应为 100%。

(7) 预拼装检查合格后，宜在构件上标注中心线、控制基准线等标记，必要时可设置定位器。

7.4 钢结构安装

7.4.1 构件成品现场检验

钢结构成品的现场检验项目主要包括构件的外形尺寸、连接的相关位置、变形量、外观质量及制作资料的验收和交接等，同时也包括各部位的细节及必要时的工厂预拼装结果。成品检查工作应在材料质量保证书、工艺措施、各道工序的自检、专检记录等前期工作完备无误的情况下进行。

1. 钢柱的检验

（1）实腹式钢柱检验要点

1）对于有吊车梁的钢柱，悬臂部分及相关的支承肋承受交变动荷载，一般为 K 形坡口焊缝，并且应保证全溶透。另外由于板材尺寸不能满足需要而进行拼装时，拼装焊缝必须全熔透，保证与母材等强度。一般情况下，除外观质量的检查外，上述两类焊缝要进行超声波探伤内部质量检查，成品现场检验时应予重点注意。

2）柱端、悬臂等有连接的部位，要注意检查相关尺寸，特别是高强度螺栓连接时，更要加强控制。另外，柱底板的平直度、钢柱的侧弯等要注意检查控制。

3）当设计图要求柱身与底板要刨平顶紧的，需按现行国家标准的要求对接触面进行磨光顶紧检查，以确保力的有效传递。

4）钢柱柱脚不采用地脚螺栓，而直接插入基础预留孔，再进行二次灌浆固定的，要注意检查插入混凝土部分不得涂漆。

5）箱形柱一般都要设置内部加劲肋，为确保钢柱尺寸，并起到加强作用，内肋板需经加工刨平、组装焊接几道工序。由于柱身封闭后无法检查，应注意加强工序检查，内肋板加工刨平、装配贴紧情况，以及焊接方法和质量均符合设计要求。

（2）空腹式钢柱检验要点

空腹钢柱（格构件）的检查要点基本同于实腹式钢柱。

由于空腹钢柱截面复杂，要经多次加工、小组装、再总装到位。因此，空腹柱在制作中各部位尺寸的配合十分重要，在其质量控制检查中要侧重于单体构件的工序检查。检验方法用钢尺、拉线、吊线等方法。

2. 吊车梁的检验

（1）吊车梁的焊缝因受冲击和疲劳影响，其上翼缘板与腹板的连接焊缝要求全熔透，一般视板厚大小开成 V 或 K 形坡口。

焊后要对焊缝进行超声波探伤检查，探伤比例应按设计文件的规定执行。如若设计的要求为抽检，检查时应重点检查两端的焊缝，其长度不应小于梁高，梁中间应再抽检 300mm 以上的长度。抽检若发现超标缺陷，应对该焊缝进行全部检查。由于板料尺寸所限，吊车梁钢板需要拼装时，翼缘板与腹板的拼缝要错开 200mm 以上，且拼缝要错开加劲肋 200mm 以上。拼接缝要求与母材等强度，全熔透焊接，并进行超声波探伤的检查。

（2）吊车梁外形尺寸控制，原则上长度负公差。上下翼缘板边缘要整齐光洁，切忌有凹坑，上翼缘板的边缘状态是检查重点，要特别注意。无论吊车梁是否要求起拱，焊后都不允许下挠。要注意控制吊车上翼缘板与轨道接触面的平面度不得大于 1.0mm。

3. 钢屋架的检验

（1）在钢屋架的检查中，要注意检查节点处各型钢重心线交点的重合状况。重心线的偏移会造成局部弯矩，影响钢屋架的正常工作状态。造成钢结构工程的隐患。产生重心线偏移的原因，可能是组装胎具变形或装配时杆件未靠紧胎模所致。如发生重心线偏移超出规定的允许偏差（3mm）时，应及时提供数据，请设计人员进行验算，如不能使用，应拆除更换。

（2）钢屋架上的连接焊缝较多，但每段焊缝的长度又不长，极易出现各种焊接缺陷。因此，要加强对钢屋架焊缝的检查工作，特别是对受力较大的杆件焊缝，要作重点检查控制，其焊缝尺寸和质量标准必须满足设计要求和现行国家标准的规定。

（3）为保证安装工作的顺利进行，检查中要严格控制连接部位孔的加工，孔位尺寸要在允许的公差范围之内，对于超过允许偏差的孔要及时作出相应的技术处理。

（4）设计要求起拱的，必须满足设计规定，检查中要控制起拱尺寸及其允许偏差，特别是吊车桁架，即使未要求起拱处理，组焊后的桁架也严禁下挠。

（5）由两支角钢背靠背组焊的杆件，其夹缝部位在组装前应按要求除锈、涂漆，检查中对这些部位应给予注意。

4. 平台、栏杆、扶梯的检验

平台、栏杆、扶梯虽是配套产品，但其制作质量也直接影响人的安全，要确保其牢固性，有以下几点要加以注意：

（1）由于焊缝不长，分布零散，在检查中要重点防止出现漏焊现象。检查中要注意构件间连接的牢固性，如爬梯用的圆钢要穿过扁钢，再焊牢固。采用间断焊的部位，其转角和端部一定要有焊缝，不得有开口现象。构件不得有尖角外露，栏杆上的焊接接头及转角处要磨光。

（2）栏杆和扶梯一般都分开制作，平台根据需要可以整件出厂，也可以分段出厂，各构件间相互关联的安装孔距，在制作中要作为重点检查项目进行控制。

5. 球节点的检验

（1）焊接球节点

1）用漏模热轧的半圆球，其壁厚会发生不均匀，靠半圆球的上口偏厚，上模的底部与侧边的过渡区偏薄。网架的球节点规定壁厚最薄处的允许减薄量为13%且不得大于1.5mm。球的厚度可用超声波测厚仪测量。

2）球体不允许有"长瘤"现象，"荷叶边"应在切边时切去。半圆球切口应用车床切削或半自动气割切割，在切口的同时做出坡口。

3）成品球直径经常有偏小现象，这是由于上模磨损或考虑冷却收缩率不够等所致。如负偏差过大，会造成网架总拼尺寸偏小。

4）焊接球节点是由两个热轧后经机床加工的两个半圆球相对焊成的。如果两个半圆球互相对接的接缝处是圆滑过渡的（即在同一圆弧上），则不产生对口错边量，如两个半圆球对得不准，或有大小不一，则在接缝处将产生错边量。不论球大小，错边量一律不得大于1mm。

（2）螺栓球节点

螺栓球节点现场检验时应重点关注各螺孔的螺纹尺寸、螺孔角度、螺孔端面距球心尺寸等，应符合现行国家标准的要求。螺孔角度的量测可采用测量芯棒、高度尺、分度尺等配合进行。

7.4.2 单层钢结构安装质量控制

1. 安装要求

（1）安装前，应按构件明细表核对进场的构件，查验产品合格证；工厂预拼装过的构件在现场组装时，应根据预拼装记录进行。

（2）构件吊装前应清除表面上的油污、冰雪、泥沙和灰尘等杂物，并应做好轴线和标高标记。

（3）钢结构安装应根据结构特点按照合理顺序进行，并应形成稳固的空间刚度单元，必要时应增加临时支承结构或临时措施。

（4）钢结构安装校正时应分析温度、日照和焊接变形等因素对结构变形的影响。施工单位和监理单位宜在相同的天气条件和时间段进行测量验收。

（5）钢结构吊装宜在构件上设置专门的吊装耳板或吊装孔。设计文件无特殊要求时，吊装耳板和吊装孔可保留在构件上，需去除耳板时，可采用气割或碳弧气刨方式在离母材 3～5mm 位置切除，严禁采用锤击方式去除。

2. 基础、支承面和预埋件

（1）钢结构安装前应对建筑物的定位轴线、基础轴线和标高、地脚螺栓位置等进行检查，并应办理交接验收。当基础工程分批进行交接时，每次交接验收不应少于一个安装单元的柱基基础，并应符合下列规定：

1）基础混凝土强度应达到设计要求。

2）基础周围回填夯实应完毕。

3）基础的轴线标志和标高基准点应准确、齐全。

（2）基础顶面直接作为柱的支承面、基础顶面预埋钢板（或支座）作为柱的支承面时，其支承面、地脚螺栓（锚栓）的允许偏差应符合现行国家标准《钢结构工程施工规范》GB 50755 的规定。

(3) 锚栓及预埋件安装应符合下列规定：

1) 宜采取锚栓定位支架、定位板等辅助固定措施。

2) 锚栓和预埋件安装到位后，应可靠固定；当锚栓埋设精度较高时，可采用预留孔洞、二次埋设等工艺。

3) 锚栓应采取防止损坏、锈蚀和污染的保护措施。

4) 钢柱地脚螺栓紧固后，外露部分应采取防止螺母松动和锈蚀的措施。

5) 当锚栓需要施加预应力时，可采用后张拉方法，张拉力应符合设计文件的要求，并应在张拉完成后进行灌浆处理。

3. 构件安装

(1) 钢柱安装应符合下列规定：

1) 柱脚安装时，锚栓宜使用导入器或护套。

2) 首节钢柱安装后应及时进行垂直度、标高和轴线位置校正，钢柱的垂直度可采用经纬仪或线锤测量；校正合格后钢柱应可靠固定，并应进行柱底二次灌浆，灌浆前应清除柱底板与基础面间杂物。

3) 首节以上的钢柱定位轴线应从地面控制轴线直接引上，不得从下层柱的轴线引上；钢柱校正垂直度时，应确定钢梁接头焊接的收缩量，并应预留焊缝收缩变形值。

4) 倾斜钢柱可采用三维坐标测量法进行测校，也可采用柱顶投影点结合标高进行测校，校正合格后宜采用刚性支撑固定。

(2) 钢梁安装应符合下列规定：

1) 钢梁宜采用两点起吊；当单根钢梁长度大于 21m，采用两点吊装不能满足构件强度和变形要求时，宜设置 3～4 个吊装点吊装或采用平衡梁吊装，吊点位置应通过计算确定。

2) 钢梁可采用一机一吊或一机串吊的方式吊装，就位后应立即临时固定连接。

3) 钢梁面的标高及两端高差可采用水准仪与标尺进行测量，

校正完成后应进行永久性连接。

（3）支撑安装应符合下列规定：

1）交叉支撑宜按从下到上的顺序组合吊装。

2）无特殊规定时，支撑构件的校正宜在相邻结构校正固定后进行。

3）屈曲约束支撑应按设计文件和产品说明书的要求进行安装。

（4）桁架（屋架）安装应在钢柱校正合格后进行，并应符合下列规定：

1）钢桁架（屋架）可采用整榀或分段安装。

2）钢桁架（屋架）应在起扳和吊装过程中防止产生变形。

3）单榀钢桁架（屋架）安装时应采用缆绳或刚性支撑增加侧向临时约束。

4. 单层钢结构安装注意事项

（1）单跨结构宜从跨端一侧向另一侧、中间向两端或两端向中间的顺序进行吊装。多跨结构，宜先吊主跨、后吊副跨；当有多台起重设备共同作业时，也可多跨同时吊装。

（2）单层钢结构在安装过程中，应及时安装临时柱间支撑或稳定缆绳，应在形成空间结构稳定体系后再扩展安装。单层钢结构安装过程中形成的临时空间结构稳定体系应能承受结构自重、风荷载、雪荷载、施工荷载及吊装过程中冲击荷载的作用。

7.4.3 多层及高层钢结构安装质量控制

（1）多层及高层钢结构安装校正应依据基准柱进行，并应符合下列规定：

1）基准柱应能够控制建筑物的平面尺寸并便于其他柱的校正，宜选择角柱为基准柱。

2）钢柱校正宜采用合适的测量仪器和校正工具。

3）基准柱校正完毕后，再对其他柱进行校正。

（2）多层及高层钢结构安装时，楼层标高可采用相对标高或设计标高进行控制，并应符合下列规定：

1）当采用设计标高控制时，应以每节柱为单位进行柱标高调整，并应使每节柱的标高符合设计的要求。

2）建筑物总高度的允许偏差和同一层内各节柱的柱顶高度差，应符合现行国家标准《钢结构工程施工质量验收规范》GB 50205 的有关规定。

（3）同一流水作业段、同一安装高度的一节柱，当各柱的全部构件安装、校正、连接完毕并验收合格后，应再从地面引放上一节柱的定位轴线。

7.5 压型金属板

7.5.1 一般规定

（1）压型金属板安装前，应绘制各楼层压型金属板铺设的排版图；图中应包含压型金属板的规格、尺寸和数量，与主体结构的支承构造和连接详图，以及封边挡板等内容。

（2）压型金属板安装前，应在支承结构上标出压型金属板的位置线。铺放时，相邻压型金属板端部的波形槽口应对准。

（3）压型金属板应采用专用吊具装卸和转运，严禁直接采用钢丝绳绑扎吊装。

7.5.2 压型金属板安装质量控制

（1）压型金属板与主体结构（钢梁）的锚固支承长度应符合设计要求，且不应小于50mm；端部锚固可采用点焊、贴角焊或射钉连接，设置位置应符合设计要求。

（2）转运至楼面的压型金属板应当天安装和连接完毕，当有剩余时应固定在钢梁上或转移到地面堆场。

（3）支承压型金属板的钢梁表面应保持清洁，压型金属板与钢梁顶面的间隙应控制在1mm以内。

（4）安装边模封口板时，应与压型金属板波距对齐，偏差不大于3mm。

（5）压型金属板安装应平整、顺直，板面不得有施工残留物和污物。

（6）压型金属板需预留设备孔洞时，应在混凝土浇筑完毕后使用等离子切割或空心钻开孔，不得采用火焰切割。

（7）设计文件要求在施工阶段设置临时支承时，应在混凝土浇筑前设置临时支承，待浇筑的混凝土强度达到规定强度后方可拆除。混凝土浇筑时应避免在压型金属板上集中堆载。

7.6 钢结构涂装

7.6.1 一般规定

（1）钢结构防腐涂装施工宜在构件组装和预拼装工程检验批的施工质量验收合格后进行。涂装完毕后，宜在构件上标注构件编号；大型构件应标明重量、重心位置和定位标记。

（2）钢结构防火涂料涂装施工应在钢结构安装工程和防腐涂装工程检验批施工质量验收合格后进行。当设计文件规定构件可不进行防腐涂装时，安装验收合格后可直接进行防火涂料涂装施工。

（3）油漆类防腐涂料涂装工程和防火涂料涂装工程，应按现行国家标准《钢结构工程施工质量验收规范》GB 50205 的有关规定进行质量验收。

（4）金属热喷涂防腐和热浸镀锌防腐工程，可按现行国家标准《热喷涂　金属和其他无机覆盖层　锌、铝及其合金》GB/T 9793 和《热喷涂金属件表面预处理通则》GB/T 11373 等有关规定进行质量验收。

7.6.2 表面处理质量控制

（1）构件采用涂料防腐涂装时，表面除锈等级可按设计文件及现行国家标准《涂覆涂料前钢材表面处理表面清洁度的目视评定　第1部分：未涂覆过的钢材表面和全面清除原有涂层后的钢材表面的锈蚀等级和处理等级》GB/T 8923.1 的有关规定，采用机械除锈和手工除锈方法进行处理。

（2）当喷嘴孔口磨损直径增大25％时，宜更换喷嘴。

（3）喷射清理所用的磨料应清洁、干燥。磨料的种类和粒度应根据钢结构表面的原始锈蚀程度、设计或涂装规格书所要求的喷射工艺、清洁度和表面粗糙度进行选择。壁厚≥4mm的钢构件可选用粒度为0.5～1.5mm的磨料，壁厚＜4mm的钢构件应选用粒度小于0.5mm的磨料。

（4）涂层缺陷的局部修补和无法进行喷射清理时可采用手动和动力工具除锈。

（5）表面清理后，应采用吸尘器或干燥、洁净的压缩空气清除浮尘和碎屑，清理后的表面不得用手触摸。

（6）经处理的钢材表面不应有焊渣、焊疤、灰尘、油污、水和毛刺等；对于镀锌构件，酸洗除锈后，钢材表面应露出金属色泽，并应无污渍、锈迹和残留酸液。

7.6.3　钢结构防腐涂装质量控制

1. 油漆防腐涂层

（1）钢结构涂装时的环境温度和相对湿度，除应符合涂料产品说明书的要求外，还应符合下列规定：

1）当产品说明书对涂装环境温度和相对湿度未作规定时，环境温度宜为5～38℃，相对湿度不应大于85％，钢材表面温度应高于露点温度3℃，且钢材表面温度不应超过40℃。

2）被施工物体表面不得有凝露。

3）遇雨、雾、雪、强风天气时应停止露天涂装，应避免在强烈阳光照射下施工。

4）涂装后4h内应采取保护措施，避免淋雨和沙尘侵袭。

5）风力超过5级时，室外不宜喷涂作业。

（2）涂装前应对钢结构表面进行外观检查，表面除锈等级和表面粗糙度应满足设计要求。

（3）防腐蚀涂料和稀释剂在运输、储存、施工及养护过程中，不得与酸、碱等化学介质接触。严禁明火，并应采取防尘、防曝晒措施。

（4）需在工地拼装焊接的钢结构，其焊缝两侧应先涂刷不影响焊接性能的车间底漆，焊接完毕后应对焊缝热影响区进行二次表面清理，并应按设计要求进行重新涂装。

（5）每次涂装应在前一层涂膜实干后进行。

（6）涂料调制应搅拌均匀，应随拌随用，不得随意添加稀释剂。

（7）不同涂层间的施工应有适当的重涂间隔时间，最大及最小重涂间隔时间应符合涂料产品说明书的规定，应超过最小重涂间隔再施工，超过最大重涂间隔时应按涂料说明书的指导进行施工。

（8）表面除锈处理与涂装的间隔时间宜在 4h 之内，在车间内作业或湿度较低的晴天不应超过 12h。

（9）工地焊接部位的焊缝两侧宜留出暂不涂装的区域，焊缝及焊缝两侧也可涂装不影响焊接质量的防腐涂料。

（10）构件油漆补涂应符合下列规定：

1）表面涂有工厂底漆的构件，因焊接、火焰校正、曝晒和擦伤等造成重新锈蚀或附有白锌盐时，应经表面处理后再按原涂装规定进行补漆。

2）运输、安装过程的涂层碰损、焊接烧伤等，应根据原涂装规定进行补涂。

2. 金属热喷涂

（1）采用金属热喷涂的钢结构表面应进行喷射或抛射处理。

（2）采用金属热喷涂的钢结构构件应与未喷涂的钢构件做到电气绝缘。

（3）表面处理与热喷涂施工之间的间隔时间，晴天不得超过 12h，雨天、有雾的气候条件下不得超过 2h。

（4）工作环境的大气温度低于 5℃、钢结构表面温度低于露点 3℃ 和空气相对湿度大于 85% 时，不得进行金属热喷涂施工操作。

（5）热喷涂金属丝应光洁、无锈、无油、无折痕，金属丝直径宜为 2.0mm 或 3.0mm。

（6）金属热喷涂所用的压缩空气应干燥、洁净，同一层内各喷涂带之间应有 1/3 的重叠宽度。喷涂时应留出一定的角度。

（7）金属热喷涂层的封闭剂或首道封闭涂料施工宜在喷涂层尚有余温时进行，并宜采用刷涂方式施工。

（8）钢构件的现场焊缝两侧应预留 100～150mm 宽度涂刷车间底漆临时保护，待工地拼装焊接后，对预留部分应按相同的技术要求重新进行表面清理和喷涂施工。

7.6.4 钢结构防火涂装质量控制

（1）基层表面应无油污、灰尘和泥沙等污垢，且防锈层应完整、底漆无漏刷。构件连接处的缝隙应采用防火涂料或其他防火材料填平。

（2）选用的防火涂料应符合设计文件和国家现行有关标准的规定，具有抗冲击能力和黏结强度，不应腐蚀钢材。

（3）防火涂料可按产品说明书要求在现场进行搅拌或调配。当天配置的涂料应在产品说明书规定的时间内用完。

（4）厚涂型防火涂料，属于下列情况之一时，宜在涂层内设置与构件相连的钢丝网或其他相应的措施：

1）承受冲击、振动荷载的钢梁。

2）涂层厚度大于或等于 40mm 的钢梁和桁架。

3）涂料黏结强度小于或等于 0.05MPa 的构件。

4）钢板墙和腹板高度超过 1.5m 的钢梁。

（5）防火涂料涂装施工应分层施工，应在上层涂层干燥或固化后，再进行下道涂层施工。

（6）厚涂型防火涂料有下列情况之一时，应重新喷涂或补涂：

1）涂层干燥固化不良，黏结不牢或粉化、脱落。

2）钢结构接头和转角处的涂层有明显凹陷。

3）涂层厚度小于设计规定厚度的 85%。

4）涂层厚度未达到设计规定厚度，且涂层连续长度超过1m。

（7）薄涂型防火涂料面层涂装施工应符合下列规定：

1）面层应在底层涂装干燥后开始涂装。

2）面层涂装应颜色均匀、一致，接槎应平整。

8 木结构工程

8.1 方木和原木结构

8.1.1 一般规定

（1）进场木材的树种、规格和强度等级应符合设计文件的规定。

（2）木料锯割应符合下列规定：

1）当构件直接采用原木制作时，应将原木剥去树皮，并应砍平木节。原木沿长度应呈平缓锥体，其斜率不应超过 0.9%，每 1m 长度内直径改变不应大于 9mm。

2）当构件用方木或板材制作时，应按设计文件规定的尺寸将原木进行锯割，锯割时截面尺寸应按表 8-1 的规定预留干缩量。落叶松、木麻黄等收缩量较大的原木，预留干缩量尚应大于表 8-1 规定的 30%。

方木、板材加工预留干缩量　　　　表 8-1

方木、板材厚度（mm）	预留干缩量（mm）
15～25	1
40～60	2
70～90	3
100～120	4
130～140	5
150～160	6
170～180	7
190～200	8

3）东北落叶松、云南松等易开裂树种，锯制成方木时宜采用"破心下料"的方法，见图 8-1（a）；原木直径较小时，可采用"按侧边破心下料"的方法，见图 8-1（b），并应按图 8-1（c）所示的方法拼接成截面较大的方木。

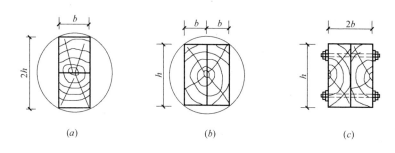

图 8-1　破心下料示意

（a）破心下料；（b）按侧边破心下料；（c）截面拼接方法

（3）制作构件时，原木、方木全截面平均含水率不应大于25％，板材不应大于20％，用作拉杆的连接板，其含水率不应大于18％。

（4）干燥好的木材，应放置在避雨、遮阳且通风良好的场所内，板材应采用纵向平行堆垛法存放，并应采取压重等防止板材翘曲的措施。

（5）从市场直接购置的方木、板材应有树种证明文件，并应分等验收。

（6）工程中使用的木材，应按现行国家标准《木结构工程施工质量验收规范》GB 50206 的有关规定做木材强度见证检验，强度等级应符合设计文件的规定。

（7）材料、构配件的质量控制应以一幢方木、原木结构房屋为一个检验批；构件制作安装质量控制应以整幢房屋的一楼层或变形缝间的一楼层为一个检验批。

8.1.2　施工质量控制

1. 桁架、梁及柱制作

（1）方木、原木结构构件应按已制作的样板和选定的木材加工，并应符合下列规定：

1）方木桁架、柱、梁等构件截面宽度和高度与设计文件的标注尺寸相比，不应小于 3mm 以上；方木檩条、椽条及屋面板等板材不应小于 2mm 以上；原木构件的平均梢径不应小于 5mm 以上，梢径端应位于受力较小的一端。

2）板材构件的倒角高度不应大于板宽的 2%。

3）方木截面的翘曲不应大于构件宽度的 1.5%，其平面上的扭曲，每 1m 长度内不应大于 2mm。

4）受压及压弯构件的单向纵向弯曲，方木不应大于构件全长的 1/500，原木不应大于全长的 1/200。

5）构件的长度与样板相比偏差不应超过±2mm。

（2）桁架钢拉杆的螺帽数量及螺杆伸出螺帽长度应符合设计要求规定。钢拉杆应顺直，垫板平整紧密，各钢制零件防锈处理均匀。

（3）桁架木腹杆轴线与承压面垂直，连接紧密，扒钉牢固，在扒钉孔处无裂纹。

（4）钢木组合桁架的钢下弦制作应符合现行国家标准《钢结构工程施工质量验收规范》GB 50205 和《钢结构焊接规范》GB 50661 的规定。

（5）钢制下弦，钢拉杆等钢制零件应委托有资质的单位加工制作。制作工人应有专业工种上岗证书，焊工应试焊并经试验合格后方可开始加工制作。

（6）木材的防火、防腐、防虫处理应在零件加工完成后，拼装前进行，拼装时应注意对其加以防护，若有损坏应及时修补。

（7）凡经烘干、防虫、防火、防腐等处理的木材和木结构成品、半成品在运输、储存过程中，要注意防止受潮、损伤、污染和烈日曝晒，宜采用有上盖的仓库储存。

（8）放大样应准确，大样误差宜按允许偏差的 1/2 控制。大样应经质量员检查合格后方可进行下道工序。

（9）大样应准确，样板的材质、制作质量应符合设计和规范要求，样板对大样的误差不宜大于1mm，样板经试拼并检验无误后方可批量作业。

（10）零件锯割、加工应留半线，不能走锯或过线。双齿连接时，第一槽齿留一线锯割，第二槽留半线锯割。

（11）木结构组装时应检查各槽齿承压面是否严密接触。若贴合不严密应采用适宜方法修整。

（12）钉连接硬木结构宜先钻孔后钉钉，防止连接部位劈裂。

2. 桁架、梁及柱安装

（1）构件制作质量应符合设计要求，运输过程中无变形或损坏；构件就位后应检查在吊装过程中构件是否有变形或损坏，各零件有无松动。发现问题应立即采取适当方法修整。

（2）木结构的支座、支撑连接等构造应符合设计要求，牢固、无松动。

（3）桁架和梁的支座垫木下应铺设防潮层，支座周边（除支撑面外）留有不小于50mm的通风空隙，柱下设有柱墩。

（4）安装过程中，不得在结构上悬吊或堆放设计未考虑的荷载，不得在结构构件上进行钻凿孔洞等削弱构件有效截面的活动。

（5）木构件与砌体、混凝土的接触处以及支座垫木的防腐处理应符合设计要求和木结构防火、防虫、防腐处理工艺标准。

（6）木梁支座及木桁架的支座节点和下弦不应封闭在墙、保温层或其他通风不良的处所。当设计无规定时构件的周边（除支承面外）及端部均应留出不小于50mm的空隙。

（7）桁架安装完成后应逐一检查桁架支座端部的通风空隙是否通畅，是否有垃圾、砂浆等杂物堵塞。发现后及时清理。

3. 木屋盖安装

（1）安装时不得在檩条上施加超过设计规定的荷载。

（2）安装檩条及屋面板时应在屋脊两侧对称进行，两侧对称加荷载。

（3）檩条和支撑的连接方式及锚固方式应符合设计要求。

（4）檩条、屋面板及挂瓦条的上表面应平整顺直，当设计有特殊要求时，应满足设计要求。

（5）屋面板规格、铺钉方式和接头位置应符合设计要求，其厚度误差不应超过 1.5mm。

（6）不得将弯曲超过标准要求限值的檩条砍削取直后使用，也不应在檩条上进行砍削、钻凿孔洞等使檩条有效截面减少的活动。

（7）桁架就位锚固后及时安装支撑和檩条，以保证桁架在安装过程中不发生侧向弯、扭现象。支撑与桁架之间应用螺栓连接，不得采用钉连接或齿连接，并在桁架找正吊直无误后再按螺栓孔位安装，防止支撑长度不准确或螺栓孔位不符将桁架沿侧向拉弯或顶弯。

（8）檩条安装完成后上表面应顺直，防止因个别檩条弯曲超过限值造成屋面不平影响观感，甚至造成排水不畅或漏水。

（9）屋面板、椽条、顺水条及挂瓦条的截面尺寸应符合设计要求，厚度应一致。

（10）钉脆硬性木材的檩条时，应先钻孔后再用钉子钉牢，防止使檩条头部劈裂。

（11）椽条应与檩条钉牢，屋脊处两椽条应拉结牢固。椽条接头位置应设在檩条上，相邻椽条接头位置应错开。

（12）挂瓦条上表面应平齐，上边棱应顺直。

（13）封山板和封檐板应光洁平直。下边缘至少应低于檐口平顶 25mm。

8.2　胶合木结构

8.2.1　一般规定

（1）当胶合木构件需作防护处理时，构件防护处理应在胶合木加工厂完成，并应有防护处理合格检验报告。

（2）胶合木加工厂提供给施工现场的层板胶合木或胶合木构件的质量和包装，应符合国家相关标准的规定，并附有生产合格证书、本批次胶合木胶缝完整性、指接强度检验报告。

（3）制作完成的异等非对称组合的胶合木构件应在构件上明确注明截面使用的上下方向。

（4）胶合木结构的制作企业和施工企业应具有相应的资质。施工企业应有完善的质量保证体系和管理制度。

（5）胶合木构件应有符合以下规定的产品标识：

1）产品标准名称、构件编号和规格尺寸。

2）木材树种，胶黏剂类型。

3）强度等级和外观等级。

4）经过防护处理的构件应有防护处理的标记。

5）经过质量认证机构认可的质量认证标记。

6）生产厂家名称和生产日期。

（6）材料、构配件的质量控制应以一幢胶合木结构房屋为一个检验批；构件制作安装质量控制应以整幢房屋的一楼层或变形缝间的一楼层为一个检验批。

8.2.2 施工质量控制

1. 构件制作

（1）胶合木构件的制作应在室内进行，制作车间内的温度不应低于15℃，空气的相对温度应在40%～75%的范围内。

（2）胶合木构件制作时，层板在胶合前含水率不应大于15%，且相邻层板间含水率相差不应大于5%。

（3）用于制作胶合木构件的层板厚度在沿板宽方向上的厚度偏差不超过±0.2mm，在沿板长方向上的厚度偏差不超过±0.3mm。

（4）层板指接接头在切割后应保持指形切面的清洁，并应在24h内进行黏合。指接接头涂胶时，所有指形表面应全部涂抹。固化加压时端压力应根据采用树种和指长，控制在2～10N/mm²的范围内，加压时间不得低于2s。指接层板应在接头胶黏剂完全固化后，再开展下一步的加工制作。

（5）层板胶合木构件应选择符合设计文件规定的类别、组坯方式、强度等级、截面尺寸和使用环境的层板胶合木加工制作。胶合木应仅作长度方向的切割及两端面和必要的槽口加工。加工完成的构件，保存时端部与切口处均应采取密封措施。

（6）层板胶合前表面应光滑，无灰尘，无杂质，无污染物和其他渗出物质。各层木板木纹应平行于构件长度方向。层板涂胶后应在所用胶黏剂规定的时间要求内进行加压胶合，胶合前不得污染胶合面。

（7）指接接头之间的距离，应符合下列要求：

1）相邻上下两层层板之间指接头的距离应大于或等于150mm 且不应小于 $10t$（t 为板厚）。

2）同一层层板的指接头的间距应大于或等于 1500mm，受拉或受弯构件的受拉区 10％高度内，同一层板的指接头间距应大于或等于 1800mm。

3）如需修补的构件，受拉区最外层及其相邻一层板，距离修补区 150mm 范围内不允许有接头。

4）构件同一截面上指接接头数不应大于木板层数的 1/4。

（8）胶缝局部未黏结段的长度：在构件剪力最大的部位不应大于 75mm；在其他部位也不应大于 150mm；所有的未黏结处，均不得有贯穿构件宽度的通缝；相邻的两个未黏结段的净距应不小于 600mm；指接胶缝中不得有未黏合处。

（9）胶缝的厚度应控制在 0.1～0.3mm 之间，如局部有厚度超过 0.3mm 的胶缝，其长度应小于 300mm，且最大的厚度不应超过 1mm。

（10）层板胶合时应确保夹具在胶层上均匀加压，所施加的压力应符合胶黏剂使用说明书的规定。对于厚度不大于 35mm的层板。胶合时施加压力应不小于 0.6N/mm²；对于弯曲的构件和厚度大于 35mm 的层板，胶合时应施加更大的压力。

（11）制成的胶合构件，其实际尺寸对设计尺寸的偏差不应超过±5mm，且不应超过设计尺寸的±3%。

（12）弧形构件胶合时应采用模架，模架拱面的曲率半径应稍小于弧形构件下表面的曲率半径，以抵消卸模后构件的回弹。

（13）经防腐处理的胶合木构件应保证在运输和存放过程中防护层不被损坏。经防腐处理的胶合木或构件需重新开口或钻孔时，需用喷涂法修补防护层。

（14）单、双坡梁、弧形构件或桁架、拱等组合构件需用层板胶合木制作或胶合木梁式构件需起拱时，应按样板和设计文件规定的层板胶合木类别、强度等级和使用条件，委托有胶合木生产资质的专业加工厂以构件形式加工。

（15）层板胶合木弧形构件的矢高及梁式构件起拱的允许偏差，跨度在 6m 以内不应超过±6mm；跨度每增加 6m，允许偏差可增大±3mm，但总偏差不应超过 19mm。

2. 构件连接施工

（1）螺栓连接施工时，被连接构件上的钻孔孔径应略大于螺栓直径，但不应大于螺栓直径 1.0mm。螺栓中心位置的偏差应符合现行国家标准《木结构工程施工质量验收规范》GB 50206 的有关规定。预留多个螺栓钻孔时宜将被连接构件临时固定后，一次贯通施钻。安装螺栓时应拧紧，确保各被连接构件紧密接触，但拧紧时不得将金属垫板嵌入胶合木构件中。承受拉力的螺栓应采用双螺帽拧紧。

（2）剪板连接的剪盘和螺栓或六角头木螺钉应配套，连接施工时应采用与剪板规格品种相应的专用钻具一次成孔（包括安放剪板的窝眼）。当采用六角头木螺钉替代螺栓时，六角头木螺钉有螺纹部分的孔也应作引孔，孔径为螺杆直径的 70%。采用金属侧板时，螺帽下可以不设金属垫圈，并应选择合适的螺杆长度，防止螺纹与金属侧板间直接承压。当胶合木构件含水率尚未达到当地平衡含水率时，应及时复拧螺帽或六角头木螺钉，确保被连接构件间紧密接触。

3. 构件安装

（1）胶合木构件在吊装就位过程中，当与该结构构件设计受力条件不一致时，应根据结构构件自重及所受施工荷载进行安全验算。构件在吊装时，应力不应超过 1.2 倍胶合木强度设计值。

（2）构件为平面结构时，吊装就位过程中应有保证其平面外稳定的措施，就位后应设必要的临时支撑，防止发生失稳或倾覆。

（3）构件运输和存放时，应将构件整齐的堆放。对于工字形、箱形截面梁宜分隔堆放，上下分隔层垫块竖向应对齐，悬臂长度不宜超过构件长度的 1/4。桁架宜竖向放置，支承点应设在桁架两端节点支座处，下弦杆的其他位置不得有支承物。数榀桁架并排竖向放置时，应在上弦节点处采取措施将各桁架固定在一起。

（4）结构构件拼装后的几何尺寸偏差，应符合现行国家标准《胶合木结构技术规范》GB/T 50708 的规定。

（5）桁架、梁及柱的安装允许偏差，应符合现行国家标准《胶合木结构技术规范》GB/T 50708 的规定。

8.3 轻型木结构

8.3.1 一般规定

（1）规格材的截面尺寸由设计选定，同一建筑应选同一种规格的材料，不同规格不得混合使用。

（2）规格材进场后应进行材质检验，应满足质量要求，并达到设计要求的方可使用。

（3）轻型木结构与基础的连接应牢固、可靠，连接方式应符合设计要求。

（4）安装时，主要受力墙面的墙骨柱截面高度方向应与墙面垂直。

（5）墙骨在每层层高内应连续，允许采用指接连接，但不得采用连接板连接。

（6）剪力墙面的板材，安装时两侧墙板接缝应互相错开，如果不能错开时可在接缝处用不少于两根的墙骨加强（墙骨截面宽度大于65mm时可不受此限制）。

（7）楼面以下结构未连接成整体之前，在未加支撑的条件下，楼面不允许施加施工荷载。

（8）材料应在库房内保管，采取必要的通风和防虫、防火措施。

（9）轻型木结构材料、构配件的质量控制应以同一建设项目同期施工的每幢建筑面积不超过总建筑面积不超过3000m² 的轻型木结构建筑为一检验批，不足3000m² 者应视为一检验批，单体建筑面积超过300m² 时，应单独视为一检验批；轻型木结构制作安装质量控制应以一幢房屋的一层为一检验批。

8.3.2 施工质量控制

1. 轻型木桁架制作

（1）齿板连接的构件制作宜在工厂进行，并应符合下列要求：

1）板齿应与构件表面垂直。

2）板齿嵌入构件的深度不应小于板齿承载力试验时板齿嵌入试件的深度。

3）拼装完成后齿板应无变形。

（2）桁架所用规格材的树种、尺寸、等级应符合设计图纸的规定。当树种相同时，可采用力学性能达到或超过设计规定的其他等级的规格材代替原设计的规格材。采用与设计等级要求不同的规格材，或采用与原设计不符的结构复合材时，必须经设计人员复核同意。

（3）齿板存放时应避免损坏，用于制作木桁架的齿板应完好无损。

（4）齿板的规格、类型、尺寸应与设计规定一致。

（5）制作轻型木桁架的木构件应锯切下料准确，桁架杆件在节点处应连接紧密。已制作完成的桁架杆件间制作误差的缝隙应符合下列规定：

1) 当杆件间对接面超过齿板尺寸时，齿板边缘处构件之间的最大缝隙为 3mm。

2) 当楼盖桁架弦杆对接时，全部对接接头范围内构件之间的最大缝隙为 1.5mm。

3) 当屋盖桁架弦杆对接时，齿板边缘处构件之间的最大缝隙为 3mm。

4) 当杆件间对接面没有超过齿板尺寸时，对接边缘处构件间的最大缝隙为 3mm。

（6）齿板安装时，连接点应符合下列要求：

1) 木材表面缺陷应包括死节、树皮、树脂囊、脱落节和钝棱。当通过齿槽孔可见板齿长度的 1/4 或以上时，应认定为板齿倒伏；在齿槽孔范围内发生木材表面隆起（即木材超出其正常表面），也应认定为板齿倒伏。

2) 齿板连接处木构件宽度大于 50mm 时，木材表面缺陷的面积与板齿倒伏的面积之和不得大于该构件与齿板接触面积的 20%。

3) 齿板连接处木构件宽度小于或等于 50mm 时，木材表面缺陷的面积与板齿倒伏的面积之和不得大于该构件与齿板接触面积的 10%。

（7）板齿或桁架制作过程中引起的木构件劈裂不得超过所用树种、木材等级的允许值。在安装或拆除齿板过程中，当木构件损坏产生的缺陷超过允许值时，不得重新安装齿板，应更换木构件。

（8）当安装齿板范围内的构件由于前期安装过齿板而含有齿孔或构件由于其他原因已有损坏时，板齿的作用应折半考虑，当板齿安装位置与前期已安装过齿板的区域不重叠（即木材无齿孔）时，板齿的作用可全部考虑。

2. 轻型木桁架安装

（1）桁架安装应定位准确，并应保证横向水平、竖向垂直。

在安装设计规定的永久支撑前，应采取有效措施使桁架在其轴线上保持垂直。安装过程中不得锯切更改桁架。

（2）在设计规定的侧撑和面板全部安装，钉牢前，不得在桁架上施加集中荷载。严禁在未钉覆面板的桁架上堆放整捆的胶合板或其他施工材料。

（3）桁架安装过程中必须采用防止桁架倾覆或发生连续倾倒的临时支撑。

（4）覆面板与桁架的连接、桁架的锚固和剪刀支撑的连接必须符合设计要求，并保证屋面体系具有抵抗侧向风荷载和地震荷载的整体刚度。

8.4 木结构的防护

8.4.1 一般规定

（1）木结构工程中木材的防护方案应按表 8-2 的规定选择。除允许采用表面涂刷工艺进行防护（包含防火）处理外，其他防护处理均应在木构件制作完成后和安装前进行。已作防护处理的木构件不宜再行锯解、刨削等加工。确需作局部加工处理而导致局部未被浸渍药剂的外露木材，应作妥善修补。

木结构的使用环境 表 8-2

使用分类	使用条件	应用环境	常用构件
C1	户内，且不接触土壤	在室内干燥环境中使用，能避免气候和水分的影响	木梁、木柱等
C2	户内，且不接触土壤	在室内环境中使用，有时受潮湿和水分的影响，但能避免气候的影响	木梁、木柱等
C3	户外，但不接触土壤	在室外环境中使用，暴露在各种气候中，包括淋湿，但不长期浸泡在水中	木梁等
C4A	户外，且接触土壤或浸在淡水中	在室外环境中使用，暴露在各种气候中，且与地面接触或长期浸泡在淡水中	木柱等

（2）木结构防火工程应按设计文件规定的木构件燃烧性能、耐火极限指标和防火构造要求施工，且应符合现行国家标准《建筑设计防火规范》GB 50016 和《木结构设计规范》GB 50005 的有关规定。

（3）阻燃剂、防火涂料以及防腐、防虫等药剂，不得危及人畜安全，不得污染环境。

（4）木构件采用加压浸渍阻燃处理时，应由专业加工企业施工，进场时应有经阻燃处理的相应的标识。验收时应检查构件燃烧性能是否满足设计文件规定的证明文件。

（5）墙体、楼、屋盖空腔内填充的保温、隔热、吸声等材料的防火性能，不应低于难燃性 B$_1$ 级。

（6）隐蔽空间内相关部位的防火隔断应采用下列材料：

1）厚度不小于 40mm 的规格材。

2）厚度不小于 20mm 且由钉交错钉合的双层木板。

3）厚度不小于 12mm 的石膏板、结构胶合板或定向木片板。

4）厚度不小于 0.4mm 的薄钢板。

5）厚度不小于 6mm 的无机增强水泥板。

8.4.2 施工质量控制

（1）木构件防火涂层施工，可在木结构工程安装完成后进行。防火涂层应符合设计文件的规定，木材含水率不应大于 15%，构件表面应清洁，应无油性物质污染，木构件表面喷涂层应均匀，不应有遗漏，其干厚度应符合设计文件的规定。

（2）防火墙设置和构造应按设计文件的规定施工，砖砌防火墙厚度和烟道、烟囱壁厚度不应小于 240mm，金属烟囱应外包厚度不小于 70mm 的矿棉保护层或耐火极限不低于 1.00h 的防火板覆盖。烟囱与木构件间的净距不应小于 120mm，且应有良好的通风条件。烟囱出楼（屋）面时，其间隙应用不燃材料封闭。砌体砌筑时砂浆应饱满，清水墙应仔细勾缝。

（3）楼盖、楼梯、顶棚以及墙体内最小边长超过 25mm 的空腔，其贯通的竖向高度超过 3m，或贯通的水平长度超过 20m时，均应设置防火隔断。天花板、屋顶空间，以及未占用的阁楼空间所形成的隐蔽空间面积超过 300m²，或长边长度超过 20m时，均应设置防火隔断，并应分隔成面积不超过 300m² 且长边长度不超过 20m 的隐蔽空间。

（4）电源线敷设的施工应符合下列规定：

1）敷设在墙体或楼盖中的电源线应用穿金属管线或检验合格的阻燃型塑料管。

2）电源线明敷时，可用金属线槽或穿金属管线。

3）矿物绝缘电缆可采用支架或沿墙明敷。

（5）埋设或穿越木构件的各类管道敷设的施工应符合下列规定：

1）管道外壁温度达到 120℃ 及以上时，管道和管道的包裹材料及施工时的胶黏剂等，均应采用检验合格的不燃材料。

2）管道外壁温度在 120℃ 以下时，管道和管道的包覆材料等应采用检验合格的难燃性不低于 B_1 的材料。

（6）隔墙、隔板、楼板上的孔洞缝隙及管道、电缆穿越处需封堵时，应根据其所在位置构件的面积按要求选择相应的防火封堵材料，并应填塞密实。

（7）木结构房屋室内装饰、电器设备的安装等工程，应符合现行国家标准《建筑内部装修设计防火规范》GB 50222 的有关规定。

9 建筑地面工程

9.1 基层铺设

9.1.1 一般规定

（1）基层铺设的材料质量、密实度和强度等级（或配合比）等应符合设计要求和相关标准的规定。

（2）基层铺设前，其下一层表面应干净、无积水。

（3）垫层分段施工时，接槎处应做成阶梯形每层接槎处的水平距离应错开 0.5～1.0m。接槎不应设在地面荷载较大的部位。

（4）当垫层、找平层、填充层内埋设暗管时，管道应按设计要求予以稳固。

（5）对有防静电要求的整体地面的基层，应清除残留物，将露出基层的金属物涂绝缘漆两遍晾干。

（6）基层的标高、坡度、厚度等应符合设计要求。基层表面应平整，其允许偏差和检验方法应符合现行国家标准《建筑地面工程施工质量验收规范》GB 50209 的规定。

9.1.2 基土质量控制

（1）地面应铺设在均匀密实的基土上。土层结构被扰动的基土应进行换填，并予以压实。压实系数应符合设计要求。

（2）对软弱土层应按设计要求进行处理。

（3）填土应分层摊铺、分层压（夯）实、分层检验其密实度。填土质量应符合现行国家标准《建筑地基基础工程施工质量验收规范》GB 50202 的有关规定。

（4）填土时应为最优含水量。重要工程或大面积的地面填土前，应取土样，按击实试验确定最优含水量与相应的最大干密度。

（5）基坑回填应在相对两侧或四周同时进行，基础墙两侧标高不可相差太多，以免把墙挤歪；较长的管沟墙，应采用内部加支撑的措施，然后再在外侧回填土方。

（6）回填房心及管沟时，为防止管道中心线位移或损坏管道，应用人工先在管子两侧填土夯实；并应由管道两侧同时进行，直至管顶 0.5m 以上时，在不损坏管道的情况下，方可采用蛙式打夯机夯实。在抹带接口处，防腐绝缘层或电缆周围，应回填细粒料。

9.1.3 垫层质量控制

1. 灰土垫层

（1）灰土垫层应采用熟化石灰与黏土（或粉质黏土、粉土）的拌合料铺设，其厚度不应小于 100mm。

（2）检验土的质量，有无杂质，粒径是否符合要求，土的含水量是否在控制的范围内；检验石灰的质量，确保粒径和熟化程度符合要求。

（3）灰土垫层应铺设在不受地下水浸泡的基土上。施工后应有防止水浸泡的措施。

（4）灰土施工时应适当控制含水量，应依据实验结果严格控制。如土料水分过大或过干，应提前采取晾晒或洒水等措施。

（5）灰土垫层应分层夯实，经湿润养护、晾干后方可进行下一道工序施工。

（6）回填土每层的夯压遍数，根据压实试验确定。作业时，应严格按照实验所确定的参数进行。打夯应一夯压半夯，夯夯相接，行行相连，纵横交叉。

（7）灰土分段施工时，不得在墙角、窗间墙等下接槎，上下两层接槎的距离不得小于 500mm。

2. 砂垫层和砂石垫层

（1）检验砂石料的质量，有无杂质，粒径是否符合要求，含水量是否在控制的范围内，级配是否符合要求。

（2）砂垫层厚度不应小于 60mm；砂石垫层厚度不应小于 100mm。

（3）每层的夯压遍数，根据压实试验确定。作业时，应严格按照实验所确定的参数进行。打夯应不少于 3 遍，应一夯压半夯，夯夯相接，行行相连，纵横交叉。采用压路机往复碾压应不少于 4 遍，轮距搭接不小于 50cm，边缘和转角应用人工或蛙式打夯机补夯密实。

（4）砂垫层和砂石垫层分段施工时，接槎处应做成斜坡，每层接槎处的水平距离应错开 0.5～1.0m，并充分压（夯）实。

（5）施工时应分层找平，夯压密实，并应设置纯砂检查点，用 200cm³ 的环刀取样，测定干砂的质量密度。下层合格后，方可进行上层施工。用贯入法测定质量时，用贯入仪、钢筋或钢叉等进行实验，贯入值小于规定值为合格。砂垫层和砂石垫层的干密度（或贯入度）应符合设计要求。

（6）垫层全部完成后，应进行表面拉线找平，凡超过标准高程的地方，及时依线铲平；凡低于标准高程的地方，应补砂石夯实。

3. 碎石垫层和碎砖垫层

（1）检验砖、石料的质量，有无杂质，粒径是否符合要求。

（2）碎石垫层和碎砖垫层厚度不应小于 100mm。

（3）垫层应分层压（夯）实，达到表面坚实、平整。

（4）每层的夯压遍数，根据压实试验确定。作业时，应严格按照实验所确定的参数进行。打夯应不少于 3 遍，应一夯压半夯，夯夯相接，行行相连，纵横交叉。采用压路机往复碾压应不少于 4 遍，轮距搭接不小于 50cm，边缘和转角应用人工或蛙式打夯机补夯密实。

（5）砖、石垫层分段施工时接槎处应做成斜坡，每层接槎处的水平距离应错开 0.5～1.0m，并应充分压实。

（6）垫层全部完成后，应进行表面拉线找平，凡超过标准高程的地方，及时依线铲平；凡低于标准高程的地方，应补砖、石夯实。

4. 三合和四合土垫层

（1）检验石灰的质量，确保粒径和熟化程度符合要求；检验碎砖的质量，其粒径不得大于 60mm。

（2）灰、砂、砖的配合比应用体积比，应按照实验确定的参数或设计要求控制配合比。

（3）三合土垫层应采用石灰、砂（可掺入少量黏土）与碎砖的拌合料铺设，其厚度不应小于 100mm；四合土垫层应采用水泥、石灰、砂（可掺少量黏土）与碎砖的拌合料铺设，其厚度不应小于 80mm。

（4）三合土垫层和四合土垫层均应分层夯实。

（5）填土应分层摊铺。每层铺土厚度应根据土质、密实度要求和机具性能通过压实实验确定。

（6）三合土分段施工时，应留成斜坡接槎，并夯压密实；上下两层接槎的水平距离不得小于 500mm。

（7）三合土每层夯实后应按规范进行实验，测出压实度（密实度）；达到要求后，再进行上一层的铺土。

（8）垫层全部完成后，应进行表面拉线找平，凡超过标准高程的地方，及时依线铲平；凡低于标准高程的地方，应补土夯实。

5. 炉渣垫层

（1）炉渣垫层应采用炉渣或水泥与炉渣或水泥、石灰与炉渣的拌合料铺设，其厚度不应小于 80mm。

（2）炉渣或水泥炉渣垫层的炉渣，使用前应浇水闷透；水泥石灰炉渣垫层的炉渣，使用前应用石灰浆或用熟化石灰浇水拌合闷透；闷透时间均不得少于 5d。

（3）在垫层铺设前，其下一层应湿润；铺设时应分层压实，表面不得有泌水现象。铺设后应养护，待其凝结后方可进行下一道工序施工。

（4）炉渣垫层施工过程中不宜留施工缝。当必须留缝时，应留直槎，并保证间隙处密实，接槎时应先刷水泥浆，再铺炉渣拌合料。

（5）三合土每层夯实后应按规范进行实验，测出压实度（密实度）；达到要求后，再进行上一层的铺土。

（6）垫层全部完成后，应进行表面拉线找平，凡超过标准高程的地方，及时依线铲平；凡低于标准高程的地方，应补土夯实。

6. 水泥混凝土及陶粒混凝土垫层

（1）水泥混凝土垫层和陶粒混凝土垫层应铺设在基土上。当气温长期处于 0℃ 以下，设计无要求时，垫层应设置缩缝，缝的位置、嵌缝做法等应与面层伸、缩缝相一致，并应符合以下规定。

1）建筑地面的沉降缝、伸缝、缩缝和防震缝，应与结构相应缝的位置一致，且应贯通建筑地面的各构造层。

2）沉降缝和防震缝的宽度应符合设计要求，缝内清理干净，以柔性密封材料填嵌后用板封盖，并应与面层齐平。

（2）水泥混凝土垫层的厚度不应小于 60mm；陶粒混凝土垫层的厚度不应小于 80mm。

（3）垫层铺设前，当为水泥类基层时，其下一层表面应湿润。

（4）室内地面的水泥混凝土垫层和陶粒混凝土垫层，应设置纵向缩缝和横向缩缝；纵向缩缝、横向缩缝的间距均不得大于 6m。

（5）垫层的纵向缩缝应做平头缝或加肋板平头缝。当垫层厚度大于 150mm 时，可做企口缝。横向缩缝应做假缝。平头缝和企口缝的缝间不得放置隔离材料，浇筑时应互相紧贴。企口缝尺寸应符合设计要求，假缝宽度宜为 5～20mm，深度宜为垫层厚度的 1/3，填缝材料应与地面变形缝的填缝材料相一致。

（6）工业厂房、礼堂、门厅等大面积水泥混凝土、陶粒混凝土垫层应分区段浇筑。分区段应结合变形缝位置、不同类型的建筑地面连接处和设备基础的位置进行划分，并应与设置的纵向、横向缩缝的间距相一致。

（7）水泥混凝土、陶粒混凝土施工质量检验尚应符合国家现行标准《混凝土结构工程施工质量验收规范》GB 50204 和现行行业标准《轻骨料混凝土技术规程》JGJ 51 的有关规定。

9.1.4 找平层质量控制

（1）找平层宜采用水泥砂浆或水泥混凝土铺设。当找平层厚度小于 30mm 时，宜用水泥砂浆做找平层；当找平层厚度不小于 30mm 时，宜用细石混凝土做找平层。

（2）找平层铺设前，当其下一层有松散填充料时，应予铺平振实。

（3）有防水要求的建筑地面工程，铺设前必须对立管、套管和地漏与楼板节点之间进行密封处理，并应进行隐蔽验收；排水坡度应符合设计要求。

（4）在预制钢筋混凝土板上铺设找平层前，板缝填嵌的施工应符合下列要求：

1）预制钢筋混凝土板相邻缝底宽不应小于 20mm。

2）填嵌时，板缝内应清理干净，保持湿润。

3）填缝应采用细石混凝土，其强度等级不应小于 C20。填缝高度应低于板面 10～20mm，且振捣密实；填缝后应养护。当填缝混凝土的强度等级达到 C15 后方可继续施工。

4）当板缝底宽大于 40mm 时，应按设计要求配置钢筋。

（5）在预制钢筋混凝土板上铺设找平层时，其板端应按设计要求做防裂的构造措施。

9.1.5 隔离层质量控制

（1）隔离层材料的防水、防油渗性能应符合设计要求。

（2）隔离层的铺设层数（或道数）、上翻高度应符合设计要求。有种植要求的地面隔离层的防根穿刺等应符合现行行业标准《种植屋面工程技术规程》JGJ 155 的有关规定。

（3）在水泥类找平层上铺设卷材类、涂料类防水、防油渗隔离层时，其表面应坚固、洁净、干燥。铺设前，应涂刷基层处理剂。基层处理剂应采用与卷材性能相容的配套材料或采用与涂料性能相容的同类涂料的底子油。

（4）当采用掺有防渗外加剂的水泥类隔离层时，其配合比、强度等级、外加剂的复合掺量等应符合设计要求。

（5）铺设隔离层时，在管道穿过楼板面四周，防水、防油渗材料应向上铺涂，并超过套管的上口；在靠近柱、墙处，应高出面层 200～300mm 或按设计要求的高度铺涂。阴阳角和管道穿过楼板面的根部应增加铺涂附加防水、防油渗隔离层。

（6）隔离层兼作面层时，其材料不得对人体及环境产生不利影响，并应符合现行国家标准《食品安全性毒理学评价程序》GB 15193.1 和《生活饮用水卫生标准》GB 5749 的有关规定。

（7）防水隔离层铺设后，应进行蓄水检验，并做记录。

（8）隔离层施工质量检验还应符合现行国家标准《屋面工程施工质量验收规范》GB 50207 的有关规定。

9.1.6　填充层质量控制

（1）填充层材料的密度应符合设计要求。

（2）填充层的下一层表面应平整。当为水泥类时，尚应洁净、干燥，并不得有空鼓、裂缝和起砂等缺陷。

（3）采用松散材料铺设填充层时，应分层铺平拍实；采用板、块状材料铺设填充层时，应分层错缝铺贴。

（4）有隔声要求的楼面，隔声垫在柱、墙面的上翻高度应超出楼面 20mm，且应收口于踢脚线内。地面上有竖向管道时，隔声垫应包裹管道四周，高度同卷向柱、墙面的高度。隔声垫保护膜之间应错缝搭接，搭接长度应大于 100mm，并用胶带等封闭。

（5）隔声垫上部应设置保护层，其构造做法应符合设计要求。当设计无要求时，混凝土保护层厚度不应小于 30mm，内配间距不大于 200mm×200mm 的 $\phi6$mm 钢筋网片。

（6）有隔声要求的建筑地面工程尚应符合现行国家标准《建筑隔声评价标准》GB/T 50121 和《民用建筑隔声设计规范》GB

50118 的有关要求。

9.1.7 绝热层质量控制

（1）建筑物室内接触基土的首层地面应增设水泥混凝土垫层后方可铺设绝热层，垫层的厚度及强度等级应符合设计要求。首层地面及楼层楼板铺设绝热层前，表面平整度宜控制在 3mm 以内。

（2）有防水、防潮要求的地面，宜在防水、防潮隔离层施工完毕并验收合格后再铺设绝热层。

（3）穿越地面进入非采暖保温区域的金属管道应采取隔断热桥的措施。

（4）绝热层与地面面层之间应设有水泥混凝土结合层，构造做法及强度等级应符合设计要求。设计无要求时，水泥混凝土结合层的厚度不应小于 30mm，层内应设置间距不大于 200mm×200mm 的 φ6mm 钢筋网片。

（5）绝热层与内外墙、柱及过门等垂直部件交接处应敷设不间断的伸缩缝，伸缩缝宽度不小于 20mm，伸缩缝宜采用聚苯乙烯或高发泡聚乙烯泡沫塑料；当地面面积超过 30m² 或边长超过 6m 时，应设置伸缩缝，伸缩缝宽度不小于 8mm，伸缩缝宜采用高发泡聚乙烯泡沫塑料或满填弹性膨胀膏。

（6）有地下室的建筑，地上、地下交界部位楼板的绝热层应采用外保温做法，绝热层表面应设有外保护层。外保护层应安全、耐候，表面应平整、无裂纹。

（7）建筑物勒脚处绝热层的铺设应符合设计要求。设计无要求时，应符合下列规定：

1）当地区冻土深度不大于 500mm 时，应采用外保温做法。

2）当地区冻土深度大于 500mm 且不大于 1000mm 时，宜采用内保温做法。

3）当地区冻土深度大于 1000mm 时，应采用内保温做法。

4）当建筑物的基础有防水要求时，宜采用内保温做法。

5）采用外保温做法的绝热层，宜在建筑物主体结构完成后再施工。

（8）绝热层的材料不应采用松散型材料或抹灰浆料。

（9）绝热层施工质量检验尚应符合现行国家标准《建筑节能工程施工质量验收规范》GB 50411 的有关规定。

9.2　整体面层铺设

9.2.1　一般规定

（1）铺设整体面层时，水泥类基层的抗压强度不得小于 1.2MPa；表面应粗糙、洁净、湿润并不得有积水。铺设前宜凿毛或涂刷界面剂。硬化耐磨面层、自流平面层的基层处理应符合设计及产品的要求。

（2）铺设整体面层时，地面变形缝的位置应符合以下的规定；大面积水泥类面层应设置分格缝。

1）建筑地面的沉降缝、伸缩缝和防震缝，应与相应的结构缝的位置一致，且应贯通建筑地面的各构造层。

2）沉降缝和防震缝的宽度应符合设计要求，缝内清理干净，以柔性密封材料填嵌后用板封盖，并应与面层齐平。

（3）水泥类面层分格时，分格缝应与水泥混凝土垫层的缩缝相应对齐。

（4）室内水泥类面层与走道邻接的门口处应设置分格缝；大开间楼层的水泥类面层在结构易变形的位置应设置分格缝。

（5）当采用掺有水泥拌合料做踢脚线时，不得用石灰混合砂浆打底。

（6）厕浴间和有防水要求的建筑地面的结构层标高，应结合房间内外标高差、坡度流向等进行确定，面层铺设后不应出现倒泛水。

（7）整体面层施工后，养护时间不应少于 7d；抗压强度应达到 5MPa 后方准上人行走；抗压强度应达到设计要求后，方可正常使用。

（8）水泥类整体面层的抹平工作应在水泥初凝前完成，压光工作应在水泥终凝前完成。

（9）低温辐射供暖地面的整体面层宜采用水泥混凝土、水泥砂浆等，并铺设在填充层上。整体面层铺设时，不得钉、凿、切割填充层，并不得扰动、损坏发热管线。

（10）整体面层的允许偏差和检验方法应符合现行国家标准《建筑地面工程施工质量验收规范》GB 50209 的规定。

9.2.2 水泥混凝土面层质量控制

（1）水泥混凝土面层厚度应符合设计要求。

（2）水泥混凝土面层铺设不得留施工缝。当施工间隙超过允许时间规定时，应对接槎处进行处理。

（3）当水泥混凝土面层铺设在水泥类的基层上时，其基层的抗压强度不得小于 1.2MPa；基层表面应粗糙、洁净、湿润并不得有积水。铺设前宜涂刷界面处理剂，随涂刷随铺混凝土。

（4）当采用掺有水泥拌和料做踢脚线时，不得用石灰砂浆打底。

（5）面层施工后，养护时间不得少于 7d；抗压强度应达到 5MPa 后，方准上人行走；抗压强度达到设计要求后，方可正常使用。

9.2.3 水泥砂浆面层质量控制

（1）水泥砂浆面层的厚度应符合设计要求，且不应小于 20mm。

（2）当水泥砂浆垫层铺设在水泥类的基层上时，其基层的抗压强度不得小于 1.2MPa；基层表面应粗糙、洁净、湿润并不得有积水。铺设前宜涂刷界面处理剂。

（3）当水泥砂浆地面基层为预制板时，宜在面层内设置防裂钢筋网，宜采用直径 $\phi3\sim\phi5@150\sim200$mm 的钢筋网。

（4）水泥砂浆面层下埋设管线等出现局部厚度减薄时，应按设计要求做防止面层开裂的处理。当结构层上局部埋设并排管线且宽度大于等于 400mm 时，应在管线上方局部位置设置防裂钢筋网片，其宽度距管边不小于 150mm；当底层水泥砂浆地面内埋设管线，可采用局部加厚混凝土垫层的做法；当预制板块板缝中埋设管线时，应加大板缝宽度并在其上部设置防裂钢筋网片或做局部现浇板带。

（5）水泥砂浆面层的坡度应符合设计要求，一般为 1%～3%，不得有倒泛水和积水现象。

（6）当采用掺有水泥拌合料做踢脚线时，不得用石灰砂浆打底。

（7）面层施工后，养护时间不得少于 7d；抗压强度应达到 5MPa 后，方准上人行走；抗压强度达到设计要求后，方可正常使用。

9.2.4 水磨石面层质量控制

（1）水磨石面层应采用水泥与石粒拌合料铺设，有防静电要求时，拌合料内应按设计要求掺入导电材料。面层厚度除有特殊要求外，宜为 12～18mm，且宜按石粒粒径确定。水磨石面层的颜色和图案应符合设计要求。

（2）白色或浅色的水磨石面层应采用白水泥；深色的水磨石面层宜采用硅酸盐水泥、普通硅酸盐水泥或矿渣硅酸盐水泥；同颜色的面层应使用同一批水泥。同一彩色面层应使用同厂、同批的颜料；其掺入量宜为水泥重量的 3%～6%或由试验确定。

（3）水磨石面层的结合层采用水泥砂浆时，强度等级应符合设计要求且不应小于 M10，稠度宜为 30～35mm。

（4）防静电水磨石面层中采用导电金属分格条时，分格条应经绝缘处理，且十字交叉处不得碰接。

（5）普通水磨石面层磨光遍数不应少于 3 遍。高级水磨石面层的厚度和磨光遍数应由设计确定。

（6）水磨石面层磨光后，在涂草酸和上蜡前，其表面不得污染。

（7）防静电水磨石面层应在表面经清净、干燥后，在表面均匀涂抹一层防静电剂和地板蜡，并应做抛光处理。

9.2.5 硬化耐磨面层质量控制

(1) 硬化耐磨面层应采用金属渣、屑、纤维或石英砂、金刚砂等，并应与水泥类胶凝材料拌合铺设或在水泥类基层上撒布铺设。

(2) 硬化耐磨面层采用拌合料铺设时，拌合料的配合比应通过试验确定；采用撒布铺设时，耐磨材料的撒布量应符合设计要求，且应在水泥类基层初凝前完成撒布。

(3) 硬化耐磨面层采用拌合料铺设时，宜先铺设一层强度等级不小于 M15、厚度不小于 20mm 的水泥砂浆，或水灰比宜为 0.4 的素水泥浆结合层。

(4) 硬化耐磨面层采用拌合料铺设时，铺设厚度和拌合料强度应符合设计要求。当设计无要求时，水泥钢（铁）屑面层铺设厚度不应小于 30mm，抗压强度不应小于 40MPa；水泥石英砂浆面层铺设厚度不应小于 20mm，抗压强度不应小于 30MPa；钢纤维混凝土面层铺设厚度不应小于 40mm，抗压强度不应小于 40MPa。

(5) 硬化耐磨面层采用撒布铺设时，耐磨材料应撒布均匀，厚度应符合设计要求；混凝土基层或砂浆基层的厚度及强度应符合设计要求。当设计无要求时，混凝土基层的厚度不应小于 50mm，强度等级不应小于 C25；砂浆基层的厚度不应小于 20mm，强度等级不应小于 M15。

(6) 硬化耐磨面层分格缝的间距及缝深、缝宽、填缝材料应符合设计要求。

(7) 硬化耐磨面层铺设后应在湿润条件下静置养护，养护期限应符合材料的技术要求。

(8) 硬化耐磨面层应在强度达到设计强度后方可投入使用。

9.2.6 防油渗面层质量控制

(1) 防油渗面层应采用防油渗混凝土铺设或采用防油渗涂料涂刷。

(2) 防油渗隔离层及防油渗面层与墙、柱连接处的构造应符合设计要求。

（3）防油渗混凝土面层厚度应符合设计要求，防油渗混凝土的配合比应按设计要求的强度等级和抗渗性能通过试验确定。

（4）防油渗混凝土面层应按厂房柱网分区段浇筑，区段划分及分区段缝应符合设计要求。

（5）防油渗混凝土面层内不得敷设管线。露出面层的电线管、接线盒、预埋套管和地脚螺栓等的处理，以及与墙、柱、变形缝、孔洞等连接处泛水均应采取防油渗措施并应符合设计要求。

（6）防油渗面层采用防油渗涂料时，材料应按设计要求选用，涂层厚度宜为 5～7mm。

9.2.7 不发火（防爆）面层

（1）不发火（防爆）面层应采用水泥类拌合料及其他不发火材料铺设，其材料和厚度应符合设计要求。

（2）不发火（防爆）混凝土的配合比应按设计要求的强度等级和性能通过试验确定。

（3）不发火（防爆）各类面层的铺设应符合相应面层的规定。

（4）当不发火（防爆）面层铺设在水泥类的基层上时，其基层的抗压强度不得小于 1.2MPa；基层表面应粗糙、洁净、湿润并不得有积水。铺设前宜涂刷界面处理剂。

（5）不发火（防爆）面层采用的材料和硬化后的试件，应做不发火性试验。

（6）面层施工后，养护时间不得少于 7d；抗压强度应达到5MPa 后，方准上人行走；抗压强度达到设计要求后，方可正常使用。

（7）面层的抹平工作应在水泥初凝前完成，压光工作应在水泥终凝前完成。

9.2.8 自流平面层质量控制

（1）自流平面层可采用水泥基、石膏基、合成树脂基等拌合物铺设。

（2）自流平面层与墙、柱等连接处的构造做法应符合设计要求，铺设时应分层施工。

（3）自流平面层的基层应平整、洁净，基层的含水率应与面层材料的技术要求相一致。

（4）基层表面不得有起砂、空鼓、起壳、脱皮、疏松、麻面、油脂、灰尘、裂纹等缺陷，并符合以下要求：

1）基层平整度应用 2m 靠尺检查。水泥基和石膏基自流平砂浆地面基层的平整度不应大于 4mm/2m，环氧树脂和聚氨酯自流平地面基层的平整度不应大于 3mm/2m。

2）基层应为混凝土层或水泥砂浆层，并应坚固、密实。当基层为混凝土时，其抗压强度不应小于 20MPa；当基层为水泥砂浆时，其抗压强度不应小于 15MPa。

3）基层含水率不应大于 8%。

4）楼地面与墙面交接部位、穿楼（地）面的套管等细部构造处，应进行防护处理后再进行地面施工。

（5）自流平面层的构造做法、厚度、颜色等应符合设计要求。

（6）有防水、防潮、防油渗、防尘要求的自流平面层应达到设计要求。

（7）环氧树脂或聚氨酯自流平地面工程施工工艺应符合下列规定：

1）现场应封闭，严禁交叉作业。

2）基层检查应包括基层平整度、强度、含水率、裂缝、空鼓等项目。

3）基层处理应根据基层检查结果，按照设计和施工方案规定的处理方法进行。

9.2.9 涂料面层

（1）涂料面层应采用丙烯酸、环氧、聚氨酯等树脂型涂料涂刷。

（2）涂料面层的基层应符合下列规定：

1）应平整、洁净。

2）强度等级不应小于 C20。

3）含水率应与涂料的技术要求相一致。

（3）涂料面层的厚度、颜色应符合设计要求，铺设时应分层施工。

9.2.10 塑胶面层

（1）塑胶面层应采用现浇型塑胶材料或塑胶卷材，宜在沥青混凝土或水泥类基层上铺设。

（2）基层的强度和厚度应符合设计要求，表面应平整、干燥、洁净，无油脂及其他杂质。

（3）塑胶面层铺设时的环境温度宜为 $10 \sim 30℃$。

9.2.11 地面辐射供暖的整体面层质量控制

（1）地面辐射供暖的整体面层宜采用水泥混凝土、水泥砂浆等，应在填充层上铺设。

（2）与土壤相邻的地面，必须设绝热层，且绝热层下部必须设置防潮层。直接与室外空气相邻的楼板，必须设绝热层。

（3）地面构造由楼板或与土壤相邻的地面、绝热层、加热管、填充层、找平层和面层组成。当工程允许地面按双向散热进行设计时，各楼层间的楼板上部可不设绝热层。

（4）地面辐射供暖的整体面层铺设时不得扰动填充层，不得向填充层内楔入任何物件。面层铺设尚应符合"9.2.2 水泥混凝土面层质量控制"和"9.2.3 水泥砂浆面层质量控制"的有关规定。

（5）绝热层的铺设应平整，绝热层相互间接合应严密。直接与土壤接触或有潮湿气体侵入的地面，在铺放绝热层之前应先铺一层防潮层。

（6）当面层采用带龙骨的架空木地板时，加热管应敷设在木地板与龙骨之间的绝热层上，可不设置豆石混凝土填充层；绝热层与地板间净空不宜小于 30mm。

（7）低温热水系统加热管的安装由专业安装单位安装并调试验收合格后移交下一道工序施工。

（8）填充层的材料宜采用 C15 豆石混凝土，豆石粒径宜为 5～12mm。加热管的填充层厚度不宜小于 50mm。

（9）面层的伸缩缝应与填充层的伸缩缝对应。伸缩缝填充材料宜采用高发泡聚乙烯泡沫塑料。

（10）系统初始加热前，混凝土填充层的养护期不应少于 21d。施工中，应对地面采取保护措施，不得在地面上加以重载、高温烘烤、直接放置高温物体和高温加热设备。

（11）在填充层养护期满以后，敷设加热管的地面，应设置明显标志，加以妥善保护，防止房屋装修或安装其他管道时损伤加热管。

（12）地面辐射供暖工程施工过程中，严禁踩踏加热管。

9.3 板块地面铺设

9.3.1 一般规定

（1）板块面层的结合层和板块面层填缝的胶结材料，应符合国家现行有关产品标准和设计要求。

（2）板块的铺砌应符合设计要求，当设计无要求时，宜避免出现板块小于 1/4 边长的边角料。施工前应根据板块大小，结合房间尺寸进行排砖设计。非整砖应对称布置，且排在不明显处。

（3）铺设板块面层时，其水泥类基层的抗压强度不得低于 1.2MPa。在铺设前应刷一道水泥浆，其水灰比宜为 0.4～0.5 并随铺随刷。

（4）厕浴间及设有地漏（含清扫口）的建筑板块地面面层，地漏（清扫口）的位置除应符合设计要求外，块料铺贴时，地漏处应放样套割铺贴，使铺贴好的块料地面高于地漏约 2mm，与地漏结合处严密牢固，不得有渗漏。

（5）大面积板块面层的伸、缩缝及分格缝应符合设计要求。

（6）板块类踢脚线施工时，不得采用混合砂浆打底。

（7）板块面层的允许偏差和检验方法应符合现行国家标准《建筑地面工程施工质量验收规范》GB 50209 的规定。

9.3.2 砖面层质量控制

（1）砖面层可采用陶瓷锦砖、缸砖、陶瓷地砖和水泥花砖，应在结合层上铺设。

（2）在水泥砂浆结合层上铺贴缸砖、陶瓷地砖和水泥花砖面层时，应符合下列规定：

1）在铺贴前，应对砖的规格尺寸、外观质量、色泽等进行预选；需要时，浸水湿润晾干待用。

2）勾缝和压缝应采用同品种、同强度等级、同颜色的水泥，并做养护和保护。

（3）在水泥砂浆结合层上铺贴陶瓷锦砖面层时，砖底面应洁净，陶瓷锦砖之间、与结合层之间以及在墙角、镶边和靠柱、墙处应紧密贴合。在靠柱、墙处不得采用砂浆填补。

（4）在胶结料结合层上铺贴缸砖面层时，缸砖应干净，铺贴应在胶结料凝结前完成。

（5）有防腐蚀要求的砖面层采用耐酸瓷砖、浸渍沥青砖、缸砖等和有防火要求的砖，其材质、铺设及施工质量验收应符合设计要求和现行国家标准《建筑防腐蚀工程施工规范》GB 50212 和《建筑设计防火规范》GB 50016 的规定。

（6）大面积铺设陶瓷地砖、缸砖地面时，室内最高温度大于30℃、最低温度小于5℃时，应符合下列规定：

1）板块紧贴镶贴的面积宜控制在 1.5mm×1.5m 以内。

2）板块留缝镶贴的勾缝材料宜采用弹性勾缝料，勾缝后应压缝，缝隙深应不大于板块厚度的 1/3。

9.3.3 大理石、花岗石面层质量控制

（1）大理石、花岗石面层采用天然大理石、花岗石（或碎拼大理石、碎拼花岗石）板材，应在结合层上铺设。

（2）大理石、花岗石面层的结合层厚度一般宜为

20～30mm。

（3）板材有裂缝、掉角、翘曲和表面有缺陷时应予剔除，品种不同的板材不得混杂使用；在铺设前，应根据石材的颜色、花纹、图案、纹理等按设计要求，试拼编号。

（4）铺设大理石、花岗石面层前，板材应浸湿、晾干；结合层与板材应分段同时铺设。

（5）采用大理石和花岗石面层时，应符合现行国家标准《民用建筑工程室内环境污染控制规范》GB 50325 的规定。

9.3.4 预制板块面层质量控制

（1）预制板块面层采用水泥混凝土板块、水磨石板块、人造石板块，应在结合层上铺设。

（2）在现场加工的预制板块应按上述"9.2 整体面层铺设"的有关规定执行。

（3）水泥混凝土板块面层的缝隙中，应采用水泥浆（或砂浆）填缝；彩色混凝土板块、水磨石板块、人造石板块应用同色水泥浆（或砂浆）擦缝。

（4）强度和品种不同的预制板块不宜混杂使用。

（5）板块间的缝隙宽度应符合设计要求。当设计无要求时，混凝土板块面层缝宽不宜大于 6mm，水磨石板块、人造石板块间的缝宽不应大于 2mm。预制板块面层铺完 24h 后，应用水泥砂浆灌缝至 2/3 高度，再用同色水泥浆擦（勾）缝。

9.3.5 料石面层质量控制

（1）料石面层采用天然条石和块石，应在结合层上铺设。

（2）条石和块石面层所用的石材的规格、技术等级和厚度应符合设计要求。条石的质量应均匀，形状为矩形六面体，厚度为 80～120mm；块石形状为直棱柱体，顶面粗琢平整，底面面积不宜小于顶面面积的 60%，厚度为 100～150mm。

（3）不导电的料石面层的石料应采用辉绿岩石加工制成。填缝材料亦采用辉绿岩石加工的砂嵌实。耐高温的料石面层的石料，应按设计要求选用。

（4）条石面层的结合层宜采用水泥砂浆，其厚度应符合设计要求；块石面层的结合层宜采用砂垫层，其厚度不应小于60mm；基土层应为均匀密实的基土或夯实的基土。

（5）条石面层应组砌合理，无十字缝，铺砌方向和坡度应符合设计要求；块石面层石料缝隙应相互错开，通缝不超过两块石料。

9.3.6 塑料板面层质量控制

（1）塑料板面层应采用塑料板块材、塑料板焊接、塑料卷材以胶黏剂在水泥类基层上采用满黏或点黏法铺设。

（2）水泥类基层表面应平整、坚硬、干燥、密实、洁净、无油脂及其他杂质，不应有麻面、起砂、裂缝等缺陷。

（3）胶黏剂应按基层材料和面层材料使用的相容性要求，通过试验确定，其质量应符合国家现行有关标准的规定。

（4）焊条成分和性能应与被焊的板相同，其质量应符合有关技术标准的规定，并应有出厂合格证。

（5）铺贴塑料板面层时，室内相对湿度不宜大于70%，温度宜在10～32℃之间。

（6）塑料板面层施工完成后的静置时间应符合产品的技术要求。

（7）防静电塑料板配套的胶黏剂、焊条等应具有防静电性能。

（8）塑料板面层施工完成后养护时间应不少于7d。

9.3.7 活动地板面层质量控制

（1）活动地板面层宜用于有防尘和防静电要求的专业用房的建筑地面。应采用特制的平压刨花板为基材，表面可饰以装饰板，底层应用镀锌板经黏结胶合形成活动地板块，配以横梁、橡胶垫条和可供调节高度的金属支架组装成架空板，应在水泥类面层（或基层）上铺设。

（2）活动地板所有的支座柱和横梁应构成框架一体，并与基层连接牢固；支架抄平后高度应符合设计要求。

（3）活动地板面层的金属支架应支承在现浇水泥混凝土基层（或面层）上，基层表面应平整、光洁、不起灰。

（4）当房间的防静电要求较高，需要接地时，应将活动地板面层的金属支架、金属横梁连通跨接，并与接地体相连，接地方法应符合设计要求。

（5）活动板块与横梁接触搁置处应达到四角平整、严密。

（6）当活动地板不符合模数时，其不足部分可在现场根据实际尺寸将板块切割后镶补，并应配装相应的可调支撑和横梁。切割边不经处理不得镶补安装，并不得有局部膨胀变形情况。

（7）活动地板在门口处或预留洞口处应符合设置构造要求，四周侧边应用耐磨硬质板材封闭或用镀锌钢板包裹，胶条封边应符合耐磨要求。

（8）活动地板与柱、墙面接缝处的处理应符合设计要求，设计无要求时应做木踢脚线；通风口处，应选用异形活动地板铺贴。

（9）用于电子信息系统机房的活动地板面层，其施工质量检验尚应符合现行国家标准《数据中心基础设施施工及验收规范》GB 50462 的有关规定。

9.3.8 金属板面层

（1）金属板面层采用镀锌板、镀锡板、复合钢板、彩色涂层钢板、铸铁板、不锈钢板、铜板及其他合成金属板铺设。

（2）金属板面层及其配件宜使用不锈蚀或经过防锈处理的金属制品。

（3）用于通道（走道）和公共建筑的金属板面层，应按设计要求进行防腐、防滑处理。

（4）金属板面层的接地做法应符合设计要求。

（5）具有磁吸性的金属板面层不得用于有磁场所。

9.3.9 地毯面层质量控制

（1）地毯面层应采用地毯块材或卷材，以空铺法或实铺法铺设。

（2）铺设地毯的地面面层（或基层）应坚实、平整、洁净、干燥，无凹坑、麻面、起砂、裂缝，并不得有油污、钉头及其他凸出物。

（3）地毯衬垫应满铺平整，地毯拼缝处不得露底衬。

（4）空铺地毯面层应符合下列要求：

1）块材地毯宜先拼成整块，然后按设计要求铺设。

2）块材地毯的铺设，块与块之间应挤紧服帖。

3）卷材地毯宜先长向缝合，然后按设计要求铺设。

4）地毯面层的周边应压入踢脚线下。

5）地毯面层与不同类型的建筑地面面层的连接处，其收口做法应符合设计要求。

（5）实铺地毯面层应符合下列要求：

1）实铺地毯面层采用的金属卡条（倒刺板）、金属压条、专用双面胶带、胶黏剂等应符合设计要求。

2）铺设时，地毯的表面层宜张拉适度，四周应采用卡条固定；门口处宜用金属压条或双面胶带等固定。

3）地毯周边应塞入卡条和踢脚线下。

4）地毯面层采用胶黏剂或双面胶带黏结时，应与基层黏贴牢固。

（6）楼梯地毯面层铺设时，梯段顶级（头）地毯应固定于平台上，其宽度应不小于标准楼梯、台阶踏步尺寸；阴角处应固定牢固；梯段末级（头）地毯与水平段地毯的连接处应顺畅、牢固。

9.3.10 地面辐射供暖的板块面层质量控制

（1）低温辐射供暖地面的板块面层采用具有热稳定性的陶瓷锦砖、陶瓷地砖、水泥花砖等砖面层或大理石、花岗石、水磨石、人造石等板块面层，并应在填充层上铺设。

（2）地面辐射供暖的板块面层采用胶结材料黏贴铺设时，填充层的含水率应符合胶结材料的技术要求。

（3）低温辐射供暖地面的板块面层应设置伸缩缝，缝的留置与构造做法应符合设计要求和相关现行国家行业标准的规定。填充层和面层的伸缩缝的位置宜上下对齐。

（4）地面辐射供暖的板块面层铺设时不得扰动（例如钉、凿、切割等）填充层，不得向填充层内楔入任何物件。不得扰动、损坏发热管线。

（5）面层铺设尚应符合"9.3.2 砖面层质量控制"、"9.3.3 大理石、花岗岩面层质量控制"、"9.3.4 预制板块面层质量控制"、"9.3.6 塑料板面层质量控制"的有关规定。

9.4 木、竹面层铺设

9.4.1 一般规定

（1）木、竹地板面层下的木搁栅、垫木、毛地板等采用木材的树种、选材标准和铺设时木材含水率以及防腐、防蛀处理等，均应符合现行国家标准《木结构工程施工质量验收规范》GB 50206 的有关规定。所选用的材料，进场时应对其断面尺寸、含水率等主要技术指标进行抽检，抽检数量应符合产品标准的规定。

（2）用于固定和加固用的金属零部件应采用不锈蚀或经过防锈处理的金属件。

（3）与厕浴间、厨房等潮湿场所相邻的木、竹面层连接处应做防水（防潮）处理。

（4）木、竹面层应避免与水长期接触，不宜用于长期或经常潮湿处，以防止木基层腐蚀和面层产生翘曲、开裂或变形等。在无地下室的建筑底层地面铺设木、竹面层时，地面基层（含墙体）应采取防潮措施。

（5）木、竹面层铺设在水泥类基层上，基层表面应坚硬、平整、洁净、干燥、不起砂。表面含水率不大于9%。

（6）建筑地面工程的木、竹面层搁栅下架空结构层（或构造层）的质量检验，应符合相应现行国家标准的规定。

（7）木、竹面层的通风构造层（包括室内通风沟、室外通风窗），均应符合设计要求。

（8）木、竹地板用于有采暖要求的地面应符合采暖工程的相关要求：地板尺寸稳定性高、高温下不开裂、不变形，不惧潮湿环境、甲醛释放量不超标、传热性能好、不惧高温。

（9）龙骨间、龙骨与墙体间、毛地板间、毛地板与墙体间均应留有伸缩缝。

（10）木、竹面层的允许偏差和检验方法应符合现行国家标准《建筑地面工程施工质量验收规范》GB 50209 的规定。

9.4.2 实木地板、实木集成地板、竹地板面层质量控制

（1）实木地板、实木集成地板、竹地板面层应采用条材或块材或拼花，以空铺或实铺方式在基层上铺设。

（2）实木地板、实木集咸地板、竹地板面层可采用双层面层和单层面层铺设，其厚度应符合设计要求；其选材应符合国家现行有关标准的规定。

（3）铺设实木地板、实木集成地板、竹地板面层时，其木搁栅的截面尺寸、间距和稳固方法等均应符合设计要求。木搁栅固定时，不得损坏基层和预埋管线。木搁栅应垫实钉牢，与柱、墙之间留出 20mm 的缝隙，表面应平直，其间距不宜大于 300mm。

（4）当面层下铺设垫层地板时，垫层地板的髓心应向上，板间缝隙不应大于 3mm，与柱、墙之间应留 8~12mm 的空隙，表面应刨平。

（5）实木地板、实木集成地板、竹地板面层铺设时，相邻板材接头位置应错开不小于 300mm 的距离；与柱、墙之间应留 8~12mm 的空隙。

（6）采用实木制作的踢脚线，背面应抽槽并做防腐处理。

9.4.3 实木复合地板面层质量控制

（1）实木复合地板面层采用的材料、铺设方式、铺设方法、

厚度以及垫层地板铺设等，均应符合"9.4.2 实木地板、实木集成地板、竹地板面层质量控制"中（1）～（4）的规定。

（2）实木复合地板面层应采用空铺法或黏贴法（满黏或点黏）铺设。采用黏贴法铺设时，黏贴材料应按设计要求选用，并应具有耐老化、防水、防菌、无毒等性能。

（3）毛地板铺设时，木材髓心应向上，其板间缝隙不应大于3mm，与墙之间应留 8～12mm 的空隙，表面应刨平。毛地板如选用人造木板应有性能检测报告，且应对甲醛含量复验。

（4）实木复合地板面层下衬垫的材料和厚度应符合设计要求。

（5）实木复合地板面层铺设时，相邻板材接头位置应错开不小于 300mm 的距离；与柱、墙之间应留不小于 10mm 的空隙。当面层采用无龙骨的空铺法铺设时，应在面层与柱、墙之间的空隙内加设金属弹簧卡或木楔子，其间距宜为 200～300mm。

（6）大面积铺设实木复合地板面层时，应分段铺设，分段缝的处理应符合设计要求。

9.4.4　浸渍纸层压木质地板面层质量控制

（1）浸渍纸层压木质地板面层应采用条材或块材，以空铺或黏贴方式在基层上铺设。

（2）浸渍纸层压木质地板面层可采用有垫层地板和无垫层地板的方式铺设。有垫层地板时，垫层地板的材料和厚度应符合设计要求。

（3）浸渍纸层压木质地板面层铺设时，相邻板材接头位置应错开不小于 300mm 的距离；衬垫层、垫层地板及面层与柱、墙之间均应留出不小于 10mm 的空隙。

（4）浸渍纸层压木质地板面层采用无龙骨的空铺法铺设时，宜在面层与基层之间设置衬垫层，衬垫层的材料和厚度应符合设计要求；并应在面层与柱、墙之间的空隙内加设金属弹簧卡或木楔子，其间距宜为 200～300mm。

9.4.5　软木类地板面层质量控制

（1）软木类地板面层应采用软木地板或软木复合地板的条材

或块材，在水泥类基层或垫层地板上铺设。软木地板面层应采用黏贴方式铺设，软木复合地板面层应采用空铺方式铺设。

（2）软木类地板面层的厚度应符合设计要求。

（3）软木类地板面层的垫层地板在铺设时，与柱、墙之间应留不大于 20mm 的空隙，表面应刨平。

（4）软木类地板面层铺设时，相邻板材接头位置应错开不小于 1/3 板长且不小于 200mm 的距离；面层与柱、墙之间应留出 8～12mm 的空隙；软木复合地板面层铺设时，应在面层与柱、墙之间的空隙内加设金属弹簧卡或木楔子，其间距宜为 200～300mm。

9.4.6 地面辐射供暖的木板面层质量控制

（1）地面辐射供暖的木板面层宜采用实木复合地板、浸渍纸层压木质地板等，应在填充层上铺设。

（2）地面辐射供暖的木板面层可采用空铺法或胶黏法（满黏或点黏）铺设。当面层设置垫层地板时，垫层地板的材料和厚度应符合设计要求。带龙骨的架空木、竹地板可不设填充层，绝热层与地板间的净空高度不宜小于 30mm。

（3）与填充层接触的龙骨、垫层地板、面层地板等应采用胶黏法铺设。铺设时填充层的含水率应符合胶黏剂的技术要求。

（4）低温辐射供暖地面的木、竹面层与周边墙面间应留置不小于 10mm 的缝隙。当面层采用空铺法施工时，应在面层与墙面之间的缝隙内设金属弹簧卡或木楔子，其间距宜为 200～300mm。

（5）地面辐射供暖的木板面层铺设时不得扰动（例如：钉、凿、切割等）填充层，不得向填充层内楔入任何物件。不得扰动、损坏发热管线。

（6）面层铺设尚应符合"9.4.3 实木复合地板面层质量控制"、"9.4.4 浸渍纸层压木质地板面层质量控制"的有关规定。

10 建筑装饰装修工程

10.1 抹 灰 工 程

10.1.1 一般规定

（1）抹灰工程应对水泥的凝结时间和安定性进行复验。

（2）抹灰工程应对下列隐蔽工程项目进行验收：

1）抹灰总厚度≥35mm 时的加强措施。

2）不同材料基体交接处的加强措施。

（3）外墙抹灰工程施工前应先安装钢木门窗框、护栏等，并应将墙上的施工孔洞堵塞密实。

（4）抹灰用的石灰膏的熟化期不应少于 15d；罩面用的磨细石灰粉的熟化期不应少于 3d。

（5）室内墙面、柱面和门洞口的阳角做法应符合设计要求。设计无要求时，应采用 1：2 水泥砂浆做暗护角，其高度不应低于 2m，每侧宽度不应小于 50mm。

（6）当要求抹灰层具有防水、防潮功能时，应采用防水砂浆。

（7）各种砂浆抹灰层，在凝结前应防止快干、水冲、撞击、振动和受冻，在凝结后应采取措施防止玷污和损坏。水泥砂浆抹灰层应在湿润条件下养护。

（8）外墙和顶棚的抹灰层与基层之间及各抹灰层之间必须黏结牢固。

（9）各分项工程的检验批应按下列规定划分：

1）相同材料、工艺和施工条件的室外抹灰工程每 500～1000m² 应划分为一个检验批，不足 500m² 也应划分为一个检验批。

2）相同材料、工艺和施工条件的室内抹灰工程每 50 个自然间（大面积房间和走廊按抹灰面积 $30m^2$ 为一间）应划分为一个检验批，不足 50 间也应划分为一个检验批。

（10）检查数量应符合下列规定：

1）室内每个检验批应至少抽查 10%，并不得少于 3 间；不足 3 间时应全数检查。

2）室外每个检验批每 $100m^2$ 应至少抽查一处，每处不得小于 $10m^2$。

10.1.2　一般抹灰质量控制

（1）抹灰前基层处理，必须经验收合格，并填写隐蔽工程验收记录。

（2）不同材料基体交接处表面的抹灰，应采取防止开裂的加强措施，当采用加强网时，加强网与各基体的搭接宽度不应小于 100mm。

（3）抹灰工程质量关键是保证黏结牢固，无开裂、空鼓和脱落，施工过程应注意以下内容：

1）抹灰基体表面应彻底清理干净，对于表面光滑的基体应进行毛化处理。

2）抹灰前应将基体充分浇水均匀润透，防止基体浇水不透造成抹灰砂浆中的水分很快被基体吸收，造成质量问题。

3）严格各层抹灰厚度。一般抹灰工程施工是分层进行的，以利于抹灰牢固、抹面平整和保证质量。

10.1.3　装饰抹灰质量控制

1. 水刷石抹灰

（1）分格要符合设计要求，黏条时要顺序黏在分格线的同一侧。

（2）喷刷水刷石面层时，要正确掌握喷水时间和喷头角度。

（3）石渣使用前应冲洗干净。

（4）注意防止水刷石墙面出现石子不均匀或脱落，表面混浊不清晰。

（5）注意防止水刷石与散水、腰线等接触部位出现烂根。

（6）水刷石槎子应留在分格条缝或水落管后边或独立装饰部分的边缘。不得将槎子留在分格块中间部位。注意防止水刷石墙面留槎混乱，影响整体效果。

2. 外墙斩假石抹灰

（1）各抹灰层之间及抹灰层与基体之间必须黏结牢固，无脱层、空鼓和裂缝现象。

（2）斩假石所使用材料的品种、质量、颜色、图案必须符合设计和规范要求。

（3）基层要认真清理干净，表面光滑的基层应做毛化处理。抹灰前应浇水均匀湿润。

（4）分格弹线应符合设计要求，分格条凹槽深度和宽度应一致，槽底勾缝应平顺光滑，棱角应通顺、整齐，横竖缝交接应平整顺直。

（5）底层灰与基层及每层与每层之间抹灰不宜跟得太紧，各层抹完灰后要洒水养护，待达到一定强度（七八成干）时再抹上面一层灰。

（6）当面层抹灰厚度超过 4cm 时应增加钢筋网片，钢筋网片宜用 $\phi 6$ 钢筋，间距 20cm。

（7）表面要求平整，花纹清晰、整齐、颜色均匀，无缺棱掉角、脱皮、起砂现象。

（8）两种不同材料的基层，抹灰前应加钢丝网，以增加基体的整体性。

3. 干黏石抹灰

（1）抹灰前基层表面应刷一道胶凝性素水泥浆，分层抹灰，每层厚度控制在 5～7mm 为宜。

（2）防止干黏石面层不平，表面出现坑洼，颜色不一致。防止黏石面层出现石渣不均匀和部分露灰层，防止干黏石面出现棱角不通顺和黑边现象，造成表面花感。

（3）分格条要充分浸水泡透，抹面层灰时应先抹中间，再抹分格条四周，并及时甩黏石渣，确保分格条侧面灰层未干时甩黏石渣，使其饱满、均匀、黏结牢固、分格清晰美观。

（4）抹面层灰时应先抹中间，再抹分格条四周，并及时甩黏石渣，确保分格条侧面灰层未干时甩黏石渣，使其饱满、均匀、黏结牢固、分格清晰美观。

（5）各层间抹灰不宜相隔时间太紧，底层灰七八成干时再抹上一层，注意抹面层灰前应将底层均匀润湿。

4. 假面砖抹灰

（1）抹灰砂浆超过 2h 或结硬砂浆严禁使用。

（2）分层抹灰不宜抹的过厚或相隔时间太紧，防止出现空鼓和表层裂缝。

（3）分格线应横平竖直，划沟间距、深浅一致，墙面干净整齐，质感逼真。

（4）墙面、柱面分格应于墙面砖规格一致，假面砖模数必须符合层高及墙面宽窄要求。

（5）施工时关键是应按面砖尺寸分格画线，随后再划沟。

（6）假面砖颜色应符合设计要求，施工前先做样板，经确定按样板大面积施工。

（7）施工放线时应准确控制上、中、下所弹的水平通线，以确保水平接线平直，无错槎现象。

（8）用于冻结法砌筑的墙，室外抹灰应待其完全解冻后施工；不得采用热水冲刷冻结的墙面或用热水消除墙面的冻霜。

（9）假面砖不宜在严冬季节施工，当需要安排施工时，宜采用暖棚法施工。

10.1.4 清水砌体勾缝质量控制

（1）门窗口四周塞灰施工时要认真将灰缝塞满压实。

（2）横竖缝接槎操作时认真将缝槎接好，并反复勾压，勾完后要认真将缝清理干净，然后认真检查，发现问题及时处理。

（3）横竖缝交接处应平顺、深浅一致、无丢缝，水平缝、立缝应横平竖直。

（4）勾缝前应拉通线检查砖缝顺直情况，窄缝、瞎缝应按线进行开缝处理。

（5）施工时划缝是关键，要认真将缝划到深浅一致。

（6）勾缝前要认真检查，施工前要将窄缝、瞎缝进行开缝处理，不得遗漏。

（7）每段墙缝勾好后应及时清扫墙面，以免时间过长灰浆过硬，难以清除造成污染。

（8）一段作业面完成后，要认真检查有无漏勾，尤其注意门窗旁侧面，发现漏勾及时补勾。

10.2 外墙防水

10.2.1 一般规定

（1）防水材料进场时应抽样复验。外墙防水材料应有产品合格证和出厂检验报告，材料的品种、规格、性能等应符合国家现行有关标准和设计要求；进场的防水材料应抽样复验；不合格的材料不得在工程中使用。

（2）每道工序完成后，应经检查合格后再进行下道工序的施工。

（3）外墙门框、窗框、伸出外墙管道、设备或预埋件等应在建筑外墙防水施工前安装完毕。

（4）外墙结构表面的油污、浮浆应清除，孔洞、缝隙应堵塞抹平；不同结构材料交接处的增强处理材料应固定牢固。

（5）外墙防水层的基层找平层应平整、坚实、牢固、干净，不得酥松、起砂、起皮。

（6）块材的勾缝应连续、平直、密实，无裂缝、空鼓。

（7）建筑外墙防水工程的质量应符合下列规定：

1）防水层不得有渗漏现象。

2）采用的材料应符合设计要求。

3）找平层应平整、坚固，不得有空鼓、酥松、起砂、起皮现象。

4）门窗洞口、伸出外墙管道、预埋件及收头等部位的防水构造，应符合设计要求。

5）砂浆防水层应坚固、平整，不得有空鼓、开裂、酥松、起砂、起皮现象。

6）涂膜防水层厚度应符合设计要求，无裂纹、皱褶、流淌、鼓泡和露胎体现象。

7）防水透气膜应铺设平整、固定牢固，不得有皱褶、翘边等现象；搭接宽度应符合要求，搭接缝和节点部位应密封严密。

（8）外墙防水层完工后应进行检验验收。防水层渗漏检查应在雨后或持续淋水 30min 后进行。

（9）外墙防水应按照外墙面面积 500～1000m² 为一个检验批，不足 500m² 时也应划分为一个检验批；每个检验批每100m² 应至少抽查一处，每处不得小于 10m²，且不得少于 3 处；节点构造应全部进行检查。

10.2.2 砂浆防水层

（1）砂浆防水层的原材料、配合比及性能指标，应符合设计要求。

（2）砂浆防水层表面应密实、平整，不得有裂纹、起砂、麻面等缺陷。

（3）砂浆防水层留槎位置应正确，接槎应按层次顺序操作，应做到层层搭接紧密。

（4）窗台、窗楣和凸出墙面的腰线等部位上表面的排水坡度应准确，外口下沿的滴水线应连续、顺直。

（5）砂浆防水层分格缝的留设位置和尺寸应符合设计要求，嵌填密封材料前，应将分格缝清理干净，密封材料应嵌填密实。

（6）砂浆防水层转角宜抹成圆弧形，圆弧半径不应小于5mm，转角抹压应顺直。

（7）门框、窗框、伸出外墙管道、预埋件等与防水层交接处应留 8～10mm 宽的凹槽，并应进行密封处理。

（8）砂浆防水层的平均厚度应符合设计要求，最小厚度不得小于设计值的 80%。

（9）雨后或持续淋水 30min 后观察检查。砂浆防水层不得有渗漏现象。

（10）砂浆防水层与基层之间及防水层各层之间应结合牢固，不得有空鼓。

（11）砂浆防水层在门窗洞口、伸出外墙管道、预埋件、分格缝及收头等部位的节点做法，应符合设计要求。

10.2.3 涂膜防水层

（1）防水层所用防水涂料及配套材料应符合设计要求。

（2）施工前应对节点部位进行密封或增强处理。

（3）基层的干燥程度应根据涂料的品种和性能确定；防水涂料涂布前，宜涂刷基层处理剂。

（4）每遍涂布应交替改变涂层的涂布方向，同一涂层涂布时，先后接槎宽度宜为 30～50mm。

（5）涂膜防水层的甩槎部位不得污损，接槎宽度不应小于 100mm。

（6）胎体增强材料应铺贴平整，不得有褶皱和胎体外露，胎体层充分浸透防水涂料；胎体的搭接宽度不应小于 50mm。胎体的底层和面层涂膜厚度均不应小于 0.5mm。

（7）雨后或持续淋水 30min 后观察检查。涂膜防水层不得有渗漏现象。

（8）涂膜防水层在门窗洞口、伸出外墙管道、预埋件及收头等部位的节点做法，应符合设计要求。

（9）涂膜防水层的平均厚度应符合设计要求，最小厚度不应小于设计值的 80%。

采用针测法或割取 20mm×20mm 实样用卡尺测量。

（10）涂膜防水层应与基层黏结牢固，表面平整，涂刷均匀，不得有流淌、皱褶、鼓泡、露胎体和翘边等缺陷。

10.2.4 防水透气膜防水层

（1）防水透气膜及其配套材料应符合设计要求。

（2）基层表面应干净、牢固，不得有尖锐凸起物。

（3）铺设宜从外墙底部一侧开始，沿建筑立面自下而上横向铺设，并应顺流水方向搭接。

（4）防水透气膜横向搭接宽度不得小于100mm，纵向搭接宽度不得小于150mm，相邻两幅膜的纵向搭接缝应相互错开，间距不应小于500mm，搭接缝应采用密封胶黏带覆盖密封。

（5）防水透气膜应随铺随固定，固定部位应预先黏贴小块密封胶黏带，用带塑料垫片的塑料锚栓将防水透气膜固定在基层上，固定点每平方米不得少于3处。

（6）铺设在窗洞或其他洞口处的防水透气膜，应以"工"字形裁开，并应用密封胶黏带固定在洞口内侧；与门、窗框连接处应使用配套密封胶黏带满黏密封，四角用密封材料封严。

（7）穿透防水透气膜的连接件周围应用密封胶黏带封严。

（8）雨后或持续淋水30min后观察检查。防水透气膜防水层不得有渗漏现象。

（9）防水透气膜在门窗洞口、伸出外墙管道、预埋件及收头等部位的节点做法，应符合设计要求。

（10）防水透气膜的铺贴应顺直，与基层应固定牢固，膜表面不得有皱褶、伤痕、破裂等缺陷。

（11）防水透气膜的铺贴方向应正确，纵向搭接缝应错开，搭接宽度的负偏差不应大于10mm。

（12）防水透气膜的搭接缝应黏结牢固，密封严密；收头应与基层黏结并固定牢固，缝口应封严，不得有翘边现象。

10.3 门窗工程

10.3.1 一般规定

（1）门窗安装前，应对门窗洞口尺寸进行检验。

247

（2）门窗安装前应按下列要求进行检查：

1）门窗的品种、规格、开启方向、平整度等应符合国家现行有关标准规定，附件应齐全。

2）门窗洞口应符合设计要求。

（3）门窗工程应对下列材料及其性能指标进行复验：

1）人造木板的甲醛含量。

2）建筑外墙金属窗、塑料窗的抗风压性能、空气渗透性能和雨水渗漏性能。

（4）门窗工程应对下列隐蔽工程项目进行验收：

1）预埋件和锚固件。

2）隐蔽部位的防腐、填嵌处理。

（5）金属门窗和塑料门窗安装应采用预留洞口的方法施工，不得采用边安装边砌口或先安装后砌口的方法施工。

（6）木门窗与砖石砌体、混凝土或抹灰层接触处应进行防腐处理并应设置防潮层；埋入砌体或混凝土中的木砖应进行防腐处理。

（7）当金属窗或塑料窗组合时，其拼樘料的尺寸、规格、壁厚应符合设计要求。

（8）建筑外门窗的安装必须牢固。在砌体上安装门窗严禁用射钉固定。

（9）五金配件安装位置应正确，数量应齐全，能承受往复运动的配件在结构上应便于更换。

（10）各分项工程的检验批应按下列规定划分：

1）同一品种、类型和规格的木门窗、金属门窗、塑料门窗及门窗玻璃每 100 樘应划分为一个检验批，不足 100 樘也应划分为一个检验批。

2）同一品种、类型和规格的特种门每 50 樘应划分为一个检验批，不足 50 樘也应划分为一个检验批。

（11）检查数量应符合下列规定：

1）木门窗、金属门窗、塑料门窗及门窗玻璃，每个检验批应至少抽查 5%，并不得少于 3 樘，不足 3 樘时应全数检查；高层建筑的外窗，每个检验批应至少抽查 10%，并不得少于 6 樘，不足 6 樘时应全数检查。

2）特种门每个检验批应至少抽查 50%，并不得少于 10 樘，不足 10 樘时应全数检查。

10.3.2 木门窗制作与安装质量控制

（1）立框时掌握好抹灰层厚度，确保有贴脸的门窗框安装后与抹灰面平齐。

（2）安装门窗框时必须事先量测洞口尺寸，计算并调整缝隙宽度。避免门窗框与门窗洞之间的缝隙过大或过小。

（3）木砖的埋置一定要满足数量和间距的要求，即 2m 高以内的门窗每边不少于 3 块木砖，木砖间距以 0.8～0.9m 为宜；2m 高以上的门窗框，每边木砖间距不大于 1m，以保证门窗框安装牢固。

10.3.3 金属门窗安装质量控制

1. 钢门窗安装

（1）检查钢筋混凝土过梁上连接固定钢门窗的预埋铁件预埋、位置是否正确，对于预埋和位置不准的部位，按钢门窗安装要求补装齐全。

（2）检查埋置钢门窗铁脚的预留孔洞是否正确，门窗洞口的高、宽尺寸是否合适。未留或留的不准的孔洞应校正后剔凿好，并将其清理干净。

（3）检查钢门窗，对由于运输、堆放不当而导致门窗框扇出现的变形、脱焊和翘曲等，应进行校正和修理。对表面处理后需要补焊的，焊后必须刷防锈漆。

（4）对组合钢门窗，应先做试拼样板，经有关部门鉴定合格后，再大量组装。

（5）安装完毕的钢门窗严禁安放脚手架或悬吊重物。

（6）安装完毕的门窗洞口不能再做施工运料通道。如必须使用时，应采取防护措施。

2. 铝合金门窗

（1）检查门窗洞口尺寸及标高是否符合设计要求。有预埋件的门窗口还应检查预埋件的数量、位置及埋设方法是否符合设计要求。

（2）检查铝合金门窗，如有劈棱窜角和翘曲不平、偏差超标、表面损伤、变形及松动、外观色差较大者，应与有关人员协商解决，经处理，验收合格后才能安装。

（3）门窗框与墙体间缝隙间的处理

1）铝合金门窗安装固定后，应先进行隐蔽工程验收，合格后及时按设计要求处理门窗框与墙体之间的缝隙。

2）如果设计未要求时，可采用弹性保温材料或玻璃棉毡条分层填塞缝隙，外表面留 5～8mm 深槽口填嵌嵌缝油膏或密封胶。

（4）防腐处理

1）门窗框四周外表面的防腐处理设计有要求时，按设计要求处理。如果设计没有要求时，可涂刷防腐涂料或黏贴塑料薄膜进行保护，以免水泥砂浆直接与铝合金门窗表面接触，产生电化学反应，腐蚀铝合金门窗。

2）安装铝合金门窗时，如果采用连接铁件固定，则连接铁件，固定件等安装用金属零件最好用不锈钢件。否则必须进行防腐处理，以免产生电化学反应，腐蚀铝合金门窗。

（5）铝合金门窗的安装就位：根据划好的门窗定位线，安装铝合金门窗框，并及时调整好门窗框的水平、垂直及对角线长度等符合质量标准，然后用木楔临时固定。

（6）铝合金门窗装入洞口临时固定后，应检查四周边框和中间框架是否用规定的保护胶纸和塑料薄膜封贴包扎好，再进行门窗框与墙体之间缝隙的填嵌和洞口墙体表面装饰施工，以防止水泥砂浆、灰水、喷涂材料等污染损坏铝合金门窗表面。在室内外湿作业未完成前，不能破坏门窗表面的保护材料。

（7）严禁在安装好的铝合金门窗上安放脚手架，悬挂重物。

经常出入的门洞口，应及时保护好门框，严禁施工人员踩踏铝合金门窗，严禁施工人员碰撞铝合金门窗。

3. 铝塑复合门窗

（1）门窗构件可视面应表面平整，不应有明显的色差、凹凸不平、严重的划伤、擦伤、碰伤等缺陷，不应有铝屑、毛刺、油污或其他污迹。连接处不应有外溢的胶黏剂。

（2）门窗框、门窗扇对角线之差不应大于 3.0mm。

（3）门窗框、门窗扇相邻构件装配间隙不应大于 0.5mm；相邻两构件的同一平面高低差不应大于 0.6mm。

（4）平开门窗、平开下悬门窗关闭时，门窗框、扇四周的配合间隙为 3.5～5mm，允许偏差±1.0mm。

（5）平开门窗、平开下悬门窗关闭时，窗扇与窗框搭接量允许偏差±1.0mm，门扇与门框搭接量允许偏差±2.0mm.。搭接量的实测值不应小于 3mm。

（6）主要受力杆件的塑料型材腔体中应放置增强型钢，用于固定每根增强型钢的紧固件不得少于三个，其间距不应大于300mm，距型材端头内角距离不应大于 100mm。固定后的增强型钢不得松动。

（7）门、窗应有排水措施。框梃、框组角、扇组角连接处的四周缝隙应有密封措施。

（8）密封条装配后应均匀、牢固，接口严密，无脱槽、收缩、虚压等现象。

（9）压条装配后应牢固。压条角部对接处的间隙不应大于 1mm。

4. 塑钢门窗

（1）塑钢门窗的品种、类型、规格、尺寸、开启方向、安装位置、连接方式及填嵌密封处理应符合设计要求，内衬增强型钢的壁厚及设置应符合现行国家标准《建筑用塑料门》GB/T 28886、《建筑用塑料窗》GB/T 28887 的有关规定。门窗产品应有出厂合格证。

（2）塑钢门窗框、副框和扇的安装必须牢固。固定片或膨胀螺栓的数量与位置应正确，连接方式应符合设计要求，固定片应符合国家现行标准《聚氯乙烯（PVC）门窗固定片》JG/T 132的有关规定。固定点应距窗角、中横框、中竖框 150～200mm，固定点间距应不大于 600mm。

（3）塑钢门窗拼樘料内衬增强型钢的规格、壁厚必须符合设计要求，如无设计要求，则应符合现行国家标准《门、窗用未增塑聚氯乙烯（PVC-U）型材》GB/T 8814 的有关规定，其老化性能应达到 S 类的技术指标要求。型钢应与型材内腔紧密吻合，其两端必须与洞口固定牢固。窗框必须与拼樘连接紧密，固定点间距应不大于 600mm。

（4）塑钢门窗扇应开关灵活、关闭严密，无倒翘。推拉门窗扇必须有防脱落措施。

（5）塑钢门窗配件的型号、规格、数量应符合设计要求，安装应牢固，位置应正确，功能应满足使用要求。

（6）塑钢门窗框与墙体间缝隙应采用闭孔弹性材料填嵌饱满，表面应采用密封胶密封。密封胶应黏结牢固，表面应光滑、顺直，无裂纹。

（7）塑钢门窗表面应洁净、平整、光滑，大面无划痕、碰伤。

（8）塑钢门窗扇的密封条不得脱槽。旋转窗间隙应基本均匀。

（9）玻璃密封条与玻璃及玻璃槽口的连缝应平整，不得卷边、脱槽。

（10）排水孔应畅通，位置和数量应符合设计要求。

5. 彩板门窗

（1）金属门窗的品种、类型、规格、尺寸、性能、开启方向、安装位置、连接方式及铝合金门窗的型材壁厚应符合设计要求。金属门窗的防腐处理及填嵌、密封处理应符合设计要求。

（2）金属门窗框和副框的安装必须牢固。预埋件的数量、位置、埋设方式、与框的连接方式必须符合设计要求。

（3）金属门窗扇必须安装牢固，并应开关灵活、关闭严密，无倒翘。推拉门窗扇必须有防脱落措施。

（4）金属门窗配件的型号、规格、数量应符合设计要求，安装应牢固，位置应正确，功能应满足使用要求。

（5）彩板门窗表面应洁净、平整、光滑、色泽一致，无锈蚀。大面应无划痕、碰伤。漆膜或保护层应连续。

（6）彩板门窗框与墙体之间的缝隙应填嵌饱满，并采用密封胶密封。密封胶表面应光滑、顺直，无裂纹。

（7）彩板门窗窗扇的橡胶密封条或毛毡密封条应安装完好，不得脱槽。

（8）有排水孔的彩板门窗，排水孔应畅通，位置和数量应符合设计要求。

10.3.4 塑料门窗安装质量控制

（1）塑料门窗安装时，必须按施工操作工艺进行。施工前一定要画线定位，使塑料门窗上下顺直，左右标高一致。

（2）安装时要使塑料门窗垂直方正，对有劈棱掉角和窜角的门窗扇必须及时调整。

（3）门窗框扇上若黏有水泥砂浆，应在其硬化前用湿布擦干净，不得用硬质材料铲刮窗框扇表面。

（4）塑料门窗材质较脆，安装时严禁直接锤击钉钉，必须先钻孔，再用自攻螺钉拧入。

10.3.5 特种门安装质量控制

1. 全玻门

（1）门框横梁上的固定玻璃的限位槽应宽窄一致，纵向顺直。一般限位槽宽度大于玻璃厚度 2～4mm，槽深 10～20mm，以便安装玻璃板时顺利插入，在玻璃两边注入密封胶，把固定玻璃安装牢固。

（2）在木底托上钉固定玻璃板的木条板时，应在距玻璃4mm 的地方，以便饰面板能包住木板条的内侧，便于注入密封胶，确保外观大方，内在牢固。

（3）活动门扇没有门扇框，门扇的开闭是由地弹簧和门框上的定位销实现的，地弹簧和定位销是与门扇的上下横档铰接。因此地弹簧与定位销和门扇横档一定要铰接好，并确保地弹簧转轴与定位销中心线在同一条垂线上，以便玻璃门扇开关自如。

（4）玻璃门倒角时，应采取裁割玻璃时在加工厂内磨角与打孔。

2. 防火门、防盗门

（1）防火门、防盗门的质量和各项性能，应符合设计要求。

（2）防火门、防盗门的品种、类型、规格、尺寸、开启方向、安装位置及防腐处理，应符合设计要求。

（3）防火门、防盗门的安装必须牢固，预埋件的数量、位置、埋设方式、与框的连接方式，必须符合设计要求

（4）防火门、防盗门的配件应齐全，位置应正确，安装应牢固，功能应满足使用要求和木质防火门的各项性能要求。

（5）防火门、防盗门的表面装饰应符合设计要求。

（6）防火门的表面应洁净，无划痕、碰伤。

（7）防火、防盗门装入洞口临时固定后，应检查四周边框和中间框架是否用规定的保护胶纸和塑料薄膜封贴包扎好，再进行门窗框与墙体之间缝隙的填嵌和洞口墙体表面装饰施工，以防止水泥砂浆、灰水、喷涂材料等污染损坏铝合金门窗表面。在室内外湿作业未完成前，不能破坏门窗表面的保护材料。

10.3.6 门窗玻璃安装质量控制

（1）钢门窗在安装玻璃前，要求认真检查是否有扭曲变形等情况，应修整和挑选后，再进行玻璃安装。

（2）玻璃安装前，应按照设计要求的尺寸及结合实测尺寸，预先集中裁制，并按不同规格和安装顺序码放在安全地方待用。

（3）安装玻璃时，使玻璃在框口内准确就位，玻璃安装在凹槽内，内外侧间隙应相等，间隙宽度一般在 2～5mm。

（4）存放玻璃库房与作业面的温度不能相差过大，玻璃如果

从过冷或过热的环境中运入操作地点，应待玻璃温度与室内温度相近后再进行安装。

（5）木压条、钢丝卡、橡皮垫等附件安装时应经过挑选，防止出现变形，影响玻璃美观；污染的斑痕要及时擦净；如钢丝卡露头过长，应事先剪断。

10.3.7 外门窗节能保温检测

1. 门窗材料复检项目

（1）严寒、寒冷地区：气密性、传热系数和中空玻璃露点。

（2）夏热冬冷地区：气密性、传热系数，玻璃遮阳系数、可见光透射比、中空玻璃露点。

（3）夏热冬暖地区：气密性，玻璃遮阳系数、可见光透射比、中空玻璃露点。

2. 外窗气密性现场实体检测

外窗气密性现场实体检测结果应符合设计要求，其抽样数量不应低于《建筑节能工程施工质量验收规范》GB 50411 的要求：每个单位工程的外窗至少抽查 3 樘。当一个单位工程外窗有 2 种以上品种、类型和开启方式时，每种品种、类型和开启方式的外窗均应抽查不少于 3 樘。

检验出现不符合设计要求和标准规定的情况时，应委托有资质的检测机构扩大一倍数量抽样，对不符合要求的项目或参数再次检验。仍然不符合要求时应给出"不符合设计要求"的结论。对于不符合设计要求和国家现行标准规定的建筑外窗气密性，应查找原因进行修理，使其达到要求后重新进行检测，合格后方可通过验收。

10.4 吊顶工程

10.4.1 一般规定

（1）安装龙骨前，应按设计要求对房间净高、洞口标高和吊顶内管道、设备及其支架的标高进行交接检验。

（2）吊顶工程的木吊杆、木龙骨和木饰面板必须进行防火处理，并应符合有关设计防火规范的规定。

（3）应对人造木板的甲醛含量进行复验。

（4）吊顶工程中的预埋件、钢筋吊杆和型钢吊杆应进行防锈处理。

（5）吊顶工程应对下列隐蔽工程项目进行验收：

1）吊顶内管道、设备的安装及水管试压。

2）木龙骨防火、防腐处理。

3）预埋件或拉结筋。

4）吊杆安装。

5）龙骨安装。

6）填充材料的设置。

（6）吊杆距主龙骨端部距离不得大于 300mm，当大于 300mm 时，应增加吊杆。当吊杆长度大于 1.5m 时，应设置反支撑。当吊杆与设备相遇时，应调整并增设吊杆。

（7）重型灯具、电扇及其他重型设备严禁安装在吊顶龙骨上。

（8）安装饰面板前应完成吊顶内管道和设备的调试及验收。

（9）吊顶内填充的吸音、保温材料的品种和铺设厚度应符合设计要求，并应有防散落措施。

（10）饰面板上的灯具、烟感器、喷淋头、风口箅子等设备的位置应合理、美观，与饰面板交接处应严密。

（11）吊顶与墙面、窗帘盒的交接应符合设计要求。

（12）搁置式轻质饰面板，应按设计要求设置压卡装置。

（13）各分项工程的检验批应按下列规定划分：

同一品种的吊顶工程每 50 间（大面积房间和走廊按吊顶面积 30m² 为一间）应划分为一个检验批，不足 50 间也应划分为一个检验批。

检查数量：每个检验批应至少抽查 10%，并不得少于 3 间；不足 3 间时应全数检查。

10.4.2 暗龙骨吊顶质量控制

1. 龙骨的安装

(1) 应根据吊顶的设计标高在四周墙上弹线。弹线应清晰、位置应准确:

1) 基准点和标高尺寸要准确。可采用激光水准仪,亦可采用水柱法。找其他标高点时,要等管内水柱面静止时再画线。

2) 吊顶面的水平控制线应尽量拉出通直线,线要拉直。

3) 对跨度较大的吊顶,应在中间位置加设标高控制点。

(2) 主龙骨吊点间距、起拱高度应符合设计要求。当设计无要求时,吊点间距应小于 1.2m,应按房间短向跨度的 1‰~3‰ 起拱。主龙骨安装后应及时校正其位置标高。

吊点分布要均匀,在一些龙骨的接口部位和重载部位,应当增加吊点。

(3) 吊杆应通直,距主龙骨端部距离不得超过 300mm。当吊杆与设备相遇时,应调整吊点构造或增设吊杆。

(4) 次龙骨应紧贴主龙骨安装。固定板材的次龙骨间距不得大于 600mm,在潮湿地区和场所,间距宜为 300~400mm。用沉头自攻钉安装饰面板时,接缝处次龙骨宽度不得小于 40mm。

(5) 暗龙骨系列横撑龙骨应用连接件将其两端连接在通长次龙骨上。

(6) 边龙骨应按设计要求弹线,固定在四周墙上。

(7) 全面校正主、次龙的位置及平整度,连接件应错位安装。

(8) 龙骨的接头处、吊挂处都是受力的集中点,施工中应注意加固。应避免在龙骨上悬吊设备。

2. 饰面板安装

(1) 安装饰面板前应完成吊顶内管道和设备的调试和验收。

例如:灯盘和灯槽、空调出风口、消防烟雾报警器和喷淋头等。这些设备与顶面的关系要协调处理得当,总的要求是不破坏吊顶结构,不破坏顶面的完整性,与吊顶面衔接平整,交接处应严密。

此外，自动喷淋头、烟感器必须安装在吊顶平面上。自动喷淋头须通过吊顶平面与自动喷淋系统的水管相接。故在拉吊顶标高线时应检查消防设备安装情况。以免在安装中出现水管伸出吊顶面、水管预留过短使得自动喷淋头不能在吊顶面与水管连接或是喷淋头边上有遮挡物等情况。

（2）暗龙骨饰面板（包括纸面石膏板、纤维水泥加压板、胶合板、金属方块板、金属条形板、塑料条形板、石膏板、钙塑板、矿棉板和格栅等）的安装应符合下列规定：

1）以轻钢龙骨、铝合金龙骨为骨架，采用钉固法安装时应使用沉头自攻钉固定。

2）以木龙骨为骨架，采用钉固法安装时应使用木螺钉固定，胶合板可用铁钉固定。

3）金属饰面板采用吊挂连接件、插接件固定时应按产品说明书的规定放置。

4）采用复合黏贴法安装时，胶黏剂未完全固化前板材不得有强烈振动。

3. 吊顶的线条安装与固定

（1）安装固定饰面条板要注意对缝的均匀，安装时不可生扳硬装，应根据条板的结构特点进行。如装不上时，要查看一下安装位置处有否阻挡物体或设备结构，并进行调整。

（2）吊顶内填充的吸声、保温材料的品种和铺设厚度应符合要求，并应有防散落措施。

（3）吊顶与墙面、窗帘盒的交接应符合设计要求。

（4）搁置式轻质饰面板的安装应有定位措施，按设计要求设置压卡装置。

（5）胶黏剂的选用，应与饰面板品种配套。

10.4.3　明龙骨吊顶质量控制

（1）明龙骨系列的横撑龙骨与通长龙骨搭接处的间隙不得大于 1mm。龙骨安装其他要求参见"10.4.2 暗龙骨吊顶质量控制"的相关内容。

（2）饰面板安装应确保企口的相互咬接及图案花纹的吻合。

（3）饰面板与龙骨嵌装时应防止相互挤压过紧或脱挂。

（4）采用搁置法安装时应留有板材安装缝，每边缝隙不宜大于1mm。

（5）玻璃吊顶龙骨上留置的玻璃搭接宽度应符合设计要求，并应采用软连接。

（6）装饰吸声板的安装如采用搁置法安装，应有定位措施。

10.5 轻质隔墙工程

10.5.1 一般规定

（1）轻质隔墙工程应对人造木板的甲醛含量进行复验。

（2）墙位放线应按设计要求，沿地、墙、顶弹出隔墙的中心线和宽度线，宽度线应与隔墙厚度一致。弹线应清晰，位置应准确。

（3）当轻质隔墙下端用木踢脚覆盖时，饰面板应与地面留有20～30mm缝隙；当用大理石、瓷砖、水磨石等做踢脚板时，饰面板下端应与踢脚板上口齐平，接缝应严密。

（4）轻质隔墙与顶棚和其他墙体的交接处应采取防开裂措施。

（5）接触砖、石、混凝土的龙骨和埋置的木楔应作防腐处理。

（6）胶黏剂应按饰面板的品种选用。现场配置胶黏剂，其配合比应由试验决定。

（7）轻质隔墙工程应对下列隐蔽工程项目进行验收：

1）骨架隔墙中设备管线的安装及水管试压。

2）木龙骨防火、防腐处理。

3）预埋件或拉结筋。

4）龙骨安装。

5）填充材料的设置。

（8）各分项工程的检验批应按下列规定划分：

同一品种的轻质隔墙工程每 50 间（大面积房间和走廊按轻质隔墙的墙面 30m² 为一间）应划分为一个检验批，不足 50 间也应划分为一个检验批。

10.5.2 板材隔墙质量控制

1. 轻钢龙骨安装

（1）应按弹线位置固定沿地、沿顶龙骨及边框龙骨，龙骨的边线应与弹线重合。龙骨的端部应安装牢固，龙骨与基体的固定点间距应不大于 1m。

（2）安装竖向龙骨应垂直，龙骨间距应符合设计要求。潮湿房间和钢板网抹灰墙，龙骨间距不宜大于 400mm。

（3）安装支撑龙骨时，应先将支撑卡安装在竖向龙骨的开口方向，卡距宜为 400～600mm，距龙骨两端的距离宜为 20～25mm。

（4）安装贯通系列龙骨时，低于 3m 的隔墙安装一道，3～5m 隔墙安装两道。

（5）饰面板横向接缝处不在沿地、沿顶龙骨上时，应加横撑龙骨固定。

（6）门窗或特殊接点处安装附加龙骨应符合设计要求。

2. 木龙骨安装

（1）木龙骨的横截面积及纵、横向间距应符合设计要求。

（2）骨架横、竖龙骨宜采用开半榫、加胶、加钉连接。

（3）安装饰面板前应对龙骨进行防火处理。

3. 纸面石膏板安装

（1）石膏板宜竖向铺设，长边接缝应安装在竖龙骨上。

（2）龙骨两侧的石膏板及龙骨一侧的双层板的接缝应错开，不得在同一根龙骨上接缝。

（3）轻钢龙骨应用自攻螺钉固定，木龙骨应用木螺钉固定。沿石膏板周边钉间距不得大于 200mm，板中钉间距不得大于

300mm，螺钉与板边距离应为 10～15mm。

（4）安装石膏板时应从板的中部向板的四边固定。钉头略埋入板内，但不得损坏纸面。钉眼应进行防锈处理。

（5）石膏板的接缝应按设计要求进行板缝处理。石膏板与周围墙或柱应留有 3mm 的槽口，以便进行防开裂处理。

4．胶合板安装

（1）胶合板安装前应对板背面进行防火处理。

（2）轻钢龙骨应采用自攻螺钉固定。木龙骨采用圆钉固定时，钉距宜为 80～150mm，钉帽应砸扁；采用钉枪固定时，钉距宜为 80～100mm。

（3）阳角处宜作护角。

（4）胶合板用木压条固定时，固定点间距不应大于 200mm。

5．板材隔墙安装要点

（1）墙位放线应清晰，位置应准确。隔墙上下基层应平整，牢固。

（2）板材隔墙安装拼接应符合设计和产品构造要求。

（3）安装板材隔墙时宜使用简易支架。

（4）安装板材隔墙所用的金属件应进行防腐处理。

（5）板材隔墙拼接用的芯材应符合防火要求。

（6）在板材隔墙上开槽、打孔应用云石机切割或电钻钻孔，不得直接剔凿和用力敲击。

6．门、窗框板安装

（1）门、窗框板安装时，应按排版图标出的门窗洞口位置，先对门窗框板定位，再从门窗洞口向两侧安装隔墙。门、窗框板安装应牢固，与条板或主体结构连接应采用专用黏结材料黏结，并应采取加网防裂措施，连接部位应密实、无裂缝。

（2）当预制门、窗框板中预埋有木砖或钢连接件时，可与木制、钢制或塑钢门、窗框连接固定；当门、窗框板在施工现场切割制作时，应使用金属膨胀螺钉与门、窗框现场固定。

（3）当门、窗框有特殊要求时，可采用钢板加固等措施，并应与门、窗框板的预埋件连接牢固。

（4）安装门头横板时，应在门角的接缝处采取加网防裂措施。门窗框与洞口周边的连接缝应采用聚合物砂浆或弹性密封材料填实，并应采取加网补强等防裂措施。

（5）门窗框的安装应在条板隔墙安装完成 7d 后进行。

7. 管、线安装

（1）水电管线的安装、敷设应与隔墙安装配合进行，并应在隔墙安装完成 7d 后进行。

（2）安装水电管线时，应根据施工技术文件的相关要求，先在隔墙上弹墨线定位，再按弹出的定位墨线位置切割横向、纵向线槽和开关盒洞口，并应使用专用切割工具按设计规定的尺寸单面开槽切割，不应在条板隔墙上任意开槽、开洞。

（3）切割完线槽、开关盒洞口后，应按设计要求敷设管线、插座、开关盒，并应先做好定位。

（4）管线、开关盒敷设后，应及时回填、补强。水泥条板隔墙上开的槽孔宜采用聚合物水泥砂浆或专用填充材料填充密实；开槽的墙面可采用黏贴耐碱玻璃纤维网格布、无纺布或采取局部挂钢丝网等补强、防裂措施。空心条板隔墙可在局部堵塞横槽下部孔洞后，再作补强、修复。石膏条板宜采用同类材料补强。

（5）明装水管的安装应按工程设计要求进行。

（6）设备控制柜、配电箱的安装应按工程设计要求进行。

8. 接缝及墙面处理

（1）条板的接缝处理应在门窗框、管线安装完毕 7d 后进行。接缝处理前，应检查所有的板缝，清理接缝部位，补满破损孔隙，清洁墙面。

（2）板材隔墙接缝处应采用黏结砂浆填实，表层应采用与隔墙板材相适应的材料抹面并刮平压光，颜色应与板面相近。板材的企口接缝处应先用黏结材料打底，再用黏贴盖缝材料。

（3）对于有防潮、防渗漏要求的板材隔墙，投入使用前应采用防水胶结料嵌缝，并应按设计要求进行墙面防水处理。

10.5.3　骨架隔墙质量控制

（1）骨架安装参见"10.5.2板材隔墙质量控制"的相关内容。

（2）骨架隔墙在安装饰面板前应检查骨架的牢固程度、墙内设备管线及填充材料的安装是否符合设计要求，如有不符合处应采取措施。

（3）上下槛与主体结构连接牢固，上下槛不允许断开，保证隔断的整体性。严禁隔断墙上连接件采用射钉固定在砖墙上。应采用预埋件或膨胀螺栓进行连接。上下槛必须与主体结构连接牢固。

（4）罩面板应经严格选材，表面应平整光洁。安装罩面板前应严格检查搁栅的垂直度和平整度。

（5）面板安装参见"10.5.2板材隔墙质量控制"的相关内容。

10.5.4　玻璃隔墙质量控制

（1）骨架安装参见"10.5.2板材隔墙质量控制"的相关内容。

（2）玻璃砖墙的安装应符合下列规定：

1）玻璃砖墙宜以1.5m高为一个施工段，待下部施工段胶结材料达到设计强度后再进行上部施工。

2）当玻璃砖墙面积过大时应增加支撑。玻璃砖墙的骨架应与结构连接牢固。

3）玻璃砖应排列均匀整齐，表面平整，嵌缝的油灰或密封膏应饱满密实。

（3）平板玻璃隔墙的安装应符合下列规定：

1）墙位放线应清晰，位置应准确。隔墙基层应平整、牢固。

2）骨架边框的安装应符合设计和产品组合的要求。

3）压条应与边框紧贴，不得弯棱、凸鼓。

4）安装玻璃前应对骨架、边框的牢固程度进行检查，如有不牢应进行加固。

10.6 饰面板（砖）工程

10.6.1 一般规定

（1）饰面板（砖）工程应在墙面隐蔽及抹灰工程、吊顶工程已完成并经验收后进行。当墙体有防水要求时，应对防水工程进行验收。

（2）饰面板（砖）工程应对下列材料及其性能指标进行复验：

1）室内用花岗石的放射性。

2）黏贴用水泥的凝结时间、安定性和抗压强度。

3）外墙陶瓷面砖的吸水率。

4）寒冷地区外墙陶瓷面砖的抗冻性。

（3）饰面板（砖）工程应对预埋件（或后置埋件）、连接节点、防水层等隐蔽工程项目进行验收。

（4）采用湿作业法铺贴的天然石材应作防碱处理。

（5）在防水层上黏贴饰面砖时，黏结材料应与防水材料的性能相容。

（6）外墙饰面砖黏贴前和施工过程中，均应在相同基层上做样板件，并对样板件的饰面砖黏结强度进行检验，其检验方法和结果判定应符合现行行业标准《建筑工程饰面砖黏结强度检验标准》JGJ 110 的规定。

（7）饰面板（砖）工程的抗震缝、伸缩缝、沉降缝等部位的处理应保证缝的使用功能和饰面的完整性。

（8）各分项工程的检验批应按下列规定划分：

1）相同材料、工艺和施工条件的室内饰面板（砖）工程每50 间（大面积房间和走廊按施工面积 30m² 为一间）应划分为一个检验批，不足 50 间也应划分为一个检验批。

2）相同材料、工艺和施工条件的室外饰面板（砖）工程每500～1000m² 应划分为一个检验批，不足 500m² 也应划分为一个检验批。

（9）检查数量应符合下列规定：

1）室内每个检验批应至少抽查 10%，并不得少于 3 间；不足 3 间时应全数检查。

2）室外每个检验批每 100m² 应至少抽查一处，每处不得小于 10m²。

10.6.2 饰面板安装质量控制

1. 墙面石材铺贴基本要点

（1）墙面石材铺贴前应进行挑选，并应按设计要求进行预拼。

（2）强度较低或较薄的石材应在背面黏贴玻璃纤维网布。

（3）当采用湿作业法施工时，固定石材的钢筋网应与预埋件连接牢固。每块石材与钢筋网拉结点不得少于 4 个。拉结用金属丝应具有防锈性能。

（4）当采用黏贴法施工时，基层处理应平整但不应压光。胶黏剂的配合比应符合产品说明书的要求。胶液应均匀、饱满的刷抹在基层和石材背面，石材就位时应准确，并应立即挤紧、找平、找正，进行顶、卡固定。溢出胶液应随时清除。

2. 大理石、磨光花岗石饰面板

（1）基层处理抹灰前，墙面必须清扫干净，浇水湿润；基层抹灰必须平整；贴块材应平整牢固，无空鼓。

（2）清理预做饰面石材的结构表面，施工前认真按照图纸尺寸，核对结构施工的实际情况，同时进行吊直、套方、找规矩，弹出垂直线水平线，控制点要符合要求。并根据设计图纸和实际需要弹出安装石材的位置线和分块线。

（3）施工安装石材时，严格配合比计量，掌握适宜的砂浆稠度，分次灌浆，防止造成石板外移或板面错动，以致出现接缝不平、高低差过大。

（4）冬期施工时，应做好防冻保温措施，以确保砂浆不受冻，其室外温度不得低于 5℃，但寒冷天气不得施工。防止空鼓、脱落和裂缝。

3. 墙面干挂石材

（1）块材的表面应光洁、方正、平整、质地坚固，不得有缺楞、掉角、暗痕和裂纹等缺陷。

（2）弹线必须准确，经复验后方可进行下道工序。固定的角钢和平钢板应安装牢固，并应符合设计要求，石材应用护理剂进行石材六面体防护处理。

（3）清理预做饰面石材的结构表面，施工前认真按照图纸尺寸，核对结构施工的实际情况，同时进行吊直、套方、找规矩，弹出垂直线、水平线，控制点要符合要求。并根据设计图纸和实际需要弹出安装石材的位置线和分块线。

（4）与主体结构连接的预埋件应在结构施工时按设计要求埋设。预埋件应牢固，位置准确。应根据设计图纸进行复查。当设计无明确要求时，预埋件标高差不应大于 10mm，位置差不应大于 20mm。

（5）面层与基底应安装牢固；黏贴用料、干挂配件必须符合设计要求和国家现行有关标准的规定。

（6）石材表面平整、洁净；拼花正确、纹理清晰通顺，颜色均匀一致；非整板部位安排适宜，阴阳角处的板压向正确。

（7）缝格均匀，板缝通顺，接缝填嵌密实，宽窄一致，无错台错位。

4. 木饰面板

（1）制作安装前应检查基层的垂直度和平整度，有防潮要求的应进行防潮处理。

（2）按设计要求弹出标高、竖向控制线、分格线。打孔安装木砖或木模，深度应不小于 40mm，木砖或木模应做防腐处理。

（3）龙骨尺寸、间距应符合设计要求。当设计无要求时：横向间距宜为 300mm，竖向间距宜为 400mm。龙骨与木砖或木模连接应牢固。龙骨、木质基层板应进行防火处理。

受力节点应装钉严密、牢固、保证龙骨的整体刚度。龙骨安装完毕，应经检查合格后再安装饰面板。配件必须安装牢固，严禁松动变形。

（4）饰面板安装前应进行选配，颜色、木纹对接应自然谐调。

（5）饰面板固定应采用射钉或胶黏接，接缝应在龙骨上，接缝应平整。

（6）镶接式木装饰墙可用射钉从凹榫边倾斜射入。安装第一块时必须校对竖向控制线。

（7）安装封边收口线条时应用射钉固定，钉的位置应在线条的凹槽处或背视线的一侧。

10.6.3　饰面砖黏贴质量控制

1. 墙面砖铺贴基本要点

（1）墙面砖铺贴前应进行挑选，并应浸水 2h 以上，晾干表面水分。

（2）铺贴前应进行放线定位和排砖，非整砖应排放在次要部位或阴角处。每面墙不宜有两列非整砖，非整砖宽度不宜小于整砖的 1/3。

（3）铺贴前应确定水平及竖向标志，垫好底尺，挂线铺贴。墙面砖表面应平整、接缝应平直、缝宽应均匀一致。阴角砖应压向正确，阳角线宜做成 45°角对接。在墙面突出物处，应整砖套割吻合，不得用非整砖拼凑铺贴。

（4）结合砂浆宜采用 1∶2 水泥砂浆，砂浆厚度宜为 6～10mm。水泥砂浆应满铺在墙砖背面，一面墙不宜一次铺贴到顶，以防塌落。

2. 室内、外贴面砖

（1）基层抹灰前，墙面必须清扫干净，浇水湿润；基层抹灰必须平整；贴砖应平整牢固，砖缝应均匀一致。

（2）施工时，必须做好墙面基层处理，浇水充分湿润。在抹底层灰时，根据不同基体采取分层分遍抹灰方法，并严格配合比计量，掌握适宜的砂浆稠度，按比例加界面剂胶，使各灰层之间黏结牢固。注意及时洒水养护；冬期施工时，应做好防冻保温措施，以确保砂浆不受冻，其室外温度不得低于5℃，但寒冷天气不得施工。防止空鼓、脱落和裂缝。

（3）结构施工期间，几何尺寸控制好，墙面要垂直、平整，装修前对基层处理要认真。应加强对基层打底工作的检查，合格后方可进行下道工序。

（4）施工前认真按照图纸尺寸，核对结构施工的实际情况，加上分段分块弹线、排砖要细，贴灰饼控制点要符合要求。

3. 玻璃锦砖

（1）弹线要准确，经复验后方可进行下道工序。基层处理抹灰前，墙面必须清扫干净，浇水湿润；基层抹灰必须平整；贴砖应平整牢固，砖缝应均匀一致，做好养护。

（2）施工时，必须做好墙面基层处理，浇水充分湿润。在抹底层灰时，根据不同基体采取分层分遍抹灰方法，并严格配合比计量，掌握适宜的砂浆稠度，按比例加界面剂胶，使各灰层之间黏结牢固。注意及时洒水养护；冬期施工时，应做好防冻保温措施，以确保砂浆不受冻，其室外温度不得低于5℃，但寒冷天气不得施工。防止空鼓、脱落和裂缝。

（3）结构施工期间，几何尺寸控制好，外墙面要垂直、平整，装修前对基层处理要认真。应加强对基层打底工作的检查，合格后方可进行下道工序。

（4）施工前认真按照图纸尺寸，核对结构施工的实际情况，要分段分块弹线、排砖要细，贴灰饼控制点要符合要求。

10.7　幕墙工程

10.7.1　一般规定

（1）幕墙工程应对下列材料及其性能指标进行复验：

1）铝塑复合板的剥离强度。

2）石材的弯曲强度；寒冷地区石材的耐冻融性；室内用花

岗石的放射性。

3）玻璃幕墙用结构胶的邵氏硬度、标准条件拉伸黏结强度、相容性试验；石材用结构胶的黏结强度；石材用密封胶的污染性。

（2）幕墙工程应对预埋件（或后置埋件）、构件的连接节点、变形缝及墙面转角处的构造节点、幕墙防雷装置、幕墙防火构造等隐蔽工程项目进行验收。

（3）幕墙构架立柱的连接金属角码与其他连接件应采用螺栓连接，并应有防松动措施。

（4）隐框、半隐框幕墙所采用的结构黏结材料必须是中性硅酮结构密封胶，其性能必须符合现行国家标准《建筑用硅酮结构密封胶》GB 16776 的规定；硅酮结构密封胶必须在有效期内使用。

（5）立柱和横梁等主要受力构件，其截面受力部分的壁厚应经计算确定，且铝合金型材壁厚不应小于 3.0mm，钢型材壁厚不应小于 3.5mm。

（6）硅酮结构密封胶应打注饱满，并应在温度 15～30℃、相对湿度 50％以上、洁净的室内进行；不得在现场墙上打注。

（7）主体结构与幕墙连接的各种预埋件，其数量、规格、位置和防腐处理必须符合设计要求。

（8）幕墙的金属框架与主体结构预埋件的连接、立柱与横梁的连接及幕墙面板的安装必须符合设计要求，安装必须牢固。

（9）单元幕墙连接处和吊挂处的铝合金型材的壁厚应通过计算确定，并不得小于 5.0mm。

（10）幕墙的金属框架与主体结构应通过预埋件连接，预埋件应在主体结构混凝土施工时埋入，预埋件的位置应准确。当没有条件采用预埋件连接时，应采用其他可靠的连接措施，并应通过试验确定其承载力。

（11）各分项工程的检验批应按下列规定划分：

1）相同设计、材料、工艺和施工条件的幕墙工程每 500～

$1000m^2$ 应划分为一个检验批，不足 $500m^2$ 也应划分为一个检验批。

2）同一单位工程的不连续的幕墙工程应单独划分检验批。

3）对于异型或有特殊要求的幕墙，检验批的划分应根据幕墙的结构、工艺特点及幕墙工程规模，由监理单位（或建设单位）和施工单位协商确定。

（12）检查数量应符合下列规定：

1）每个检验批每 $100m^2$ 应至少抽查一处，每处不得小于 $10m^2$。

2）对于异型或有特殊要求的幕墙工程，应根据幕墙的结构和工艺特点，由监理单位（或建设单位）和施工单位协商确定。

10.7.2 玻璃幕墙质量控制

（1）面板外观检查：

1）玻璃边缘应倒棱并细磨，外露玻璃的边缘应精磨。

2）边缘倒角处不应出现崩边。

3）玻璃上不允许有小气孔、斑点或条纹。

4）划痕<35mm，不得超过一条。

（2）安装位置的检查及清理：

1）检查钢附框的尺寸是否符合设计要求。

2）检查吊夹的安装位置及数量是否符合设计要求。

3）钢附框吊夹连接处是否牢固，焊接工作必须完毕。

4）清理施工部位的施工垃圾。

（3）预埋件和锚固件应检查位置、施工精度、固定状态、有无变形及生锈；防锈涂料是否完好。

连接件应检查安装部位、加工精度、固定状态、防锈处理以及垫片是否安放完毕。

（4）幕墙立柱与横梁安装应严格控制水平、垂直度以及对角线长度，在安装过程中应反复检查，达到要求后方可进行玻璃的安装。

（5）玻璃安装时，应拉线控制相邻玻璃面的水平度、垂直度及大面平整度；用木模板控制缝隙宽度，如有误差应均分在每一条缝隙中，防止误差积累。

（6）进行密封工作前应对密封面进行清扫，并在胶缝两侧的玻璃上黏贴保护胶带，防止注胶时污染周围的玻璃面；注胶应均匀、密实、饱满，胶缝表面应光滑；同时应注意注胶方法，防止产生气泡，避免浪费。

密封胶嵌缝：注胶有无遗漏；施工状态；胶缝品质、形状、气泡；外观、色泽；周边污染。

（7）安装前幕墙应进行气密性、水密性及风压性能试验，并达到设计及规范要求。

（8）防雷做法：上下两根立柱之间采用 8mm² 铜编制线连接，连接部位立柱表面应除去氧化层和保护层。为不阻碍立柱之间的自由伸缩，导电带做成折环状，易于适应变位要求。在建筑均压环设置的楼层，所有预埋件通过 12mm 圆钢连接导电，并与建筑防雷地线可靠导通，使幕墙自身形成防雷体系。

（9）幕墙与楼板、墙、柱之间按设计要求安装横向、竖向连续的防火隔断；高层建筑无窗间墙和窗槛墙的玻璃幕墙，在每层楼板外沿设置耐火极限不低于 1.00h、高度不低于 0.80m 的不燃烧实体裙墙。

（10）玻璃幕墙金属框架与防雷装置采用焊接或机械连接，形成导电通路，连接点水平间距不大于防雷引下线的间距，垂直间距不大于均压环的间距。

（11）玻璃幕墙的立柱、底部横梁及幕墙板块与主体结构之间有不小于 15mm 的伸缩空隙，排水构造中的排水管及附件与水平构件预留孔连接严密，与内衬板出水孔连接处应设橡胶密封圈。

（12）观感质量要求

1）明框幕墙框料应横平竖直；单元式幕墙的单元接缝或隐框幕墙分格玻璃接缝应横平竖直，缝宽应均匀，并符合设计要求。

2）玻璃的品种、规格与色彩应与设计相符，整幅幕墙玻璃的色泽应均匀；并不应有析碱、发霉和镀膜脱落等现象。

3）装饰压板表面应平整，不应有肉眼可察觉的变形、波纹或局部压砸等缺陷。

4）幕墙的上下边及侧边封口、沉降缝、伸缩缝、防震缝的处理及防雷体系应符合设计要求。

5）幕墙隐蔽节点的遮封装修应整齐美观。

6）淋水试验时，幕墙不应漏水。

10.7.3 金属幕墙质量控制

（1）安装前对构件加工精度进行检验，检验合格后方可进行安装。

（2）安装前作好施工准备工作，保证安装工作顺利进行。

（3）预埋件安装必须符合设计要求，安装牢固，严禁歪、斜、倾。安装位置偏差控制在允许范围以内。

（4）严格控制放线精度。

（5）幕墙立柱与横梁安装应严格控制水平、垂直度以及对角线长度，在安装过程中应反复检查，达到要求后方可进行玻璃的安装。

同一层横梁安装应由下向上进行。当安装完一层高度时，应进行检查、调整、校正、固定，使其符合质量要求。

（6）幕墙立柱安装就位、调整后应及时紧固。幕墙安装的临时螺栓等在构成件安装就位、调整、紧固后应及时拆除。

（7）有热工要求的幕墙，保温部分从内向外安装，当采用内衬板时，四周应套装弹性橡胶密封条，内衬板与构件接缝应严密；内衬板就位后，应进行密封处理。

（8）固定防火保温材料应锚钉牢固，防火保温层应平整，拼接处不应留缝隙。

（9）冷凝水排出管及附件应与水平构件预留孔连接严密，与内衬板出水孔连接处应设橡胶密封条。

（10）其他通气留槽孔及雨水排出口等应按设计施工，不得遗漏。

（11）现场焊接或高强螺栓紧固的构件固定后，应及时进行防锈处理。幕墙中与铝合金接触的螺栓及金属配件应采用不锈钢或轻金属制品。

（12）不同金属的接触面应采用垫片作隔离处理。

（13）金属板安装时，应拉线控制相邻板材面的水平度、垂直度及大面平整度；用木模板控制缝隙宽度，如有误差应均分在每一条缝隙中，防止误差积累。

（14）金属板空缝安装时，必须要防水措施，并有符合设计要求的排水出口。

（15）进行密封工作前应对密封面进行清扫，并在胶缝两侧的金属板上黏贴保护胶带，防止注胶时污染周围的板面；注胶应均匀、密实、饱满，胶缝表面应光滑；同时应注意注胶方法，防止气泡产生并避免浪费。

（16）幕墙四周与主体之间的间隙，应采用防火的保温材料填塞，内外表面应采用密封胶连续封闭，接缝应严密不漏水。

（17）幕墙的施工过程中应分层进行防水渗漏性能检查。

（18）幕墙安装过程中应进行接缝部位的雨水渗漏检验。

（19）填充硅酮耐候密封胶时，金属板缝的宽度、厚度应根据硅酮耐候胶的技术参数，经计算后确定。较深的密封槽口底部应采用聚乙烯发泡材料填塞。

（20）耐候硅酮密封胶在接缝内应形成相对两面黏结。

10.7.4 石材幕墙质量控制

（1）安装前对构件加工精度进行检验，达到设计及规范要求后方可进行安装。

（2）安装前作好施工准备工作，保证安装工作顺利进行。

（3）预埋件安装必须符合设计要求，安装牢固，不应出现歪、斜、倾。安装位置偏差控制在允许范围以内；严格控制放线精度。

（4）幕墙骨架中立柱与横梁安装应严格控制水平、垂直度以及对角线长度，在安装过程中应反复检查，达到设计要求后方可进行板材的安装；对横竖连接件进行检查、测量、调整。

（5）固定防火保温材料应锚钉牢固，防火保温层应平整，拼接处不应留缝隙。

（6）冷凝水排出管及附件应与水平构件预留孔连接严密，与内衬板出水孔连接处应设橡胶密封条。其他通气留槽孔及雨水排出口等应按设计施工，不得遗漏。

（7）现场焊接或高强螺栓紧固的构件固定后，应及时进行防锈处理。

（8）不同金属的接触面应采用垫片作隔离处理。

（9）石材板安装时，应拉线控制相邻板材面的水平度、垂直度及大面平整度；用木模板控制缝隙宽度，如有误差应均分在每一条缝隙中，防止误差积累。

（10）依据石材编号检查石材的色泽度，使同一幕墙的石材不要产生明显色差，最低限度要求，颜色逐渐过渡。

用环氧树脂腻子修补缺棱掉角或麻点之处并磨平，破裂者用环氧树脂胶黏剂黏结。

（11）石板空缝安装时，必须要采取防水措施，并有符合设计要求的排水出口。

（12）填充硅酮耐候密封胶时，金属板、石板缝的宽度、厚度应根据硅酮耐候胶的技术参数，经计算后确定。

（13）幕墙钢构件施焊后，其表面应采取有效的防腐措施。

（14）进行密封工作前应对密封面进行清扫，并在胶缝两侧的石板上黏贴保护胶带，防止注胶时污染周围的板面；注胶应均匀、密实、饱满，胶缝表面应光滑；同时应注意注胶方法，避免浪费。

（15）幕墙安装过程中应进行接缝部位的雨水渗漏检验。

（16）石材幕墙四周与主体之间的间隙，应采用防火的保温材料填塞，内外表面应采用密封胶连续封闭，接缝应严密不漏水。

10.8 涂 饰 工 程

10.8.1 一般规定

（1）根据使用涂饰材料和建筑物特点，对建筑物涂饰面基层应按设计要求进行处理。

（2）涂饰工程的基层处理应符合下列要求：

1）新建筑物的混凝土或抹灰基层在涂饰涂料前应涂刷抗碱封闭底漆。

2）旧墙面在涂饰涂料前应清除疏松的旧装修层，并涂刷界面剂。

3）混凝土或抹灰基层涂刷溶剂型涂料时，含水率不得大于8%；涂刷乳液型涂料时，含水率不得大于10%。木材基层的含水率不得大于12%。

4）基层腻子应平整、坚实、牢固，无粉化、起皮和裂缝；内墙腻子的黏结强度应符合现行行业标准《建筑室内用腻子》JG/T 298 的规定。

5）厨房、卫生间墙面必须使用耐水腻子。

（3）涂饰施工时应符合现行国家标准《涂装作业安全规程涂漆工艺安全及其通风净化》GB 6514 和《涂装作业安全规程安全管理通则》GB 7691 的规定。对于有涂饰材料飞散或溶剂挥发对人体产生有害影响时，操作人员应采取劳动保护措施。

在涂饰易燃性的涂料时，注意防火，通风良好，工人应佩戴口罩及防护眼镜。应按涂料安全说明书规定操作。

（4）水性涂料涂饰工程施工的环境温度应在5～35℃之间。

（5）涂饰工程应在涂层养护期满后进行质量验收。

（6）各分项工程的检验批应按下列规定划分：

1）室外涂饰工程每一栋楼的同类涂料涂饰的墙面每 500～1000m² 应划分为一个检验批，不足 500m² 也应划分为一个检验批。

2）室内涂饰工程同类涂料涂饰的墙面每 50 间（大面积房间和走廊按涂饰面积 30m² 为一间）应划分为一个检验批，不足 50 间也应划分为一个检验批。

（7）检查数量应符合下列规定：

1）室外涂饰工程每 100m² 应至少检查一处，每处不得小于 10m²。

2）室内涂饰工程每个检验批应至少抽查 10％，并不得少于 3 间；不足 3 间时应全数检查。

10.8.2 水性涂料涂饰质量控制

适用于乳液型涂料、无机涂料、水溶性涂料等水性涂料涂饰工程的施工质量控制。

1. 基层质量要求

（1）基层应牢固不开裂、不掉粉、不起砂、不空鼓、无剥离、无石灰爆裂点和无附着力不良的旧涂层等；是否牢固，可以通过敲打和刻划检查。

（2）基层应表面平整、立面垂直、阴阳角方正和无缺棱掉角，分格缝（线）应深浅一致且横平竖直；允许偏差应符合现行国家标准《建筑装饰装修工程质量验收规范》GB 50210 的规定，且表面应平而不光；表面平整度，可用 2m 靠尺和塞尺检查；立面垂直度，可用垂直检查尺检查；阴阳角方正，可用直角检测尺检查；分格缝直线度，可拉 5m 线，不足 5m 拉通线，用钢直尺检查；墙裙勒脚上口直线度，可拉 5m 线，不足 5m 拉通线，用钢直尺检查。

（3）基层应清洁：表面无灰尘、无浮浆、无油迹、无锈斑、无霉点、无盐类析出物等；是否清洁，可目测检查。

（4）基层应干燥：涂刷溶剂型涂料时，基层含水率不得大于 8％；涂刷水性涂料时，基层含水率不得大于 10％；含水率可用砂浆表面水分测定仪测定，也可用塑料薄膜覆盖法粗略判断。

（5）基层 pH 值不得大于 10。酸碱度可用 pH 试纸或 pH 试笔通过湿棉测定，也可直接测定。

（6）建筑涂饰工程涂饰前，应对基层进行检验，合格后，方可进行涂饰施工。

2. 涂饰工艺控制

（1）涂饰工程施工应按"基层处理、底涂层、中涂层、面涂层"的顺序进行，并应符合下列规定：

1）涂饰材料应干燥后方可进行下一道工序施工。

2）涂饰材料应涂饰均匀，各层涂饰材料应结合牢固。

3）旧墙面重新复涂时，应对不同基层进行不同处理。

注：后一遍涂刷必须待前一遍材料表面干燥（或实干）后进行，以确保各层材料间牢固结合。"表干"是指涂层表面成膜的时间，"实干"是指涂层全部形成固体涂膜的时间，具体应按产品性能要求。

（2）涂饰材料使用应满足下列规定：

1）涂饰材料的施工黏度应根据施工方法、施工季节、温度、湿度等条件严格控制，应有专人负责调配。

2）双组分涂饰材料的施工，应严格按产品使用要求配制，根据实际使用量分批混合，并在规定的使用时间内使用。

3）同一墙面或同一作业面同一颜色的涂饰应用相同批号的涂饰材料。

（3）辊涂和刷涂时，应充分盖底，不透虚影，表面均匀。喷涂时，应控制涂料黏度，喷枪的压力，保持涂层均匀，不露底、不流坠、色泽均匀。

（4）对于干燥较快的涂饰材料，大面积涂饰时，应由多人配合操作，处理好接槎部位。

（5）外墙涂饰施工应由建筑物自上而下、先细部后大面，材料的涂饰施工分段应以墙面分格缝（线），墙面阴阳角或落水管为分界线。

3. 复层建筑涂料涂饰工艺控制

（1）复层建筑涂料有聚合物水泥系、硅酸盐系、合成树脂乳液系、反应固化型合成树脂乳液系，涂层一般由底、中、面层组成。

（2）复层涂料的施工工序应注意腻子、底涂料与中、面层涂料的匹配。根据装饰质感要求可增加人工滚压工序。

（3）为确保设计要求的质感，中层涂料可以采用喷涂工艺进行，喷涂中应熟练喷枪使用方法，必须连续作业，使墙面质感保持均匀。

（4）需压平的中涂层，不同季节应严格掌握表干时间，过早或过迟压平，均影响质感。

（5）聚合物水泥系的中涂层，应有洒水养护的周期，如不洒水养护，在水泥凝结过程中如遇迎风面或冬季温度偏低，则会引起水泥水化作用停止或减慢，导致粉化、剥落而影响工程质量。

10.8.3 溶剂型涂料涂饰质量控制

适用于丙烯酸酯涂料、聚氨酯丙烯酸涂料、有机硅丙烯酸涂料等溶剂型涂料涂饰工程的施工质量控制。

（1）木质基层涂刷清漆：木质基层上的节疤、松脂部位应用虫胶漆封闭，钉眼处应用油性腻子嵌补。在刮腻子、上色前，应涂刷一遍封闭底漆，然后反复对局部进行拼色和修色，每修完一次，刷一遍中层漆，干后打磨，直至色调谐调统一，再做饰面漆。

（2）木质基层涂刷调和漆：先满刷清油一遍，待其干后用油腻子将钉孔、裂缝、残缺处嵌刮平整，干后打磨光滑，再刷中层和面层油漆。

（3）对泛碱、析盐的基层应先用3%的草酸溶液清洗，然后用清水冲刷干净或在基层上满刷一遍耐碱底漆，待其干后刮腻子，再涂刷面层涂料。

10.8.4 美术涂饰质量控制

适用于套色涂饰、滚花涂饰、仿花纹涂饰等室内外美术涂饰工程的施工质量控制。

（1）砂壁状涂料、质感涂料和水性多彩建筑涂料工程可满足建筑外墙装饰多样化和仿古的要求，可具有天然花岗石、瓷面砖等装饰效果。

（2）涂料的施工中除常规工序外，墙面必须按设计分格，根据施工经验大面积喷涂宜按 1.5m² 左右分格为佳，然后逐格喷涂。

（3）底层涂料可用辊涂，刷涂或喷涂工艺进行。喷涂主层材料时应按装饰设计要求，通过试喷确定涂料黏度、喷嘴口径、空气压力及喷涂管尺寸。

（4）主层涂料喷涂和套色喷涂时操作人员宜以两人一组，施工时一人操作喷涂，一人在相应位置指点，确保喷涂均匀。

（5）砂壁状涂料和质感涂料施工可按装饰质感或涂料性能的要求，采用辊涂、抹涂或喷涂。凡需喷涂的需事先作试喷，以便掌握涂料的稀稠度，及确定喷嘴口径的规格、空气压力的大小。

（6）浮雕涂饰的中层涂料应颗粒均匀，用专用塑料辊蘸煤油或水均匀滚压，厚薄一致，待完全干燥固化后，才可进行面层涂饰。面层为水性涂料应采用喷涂，溶剂型涂料应采用刷涂。间隔时间宜在 4h 以上。

10.9 裱糊与软包工程

10.9.1 一般规定

（1）各分项工程的检验批应按下列规定划分：

同一品种的裱糊或软包工程每 50 间（大面积房间和走廊按施工面积 30m² 为一间）应划分为一个检验批，不足 50 间也应划分为一个检验批。

（2）检查数量应符合下列规定：

1）裱糊工程每个检验批应至少抽查 10%，并不得少于 3 间，不足 3 间时应全数检查。

2）软包工程每个检验批应至少抽查 20%，并不得少于 6 间，不足 6 间时应全数检查。

10.9.2 裱糊质量控制

1. 基层处理

（1）新建筑物的混凝土或抹灰基层墙面在刮腻子前应涂刷抗碱封闭底漆。

（2）旧墙面在裱糊前应清除疏松的旧装修层，并涂刷界面剂。

（3）混凝土或抹灰基层含水率不得大于8%；木材基层的含水率不得大于12%。

（4）基层腻子应平整、坚实、牢固，无粉化、起皮和裂缝；腻子的黏结强度应符合现行行业标准《建筑室内用腻子》JG/T 298中耐水型（N）的规定。

（5）基层表面平整度、立面垂直度及阴阳角方正应达到高级抹灰的要求。

（6）基层表面颜色应一致。

（7）裱糊前应用封闭底胶涂刷基层。

2. 墙面裱糊

（1）基层表面应平整、不得有粉化、起皮、裂缝和突出物，色泽应一致。有防潮要求的应进行防潮处理。

（2）裱糊前应按壁纸、墙布的品种、花色、规格进行选配、拼花、裁切、编号，裱糊时应按编号顺序黏贴。

（3）墙面应采用整幅裱糊，先垂直面后水平面，先细部后大面，先保证垂直后对花拼逢，垂直面是先上后下，先长墙面后短墙面，水平面是先高后低。阴角处接缝应搭接，阳角处应包角不得有接缝。

（4）聚氯乙烯塑料壁纸裱糊前应先将壁纸用水润湿数分钟，墙面裱糊时应在基层表面涂刷胶黏剂，顶棚裱糊时，基层和壁纸背面均应涂刷胶黏剂。

（5）复合壁纸不得浸水，裱糊前应先在壁纸背面涂刷胶黏剂，放置数分钟，裱糊时，基层表面应涂刷胶黏剂。

（6）纺织纤维壁纸不宜在水中浸泡，裱糊前宜用湿布清洁背面。

（7）带背胶的壁纸裱糊前应在水中浸泡数分钟。裱糊顶棚时应涂刷一层稀释的胶黏剂。

（8）金属壁纸裱糊前应浸水 1～2min，阴干 5～8min 后在其背面刷胶。刷胶应使用专用的壁纸粉胶，一边刷胶，一边将刷过胶的部分，向上卷在发泡壁纸卷上。

（9）玻璃纤维基材壁纸、无纺墙布无需进行浸润。应选用黏接强度较高的胶黏剂，裱糊前应在基层表面涂胶，墙布背面不涂胶。玻璃纤维墙布裱糊对花时不得横拉斜扯避免变形脱落。

（10）开关、插座等突出墙面的电气盒，裱糊前应先卸去盒盖。

10.9.3　软包质量控制

（1）软包墙面所用填充材料、纺织面料和龙骨、木基层板等均应进行防火处理。

（2）墙面防潮处理应均匀涂刷一层清油或满铺油纸。不得用沥青油毛做防潮层。

（3）木龙骨宜采用凹槽榫工艺预制，可整体或分片安装，与墙体连接应紧密、牢固。

（4）填充材料制作尺寸应正确，棱角应方正，应与木基层板黏结紧密。

（5）织物面料裁剪时经纬应顺直。安装应紧贴墙面，接缝应严密，花纹应吻合，无波纹起伏、翘边和褶皱，表面应清洁。

（6）软包布面与压线条、贴脸线、踢脚板、电气盒等交接处应严密、顺直、无毛边。电气盒盖等开洞处，套割尺寸应准确。

10.10　细　部　工　程

10.10.1　一般规定

（1）细部工程应对人造木板的甲醛含量进行复验。

（2）应预埋件（或后置埋件）、护栏与预埋件的连接节点等部位进行隐蔽工程验收。细部工程应在隐蔽工程已完成并经验收后进行。

（3）框架结构的固定柜橱应用榫连接。板式结构的固定柜橱应用专用连接件连接。

（4）细木饰面板安装后，应立即刷一遍底漆。

（5）潮湿部位的固定橱柜、木门套应做防潮处理。

（6）护栏、扶手应采用坚固、耐久材料，并能承受规范允许的水平荷载。

（7）扶手高度不应小于 0.90m，护栏高度不应小于 1.05m，栏杆间距不应大于 0.11m。

（8）湿度较大的房间，不得使用未经防水处理的石膏花饰、纸质花饰等。

（9）各分项工程的检验批应按下列规定划分：

1）同类制品每 50 间（处），应划分为一个检验批，不足 50 间（处）也应划分为一个检验批。

2）每部楼梯应划分为一个检验批。

10.10.2　橱柜制作与安装质量控制

（1）根据设计要求及地面及顶棚标高，确定橱柜的平面位置和标高。

（2）制作木框架时，整体立面应垂直、平面应水平，框架交接处应做榫连接，并应涂刷木工乳胶。

（3）侧板、底板、面板应用扁头钉与框架固定牢固，钉帽应做防腐处理。

（4）抽屉应采用燕尾榫连接，安装时应配置抽屉滑轨。

（5）五金件可先安装就位，油漆之前将其拆除，五金件安装应整齐、牢固。

10.10.3　窗帘盒、窗台板和散热器罩制作与安装质量控制

1. 木窗帘盒

（1）窗帘盒宽度应符合设计要求。当设计无要求时，窗帘盒宜伸出窗口两侧 200～300mm，窗帘盒中线应对准窗口中线，并使两端伸出窗口长度相同。窗帘盒下沿与窗口上沿应平齐或略低。

（2）当采用木龙骨双包夹板工艺制作窗帘盒时，遮挡板外立面不得有明榫、露钉帽，底边应做封边处理。

（3）窗帘盒底板可采用后置埋木楔或膨胀螺栓固定，遮挡板与顶棚交接处宜用角线收口。窗帘盒靠墙部分应与墙面紧贴。

（4）窗帘轨道安装应平直。窗帘轨固定点必须在底板的龙骨上，连接必须用木螺钉，严禁用圆钉固定。采用电动窗帘轨时，应按产品说明书进行安装调试。

2. 散热器罩制作与安装

（1）对于木龙骨要双面错开开槽，槽深为一半龙骨深度（为了不破坏木龙骨的纤维组织）。

（2）黏贴夹板时，白乳胶必须滚涂均匀，黏贴密实，黏好后即压。

（3）制作暖气罩骨架必须开榫连接，榫眼加胶液黏结对楔，黏结要严密，连接要牢固。

（4）保证罩面的散热面，防止无热气流通回路，造成使用中热量散发不足、饰面材料易变形等缺陷。

（5）根据散热器的制作标准调整、加工龙骨架、罩面板，保证散热器表面的平整、美观。

10.10.4　门窗套制作与安装质量控制

（1）门窗洞口应方正垂直，预埋木砖应符合设计要求，并应进行防腐处理。

（2）根据洞口尺寸、门窗中心线和位置线，用方木制成搁栅骨架并应做防腐处理，横撑位置必须与预埋件位置重合。

（3）搁栅骨架应平整牢固，表面刨平。安装搁栅骨架应方正，除预留出板面厚度外，搁栅骨架与木砖间的间隙应垫以木垫，连接牢固。安装洞口搁栅骨架时，一般先上端后两侧，洞口上部骨架应与紧固件连接牢固。

（4）与墙体对应的基层板板面应进行防腐处理，基层板安装应牢固。

（5）饰面板颜色、花纹应谐调。板面应略大于搁栅骨架，大面应净光，小面应刮直。木纹根部应向下，长度方向需要对接时，花纹应通顺，其接头位置应避开视线平视范围，宜在室内地面 2m 以上或 1.2m 以下，接头应留在横撑上。

（6）贴脸、线条的品种、颜色、花纹应与饰面板谐调。贴脸接头应成 45°角，贴脸与门窗套板面结合应紧密、平整，贴脸或线条盖住抹灰墙面应不小于 10mm。

10.10.5 护栏和扶手制作与安装质量控制

（1）木扶手与弯头的接头要在下部连接牢固。木扶手的宽度或厚度超过 70mm 时，其接头应黏结加强。

（2）扶手与垂直杆件连接牢固，紧固件不得外露。

（3）整体弯头制作前应做足尺样板，按样板划线。弯头黏结时，温度不宜低于 5℃。弯头下部应与栏杆扁钢结合紧密、牢固。

（4）木扶手弯头加工成形应刨光，弯曲应自然，表面应磨光。

（5）金属扶手、护栏垂直杆件与预埋件连接应牢固、垂直，如焊接，则表面应打磨抛光。

（6）玻璃栏板应使用夹层夹玻璃或安全玻璃。

（7）安装好的扶手、立柱及踢脚线应用泡沫塑料等柔软物包好、裹严，防止破坏、划伤表面。

（8）禁止以护栏及扶手作为支架，不允许攀登护栏及扶手。

10.10.6 花饰制作与安装质量控制

（1）装饰线安装的基层必须平整、坚实，装饰线不得随基层起伏。

（2）装饰线、件的安装应根据不同基层，采用相应的连接方式。

（3）木（竹）质装饰线、件的接口应拼对花纹，拐弯接口应齐整无缝，同一种房间的颜色应一致，封口压边条与装饰线、件应连接紧密牢固。

（4）石膏装饰线、件安装的基层应干燥，石膏线与基层连接的水平线和定位线的位置、距离应一致，接缝应 45°拼接。当使用螺钉固定花件时，应用电钻打孔，螺钉钉头应沉入孔内，螺钉应做防锈处理；当使用胶黏剂固定花件时，应选用短时间固化的胶黏材料。

（5）金属类装饰线、件安装前应做防腐处理。基层应干燥、坚实。铆接、焊接或紧固件连接时，紧固件位置应整齐，焊接点应在隐蔽处、焊接表面应无毛刺。刷漆前应去除氧化层。

11 屋 面 工 程

11.1 基层与保护工程

11.1.1 一般规定

（1）屋面找坡应满足设计排水坡度要求，结构找坡不应小于3%，材料找坡宜为2%；檐沟、天沟纵向找坡不应小于1%，沟底水落差不得超过200mm。

（2）基层与保护工程各分项工程每个检验批的抽检数量，应按屋面面积每100m² 抽查一处，每处应为10m²，且不得少于3处。

11.1.2 找坡层和找平层质量控制

（1）装配式钢筋混凝土板的板缝嵌填施工，应符合下列要求：

1）嵌填混凝土时板缝内应清理干净，并应保持湿润。

2）当板缝宽度大于40mm或上窄下宽时，板缝内应按设计要求配置钢筋。

3）嵌填细石混凝土的强度等级不应低于C20，嵌填深度宜低于板面10～20mm，且应振捣密实和浇水养护。

4）板端缝应按设计要求增加防裂的构造措施。

（2）找坡层和找平层的基层的施工应符合下列规定：

1）应清理结构层、保温层上面的松散杂物，凸出基层表面的硬物应剔平扫净。

2）抹找坡层前，宜对基层洒水湿润。

3）突出屋面的管道、支架等根部，应用细石混凝土堵实和固定。

4）对不易与找平层结合的基层应做界面处理。

（3）找坡层宜采用轻骨料混凝土；找坡材料应分层铺设和适当压实，表面应平整。

（4）找坡应按屋面排水方向和设计坡度要求进行，找坡层最薄处厚度不宜小于20mm。

（5）找平层宜采用水泥砂浆或细石混凝土；找平层的抹平工序应在初凝前完成，压光工序应在终凝前完成，终凝后应进行养护。

（6）找平层的坡度必须准确，符合设计要求，不能倒泛水。保温层施工时须保证找坡泛水，抹找平层前应检查保温层坡度泛水是否符合要求，铺抹找平层应掌握坡向及厚度。

（7）找平层分格缝纵横间距不宜大于6m，分格缝的宽度宜为5～20mm。

（8）找坡应按屋面排水方向和设计坡度要求进行，找坡层最薄处厚度不宜小于20mm。

（9）水落口周围的坡度应准确，水落口杯与基层接触处应留宽20mm、深20mm凹槽，嵌填密封材料。

11.1.3 隔汽层质量控制

（1）隔汽层的基层应平整、干净、干燥。

（2）隔汽层应设置在结构层与保温层之间；隔汽层应选用气密性、水密性好的材料。

（3）在屋面与墙的连接处，隔汽层应沿墙面向上连续铺设，高出保温层上表面不得小于150mm。

（4）隔汽层采用卷材时宜空铺，卷材搭接缝应满黏，其搭接宽度不应小于80mm；隔汽层采用涂料时，应涂刷均匀。

（5）穿过隔汽层的管线周围应封严，转角处应无折损；隔汽层凡有缺陷或破损的部位，均应进行返修。

11.1.4 隔离层质量控制

（1）块体材料、水泥砂浆或细石混凝土保护层与卷材、涂膜防水层之间，应设置隔离层。

（2）隔离层铺设不得有破损和漏铺现象。

（3）隔离层可采用干铺塑料膜、土工布、卷材或铺抹低强度等级砂浆。

（4）干铺塑料膜、土工布、卷材时，其搭接宽度不应小于50mm，铺设应平整，不得有皱折。

（5）低强度等级砂浆铺设时，其表面应平整、压实，不得有起壳和起砂等现象。

11.1.5 保护层质量控制

（1）块体材料、水泥砂浆、细石混凝土保护层表面的坡度应符合设计要求，不得有积水现象。

（2）防水层上的保护层施工，应待卷材铺贴完成或涂料固化成膜，并经检验合格后进行。

（3）用块体材料做保护层时，宜设置分格缝，分格缝纵横间距不应大于10m，分格缝宽度宜为20mm。块体表面应洁净、色泽一致，应无裂纹、掉角和缺棱等缺陷。

（4）用水泥砂浆做保护层时，表面应抹平压光，并应设表面分格缝，分格面积宜为1m²。

（5）用细石混凝土做保护层时，混凝土应振捣密实，表面应抹平压光，分格缝纵横间距不应大于6m。分格缝的宽度宜为10~20mm。

（6）水泥砂浆及细石混凝土表面应抹平压光，不得有裂纹、脱皮、麻面、起砂等缺陷。

（7）块体材料、水泥砂浆或细石混凝土保护层与女儿墙和山墙之间，应预留宽度为30mm的缝隙，缝内宜填塞聚苯乙烯泡沫塑料，并应用密封材料嵌填密实。

11.2 保温与隔热工程

11.2.1 一般规定

（1）铺设保温层的基层应平整、干燥和干净。

（2）保温材料在施工过程中应采取防潮、防水和防火等措施。

（3）保温与隔热工程的构造及选用材料应符合设计要求。

（4）保温材料使用时的含水率，应相当于该材料在当地自然风干状态下的平衡含水率。

（5）保温材料的导热系数、表观密度或干密度、抗压强度或压缩强度、燃烧性能，必须符合设计要求。

（6）种植、架空、蓄水隔热层施工前，防水层均应验收合格。

（7）保温与隔热工程各分项工程每个检验批的抽检数量，应按屋面面积每 $100m^2$ 抽查 1 处，每处应为 $10m^2$，且不得少于 3 处。

11.2.2 保温屋面施工质量控制

1. 板状材料保温层

（1）基层应平整、干燥、干净。

（2）干铺的保温材料施工环境温度可在负温度下施工；用水泥砂浆黏贴的板状保温材料施工环境温度不宜低于 5℃。

（3）板状材料保温层采用干铺法施工时，板状保温材料应紧靠在基层表面上，应铺平垫稳；分层铺设的板块上下层接缝应相互错开，板间缝隙应采用同类材料的碎屑嵌填密实。

（4）板状材料保温层采用黏贴法施工时，胶黏剂应与保温材料的材性相容，并应贴严、黏牢；板状保温层的平面接缝应挤紧拼严，不得在板块侧面涂抹胶黏剂，超过 2mm 的缝隙应采用相同材料板条或片填塞严实。

（5）板状保温材料采用机械固定法施工时，应选择专用螺钉和垫片；固定件与结构层之间应连接牢固。

2. 纤维材料保温层

（1）基层应平整、干燥、干净。

（2）纤维保温材料应紧靠在基层表面上，平面接缝应挤紧拼严，上下层接缝应相互错开。

（3）屋面坡度较大时，宜采用金属或塑料专用固定件将纤维保温材料与基层固定。

（4）纤维材料填充后，不得上人踩踏。

（5）装配式骨架纤维保温材料施工时，应先在基层上铺设保温龙骨或金属龙骨，龙骨之间应填充纤维保温材料，再在龙骨上铺钉水泥纤维板。金属龙骨和固定件应经防锈处理，金属龙骨与基层之间应采取隔热断桥措施。

3. 喷涂硬泡聚氨酯保温层

（1）基层应平整、干燥、干净。

（2）保温层施工前应对喷涂设备进行调试，并应制备试样进行硬泡聚氨酯的性能检测。

（3）喷涂硬泡聚氨酯施工环境温度宜为 15～35℃，空气相对湿度宜小于 85％，风速不宜大于三级。

（4）喷涂硬泡聚氨酯的配比应准确计量，发泡厚度应均匀一致。

（5）喷涂时喷嘴与施工基面的间距应由试验确定。

（6）喷涂作业时，应采取防止污染的遮挡措施。

（7）一个作业面应分遍喷涂完成，每遍厚度不宜大于15mm；当日的作业面应当日连续地喷涂施工完毕。

（8）硬泡聚氨酯喷涂后 20min 内严禁上人；喷涂硬泡聚氨酯保温层完成后，应及时做保护层。

4. 现浇泡沫混凝土保温层

（1）在浇筑泡沫混凝土前，应将基层上的杂物和油污清理干净；基层应浇水湿润，但不得有积水。

（2）保温层施工前应对设备进行调试，并应制备试样进行泡沫混凝土的性能检测。

（3）泡沫混凝土的配合比应准确计量，制备好的泡沫加入水泥料浆中应搅拌均匀。

（4）泡沫混凝土应按设计的厚度设定浇筑面标高线，找坡时宜采取挡板辅助措施。

（5）泡沫混凝土的浇筑出料口离基层的高度不宜超过 1m，泵送时应采取低压泵送。

（6）浇筑过程中，应随时检查泡沫混凝土的湿密度。

（7）泡沫混凝土应分层浇筑，一次浇筑厚度不宜超过 200mm，终凝后应进行保湿养护，养护时间不得少于 7d。

11.2.3 隔热屋面施工质量控制

1. 种植隔热层

（1）种植隔热层与防水层之间宜设细石混凝土保护层。

（2）种植隔热层的屋面坡度大于 20% 时，其排水层、种植土层应采取防滑措施。

（3）陶粒的粒径不应小于 25mm，大粒径应在下，小粒径应在上。

（4）凹凸型排水板宜采用搭接法施工，搭接宽度应根据产品的规格具体确定；网状交织排水板宜采用对接法施工；采用陶粒作排水层时，铺设应平整，厚度应均匀。

（5）排水层上应铺设过滤层土工布。

（6）挡墙或挡板的下部应设泄水孔，孔周围应放置疏水粗细骨料。

（7）过滤层土工布应沿种植土周边向上铺设至种植土高度，并应与挡墙或挡板黏牢；土工布铺设应平整、无皱折，其搭接宽度不应小于 100mm，接缝宜采用黏合或缝合。

（8）种植土的厚度及自重应符合设计要求。种植土表面应低于挡墙高度 100mm。

2. 架空隔热层

（1）架空隔热层的高度应按屋面宽度或坡度大小确定。设计无要求时，架空隔热层的高度宜为 180～300mm。

（2）当屋面宽度大于 10m 时，应在屋面中部设置通风屋脊，通风口处应设置通风箅子。

（3）架空隔热制品支座底面的卷材、涂膜防水层，应采取加强措施。

（4）铺设架空隔热制品时，应随时清扫屋面防水层上的落灰、杂物等，操作时不得损伤已完工的防水层。

（5）架空板的铺设应平整、稳固；缝隙宜采用水泥砂浆或混合砂浆嵌填，并应按设计要求留变形缝。

（6）架空隔热板距女儿墙不小于 250mm，以保证屋面胀缩变形的同时，防止堵塞和便于清理。

（7）架空隔热制品的质量应符合下列要求：

1）非上人屋面的砌块强度等级不应低于 MU7.5；上人屋面的砌块强度等级不应低于 MU10。

2）混凝土板的强度等级不应低于 C20，板厚及配筋应符合设计要求。

3. 蓄水隔热层

（1）蓄水隔热层与屋面防水层之间应设隔离层。

（2）蓄水池的所有孔洞应预留，不得后凿；所设置的给水管、排水管和溢水管等，均应在蓄水池混凝土施工前安装完毕。

（3）蓄水屋面的分格缝不能过多，一般要放宽间距，分格间距不宜大于 10m。分格缝嵌填密封材料后，上面应做砂浆保护层埋置保护。每个蓄水区内的混凝土应一次浇完，不得留设施工缝。

（4）防水混凝土应用机械振捣密实，表面应抹平和压光，初凝后应覆盖养护，终凝后浇水养护不得少于 14d；蓄水后不得断水。

（5）蓄水池的溢水口标高、数量、尺寸应符合设计要求；过水孔应设在分仓墙底部，排水管应与水落管连通。

11.3　防水与密封工程

11.3.1　一般规定

（1）防水层施工前，基层应坚实、平整、干净、干燥。

（2）基层处理剂应配比准确，并应搅拌均匀；喷涂或涂刷基层处理剂应均匀一致，待其干燥后应及时进行卷材、涂膜防水层和接缝密封防水施工。

（3）防水层完工并经验收合格后，应及时做好成品保护。

（4）防水与密封工程各分项工程每个检验批的抽检数量，防水层应按屋面面积每100m²抽查一处，每处应为10m²，且不得少于3处；接缝密封防水应按每50m抽查一处，每处应为5m，且不得少于3处。

11.3.2 卷材防水层质量控制

（1）进场的防水卷材应检验下列项目：

1）高聚物改性沥青防水卷材的可溶物含量、拉力、最大拉力时延伸率、耐热度、低温柔性、不透水性。

2）合成高分子防水卷材的断裂拉伸强度、扯断伸长率、低温弯折性、不透水性。

（2）进场的基层处理剂、胶黏剂和胶黏带，应检验下列项目：

1）沥青基防水卷材用基层处理剂的固体含量、耐热性、低温柔性、剥离强度。

2）高分子胶黏剂的剥离强度、浸水168h后的剥离强度保持率。

3）改性沥青胶黏剂的剥离强度。

4）合成橡胶胶黏带的剥离强度、浸水168h后的剥离强度保持率。

（3）卷材防水层基层应坚实、干净、平整，应无孔隙、起砂和裂缝。基层的干燥程度应根据所选防水卷材的特性确定。

（4）屋面坡度大于25%时，卷材应采取满黏和钉压固定措施。

（5）卷材防水层铺贴顺序和方向应符合下列规定：

1）卷材防水层施工时，应先进行细部构造处理，然后由屋面最低标高向上铺贴。

2）檐沟、天沟卷材施工时，宜顺檐沟、天沟方向铺贴，搭接缝应顺流水方向。

3）卷材宜平行屋脊铺贴，上下层卷材不得相互垂直铺贴。

（6）卷材搭接缝应符合下列规定：

1）平行屋脊的卷材搭接缝应顺流水方向，卷材搭接宽度应符合表 11-1 的规定。

2）相邻两幅卷材短边搭接缝应错开，且不得小于 500mm。

3）上下层卷材长边搭接缝应错开，且不得小于幅宽的 1/3。

4）叠层铺贴的各层卷材，在天沟与屋面的交接处，应采用叉接法搭接，搭接缝应错开；搭接缝宜留在屋面与天沟侧面，不宜留在沟底。

卷材搭接宽度（mm） 表 11-1

卷材类别		搭接宽度
合成高分子防水卷材	胶黏剂	80
	胶黏带	50
	单缝焊	60,有效焊接宽度不小于 25
	双缝焊	80,有效焊接宽度 10×2＋空腔宽
高聚物改性沥青防水卷材	胶黏剂	100
	自黏	80

11.3.3 涂膜防水层质量控制

（1）涂膜防水层的基层应坚实、平整、干净，应无孔隙、起砂和裂缝。基层的干燥程度应根据所选用的防水涂料特性确定；当采用溶剂型、热熔型和反应固化型防水涂料时，基层应干燥。

（2）进场的防水涂料和胎体增强材料应检验下列项目：

1）高聚物改性沥青防水涂料的固体含量、耐热性、低温柔性、不透水性、断裂伸长率或抗裂性。

2）合成高分子防水涂料和聚合物水泥防水涂料的固体含量、低温柔性、不透水性、拉伸强度、断裂伸长率。

3）胎体增强材料的拉力、延伸率。

（3）防水涂料应多遍涂布，并应待前一遍涂布的涂料干燥成膜后，再涂布后一遍涂料，且前后两遍涂料的涂布方向应相互垂直。

（4）多组分防水涂料应按配合比准确计量，搅拌应均匀，并应根据有效时间确定每次配制的数量。

（5）铺设胎体增强材料应符合下列规定：

1）胎体增强材料宜采用聚酯无纺布或化纤无纺布。

2）胎体增强材料长边搭接宽度不应小于 50mm，短边搭接宽度不应小于 70mm。

3）上下层胎体增强材料的长边搭接缝应错开，且不得小于幅宽的 1/3。

4）上下层胎体增强材料不得相互垂直铺设。

（6）涂膜防水层完成后，进行表观质量的检查，并做好淋水、蓄水检验，合格后再进行保护层的施工。

（7）保护层施工时应有成品保护措施，保护层的施工质量应达到有关规定的要求。

11.3.4 复合防水层质量控制

（1）基层的质量应满足底层防水层的要求。

（2）不同胎体和性能的卷材复合使用时，或夹铺不同胎体增强材料的涂膜复合使用时，高性能的应作为面层。

（3）不同防水材料复合使用时，耐老化、耐穿刺的防水材料应设置在最上面。

（4）卷材与涂料复合使用时，涂膜防水层宜设置在卷材防水层的下面。

（5）防水涂料作为防水卷材黏结材料使用时，应按复合防水层进行整体验收；否则，应分别按涂膜防水层和卷材防水层验收。

（6）挥发固化型防水涂料不得作为防水卷材黏结材料使用；水乳型或合成高分子类防水涂料不得与热熔型防水卷材复合使用；水乳型或水泥基类防水涂料应待涂膜实干后，方可铺贴卷材。

（7）复合防水层施工质量应符合卷材防水层和涂膜防水层的有关规定。

11.3.5 接缝密封防水质量控制

（1）进场的密封材料应检验下列项目：

1）改性石油沥青密封材料的耐热性、低温柔性、拉伸黏结性、施工度。

2）合成高分子密封材料的拉伸模量、断裂伸长率、定伸黏结性。

（2）密封防水部位的基层应符合下列要求：

1）基层应牢固，表面应平整、密实，不得有裂缝、蜂窝、麻面、起皮和起砂现象。

2）基层应清洁、干燥，并应无油污、无灰尘。

3）嵌入的背衬材料与接缝壁间不得留有空隙。

4）密封防水部位的基层宜涂刷基层处理剂，涂刷应均匀，不得漏涂。

（3）多组分密封材料应按配合比准确计量，拌合应均匀，并应根据有效时间确定每次配制的数量。

（4）密封材料嵌填应密实、连续、饱满，应与基层黏结牢固；表面应平滑，缝边应顺直，不得有气泡、孔洞、开裂、剥离等现象。

（5）密封材料嵌填完成后，在固化前应避免灰尘、破损及污染，且不得踩踏。

11.4 瓦面与板面工程

11.4.1 一般规定

（1）瓦面与板面工程施工前，应对主体结构进行质量验收，并应符合现行国家标准《混凝土结构工程施工质量验收规范》GB 50204、《钢结构工程施工质量验收规范》GB 50205 和《木结构工程施工质量验收规范》GB 50206 的有关规定。

（2）木质望板、檩条、顺水条、挂瓦条等构件，均应做防腐、防蛀和防火处理；金属顺水条、挂瓦条以及金属板、固定件，均应做防锈处理。

（3）瓦材或板材与山墙及突出屋面结构的交接处，均应做泛水处理。

（4）在瓦材的下面应铺设防水层或防水垫层，其品种、厚度和搭接宽度均应符合设计要求。

（5）严寒和寒冷地区的檐口部位，应采取防雪融冰坠的安全措施。

（6）瓦面与板面工程各分项工程每个检验批的抽检数量，应按屋面面积每 $100m^2$ 抽查一处，每处应为 $10m^2$，且不得少于3处。

11.4.2　烧结瓦、混凝土瓦铺装质量控制

（1）进场的烧结瓦、混凝土瓦应检验抗渗性、抗冻性和吸水率等项目。

（2）平瓦和脊瓦应边缘整齐，表面光洁，不得有分层、裂纹和露砂等缺陷；平瓦的瓦爪与瓦槽的尺寸应配合。

（3）基层、顺水条、挂瓦条的铺设应符合下列规定：

1）基层应平整、干净、干燥；持钉层厚度应符合设计要求。

2）顺水条应垂直正脊方向铺钉在基层上，顺水条表面应平整，其间距不宜大于 500mm。

3）挂瓦条的间距应根据瓦片尺寸和屋面坡长经计算确定。

4）挂瓦条应铺钉平整、牢固，上棱应成一直线。

（4）挂瓦应符合下列规定：

1）瓦片应均匀分散堆放在两坡屋面基层上，严禁集中堆放。挂瓦应从两坡的檐口同时对称进行。瓦后爪应与挂瓦条挂牢，并应与邻边、下面两瓦落槽密合。

2）檐口瓦、斜天沟瓦应用镀锌铁丝拴牢在挂瓦条上，每片瓦均应与挂瓦条固定牢固。

3）整坡瓦面应平整，行列应横平竖直，不得有翘角和张口现象。

4）正脊和斜脊应铺平挂直，脊瓦搭盖应顺主导风向和流水方向。

（5）烧结瓦和混凝土瓦铺装的有关尺寸，应符合下列规定：

1）瓦屋面檐口挑出墙面的长度不宜小于300mm。

2）脊瓦在两坡面瓦上的搭盖宽度，每边不应小于40mm。

3）脊瓦下端距坡面瓦的高度不宜大于80mm。

4）瓦头伸入檐沟、天沟内的长度宜为50～70mm。

5）金属檐沟、天沟伸入瓦内的宽度不应小于150mm。

6）瓦头挑出檐口的长度宜为50～70mm。

7）突出屋面结构的侧面瓦伸入泛水的宽度不应小于50mm。

11.4.3　沥青瓦铺装质量控制

（1）进场的沥青瓦应检验可溶物含量、拉力、耐热度、柔度、不透水性、叠层剥离强度等项目。

（2）沥青瓦应边缘整齐，切槽应清晰，厚薄应均匀，表面应无孔洞、楞伤、裂纹、皱折和起泡等缺陷。

（3）檐口部位宜先铺设金属滴水板或双层檐口瓦，并应将其固定在基层上，再铺设防水垫层和起始瓦片。

（4）铺设脊瓦时，宜将沥青瓦沿切口剪开分成三块作为脊瓦，并应用2个固定钉固定，同时应用沥青基胶黏材料密封；脊瓦搭盖应顺主导风向。

（5）沥青瓦的固定应符合下列规定：

1）沥青瓦铺设时，每张瓦片不得少于4个固定钉，在大风地区或屋面坡度大于100%时，每张瓦片不得少于6个固定钉。

2）固定钉应垂直钉入沥青瓦压盖面，钉帽应与瓦片表面齐平。

3）固定钉钉入持钉层深度应符合设计要求。

4）屋面边缘部位沥青瓦之间以及起始瓦与基层之间，均应采用沥青基胶黏材料满黏。

（6）沥青瓦屋面与立墙或伸出屋面的烟囱、管道的交接处应做泛水，在其周边与立面 250mm 的范围内应铺设附加层，然后在其表面用沥青基胶结材料满黏一层沥青瓦片。

（7）铺设沥青瓦屋面的天沟应顺直，瓦片应黏结牢固，搭接缝应密封严密，排水应通畅。

（8）沥青瓦铺装的有关尺寸应符合下列规定：

1）脊瓦在两坡面瓦上的搭盖宽度，每边不应小于 150mm。

2）脊瓦与脊瓦的压盖面不应小于脊瓦面积的 1/2。

3）沥青瓦挑出檐口的长度宜为 10～20mm。

4）金属泛水板与沥青瓦的搭盖宽度不应小于 100mm。

5）金属泛水板与突出屋面墙体的搭接高度不应小于 250mm。

6）金属滴水板伸入沥青瓦下的宽度不应小于 80mm。

11.4.4 金属板铺装质量控制

（1）进场的彩色涂层钢板及钢带应检验屈服强度、抗拉强度、断后伸长率、镀层重量、涂层厚度等项目。进场的金属面绝热夹芯板应检验剥离性能、抗弯承载力、防火性能等项目。

（2）金属板屋面的构件及配件应有产品合格证和性能检测报告，其材料的品种、规格、性能等应符合设计要求和产品标准的规定。

（3）金属板材应边缘整齐，表面应光滑，色泽应均匀，外形应规则，不得有翘曲、脱膜和锈蚀等缺陷。

（4）金属板的横向搭接方向宜顺主导风向；当在多维曲面上雨水可能翻越金属板板肋横流时，金属板的纵向搭接应顺流水方向。

（5）金属板铺设过程中应对金属板采取临时固定措施，当天就位的金属板材应及时连接固定。

（6）金属板安装应平整、顺滑，板面不应有施工残留物；檐口线、屋脊线应顺直，不得有起伏不平现象。

（7）金属板固定支架或支座位置应准确，安装应牢固。

（8）金属板屋面铺装的有关尺寸应符合下列规定：

1）金属板檐口挑出墙面的长度不应小于 200mm。

2）金属板伸入檐沟、天沟内的长度不应小于 100mm。

3）金属泛水板与突出屋面墙体的搭接高度不应小于 250mm。

4）金属泛水板、变形缝盖板与金属板的搭接宽度不应小于 200mm。

5）金属屋脊盖板在两坡面金属板上的搭盖宽度不应小于 250mm。

11.4.5　玻璃采光顶铺装质量控制

（1）玻璃采光顶的预埋件应位置准确，安装应牢固。

（2）采光顶玻璃及玻璃组件的制作，应符合现行行业标准《建筑玻璃采光顶》JG/T 231 的有关规定。

（3）采光顶玻璃表面应平整、洁净，颜色应均匀一致。

（4）硅酮结构密封胶的黏结宽度和厚度应符合设计要求，胶缝表面应平整光滑，不得出现气泡。

（5）不宜在夜晚、雨天嵌填密封胶，嵌填温度应符合产品说明书规定，嵌填密封胶的基面应清洁、干燥。

（6）玻璃采光顶与周边墙体之间的连接，应符合设计要求。

11.5　细部构造工程

11.5.1　一般规定

（1）细部构造工程各分项工程每个检验批应全数进行检验。

（2）细部构造所使用卷材、涂料和密封材料的质量应符合设计要求，两种材料之间应具有相容性。

（3）屋面细部构造热桥部位的保温处理，应符合设计要求。

（4）檐口、檐沟外侧下端及女儿墙压顶内侧下端等部位均应作滴水处理，滴水槽宽度和深度不宜小于 10mm。

11.5.2 檐口、檐沟和天沟质量控制

1. 檐口

（1）檐口的防水构造应符合设计要求。

（2）檐口的排水坡度应符合设计要求；檐口部位不得有渗漏和积水现象。

（3）卷材防水屋面檐口 800mm 范围内的卷材应满黏，卷材收头应采用金属压条钉压，并应用密封材料封严。檐口下端应做鹰嘴和滴水槽。

（4）卷材收头应在找平层的凹槽内用金属压条钉压固定，并应用密封材料封严。

（5）涂膜防水屋面檐口的涂膜收头，应用防水涂料多遍涂刷。檐口下端应做鹰嘴和滴水槽。

（6）烧结瓦、混凝土瓦屋面的瓦头挑出檐口的长度宜为 50～70mm。

（7）沥青瓦屋面的瓦头挑出檐口的长度宜为 10～20mm；金属滴水板应固定在基层上，伸入沥青瓦下宽度不应小于 80mm，向下延伸长度不应小于 60mm。

（8）金属板屋面檐口挑出墙面的长度不应小于 200mm；屋面板与墙板交接处应设置金属封檐板和压条。

2. 檐沟和天沟

（1）檐沟、天沟的防水构造应符合设计要求。

（2）檐沟、天沟的排水坡度应符合设计要求；沟内不得有渗漏和积水现象。

（3）檐沟、天沟附加层铺设应符合设计要求，附加层伸入屋面的宽度不应小于 500mm。

（4）天沟采用搭接式或编织式铺设时，沥青瓦下应增设不小于 1000mm 宽的附加层。

（5）天沟采用敞开式铺设时，在防水层或防水垫层上应铺设厚度不小于 0.45mm 的防锈金属板材，沥青瓦与金属板材应顺流水方向搭接，搭接缝应用沥青基胶结材料黏结，搭接宽度不应

小于 100mm。

（6）檐沟和天沟防水层伸入瓦内的宽度不应小于 150mm，并应与屋面防水层或防水垫层顺流水方向搭接。

（7）烧结瓦、混凝土瓦伸入檐沟、天沟内的长度，宜为50～70mm。沥青瓦伸入檐沟内的长度宜为 10～20mm。

（8）檐沟防水层应由沟底翻上至外侧顶部，卷材收头应用金属压条钉压固定，并应用密封材料封严；涂膜收头应用防水涂料多遍涂刷。

（9）檐沟外侧顶部及侧面均应抹聚合物水泥砂浆，其下端应做成鹰嘴或滴水槽。

11.5.3 女儿墙和山墙质量控制

（1）女儿墙和山墙的防水构造应符合设计要求。

（2）女儿墙和山墙的压顶向内排水坡度不应小于 5%，压顶内侧下端应做成鹰嘴或滴水槽。

（3）女儿墙和山墙的卷材应满黏，卷材收头应用金属压条钉压固定，并应用密封材料封严。

（4）女儿墙和山墙的涂膜应直接涂刷至压顶下，涂膜收头应用防水涂料多遍涂刷。

（5）女儿墙和山墙的泛水高度及附加层铺设应符合设计要求。女儿墙和山墙泛水处的附加层在平面和立面的宽度均不应小于 250mm。

（6）烧结瓦、混凝土瓦屋面山墙泛水应采用聚合物水泥砂浆抹成，侧面瓦伸入泛水的宽度不应小于 50mm。

（7）金属板屋面山墙泛水应铺钉厚度不小于 0.45mm 的金属泛水板，并应顺流水方向搭接；金属泛水板与墙体的搭接高度不应小于 250mm，与压型金属板的搭盖宽度宜为1～2 波，并应在波峰处采用拉铆钉连接。

（8）女儿墙和山墙的根部不得有渗漏和积水现象。

11.5.4 水落口、变形缝质量控制

1. 水落口

（1）水落口的防水构造应符合设计要求。

（2）水落口杯上口应设在沟底的最低处；水落口处不得有渗漏和积水现象。

（3）水落口的数量和位置应符合设计要求；水落口杯应安装牢固。

（4）水落口的金属配件均应作防锈处理。

（5）水落口周围直径 500mm 范围内坡度不应小于 5％，水落口周围的附加层铺设应符合设计要求。

（6）防水层及附加层伸入水落口杯内不应小于 50mm，并应黏结牢固。

2. 变形缝

（1）变形缝的防水构造应符合设计要求。

（2）变形缝处不得有渗漏和积水现象。

（3）变形缝的泛水高度及附加层铺设应符合设计要求，附加层在平面和立面的宽度不应小于 250mm。

（4）防水层应铺贴或涂刷至泛水墙的顶部。

（5）等高变形缝顶部宜加扣混凝土或金属盖板。混凝土盖板的接缝应用密封材料封严；金属盖板应铺钉牢固，搭接缝应顺流水方向，并应做好防锈处理。

（6）高低跨变形缝在高跨墙面上的防水卷材封盖和金属盖板，应用金属压条钉压固定，并应用密封材料封严。

11.5.5　伸出屋面管道、屋面出入口质量控制

1. 伸出屋面管道

（1）伸出屋面管道的防水构造应符合设计要求。

（2）伸出屋面管道的泛水高度及附加层铺设，应符合设计要求。附加层在平面和立面的宽度均不应小于 250mm。

（3）伸出屋面管道周围的找平层应抹出高度不小于 30mm 的排水坡。

（4）烟囱与烧结瓦、混凝土瓦屋面的交接处，应在迎水面中部抹出分水线，并应高出两侧各 30mm。

（5）卷材防水层收头应用金属箍固定，并应用密封材料封严；涂膜防水层收头应用防水涂料多遍涂刷。

（6）伸出屋面管道根部不得有渗漏和积水现象。

2．屋面出入口

（1）屋面出入口的防水构造应符合设计要求。

（2）屋面垂直出入口防水层收头应压在压顶圈下，附加层铺设应符合设计要求。附加层在平面和立面的宽度均不应小于250mm。

（3）屋面水平出入口防水层收头应压在混凝土踏步下，附加层铺设和护墙应符合设计要求。附加层在平面上的宽度不应小于250mm。

（4）屋面出入口的泛水高度不应小于250mm。

（5）屋面出入口处不得有渗漏和积水现象。

11.5.6 反梁过水孔、设施基座质量控制

1．反梁过水孔

（1）反梁过水孔的防水构造应符合设计要求。

（2）反梁过水孔处不得有渗漏和积水现象。

（3）反梁过水孔的孔底标高、孔洞尺寸或预埋管管径，均应符合设计要求。

（4）反梁过水孔的孔洞四周应涂刷防水涂料；预埋管道两端周围与混凝土接触处应留凹槽，并应用密封材料封严。

2．设施基座

（1）设施基座的防水构造应符合设计要求。

（2）设施基座与结构层相连时，防水层应包裹设施基座的上部，并应在地脚螺栓周围做密封处理。

（3）设施基座直接放置在防水层上时，设施基座下部应增设附加层，必要时应在其上浇筑细石混凝土，其厚度不应小于50mm。

（4）需经常维护的设施基座周围和屋面出入口至设施之间的人行道，应铺设块体材料或细石混凝土保护层。

(5) 设施基座处不得有渗漏和积水现象。

11.5.7 屋脊、屋顶窗质量控制

1. 屋脊

(1) 屋脊的防水构造应符合设计要求。

(2) 平脊和斜脊铺设应顺直，应无起伏现象。

(3) 脊瓦应搭盖正确，间距应均匀，封固应严密。

(4) 烧结瓦、混凝土瓦屋面的屋脊处应增设宽度不小于250mm的卷材附加层。脊瓦下端距坡面瓦的高度不宜大于80mm，脊瓦在两坡面瓦上的搭盖宽度，每边不应小于40mm；脊瓦与坡瓦面之间的缝隙应采用聚合物水泥砂浆填实抹平。

(5) 沥青瓦屋面的屋脊处应增设宽度不小于250mm的卷材附加层。脊瓦在两坡面瓦上的搭盖宽度，每边不应小于150mm。

(6) 金属板屋面的屋脊盖板在两坡面金属板上的搭盖宽度每边不应小于250mm，屋面板端头应设置挡水板和堵头板。

(7) 屋脊处不得有渗漏现象。

2. 屋顶窗

(1) 屋顶窗的防水构造应符合设计要求。

(2) 屋顶窗用金属排水板、窗框固定铁脚应与屋面连接牢固。

(3) 屋顶窗用窗口防水卷材应铺贴平整，黏结应牢固。

(4) 屋顶窗及其周围不得有渗漏现象。

12 建筑给水排水及采暖工程

12.1 室内给水管道安装

12.1.1 给水管道及配件安装质量控制

1. 金属管道

（1）管道敷设应符合设计要求。

（2）管道安装前应对管材、管件的适配性和公差进行检查。

（3）管道安装间歇或完成后，敞口处应及时封堵。

（4）在施工过程中，应防止管材、管件与酸、碱等有腐蚀性液体、污物接触。受污染的管材、管件，其内外污垢和杂物应清理干净。

（5）管道支、吊、托架的安装应符合下列规定：

1）管道支、吊、托架的位置应正确，埋设应平整牢固。

2）固定支架与管道的接触应紧密，固定应牢靠。

3）滑动支架应灵活，滑托与滑槽两侧间应留有 3~5mm 的间隙，位移量应符合设计的要求。

4）无热伸长管道的吊架、吊杆应垂直安装。

5）有热伸长管道的吊架、吊杆应向热膨胀的反方向偏移。

6）固定在建筑结构上的管道支、吊架不得影响结构的安全。

（6）当管道穿墙壁、楼板及嵌墙暗敷时，应配合土建工程预留孔、槽，预留孔或开槽的尺寸应符合下列规定：

1）预留孔洞的尺寸宜大于管道外径 50~100mm。

2）嵌墙暗管的墙槽深度宜为管道外径加 20~50mm，宽度宜为管道外径加 40~50mm。

（7）架空管道管顶上部的净空不宜小于 200mm。

（8）明装管道的外壁或管道保温层外表面与装饰墙面的净距离宜为 10mm。

（9）薄壁不锈钢管、铜管与阀门、水表、水嘴等的连接应采用转换接头。严禁在薄壁不锈钢水管、薄壁铜管上套丝。

（10）进户管与水表的接口不得埋设，并应采用可拆卸的连接方式。

（11）当管道系统与供水设备连接时，其接口处应采用可拆卸的连接方式。

（12）安装管道时不得强制矫正。安装完毕的管线应横平竖直，不得有明显的起伏、弯曲等现象，管道外壁应无损伤。

（13）管道明敷时，应在土建工程完毕后进行安装。安装前，应先复核预留孔洞的位置。

（14）管道暗敷时应符合下列规定：

1）管道应进行外防腐。

2）管道应在试压合格和隐蔽工程验收后方可封埋。

3）当管道敷设在垫层内时，应在找平层上设置明显的管道位置标志。

（15）当建筑给水金属管道与其他管道平行安装时，安全距离应符合设计的要求，当设计无规定时，其净距不宜小于 100mm。

2. 塑料管道

（1）管道施工应符合下列规定：

1）管道安装时应将印刷在管材、管件表面的产品标志面向外侧。

2）管道穿越水池、水箱壁的环形空隙应采用对水质不产生污染的防水胶泥嵌实，宽度不应小于壁厚的 1/3，两侧应采用 M15 水泥砂浆填实，填实后墙体或池壁内外表面应刮平。

3）横管应按设计要求敷设坡度，并坡向泄水点。

4）管道安装时不得扭曲、强行校直，与设备或管道附件连接时不得强行对接。

5）各种塑料管材在任何情况下，不得在管壁上车制螺纹、烘烤。

6）热水管道支架应支承在管道的本体上，不得支承在保温层表面。

7）管道与加热设备连接应设置自由臂管段，且按设计要求长度采用耐腐蚀金属管或金属波纹管与加热设备连接。

8）施工过程中不得有污物或异物进入管内，管道安装间歇或安装结束，应及时将管口进行临时封堵。

9）管道表面不得受污、受损，周围不得受热、烘烤，应注意对已安装的成品做好保护。

10）埋设在墙体及地坪内管道，宜在墙面粉刷及垫层完工后，在表面作出管路走向标记。

（2）冷水管穿越楼板处的施工应符合下列规定：

1）系统试压合格后，结合穿越部位的楼面防渗漏措施，对立管与楼板的环形空隙部位，应浇筑细石混凝土；浇筑时应采用 C20 细石混凝土分二次填实，第一次浇筑厚度宜为楼板厚度的 2/3，待强度达到 50％后，再嵌实其余的 1/3 部位，细石混凝土浇筑前楼板底应支模，混凝土浇筑后底部不得凸出板面。

2）冷水管穿越楼板处应设置硬聚氯乙烯护套管，护套管应高出地坪完成面 70mm，且应在地坪施工时窝嵌在找平层的面层内。

3）楼面面层施工时，护套管的周围应砌筑高度为 10～15mm、宽度为 20～30mm 的环形阻水圈。

4）高层建筑管窿或管道井，建筑设计未封堵的楼层，在楼板中间应设置固定支架。

（3）热水管道穿越楼层或屋面处应设套管，除应符合上述（2）的规定外，还应符合下列规定：

1）套管上口应高出最终完成面 70mm，套管底部应与楼板底齐平。

2）管道每层离地面 250～300mm 位置处应设置固定支架。

3）管道与套管间的环形空隙，应采用不燃柔性材料或纸筋石灰填实。

4）穿越屋面的管道与套管间的间隙，应采用防水胶泥填实，且在屋面防水层施工时，防水材料与套管周围应紧贴、牢固。

3. 复合管道

（1）管道安装前，应对管材、管件的适配性和公差进行检查。

（2）管道安装间歇或完成后，敞口处应及时封堵。

（3）管道接口应符合下列规定：

1）当采用熔接时，管道的结合面应有均匀的熔接圈，不得出现局部熔瘤或熔接圈凸凹不匀现象。

2）当法兰连接时，衬垫不得凸入管内，其外边缘宜接近螺栓孔；不得采取放入双垫或偏垫的密封方式。法兰螺栓的直径和长度应符合相关标准，连接完成后，螺栓突出螺母的长度不应大于螺杆直径的1/2。

3）当螺纹连接时，管道连接后的管螺纹根部应有2～3扣的外露螺纹，多余的生料带应清理干净，并对接口处进行防腐处理。

4）当卡箍（套）式连接时，两接口端应匹配、无缝隙，沟槽应均匀，卡箍（套）安装方向应一致，卡紧螺栓后管道应平直。

（4）穿墙壁、楼板及嵌墙暗敷管道，应配合土建工程预留孔、槽，预留孔或开槽的尺寸应符合下列规定：

1）预留孔的直径宜大于管道的外径50～100mm。

2）嵌墙暗管的墙槽深度宜为管道外径加20～50mm，宽度宜为管道外径加40～50mm。

3）横管嵌墙暗敷时，预留的管槽应经结构计算；未经结构专业许可，严禁在墙体开凿长度大于300mm的横向管槽。

（5）管道穿过墙壁和楼板，宜设置金属或塑料套管，并应符合下列规定：

1）安装在卫生间及厨房内的套管，其顶部应高出装饰地面50mm，安装在其他楼板内的套管，其顶部应高出装饰地面20mm，套管底部应与楼板底面相平。套管与管道之间缝隙应采用阻燃密实材料和防水油膏填实，且端面应抹光滑。

2）安装在墙壁内的套管，其两端应与饰面相平。套管与管道之间缝隙宜采用阻燃密实材料填实，且端面应抹光滑。

3）管道的接口不得设在套管内。

（6）架空管道的管顶上部的净空不宜小于200mm。

（7）管道安装应横平竖直，不得有明显的起伏、弯曲等现象，管道外壁应无损伤。

（8）成排明敷管道时，各条管道应互相平行，弯管部分的曲率半径应一致。

（9）管道敷设时，不得有轴向弯曲和扭曲，穿过墙或楼板时不得强制校正。当与其他管道平行安装时，安全距离应符合设计的要求。当设计无规定时，其净距不宜小于100mm。

（10）管道暗敷时应对管道外壁采取防腐措施。

（11）管道穿过结构伸缩缝、防震缝及沉降缝时，应采取下列保护措施：

1）在墙体两侧采取柔性连接。

2）在管道或保温层外皮的上、下部应留有不小于150mm的净空。

3）在穿墙处应水平安装成方形补偿器。

（12）建筑给水复合管道支、吊、托架的安装应符合下列规定：

1）位置应正确，埋设应平整牢固。

2）固定支架与管道的接触应紧密，固定应牢靠。

3）滑动支架应灵活，滑托与滑槽两侧间应留有3～5mm的间隙，纵向位移量应符合设计要求。

4）无热伸长管道的吊架、吊杆应垂直安装。

5）有热伸长管道的吊架、吊杆应向热膨胀的反方向偏移。

6) 固定在建筑结构上的管道支、吊架不得影响结构的安全。

4. 管道试验、冲洗和消毒

（1）室内给水管道水压试验、热水供应系统水压试验、小区及厂区的室外给水管道水压试验应符合现行国家标准《建筑给水排水及采暖工程施工质量验收规范》GB 50242 的规定。

（2）当在温度低于 5℃ 的环境下进行水压试验和通水能力检验时，应采取可靠的防冻措施，试验结束后应将管道内的存水排尽。

（3）消防给水系统的金属管水压试验应符合国家现行消防标准的有关规定。

（4）对试压资料应进行评判，并应符合下列规定：

1）施工单位提供的水压试验资料应齐全。

2）水压试验的方法和参数应符合设计的要求。

3）隐蔽工程应有原始试压记录。

4）试压资料不全或不合规定，应重新试压。

（5）管道的通水能力试验应在管道接通水源和安装好配水器材后进行。

（6）通水能力试验时应对配水点作逐点放水试验，每个配水点的流量应稳定正常，然后应按设计要求开启足够数量的配水点，其流量应达到额定的配水量。

（7）生活饮用水管道在试压合格后，应按规定在竣工验收前进行冲洗消毒，并应符合现行国家标准《建筑给水排水及采暖工程施工质量验收规范》GB 50242 和《给水排水管道工程施工及验收规范》GB 50268 的有关规定。

12.1.2　室内消火栓系统安装质量控制

1. 管网安装

（1）管网采用钢管时，其材质应符合现行国家标准《输送流体用无缝钢管》GB/T 8163、《流体输送用不锈钢焊接钢管》GB/T 12770 的要求。当使用铜管、不锈钢管等其他管材时，应符合相应技术标准的要求。

（2）管道连接后不应减小过水横断面面积。热镀锌钢管安装应采用螺纹、沟槽式管件或法兰连接。

（3）管网安装前应校直管道，并清除管道内部的杂物；在具有腐蚀性的场所，安装前应按设计要求对管道、管件等进行防腐处理；安装时应随时清除管道内部的杂物。

（4）管道的安装位置应符合设计要求。

（5）管道支架或吊架之间的距离应符合设计和规范的规定。

（6）管道穿过建筑物的变形缝时，应采取抗变形措施。穿过墙体或楼板时应加设套管，套管长度不得小于墙体厚度；穿过楼板的套管其顶部应高出装饰地面 20mm；穿过卫生间或厨房楼板的套管，其顶部应高出装饰地面 50mm，且套管底部应与楼板底面相平。套管与管道的间隙应采用不燃材料填塞密实。

（7）管道横向安装宜设 0.002～0.005 的坡度，且应坡向排水管；当局部区域难以利用排水管将水排净时，应采取相应的排水措施。当喷头数量小于或等于 5 只时，可在管道低凹处加设堵头；当喷头数量大于 5 只时，宜装设带阀门的排水管。

（8）配水干管、配水管应做红色或红色环圈标志。红色环圈标志，宽度不应小于 20mm，间隔不宜大于 4m，在一个独立的单元内环圈不宜少于 2 处。

（9）管网在安装中断时，应将管道的敞口封闭。

2. 喷头安装

（1）喷头安装应在系统试压、冲洗合格后进行。

（2）安装前检查喷头的型号、规格、使用场所应符合设计要求。

（3）喷头安装时，不得对喷头进行拆装、改动，并严禁给喷头附加任何装饰性涂层。

（4）喷头安装应使用专用扳手，严禁利用喷头的框架施拧；喷头的框架、溅水盘产生变形或释放原件损伤时，应采用规格、型号相同的喷头更换。

（5）安装在易受机械损伤处的喷头，应加设喷头防护罩。

（6）喷头安装时，溅水盘与吊顶、门、窗、洞口或障碍物的距离应符合设计要求。

（7）当喷头的公称直径小于 10mm 时，应在配水干管或配水管上安装过滤器。

（8）当喷头溅水盘高于附近梁底或高于宽度小于 1.2m 的通风管道、排管、桥架腹面时，喷头溅水盘高于梁底、通风管道、排管、桥架腹面的最大垂直距离应符合设计和规范的规定。

（9）当梁、通风管道、排管、桥架宽度大于 1.2m 时，增设的喷头应安装在其腹面以下部位。

3. 报警阀组安装

（1）报警阀组的安装应在供水管网试压、冲洗合格后进行。安装时应先安装水源控制阀、报警阀，然后进行报警阀辅助管道的连接。水源控制阀、报警阀与配水干管的连接，应使水流方向一致。报警阀组安装的位置应符合设计要求；当设计无要求时，报警阀组应安装在便于操作的明显位置，距室内地面高度宜为 1.2m；两侧与墙的距离不应小于 0.5m；正面与墙的距离不应小于 1.2m；报警阀组凸出部位之间的距离不应小于 0.5m。安装报警阀组的室内地面应有排水设施。

（2）报警阀组附件的安装应符合下列要求：

1）压力表应安装在报警阀上便于观测的位置。

2）排水管和试验阀应安装在便于操作的位置。

3）水源控制阀安装应便于操作，且应有明显开闭标志和可靠的锁定设施。

4）在报警阀与管网之间的供水干管上，应安装由控制阀、检测供水压力、流量用的仪表及排水管道组成的系统流量压力检测装置，其过水能力应与系统过水能力一致；干式报警阀组、雨淋报警阀组应安装检测时水流不进入系统管网的信号控制阀门。

（3）雨淋阀组的安装应符合下列要求：

1）雨淋阀组的观测仪表和操作阀门的安装位置应符合设计要求，并应便于观测和操作。

2）雨淋阀组手动开启装置的安装位置应符合设计要求，且在发生火灾时应能安全开启和便于操作。

3）压力表应安装在雨淋阀的水源一侧。

4. 其他组件安装

（1）水流指示器的安装应符合下列要求：

1）水流指示器的安装应在管道试压和冲洗合格后进行，水流指示器的规格、型号应符合设计要求。

2）水流指示器应使电器元件部位竖直安装在水平管道上侧，其动作方向应和水流方向一致；安装后的水流指示器浆片、膜片应动作灵活，不应与管壁发生碰擦。

（2）控制阀的规格、型号和安装位置均应符合设计要求；安装方向应正确，控制阀内应清洁、无堵塞、无渗漏；主要控制阀应加设启闭标志；隐蔽处的控制阀应在明显处设有指示其位置的标志。

（3）压力开关应竖直安装在通往水力警铃的管道上，且不应在安装中拆装改动。管网上的压力控制装置的安装应符合设计要求。

（4）水力警铃应安装在公共通道或值班室附近的外墙上，且应安装检修、测试用的阀门。水力警铃和报警阀的连接应采用热镀锌钢管，当镀锌钢管的公称直径为 20mm 时，其长度不宜大于 20m；安装后的水力警铃启动时，警铃声强度应不小于 70dB。

（5）末端试水装置和试水阀的安装位置应便于检查、试验，并应有相应排水能力的排水设施。

（6）信号阀应安装在水流指示器前的管道上，与水流指示器之间的距离不宜小于 300mm。

（7）排气阀的安装应在系统管网试压和冲洗合格后进行；排气阀应安装在配水干管顶部、配水管的末端，且应确保无渗漏。

（8）节流管和减压孔板的安装应符合设计要求。

（9）压力开关、信号阀、水流指示器的引出线应用防水套管锁定。

（10）减压阀的安装应符合下列要求：

1）减压阀安装应在供水管网试压、冲洗合格后进行。

2）减压阀安装前应检查：其规格型号应与设计相符；阀外控制管路及导向阀各连接件不应有松动；外观应无机械损伤，并应清除阀内异物。

3）减压阀水流方向应与供水管网水流方向一致。

4）应在进水侧安装过滤器，并宜在其前后安装控制阀。

5）可调式减压阀宜水平安装，阀盖应向上。

6）比例式减压阀宜垂直安装；当水平安装时，单呼吸孔减压阀其孔口应向下，双呼吸孔减压阀其孔口应呈水平位置。

7）安装自身不带压力表的减压阀时，应在其前后相邻部位安装压力表。

（11）多功能水泵控制阀的安装应符合下列要求：

1）安装应在供水管网试压、冲洗合格后进行。

2）在安装前应检查：其规格型号应与设计相符；主阀各部件应完好；紧固件应齐全，无松动；各连接管路应完好，接头紧固；外观应无机械损伤，并应清除阀内异物。

3）水流方向应与供水管网水流方向一致。

4）出口安装其他控制阀时应保持一定间距，以便于维修和管理。

5）宜水平安装，且阀盖向上。

6）安装自身不带压力表的多功能水泵控制阀时，应在其前后相邻部位安装压力表。

7）进口端不宜安装柔性接头。

（12）倒流防止器的安装应符合下列要求：

1）应在管道冲洗合格以后进行。

2）不应在倒流防止器的进口前安装过滤器或者使用带过滤器的倒流防止器。

3）宜安装在水平位置，当竖直安装时，排水口应配备专用弯头。倒流防止器宜安装在便于调试和维护的位置。

4）倒流防止器两端应分别安装闸阀，而且至少有一端应安装挠性接头。

5）倒流防止器上的泄水阀不宜反向安装，泄水阀应采取间接排水方式，其排水管不应直接与排水管（沟）连接。

6）安装完毕后，首次启动使用时，应关闭出水闸阀，缓慢打开进水闸阀，待阀腔充满水后，缓慢打开出水闸阀。

5. 消火栓箱

（1）消火栓的启闭阀门设置位置应便于操作使用，阀门的中心距箱侧面应为 140mm，距箱后内表面应为 100mm，允许偏差±5mm。

（2）室内消火栓箱的安装应平正、牢固，暗装的消火栓箱不应破坏隔墙的耐火性能。

（3）箱体安装的垂直度允许偏差为±3mm。

（4）消火栓箱门的开启不应小于 120°。

（5）安装消火栓水龙带，水龙带与消防水枪和快速接头绑扎好后，应根据箱内构造将水龙带放置。

（6）双向开门消火栓箱应有耐火等级应符合设计要求，当设计没有要求时应至少满足 1h 耐火极限的要求。

（7）消火栓箱门上应用红色字体注明"消火栓"字样。

6. 室内消火栓及消防软管卷盘

（1）室内消火栓及消防软管卷盘和轻便水龙的选型、规格应符合设计要求。

（2）同一建筑物内设置的消火栓、消防软管卷盘和轻便水龙应采用统一规格的栓口、消防水枪和水带及配件。

（3）试验用消火栓栓口处应设置压力表。

（4）当消火栓设置减压装置时，应检查减压装置符合设计要求，且安装时应有防止砂石等杂物进入栓口的措施。

（5）室内消火栓及消防软管卷盘和轻便水龙应设置明显的永久性固定标志，当室内消火栓因美观要求需要隐蔽安装时，应有明显的标志，并应便于开启使用。

（6）消火栓栓口出水方向宜向下或与设置消火栓的墙面成90°角，栓口不应安装在门轴侧。

（7）消火栓栓口中心距地面应为1.1m，特殊地点的高度可特殊对待，允许偏差±20mm。

7. 消防水泵

（1）消防水泵安装前应校核产品合格证，以及其规格、型号和性能与设计要求应一致，并应根据安装使用说明书安装。

（2）消防水泵安装前应复核水泵基础混凝土强度、隔振装置、坐标、标高、尺寸和螺栓孔位置。

（3）消防水泵的安装应符合现行国家标准《机械设备安装工程施工及验收通用规范》GB 50231和《风机、压缩机、泵安装工程施工及验收规范》GB 50275的有关规定。

（4）消防水泵安装前应复核消防水泵之间，以及消防水泵与墙或其他设备之间的间距，并应满足安装、运行和维护管理的要求。

（5）消防水泵吸水管上的控制阀应在消防水泵固定于基础上后再进行安装，其直径不应小于消防水泵吸水口直径，且不应采用没有可靠锁定装置的控制阀，控制阀应采用沟槽式或法兰式阀门。

（6）当消防水泵和消防水池位于独立的两个基础上且相互为刚性连接时，吸水管上应加设柔性连接管。

（7）吸水管水平管段上不应有气囊和漏气现象。变径连接时，应采用偏心异径管件并应采用管顶平接。

（8）消防水泵出水管上应安装消声止回阀、控制阀和压力表；系统的总出水管上还应安装压力表和压力开关；安装压力表时应加设缓冲装置。压力表和缓冲装置之间应安装旋塞；压力表量程在没有设计要求时，应为系统工作压力的2~2.5倍。

（9）消防水泵的隔振装置、进出水管柔性接头的安装应符合设计要求，并应有产品说明和安装使用说明。

8. 试压和冲洗

（1）管网安装完毕后，应对其进行强度试验、冲洗和严密性试验。

（2）强度试验和严密性试验宜用水进行。干式消火栓系统应做水压试验和气压试验。

（3）系统试压完成后，应及时拆除所有临时盲板及试验用的管道，并应与记录核对无误，且应填写记录。

（4）管网冲洗应在试压合格后分段进行。冲洗顺序应先室外，后室内；先地下，后地上；室内部分的冲洗应按供水干管、水平管和立管的顺序进行。

12.1.3 给水设备安装质量控制

（1）水泵就位前的基础混凝土强度、坐标、标高、尺寸和螺栓孔位置必须符合设计规定。

（2）立式水泵的减振装置不应采用弹簧减振器。

（3）水泵试运转的轴承温升必须符合设备说明书的规定。

（4）敞口水箱的满水试验和密闭水箱（罐）的水压试验必须符合设计与规范的规定。

（5）水箱支架或底座安装，其尺寸及位置应符合设计规定，埋设平整牢固。

（6）水箱溢流管和泄放管应设置在排水地点附近但不得与排水管直接连接。

（7）室内给水设备安装的允许偏差应符合现行国家标准《建筑给水排水及采暖工程施工质量验收规范》GB 50242 的规定。

（8）管道及设备保温层的厚度和平整度的允许偏差应符合现行国家标准《建筑给水排水及采暖工程施工质量验收规范》GB 50242 的规定。

12.2 室内排水系统安装

12.2.1 排水管道及配件安装质量控制

1. 建筑排水塑料管道

（1）立管穿越楼板时应预留孔洞，其尺寸应大于管道外径60～100mm，层间预留孔洞应顺通。横管穿越混凝土墙体时应预埋套管，套管内径应大于管道外径30～50mm，套管长度应与墙面的厚度相等，套管宜采用硬聚氯乙烯材料制作；当采用金属套管时，套管管口内侧不得有棱角、毛刺。

（2）横管坡度应符合设计要求。管道安装时应将管道产品的标记置于外侧醒目位置。

（3）建筑排水塑料管道系统应按设计规定设置检查口或清扫口，检查口位置和朝向应便于管道检修和维护。立管的检查口中心应离地面1m，设置在管窿内的立管检查口宜设检修门；当横管检查口设置在吊顶内时，宜在吊顶位置设置检修门。

（4）设置于室内的雨、污水立管离墙净距宜为20～50mm。室外沿墙敷设的雨、污水管和空调凝结水管道离墙净距不宜大于20mm。

（5）建筑排水塑料管道穿越楼板施工时应符合下列规定：

1）在穿越楼板处，应结合楼面防渗漏水施工形成固定支承。

2）填补环形缝隙时，应在底部支模板，模板的表面应紧贴楼板底部。

3）环形缝隙应采用不低于C20的细石混凝土分两次填实，第一次为楼板厚度的2/3，待混凝土强度达到50%后，再填实其余的1/3厚度。

4）地面面层施工时，管道周围宜砌筑厚度为15～20mm、宽度为30～35mm的环形阻水圈。

（6）建筑排水塑料管道穿越屋面部位施工时应符合下列规定：

1）穿越位置应预埋硬聚氯乙烯材料套管，套管上口应高出屋面最终完成面200～250mm。

2）套管周围在屋面混凝土找平层施工时，用水泥砂浆筑成锥形阻水圈，高度不应小于套管上沿。

3）管道与套管间的环形缝隙应采用防水胶泥或无机填料

嵌实。

4）屋面防水层施工时，防水层应高出锥形阻水圈且应与管材周边相黏贴。

（7）当建筑排水塑料管道穿越地下室外墙时，管道与套管间的环形缝隙应采用防水胶泥加无机填料嵌实，宽度不宜小于墙体厚度的 1/3，墙体两侧及其余部位应采用 M20 水泥砂浆嵌实填平。

（8）当立管转为横管和排出管时，宜安装带底座 90°的大弯管件或两个 45°弯管；当采用无底座管件时，应设置支墩或支座。

（9）建筑排水塑料管道系统应按设计规定设置伸缩节，横管应采用承压式伸缩节；室内雨水立管宜采用弹性密封圈连接；当以楼板为固定支承时，可不设伸缩节。

（10）建筑排水塑料管道的伸缩节承口应迎水流方向，管道插入伸缩节后应预留管道的伸缩余量，其夏季为 5～10mm，冬季为 15～20mm。

（11）当横管采用弹性密封圈连接时，在连接部位应设置固定支承。转弯管段在转弯后应设置防推脱设施。

（12）高层建筑中的塑料排水管道系统，当管径大于等于 110mm 时，应根据设计要求在贯穿部位设置阻火圈。阻火圈的安装应符合产品要求，安装时应紧贴楼板底面或墙体，并应采用膨胀螺栓固定。

（13）屋面雨水斗组合件的底部零件应根据雨水斗组合件的构造埋设在结构层内，且在屋面防水层施工的同时，应做好雨水斗周边的防渗漏水。

（14）管道施工还应符合下列规定：

1）施工现场放置聚烯烃类管材、管件、胶黏剂、清洁剂的地方严禁使用明火，施工过程中严禁使用明火煨弯或加工塑料管道。

2）硬聚氯乙烯排水管道系统应按规定采用灌水试验，不得采用气压试验代替。

2. 建筑排水金属管道

(1) 铸铁管材应采用机械方法切割，不得采用火焰切割；切割时，其切口端面应与管轴线相垂直，并将切口处打磨光滑。当切割直径不大于 300mm 的球墨铸铁管时，应使用直径 500mm 的无齿锯直接转动切割，严禁使用电焊烧割。

(2) 碳素钢管宜采用机械方法切割；当采用火焰切割时，应清除表面的氧化物；不锈钢管应采用机械方法或等离子方法切割。管材切割后，切口表面应平整，并应与管的中心线垂直。

(3) 当污水提升泵的出水管道穿越污水池混凝土顶板时，应设置钢套管。当建筑排水不锈钢管道穿越承重墙或楼板时，应设置套管。

(4) 建筑排水金属管道接口不得设置在楼板、屋面板或池壁、墙体等结构内，管道与土建结构的净距应符合设计或规范的规定。

(5) 当建筑排水金属管道沿墙或墙角敷设时，其卡箍、沟槽式卡套和法兰压盖的螺栓位置应调整至墙（角）的外侧。

(6) 当建筑排水金属管道的立管设置在管道井或管窿，横管设置在吊顶内时，在检查口或清扫口位置处应设检修门或检修口。检查口位置和朝向应便于检修。

(7) 建筑排水不锈钢管不得浇筑在混凝土内；当必需暗埋敷设时，应采取防腐措施。当不锈钢管与其他金属管材相连接时，应采取防止电化学腐蚀的措施。

(8) 建筑排水金属管道防腐应符合下列规定：

1) 柔性接口排水铸铁管及管件内外应喷（刷）沥青漆或防腐漆，并应符合现行国家标准《排水用柔性接口铸铁管、管件及附件》GB/T 12772 的有关规定。

2) K 型接口球墨铸铁管应内衬水泥砂浆，外喷（刷）沥青漆或防腐漆，并应符合现行国家标准《水及燃气用球墨铸铁管、管件和附件》GB/T 13295 的有关规定。

3）碳素钢管防腐应符合设计规定；当采用焊接或法兰连接时，防腐层被破坏部分，应二次热浸镀锌或用其他能确保防腐性能的方法做好防腐处理；当采用螺纹连接时，安装后应及时做好外露丝扣、切口断面和被破坏部位的防腐。埋地钢管的防腐应按设计要求进行。

4）管道的防腐层应附着良好，应无脱皮、起泡和漏涂，黏膜应厚度均匀、色泽一致、无流坠及污染现象。

5）管件、附件（如法兰压盖等）等应与直管做同样防腐处理。螺栓应采用热镀锌防腐，并应在安装完毕、拧紧螺栓后，对外露螺栓部分及时涂刷防腐漆。有条件时，可采用耐腐蚀性强的球墨铸铁螺栓。

3. 灌水及通水、通球试验

（1）隐蔽或埋地的排水管道在隐蔽前必须做灌水试验，其灌水高度应不低于底层卫生洁具的上边缘或底层地面高度。

1）灌水 15min 后，若液面下降；再灌满延续 5min，液面不降为合格。

2）高层建筑可根据管道布置，分层、分段做灌水试验。

3）室内雨水管灌水高度必须到每根立管上部的雨水斗。

4）灌水试验完毕后，应及时排清管路内的积水。

（2）排水立管及水平干管在安装完毕后做通水、通球试验。

1）通球球径应大于管径的 2/3。

2）通球率必须达到 100%。

12.2.2 雨水管道及配件安装质量控制

雨水管道的支吊架、立管、干管及支管施工质量控制参见上述"12.2.1 中 1. 建筑排水塑料管道"，但在安装虹吸雨水管水平悬吊管的悬吊支架时，安装必须牢固且应满足在产生虹吸时的管道的抖动。

灌水试验参见"12.2.1 中 3. 灌水及通水、通球试验"中相关要求。

虹吸雨水系统整体安装完成后，需要做的通水试验以检验系统的实际排量与设计排量的误差。试验结束后，应及时有序地排尽存水，及时拆除盲板、限位临时过渡段。

12.3 卫生器具安装

12.3.1 卫生器具安装质量控制

（1）卫生器具的支、托架必须防腐良好，安装平整、牢固，与器具接触紧密、平稳。

（2）有饰面的浴盆，应留有通向浴盆排水口的检修门。

（3）小便槽冲洗管，应采用镀锌钢管或硬质塑料管。冲洗孔应斜向下方安装，冲洗水流同墙面成45°角。镀锌钢管钻孔后应进行二次镀锌。

（4）排水栓和地漏的安装应平正、牢固，低于排水表面，周边无渗漏。地漏水封高度不得小于50mm。

（5）卫生器具安装的允许偏差应符合现行国家标准《建筑给水排水及采暖工程施工质量验收规范》GB 50242 的规定。

（6）卫生器具交工前应做满水和通水试验。

12.3.2 卫生器具给水配件安装质量控制

（1）卫生器具给水配件应完好无损伤，接口严密，启闭部分灵活。

（2）卫生器具给水配件安装标高的允许偏差应符合现行国家标准《建筑给水排水及采暖工程施工质量验收规范》GB 50242 的规定。

（3）浴盆软管淋浴器挂钩的高度，如设计无要求，应距地面 1.8m。

12.3.3 卫生器具排水管道安装质量控制

（1）与排水横管连接的各卫生器具的受水口和立管均应采取妥善可靠的固定措施；管道与楼板的接合部位应采取牢固可靠的防渗、防漏措施。

（2）连接卫生器具的排水管道接口应紧密不漏，其固定支架、管卡等支撑位置应正确、牢固，与管道的接触应平整。

（3）检查横管弯曲度、卫生器具的排水管口及横支管的纵横坐标、卫生器具的接口标高，其各项允许偏差应符合现行国家标准《建筑给水排水及采暖工程施工质量验收规范》GB 50242 的规定。

（4）检查连接卫生器具的排水管管径和最小坡度是否符合设计规定。

12.4 室内采暖系统安装

12.4.1 管道及配件安装质量控制

（1）管道安装坡度，当设计未注明时，应符合下列规定：

1）气、水同向流动的热水采暖管道和汽、水同向流动的蒸汽管道及凝结水管道，坡度应为 3‰，不得小于 2‰。

2）气、水逆向流动的热水采暖管道和汽、水逆向流动的蒸汽管道，坡度不应小于 5‰。

3）散热器支管的坡度应为 1%，坡向应利于排气和泄水。

（2）上供下回式系统的热水干管变径应顶平偏心连接，蒸汽干管变径应底平偏心连接。

（3）在管道干管上焊接垂直或水平分支管道时，干管开孔所产生的钢渣及管壁等废弃物不得残留管内，且分支管道在焊接时不得插入干管内。

（4）膨胀水箱的膨胀管及循环管上不得安装阀门。

（5）当采暖热媒为 110～130℃的高温水时，管道可拆卸件应使用法兰，不得使用长丝和活接头。法兰垫料应使用耐热橡胶板。

（6）焊接钢管管径大于 32mm 的管道转弯，在作为自然补偿时应使用煨弯。塑料管及复合管除必须使用直角弯头的场合外应使用管道直接弯曲转弯。

（7）管道、金属支架和设备的防腐和涂漆应附着良好，无脱皮、起泡、流淌和漏涂缺陷。

（8）补偿器的型号、安装位置及预拉伸和固定支架的构造及安装位置应符合设计要求。

（9）平衡阀及调节阀型号、规格、公称压力及安装位置应符合设计要求。安装完后应根据系统平衡要求进行调试并作出标志。

（10）蒸汽减压阀和管道及设备上安全阀的型号、规格、公称压力及安装位置应符合设计要求。安装完毕后应根据系统工作压力进行调试，并做出标志。

（11）方形补偿器制作时，应用整根无缝钢管煨制，如需要接口，其接口应设在垂直臂的中间位置，且接口必须焊接。

（12）方形补偿器应水平安装，并与管道的坡度一致；如其臂长方向垂直安装必须设排气及泄水装置。

（13）热量表、疏水器、除污器、过滤器及阀门的型号、规格、公称压力及安装位置应符合设计要求。

（14）钢管管道焊口尺寸的允许偏差应符合现行国家标准《建筑给水排水及采暖工程施工质量验收规范》GB 50242 的规定。

（15）采暖系统入口装置及分户热计量系统入户装置，应符合设计要求。安装位置应便于检修、维护和观察。

（16）散热器支管长度超过 1.5m 时，应在支管上安装管卡。

12.4.2 辅助设备及散热器安装质量控制

（1）散热器支架、托架安装，位置应准确，埋设牢固。散热器支架、托架数量，应符合设计或产品说明书要求。如设计未注时，则应符合现行国家标准《建筑给水排水及采暖工程施工质量验收规范》GB 50242 的规定。

（2）散热器组对后，以及整组出厂的散热器在安装之前应作水压试验。试验压力如设计无要求时应为工作压力的 1.5 倍，但不小于 0.6MPa。

（3）散热器组对应平直紧密，组对后的平直度应符合现行国家标准《建筑给水排水及采暖工程施工质量验收规范》GB 50242 的规定。

（4）组对散热器的垫片应符合下列规定：

1）组对散热器垫片应使用成品，组对后垫片外露不应大于 1mm。

2）散热器垫片材质当设计无要求时，应采用耐热橡胶。

（5）散热器背面与装饰后的墙内表面安装距离，应符合设计或产品说明书要求。如设计未注明，应为 30mm。

（6）铸铁或钢制散热器表面的防腐及面漆应附着良好，色泽均匀，无脱落、起泡、流淌和漏涂缺陷。

12.4.3　金属辐射板安装质量控制

（1）辐射板在安装前应作水压试验，如设计无要求时试验压力应为工作压力 1.5 倍，但不得小于 0.6MPa。

（2）水平安装的辐射板应有不小于 5‰的坡度坡向回水管。

（3）辐射板管道及带状辐射板之间的连接，应使用法兰连接。

12.4.4　低温热水地板辐射采暖系统安装质量控制

（1）防潮层、防水层、隔热层及伸缩缝应符合设计要求。

（2）填充层强度标号应符合设计要求。

（3）分、集水器型号、规格、公称压力及安装位置、高度等应符合设计要求。

（4）地面下敷设的盘管埋地部分不应有接头。

（5）盘管隐蔽前必须进行水压试验，试验压力为工作压力的 1.5 倍，但不得小于 0.6MPa。

（6）加热盘管弯曲部分不得出现硬折弯现象，曲率半径应符合下列规定：

1）塑料管：不应小于管道外径的 8 倍。

2）复合管：不应小于管道外径的 5 倍。

（7）加热盘管管径、间距和长度应符合设计要求。间距偏差不大于±10mm。

（8）辐射供暖供系统检查和验收应包括下列内容：

1）加热管、预制沟槽保温板或供暖板、输配管、分水器、集水器、阀门、附件、绝热材料、温控及计量设备等的质量。

2）原始工作面、填充层、面层、隔离层、绝热层、防潮层、均热层、伸缩缝等施工质量。

3）管道、分水器、集水器、阀门、温控及计量设备等安装质量。

4）管路冲洗。

5）隐蔽前、后的水压试验。

（9）辐射供暖系统中间验收应符合下列规定：

1）供暖地面施工前，地面的平整、清洁状况符合施工要求。

2）绝热层的厚度、材料的物理性能及铺设应符合设计要求。

3）伸缩缝应按设计要求敷设完毕。

4）供暖板表面应平整，接缝处应严密。

5）加热管、输配管规格及敷设间距，弯曲半径及固定措施等应符合设计要求。

6）填充层内供热管、输配管不应有接头，弯曲部分不得出现硬折弯现象。

7）加热管、输配管、分水器、集水器及其连接处在试验压力下无渗漏。

8）阀门启闭灵活，关闭严密。

9）温控及计量装置、分水器、集水器及其连接件等安装后应有成品保护措施。

10）供暖地面按要求铺设防潮层、隔离层、均热层、钢丝网等。

11）填充层、找平层、面层平整，表面无明显裂缝。

12.5 室内热水供应系统安装

12.5.1 管道及配件安装质量控制

（1）管道安装坡度应符合设计规定。

（2）热水供应管道应尽量利用自然弯补偿热伸缩，直线段过长则应设置补偿器。补偿器型式、规格、位置应符合设计要求，并按有关规定进行预拉伸。

（3）温度控制器及阀门应安装在便于观察和维护的位置。

（4）热水供应管道和阀门安装的允许偏差应符合现行国家标准《建筑给水排水及采暖工程施工质量验收规范》GB 50242 的规定。

（5）热水供应系统安装完毕，管道保温之前应进行水压试验。试验压力应符合设计要求。当设计未注明时，热水供应系统水压试验压力应为系统顶点的工作压力加 0.1MPa，同时在系统顶点的试验压力不小于 0.3MPa。

（6）热水供应系统竣工后必须进行冲洗。

（7）热水供应系统管道应保温（浴室内明装管道除外），保温材料、厚度、保护壳等应符合设计规定。保温层厚度和平整度的允许偏差应符合现行国家标准《建筑给水排水及采暖工程施工质量验收规范》GB 50242 的规定。

12.5.2 辅助设备安装质量控制

（1）在安装太阳能集热器玻璃前，应对集热排管和上、下集管作水压试验，试验压力为工作压力的 1.5 倍。

（2）太阳能热水器的最低处应安装泄水装置。

（3）安装固定式太阳能热水器，朝向应正南。如受条件限制时，其偏移角不得大于 15°。集热器的倾角，对于春、夏、秋三个季节使用的，应采用当地纬度为倾角；若以夏季为主，可比当地纬度减少 10°。

（4）热交换器应以工作压力的 1.5 倍作水压试验。蒸汽部分应不低于蒸汽供汽压力加 0.3MPa；热水部分应不低于 0.4MPa。

（5）水泵就位前的基础混凝土强度、坐标、标高、尺寸和螺栓孔位置必须符合设计要求。

（6）水泵试运转的轴承温升必须符合设备说明书的规定。

（7）敞口水箱的满水试验和密闭水箱（罐）的水压试验必须符合设计与现行国家标准《建筑给水排水及采暖工程施工质量验

收规范》GB 50242 的规定。

（8）热水箱及上、下集管等循环管道均应保温。

（9）由集热器上、下集管接往热水箱的循环管道，应有不小于 5‰ 的坡度。

（10）自然循环的热水箱底部与集热器上集管之间的距离为 0.3～1.0m。

（11）制作吸热钢板凹槽时，其圆度应准确，间距应一致。安装集热排管时，应用卡箍和钢丝紧固在钢板凹槽内。

（12）凡以水作介质的太阳能热水器，在 0℃ 以下地区使用，应采取防冻措施。

（13）热水供应辅助设备安装的允许偏差应符合现行国家标准《建筑给水排水及采暖工程施工质量验收规范》GB 50242 的规定。

（14）太阳能热水系统安装完毕后，在设备和管道保温之前，应进行水压试验。

（15）各种承压管路系统和设备应做水压试验，试验压力应符合设计要求。非承压管路系统和设备应做灌水试验。当设计未注明时，水压试验和灌水试验，应按现行国家标准《建筑给水排水及采暖工程施工质量验收规范》GB 50242 的相关要求进行。

（16）当环境温度低于 0℃ 进行水压试验时，应采取可靠的防冻措施。

（17）系统水压试验合格后，应对系统进行冲洗直至排出的水不浑浊为止。

12.5.3　系统调试

（1）系统安装完毕投入使用前，必须进行系统调试。具备使用条件时，系统调试应在竣工验收阶段进行；不具备使用条件时，经建设单位同意，可延期进行。

（2）系统调试应包括设备单机或部件调试和系统联动调试。

（3）设备单机或部件调试应包括水泵、阀门、电磁阀、电气及自动控制设备、监控显示设备、辅助能源加热设备等调试。调试应包括下列内容：

1）检查水泵安装方向。在设计负荷下连续运转 2h，水泵应工作正常，无渗漏，无异常振动和声响，电机电流和功率不超过额定值，温度在正常范围内。

2）检查电磁阀安装方向。手动通断电试验时，电磁阀应开启正常，动作灵活，密封严密。

3）温度、温差、水位、光照控制、时钟控制等仪表应显示正常，动作准确。

4）电气控制系统应达到设计要求的功能，控制动作准确可靠。

5）剩余电流保护装置动作应准确可靠。

6）防冻系统装置、超压保护装置、过热保护装置等应工作正常。

7）各种阀门应开启灵活，密封严密。

8）辅助能源加热设备应达到设计要求，工作正常。

（4）设备单机或部件调试完成后，应进行系统联动调试。系统联动调试应包括下列主要内容：

1）调整水泵控制阀门。

2）调整电磁阀控制阀门，电磁阀的阀前阀后压力应处在设计要求的压力范围内。

3）温度、温差、水位、光照、时间等控制仪的控制区间或控制点应符合设计要求。

4）调整各个分支回路的调节阀门，各回路流量应平衡。

5）调试辅助能源加热系统，应与太阳能加热系统相匹配。

（5）系统联动调试完成后，系统应连续运行 72h，设备及主要部件的联动必须协调，动作正确，无异常现象。

13 通风与空调工程

13.1 风管与部件制作

13.1.1 金属风管与配件制作质量控制

1. 一般规定

（1）圆形风管规格宜选用基本系列。钢板矩形风管与配件的板材最小厚度应按风管断面长边尺寸和风管系统的设计工作压力选定；钢板圆形风管与配件的板材最小厚度应按断面直径、风管系统的设计工作压力及咬口形式选定。排烟系统风管采用镀锌钢板时，板材最小厚度可按高压系统选定。不锈钢板、铝板风管与配件的板材最小厚度应按矩形风管长边尺寸或圆形风管直径选定。

（2）洁净空调系统风管材质的选用应符合设计要求，宜选用优质镀锌钢板、不锈钢板、铝合金板、复合钢板等。制作场地应整洁、无尘，加工区域内应铺设表面无腐蚀、不产尘、不积尘的柔性材料。

（3）洁净空调系统风管制作前，应采用柔软织物擦拭板材，除去板面的污物和油脂。制作完成后应及时采用中性清洁剂进行清理，并采用丝光布擦拭干净风管内部，并采用塑料膜密封风管端口。

（4）风管制作在批量加工前，应对加工工艺进行验证，并应进行强度与严密性试验。

（5）金属风管材料种类、规格应符合设计要求。

2. 板材的拼接

（1）风管板材拼接及接缝时，风管板材拼接的咬口缝应错开，不应形成十字形交叉缝；洁净空调系统风管不应采用横向拼缝。

（2）风管板材拼接采用铆接连接时，应根据风管板材的材质选择铆钉。

（3）风管板材采用咬口连接时，应符合现行国家标准《通风与空调工程施工质量验收规范》GB 50243 的规定。空气洁净度等级为 1～5 级的洁净风管不应采用按扣式咬口连接，铆接时不应采用抽芯铆钉。

（4）风管焊接连接时，焊材应与母材相匹配，焊缝应满焊、均匀。焊接完成后，应对焊缝除渣、防腐，板材校平。

（5）不锈钢板或铝板连接件防腐措施，应防腐良好，无锈蚀。

（6）管口平面度、表面平整度、允许偏差，应符合以下规定：

1）表面应平整，无明显扭曲及翘角，凹凸不应大于 10mm。

2）风管边长（直径）小于或等于 300mm 时，边长（直径）的允许偏差为±2mm；风管边长（直径）大于 300mm 时，边长（直径）的允许偏差为±3mm。

3）管口应平整，其平面度的允许偏差为 2mm。

4）矩形风管两条对角线长度之差不应大于 3mm；圆形风管管口任意正交两直径之差不应大于 2mm。

3. 风管的连接

（1）风管法兰的焊缝应熔合良好、饱满，无夹渣和孔洞；矩形法兰四角处应设螺栓孔，孔心应位于中心线上。同一批量加工的相同规格法兰，其螺栓孔排列方式、间距应统一，且应具有互换性。

（2）风管与法兰组合成型应符合现行国家标准《通风与空调工程施工质量验收规范》GB 50243 的规定。

（3）矩形风管 C 形、S 形插条制作和连接应符合现行国家标准《通风与空调工程施工质量验收规范》GB 50243 的规定。

（4）矩形风管采用立咬口或包边立咬口连接时，其立筋的高度应大于或等于角钢法兰的高度，同一规格风管的立咬口或包边立咬口的高度应一致，咬口采用铆钉紧固时，其间距不应大于150mm。

（5）风管采用芯管连接时，芯管板厚度应大于或等于风管壁厚度，芯管外径与风管内径偏差应小于3mm。

（6）薄钢板法兰风管的接口及连接件、附件固定，端面及缝隙。

（7）薄钢板法兰风管连接端面接口处应平整，接口四角处应有固定角件，其材质为镀锌钢板，板厚不应小于1.0mm。固定角件与法兰连接处应采用密封胶进行密封。

4. 风管加固

（1）矩形风管边长大于或等于630mm、保温风管边长大于或等于800mm，其管段长度大于1250mm或低压风管单边面积大于1.2m²，中、高压风管单边面积大于1.0m² 时，均应采取加固措施。边长小于或等于800mm的风管宜采用压筋加固。边长在400～630mm之间，长度小于1000mm的风管也可采用压制十字交叉筋的方式加固。

（2）圆形风管（不包括螺旋风管）直径大于或等于800mm，且其管段长度大于1250mm或总表面积大于4m² 时，均应采取加固措施。

（3）中、高压风管的管段长度大于1250mm时，应采用加固框的形式加固。高压系统风管的单咬口缝应有防止咬口缝胀裂的加固措施。

（4）洁净空调系统的风管不应采用内加固措施或加固筋，风管内部的加固点或法兰铆接点周围应采用密封胶进行密封。

（5）风管加固应排列整齐，间隔应均匀对称，与风管的连接应牢固，铆接间距不应大于220mm。风管压筋加固间距不应大于300mm，靠近法兰端面的压筋与法兰间距不应大于200mm；风管管壁压筋的凸出部分应在风管外表面。

（6）风管采用镀锌螺杆内支撑时，镀锌加固垫圈应置于管壁内外两侧。正压时密封圈置于风管外侧，负压时密封圈置于风管内侧，风管四个壁面均加固时，两根支撑杆交叉成十字状。采用钢管内支撑时，可在钢管两端设置内螺母。

（7）铝板矩形风管采用碳素钢材料进行内、外加固时，应按设计要求作防腐处理。

5. 风管弯头导流叶片的设置

（1）边长大于或等于 500mm，且内弧半径与弯头端口边长比小于或等于 0.25 时，应设置导流叶片，导流叶片宜采用单片式、月牙式两种类型。

（2）导流叶片内弧应与弯管同心，导流叶片应与风管内弧等弦长。

（3）导流叶片间距 L 可采用等距或渐变设置的方式，最小叶片间距不宜小于 200mm，导流叶片的数量可采用平面边长除以 500 的倍数来确定，最多不宜超过 4 片。导流叶片应与风管固定牢固，固定方式可采用螺栓或铆钉。

6. 洁净空调风管与配件制作

符合现行国家标准《通风与空调工程施工质量验收规范》GB 50243 的有规定

7. 风管工艺性验证

现场加工风管进行风管强度和严密性试验。

13.1.2 非金属与复合风管及配件制作质量控制

1. 一般规定

（1）非金属与复合风管在使用胶黏剂或密封胶带前，应将风管黏接处清洁干净。

（2）复合风管板材应妥善保存，覆面层不应划伤，板材不应变形、压瘪。

（3）风管黏接后，胶黏剂干燥固化后再移动、叠放或安装。

（4）风管在制作过程中及制作完成后应采取防护措施，避免风管划伤、损坏及水污染、浸泡。

（5）装卸、搬运风管时，应轻拿轻放，防止其覆面层破损；玻璃纤维复合风管和玻镁复合风管的运输、存放应采取防潮措施。

（6）风管堆放场地应有防尘、防雨措施，地面不应有泛潮或积水。

2. 聚氨酯铝箔、酚醛铝箔、玻璃纤维复合风管及配件制作

（1）风管材料品种、规格、性能等参数，应符合设计要求。

（2）外观质量：折角应平直，两端面平行，风管无明显扭曲；风管内角缝均采用密封胶密封，外角缝铝箔断开处采用铝胶带封贴；外覆面层没有破损。

（3）风管与配件尺寸应符合现行国家标准《通风与空调工程施工规范》GB 50738 的规定。

（4）风管两端连接口制作

1）玻璃纤维复合风管采用承插阶梯黏接形式时，其承、插口均应整齐，长度为风管板材厚度；插接口应预留宽度为板材厚度的覆面层材料。

2）复合风管采用插接或法兰连接时，其插接连接件或法兰材质、规格应符合设计或规范的规定；连接应牢固可靠，其绝热层不应外露。

（5）聚氨酯铝箔和酚醛铝箔复合风管加固与导流叶片安装

风管加固宜采用直径不小于 8mm 的镀锌螺杆做内支撑加固，内支撑件穿管壁处应密封处理。内支撑的横向加固点数和纵向加固间距应符合设计或规范的规定。

矩形弯头导流叶片宜采用同材质的风管板材或镀锌钢板制作并安装牢固。

（6）玻璃纤维复合风管加固

矩形风管宜采用直径不小于 6mm 的镀锌螺杆做内支撑加固。风管长边尺寸大于或等于 1000mm 或系统设计工作压力大于 500Pa 时，应增设金属槽形框外加固，并应与内支撑固定牢固。负压风管加固时，金属槽形框应设在风管的内侧。内支撑件

穿管壁处应密封处理。风管的内支撑横向加固点数及金属槽型框纵向间距应符合设计或规范的规定。

风管采用外套角钢法兰或 C 形插接法兰连接时，法兰处可作为一加固点；风管采用其他连接方式，其边长大于 1200mm 时，应在连接后的风管一侧距连接件 150mm 内设横向加固；采用承插阶梯黏接的风管，应在距黏接口 100mm 内设横向加固。

矩形弯头导流叶片可采用 PVC 定型产品或采用镀锌钢板弯压制成，并应安装牢固。

3. 玻镁复合风管与配件制作

（1）风管材料品种、规格、性能等参数应符合设计要求。

（2）外观质量：玻镁复合板应无分层、裂纹、变形等现象；折角应平直；两端面平行，风管无明显扭曲；外覆面层无破损。

（3）风管与配件尺寸应符合现行国家标准《通风与空调工程施工规范》GB 50738 的规定。

（4）加固与导流叶片安装参见上述"2 中（5）聚氨酯铝箔和酚醛铝箔复合风管加固与导流叶片安装"的相关内容。

1）矩形风管宜采用直径不小于 10mm 的镀锌螺杆做内支撑加固，内支撑件穿管壁处应密封处理。负压风管的内支撑高度大于 800mm 时，应采用镀锌钢管内支撑。

2）风管内支撑横向加固数量应符合设计或规范的规定，风管加固的纵向间距应小于或等于 1300mm。

3）矩形弯头导流叶片宜采用镀锌钢板弯压制成，并应安装牢固。

（5）伸缩节的制作

水平安装风管长度每隔 30m 时，应设置 1 个伸缩节。伸缩节长宜为 400mm，内边尺寸应比风管的外边尺寸大 3～5mm，伸缩节与风管中间应填塞 3～5mm 厚的软质绝热材料，且密封边长尺寸大于 1600mm 的伸缩节中间应增加内支撑加固，内支撑加固间距按 1000mm 布置，允许偏差±20mm。

4. 硬聚氯乙烯风管与配件制作

（1）风管材料品种、规格、性能参数应符合设计要求。

（2）外观质量要求：风管两端面应平行，无明显扭曲；煨角圆弧应均匀；焊缝应饱满，焊条排列应整齐，无焦黄、断裂现象；焊缝形式符合现行国家标准《通风与空调工程施工质量验收规范》GB 50243 的规定。

（3）风管与配件尺寸符合现行国家标准《通风与空调工程施工规范》GB 50738 的规定。

（4）风管加固宜采用外加固框形式，加固框的设置应符合设计或规范的规定，并应采用焊接将同材质加固框与风管紧固。

（5）风管直管段连续长度大于 20m 时，应按设计要求设置伸缩节或软接头。

13.1.3 风阀与部件制作质量控制

1. 一般规定

（1）制作风阀与部件的材料应符合设计及相关技术文件的要求。

（2）选用的成品风阀及部件应具有合格的质量证明文件。

2. 风阀

（1）风阀材质应符合设计要求。

（2）手动调节阀调节是否灵活应以顺时针方向转动为关闭，其调节范围及开启角度指示应与叶片开启角度相一致。

（3）电动、气动调节风阀的驱动装置应动作应可靠，在最大设计工作压力下工作正常。

（4）防火阀和排烟阀（排烟口）的防火性能应符合有关消防产品技术标准的规定，并具有相应的产品质量证明文件。

（5）止回风阀应进行最大设计工作压力下的强度试验，在关闭状态下阀片不变形，严密不漏风。

（6）设计工作压力大于 1000Pa 的调节风阀的强度试验应调节灵活，壳体不变形。

3. 风罩与风帽

（1）材质应符合设计要求。

（2）外形尺寸及配置：风罩、风帽尺寸正确，连接牢固，形状规则，表面平整光滑，外壳不应有尖锐边角；配置附件满足使用功能要求。

4. 风口

（1）外观：风口的外装饰面应平整，叶片或扩散环的分布应匀称，颜色应一致，无明显的划伤和压痕，焊点应光滑牢固。

（2）机械性能：风口的活动零件动作自如、阻尼均匀，无卡死和松动。导流片可调或可拆卸的部分，应调节、拆卸方便和可靠，定位后无松动。

（3）调节装置：转动应灵活、可靠，定位后应无明显自由松动。

（4）风口尺寸：符合现行国家标准《通风与空调工程施工质量验收规范》GB 50243 的要求。

5. 消声器

（1）外形尺寸：制作尺寸准确，框架与外壳连接牢固，内贴覆面固定牢固，外壳不应有锐边。

（2）性能：应有产品质量证明文件，其性能满足设计及产品技术标准的要求。

（3）标识：出厂产品应有规格、型号、尺寸、方向的标识。

（4）内部构造：消声弯头的平面边长大于 800mm 时，应加设吸声导流叶片；消声器内直接迎风面布置的覆面层应有保护措施；洁净空调系统消声器内的覆面应为不易产尘的材料。

6. 软接风管

（1）材质：检查材质检测报告防腐、防潮、不透气、不易霉变，防火性能同该系统风管要求；用于洁净空调系统的材料应不易产尘、不透气、内壁光滑；用于空调系统时，应采取防止结露的措施。

（2）外观尺寸：柔性短管长度为 150～300mm，无开裂、无扭曲、无变径。

（3）制作情况：柔性材料搭接宽度 20～30mm，缝制或黏结严密、牢固。

（4）与法兰的连接：压条材质为镀锌钢板，翻边尺寸符合要求，铆钉间距为 60～80mm，与法兰连接处应严密、牢固可靠。

7. 过滤器

（1）材质应符合设计要求。

（2）性能：核查检测报告，过滤精度、过滤效率、过滤材料、风量、滤芯材质、表面处理等性能应符合设计及相关技术文件要求。

（3）框架应尺寸应正确，框架与过滤材料连接紧密、牢固，标识清楚。

8. 风管内加热器

（1）材质应符合设计及相关技术文件的要求。

（2）用电参数、加热量应符合设计要求。

（3）接线情况：加热管与框架之间经测试绝缘良好，接线正确，符合有关电气安全标准的规定。

13.2 风管与部件安装

13.2.1 支吊架制作与安装质量控制

1. 一般规定

（1）支、吊架的固定方式及配件的使用应满足设计要求，并应符合下列规定：

1）支、吊架应满足其承重要求。

2）支、吊架应固定在可靠的建筑结构上，不应影响结构安全。

3）严禁将支、吊架焊接在承重结构及屋架的钢筋上。

4）埋设支架的水泥砂浆应在达到强度后，再搁置管道。

（2）支、吊架的预埋件位置应正确、牢固可靠，埋入结构部分应除锈、除油污，并不应涂漆，外露部分应做防腐处理。

2. 支、吊架制作

（1）支、吊架材质的选型、规格和强度：风管支、吊架的型钢材料应按风管、部件、设备的规格和重量选用，并应符合设计要求。

（2）支、吊架的焊接：焊接牢固，焊缝饱满，无夹渣。

（3）支、吊架的防腐：防锈漆涂刷均匀，无漏刷。

3. 支、吊架安装

（1）固定支架、导向支架安装应符合设计要求。

（2）支、吊架设置间距：符合设计和相关规范的规定。

（3）固定件安装

1）采用膨胀螺栓固定支、吊架时，应符合膨胀螺栓使用技术条件的规定，螺栓至混凝土构件边缘的距离不应小于8倍的螺栓直径；螺栓间距不小于10倍的螺栓直径。

2）支、吊架与预埋件焊接时，焊接应牢固，不应出现漏焊、夹渣、裂纹、咬肉等现象。

3）在钢结构上设置固定件时，钢梁下翼宜安装钢梁夹或钢吊夹，预留螺栓连接点、专用吊架型钢；吊架应与钢结构固定牢固，并应不影响钢结构安全。

（4）支、吊架安装

1）风机、空调机组、风机盘管等设备的支、吊架应按设计要求设置隔振器，其品种、规格应符合设计及产品技术文件要求。

2）支、吊架不应设置在风口、检查口处以及阀门、自控机构的操作部位，且距风口不应小于200mm。

3）圆形风管U形管卡圆弧应均匀，且应与风管外径相一致。

4）支、吊架距风管末端不应大于1000mm，距水平弯头的起弯点间距不应大于500mm，设在支管上的支吊架距干管不应大于1200mm。

5）吊杆与吊架根部连接应牢固。吊杆采用螺纹连接时，拧入连接螺母的螺纹长度应大于吊杆直径，并应有防松动措施。吊杆应平直、螺纹完整、光洁。安装后，吊架的受力应均匀，无变形。

6）边长（直径）大于或等于 630mm 的防火阀宜设独立的支、吊架；水平安装的边长（直径）大于 200mm 的风阀等部件与非金属风管连接时，应单独设置支、吊架。

7）水平安装的复合风管与支、吊架接触面的两端，应设置厚度大于或等于 1.0mm，宽度宜为 60～80mm，长度宜为 100～120mm 的镀锌角形垫片。

8）垂直安装的非金属与复合风管，可采用角钢或槽钢加工成"井"字形抱箍作为支架。支架安装时，风管内壁应衬镀锌金属内套，并应采用镀锌螺栓穿过管壁将抱箍与内套固定。螺孔间距不应大于 120mm，螺母应位于风管外侧。螺栓穿过的管壁处应进行密封处理。

9）消声弯头或边长（直径）大于 1250mm 的弯头、三通等应设置独立的支、吊架。

10）长度超过 20m 的水平悬吊风管，应设置至少 1 个防晃支架。

11）不锈钢板、铝板风管与碳素钢支、吊架的接触处，应采取防电化学腐蚀措施。

13.2.2 风管与部件安装质量控制

1. 一般规定

（1）风管穿过需要密闭的防火、防爆的楼板或墙体时，应设壁厚不小于 1.6mm 的钢制预埋管或防护套管，风管与防护套管之间应采用不燃且对人体无害的柔性材料封堵。

（2）风管安装应符合下列规定：

1）按设计要求确定风管的规格尺寸及安装位置。

2）风管及部件连接接口距墙面、楼板的距离不应影响操作，连接阀部件的接口严禁安装在墙内或楼板内。

3）风管采用法兰连接时，其螺母应在同一侧；法兰垫片不应凸入风管内壁，也不应凸出法兰外。

4）风管与风道连接时，应采取风道预埋法兰或安装连接件的形式接口，结合缝应填耐火密封填料，风道接口应牢固。

5）风管内严禁穿越和敷设各种管线。

6）固定室外立管的拉索，严禁与避雷针或避雷网相连。

7）输送含有易燃、易爆气体或安装在易燃、易爆环境的风管系统应有良好的接地措施，通过生活区或其他辅助生产房间时，不应设置接口，并应具有严密不漏风措施。

8）输送产生凝结水或含蒸汽的潮湿空气风管，其底部不应设置拼接缝，并应在风管最低处设排液装置。

9）风管测定孔应设置在不产生涡流区且便于测量和观察的部位；吊顶内的风管测定孔部位，应留有活动吊顶板或检查口。

（3）连接风管的阀部件安装位置及方向应符合设计要求，并便于操作。防火分区隔墙两侧安装的防火阀距墙不应大于 200mm。

（4）非金属风管或复合风管与金属风管及设备连接时，应采用"h"形金属短管作为连接件。短管一端为法兰，应与金属风管法兰或设备法兰相连接；另一端为深度不小于 100mm 的"h"形承口。非金属风管或复合风管应插入"h"形承口内，并应采用铆钉固定牢固、密封严密。

（5）风管穿出屋面处应设防雨装置，风管与屋面交接处应有防渗水措施。

2. 金属风管安装

（1）风管安装位置及标高、坐标应符合设计要求及现行国家标准《通风与空调工程施工质量验收规范》GB 50243 的规定。

（2）风管表面应平整、无凹坑。

（3）风管连接的密封材料应根据输送介质温度选用，并应符合该风管系统功能的要求，其防火性能应符合设计要求，密封垫料应安装牢固，密封胶应涂抹平整、饱满，密封垫料的位置应正确，密封垫料不应凸入管内或脱落。

（4）绝热衬垫的厚度及防腐情况：绝热衬垫的厚度与保温层

厚度一致，防腐良好，无遗漏。

（5）法兰连接各螺栓螺母应在同一侧。

（6）薄钢板法兰连接的弹簧夹数量、间距：薄钢板法兰连接时，薄钢板法兰应与风管垂直、贴合紧密，四角采用螺栓固定，中间采用弹簧夹或顶丝卡等连接件，其间距不应大于150mm，最外端连接件距风管边缘不应大于100mm。

（7）支、吊架安装：参见上述"13.2.1中3. 支、吊架安装"的有关内容。

（8）风管严密性应符合现行国家标准《通风与空调工程施工质量验收规范》GB 50243的规定。

3. 非金属风管安装

（1）风管安装位置及标高、坐标应符合现行国家标准《通风与空调工程施工质量验收规范》GB 50243的规定。

（2）伸缩节设置应符合现行国家标准《通风与空调工程施工质量验收规范》GB 50243的规定。

（3）风管表面应无裂纹、分层、明显泛霜且光洁，应符合现行国家标准《通风与空调工程施工质量验收规范》GB 50243的规定。

（4）风管的连接垫料应符合现行国家标准《通风与空调工程施工质量验收规范》GB 50243的规定。

（5）法兰连接螺栓的螺母应在同一侧。

（6）支、吊架安装：参见上述"13.2.1中3. 支、吊架安装"的有关内容。

（7）风管严密性应符合现行国家标准《通风与空调工程施工质量验收规范》GB 50243的规定。

4. 复合风管安装

（1）风管安装位置及标高、坐标应符合设计要求及现行国家标准《通风与空调工程施工质量验收规范》GB 50243的规定。

（2）玻镁复合风管伸缩节设置：水平安装风管长度每隔30m时，应设置1个伸缩节。

（3）风管支、吊架安装应符合现行国家标准《通风与空调工程施工质量验收规范》GB 50243 的规定。

（4）风管严密性应符合现行国家标准《通风与空调工程施工质量验收规范》GB 50243 的规定。

13.3 通风与空调设备安装

13.3.1 空气处理设备安装质量控制

1. 一般规定

（1）空气处理设备的安装应满足设计和技术文件的要求，并应符合下列规定：

1）设备安装前，油封、气封应良好，且无腐蚀。

2）设备安装位置应正确，设备安装平整度应符合产品技术文件的要求。

3）采用隔振器的设备，其隔振安装位置和数量应正确，各个隔振器的压缩量应均匀一致，偏差不应大于 2mm。

4）空气处理设备与水管道连接时，应设置隔振软接头，其耐压值应大于或等于设计工作压力的 1.5 倍。

（2）空气处理设备安装的成品保护措施应包括下列内容：

1）设备应按照产品技术要求进行搬运、拆卸包装、就位。严禁手执叶轮或蜗壳搬动设备，严禁敲打、碰撞设备外表、连接件及焊接处。

2）设备运至现场后，应采取防雨、防雪、防潮措施，妥善保管。

3）设备安装就位后，应采取防止设备损坏、污染、丢失等措施。

4）设备接口、仪表、操作盘等应采取封闭、包扎等保护措施。

5）安装后的设备不应作为脚手架等受力的支点。

6）传动装置的外露部分应有防护罩；进风口或进风管道直

通大气时，应采取加保护网或其他安全措施。

（7）过滤器的过滤网、过滤纸等过滤材料应单独储存，系统除尘清理后，调试时安装。

2. 风机盘管安装

（1）规格及安装位置应符合设计要求。

（2）盘管与管道连接：冷热水管道与风机盘管连接采用金属软管，凝结水管采用透明胶管。

（3）阀门与部件：管道及阀门保温齐全、无遗漏。

（4）保温：管道及阀门均保温。

（5）凝结水盘水平度：凝结水盘水平度保证凝结水全部排放。

（6）与风管、回风箱接缝的严密性：连接严密、无缝隙。

（7）吊架及隔振：符合设计及产品技术文件的要求。

3. 风机安装

（1）风机安装位置应符合设计要求。

（2）叶轮转子试转：停转后，不应每次停留在同一位置上，并不应碰撞外壳。

（3）风机减振：减振装置符合设计及产品技术要求；压缩量均匀，高度误差<2mm，且不应偏心，有防止移位的保护措施。

（4）轴水平度偏差应符合现行国家标准《风机、压缩机、泵安装工程施工及验收规范》GB 50275 的有关规定。

4. 组合式空调机组安装

（1）功能段连接面的密封应结合严密、无缝隙。

（2）凝结水封高度应符合产品技术文件要求。

（3）组对顺序应符合设计要求。

（4）机组接管应连接正确，阀部件及仪表安装齐全。

（5）机组水平度应符合现行国家标准《通风与空调工程施工质量验收规范》GB 50243 的有关规定。

（6）换热器、加热器应无损坏。

（7）与加热段结合面的密封胶材质应耐热密封。

（8）现场组装机组的漏风率测试应符合现行国家标准《组合式空调机组》GB/T 14294 的有关规定。

5. 空气热回收装置安装

（1）管路接口的密封应结合严密、无缝隙。

（2）保护元件：压力保护、并联时设置的止回阀、排污阀、放气阀等齐全。

（3）安装位置应符合设计要求。

（4）管路坡度应符合设计要求。

（5）机组水平度应符合现行国家标准《通风与空调工程施工质量验收规范》GB 50243 的有关规定。

（6）换热器应无损坏。

13.3.2 空调冷热源与辅助设备安装质量控制

1. 一般规定

（1）空调冷热源与辅助设备的安装应满足设计及产品技术文件的要求，并应符合下列规定：

1）设备安装前，油封、气封应良好，且无腐蚀。

2）设备安装位置应正确，设备安装平整度应符合产品技术文件的要求。

3）采用隔振器的设备，其隔振器安装位置和数量应正确，每个隔振器的压缩量应均匀一致，偏差不应大于 2mm。

4）现场组装的制冷机组安装前，应清洗主机零部件、附属设备和管道。清洗后，应将清洗剂和水分除净，并应检查零部件表面有无损伤及缺陷，合格后应在表面涂上一层冷冻机油。

（2）空调冷热源与辅助设备安装的成品保护措施应包括下列内容：

1）设备应按照产品技术要求进行搬运、拆卸包装、就位。严禁敲打、碰撞机组外表、连接件及焊接处。

2）设备运至现场后，应采取防雨、防雪、防潮措施，妥善保管。

3）设备安装就位后，应采取防止设备损坏、污染、丢失等措施。

4）设备接口、仪表、操作盘等应采取封闭、包扎等保护措施。

5）安装后的设备不应作为其他受力的支点。

6）管道与设备连接后，不宜再进行焊接和气割，必须进行焊接和气割时，应拆下管道或采取必要的措施，防止焊渣进入管道系统内或损坏设备。

2. 冷热源与辅助设备安装

（1）设备安装位置、管口方向应符合设计要求。

（2）整体安装的制冷机组机身纵横向水平度、辅助设备的水平度或垂直度允许偏差为 1/1000。

（3）设有弹簧隔振的制冷机组、燃油系统油泵和蓄冷系统载冷剂泵应设有防止机组运行时水平位移的定位装置；纵、横向水平度允许偏差为 1/1000、联轴器两轴心允许偏差为 0.2/1000。

（4）设备隔振器的安装位置应正确，各个隔振器的压缩量应均匀一致，偏差不应大于 2mm。

（5）制冷系统吹扫、排污：压力为 0.6MPa 的干燥压缩空气或氮气，将浅色布放在出风口检查 5min，无污物为合格；系统吹扫干净后，应将系统中阀门的阀芯拆下清洗干净。

（6）模块式冷水机组单元多台并联组合：接口牢固、严密不漏；连接后机组的外表平整、完好，无明显的扭曲。

（7）冷却塔清理和密闭性检查：冷却塔水盘、过滤网处的污物清理干净，塔脚的密闭良好，水盘水位符合使用要求，喷水量和吸水量应平衡，补给水和集水池的水位正常。

3. 冷热源与辅助设备的基础安装

（1）冷热源与辅助设备的基础应满足设计要求，并应符合下列规定：

1）型钢或混凝土基础的规格和尺寸应与机组匹配。

2）基础表面应平整，无蜂窝、裂纹、麻面和露筋。

3）基础应坚固，强度经测试满足机组运行时的荷载要求。

4）混凝土基础预留螺栓孔的位置、深度、垂直度应满足螺栓安装要求；基础预埋件应无损坏，表面光滑平整。

5）基础四周应有排水设施。

6）基础位置应满足操作及检修的空间要求。

（2）冷热源与辅助设备的基础安装允许偏差应符合现行国家标准《通风与空调工程施工规范》GB 50738 的规定。

13.4 空调水系统及制冷设备安装

13.4.1 空调水系统管道与附件安装质量控制

1. 一般规定

（1）管道穿过地下室或地下构筑物外墙时，应采取防水措施，并应符合设计要求。对有严格防水要求的建筑物，必须采用柔性防水套管。

（2）管道穿楼板和墙体处应设置套管，并应符合下列规定：

1）管道应设置在套管中心，套管不应作为管道支撑；管道接口不应设置在套管内，管道与套管之间应用不燃绝热材料填塞密实。

2）管道的绝热层应连续不间断穿过套管，绝热层与套管之间应采用不燃材料填实，不应有空隙。

3）设置在墙体内的套管应与墙体两侧饰面相平，设置在楼板内的套管，其顶部应高出装饰地面 20mm，设置在卫生间或厨房内的穿楼板套管，其顶部应高出装饰地面 50mm，底部应与楼板相平。

（3）管道穿越结构变形缝处应设置金属柔性短管，金属柔性短管长度宜为 150～300mm，并应满足结构变形的要求，其保温性能应符合管道系统功能要求。

（4）管道弯曲半径应符合下列规定：

1）热弯时不应小于管道直径的 3.5 倍，冷弯时不应小于管道直径的 4 倍。

2）焊接弯头的弯曲半径不应小于管道直径的 1.5 倍。

3）采用冲压弯头进行焊接时，其弯曲半径不应小于管道外径，并且冲压弯头外径应与管道外径相同。

2. 空调水系统管道安装

(1) 管道安装位置应符合设计要求。

(2) 支吊架位置、间距及每个支路防晃支架的设置情况，防腐情况应符合设计要求。

(3) 管道的材质及连接方式应符合设计要求。

(4) 隔热垫的厚度与绝热层厚度一致，防腐良好，无遗漏。

(5) 管道变径应有利于排气和泄水。

(6) 管道水压试验、通水试验、冲洗试验：符合现行国家标准《通风与空调工程施工质量验收规范》GB 50243 的相关规定。

3. 阀门与附件安装

(1) 阀门与附件规格应符合设计要求。

(2) 阀门安装位置应符合设计要求。

(3) 补偿器的补偿量和安装位置应满足设计及产品技术文件的要求，并应符合下列规定：

1) 应根据安装时施工现场的环境温度计算出该管段的实时补偿量，进行补偿器的预拉伸或预压缩。

2) 设有补偿器的管道应设置固定支架和导向支架，其结构形式和固定位置应符合设计要求。

3) 管道系统水压试验后，应及时松开波纹补偿器调整螺杆上的螺母，使补偿器处于自由状态。

4) "冂"形补偿器水平安装时，垂直臂应呈水平，平行臂应与管道坡向一致；垂直安装时，应有排气和泄水阀。

(4) 仪表安装应位置正确，便于观察。

(5) 过滤器及其他附件数量齐全，安装位置正确。

13.4.2 空调制冷剂管道与附件安装质量控制

1. 一般规定

(1) 制冷剂管道穿墙或楼板处应设置套管，参见上述 "13.4.1 空调水系统管道与附件安装质量控制" 相关内容。

(2) 制冷剂管道弯曲半径不应小于管道直径的 4 倍。铜管煨弯可采用热弯或冷弯，椭圆率不应大于 8%。

（3）不锈钢管道连接、铜管连接应符合设计要求及有关标准的规定。

2. 制冷剂管道安装

（1）管道坡度、位置应符合设计要求及规范的有关规定。

（2）支吊架位置、间距，防腐情况应符合设计要求及规范的有关规定。

（3）制冷剂管道材质及连接方式应符合设计要求及规范的有关规定。

（4）制冷管道绝热层厚度一致，防腐良好，没有遗漏。

（5）法兰连接各螺栓的螺母应在同一侧。

（6）液体管道安装是否易形成气囊；气体管道是否易形成液囊：无气囊和液囊形成。

（7）管道分支开口：符合设计及以下规定：

1）制冷剂管道液体干管引出支管时，应从干管底部或侧面接出；气体干管引出支管时，应从干管上部或侧面接出。有两根以上的支管从干管引出时，连接部位应错开，间距不应小于支管管径的 2 倍，且不应小于 200mm。

2）分体式空调制冷剂管道有两根以上的支管从干管引出时，连接部位应错开，分歧管间距不应小于 200mm。

（8）管道吹污试验、气密性试验、抽真空试验：符合设计及现行国家标准《通风与空调工程施工质量验收规范》GB 50243 的有关规定。

13.5　防腐与绝热

13.5.1　管道与设备防腐质量控制

（1）空调设备绝热施工时，不应遮盖设备铭牌，必要时应将铭牌移至绝热层的外表面。

（2）防腐涂料质量应符合设计要求。

（3）管道与设备表面除锈后不应有残留锈斑和焊渣。

（4）管道与设备表面去污后应无积尘、水或油污。

（5）防锈涂层：管道与支吊架的防腐完整无遗漏，不露底，不皱皮；涂层数量符合设计要求。

（6）面漆：漆种性能和涂层数量（厚度）符合设计要求；面漆完整无遗漏，不露底、色泽一致；表面平整无起泡、皱褶。

13.5.2 空调水系统管道与设备绝热质量控制

（1）绝热材料性能：其技术性能（材质、导热率、密度、规格及厚度）参数符合设计要求。

（2）保温钉的长度应满足压紧绝热层固定压片的要求，保温钉与管道和设备的黏接应牢固可靠，其数量应满足绝热层固定要求。在设备上黏接固定保温钉时，底面每平方米不应少于 16 个，侧面每平方米不应少于 10 个，顶面每平方米不应少于 8 个；首行保温钉距绝热材料边沿应小于 120mm。

（3）绝热层应固定牢固，表面平整，无十字形拼缝。

（4）防潮层应与绝热层固定无位移；搭接缝口顺水，封闭良好。

（5）保护层搭接缝顺水，宽度一致；接口平整，外观无明显缺陷；封闭良好。

13.5.3 空调风管系统与设备绝热质量控制

（1）绝热材料性能（材质、导热率、密度、规格及厚度）参数符合设计要求。

（2）防腐涂层应无遗漏。

（3）保温钉的设置参见上述"13.5.2 空调水系统管道与设备绝热质量控制"中（2）的要求。

（4）绝热层应固定牢固，表面平整；无十字形拼缝；厚度为 $+0.1\delta$ 和 -0.05δ（δ 为绝热层厚度）。

（5）防潮层与绝热层固定无位移；搭接缝口顺水，封闭良好；胶带宽度不小于 50mm 黏贴平整良好。

（6）保护层搭接缝顺水，宽度一致；接口平整，外观无明显缺陷；封闭良好。

14 建筑电气工程

14.1 变配电设备安装

14.1.1 变压器、箱式变电所安装质量控制

(1) 变压器、箱式变电所的安装应符合下列规定:

1) 变压器、箱式变电所安装前,室内顶棚、墙体的装饰面应完成施工,无渗漏水,地面的找平层应完成施工,基础应验收合格,埋入基础的导管和变压器进线、出线预留孔及相关预埋件等经检查应合格。

2) 变压器、箱式变电所通电前,变压器及系统接地的交接试验应合格。

(2) 变压器安装应位置正确,附件齐全,油浸变压器油位正常,无渗油现象。

(3) 箱式变电所及其落地式配电箱的基础应高于室外地坪,周围排水通畅。用地脚螺栓固定的螺帽齐全,拧紧牢固;自由安放的应垫平放正。金属箱式变电所及落地式配电箱,箱体应与保护导体(PE)干线可靠连接,且有标识。

(4) 变压器及高压电气设备必须按现行国家标准《电气装置安装工程 电气设备交接试验标准》GB 50150 的规定交接试验合格。

(5) 箱式变电所的交接试验,必须符合下列规定:

1) 由高压成套开关柜、低压成套开关柜和变压器三个独立单元组合成的箱式变电所高压电气设备部分,按现行国家标准《电气装置安装工程 电气设备交接试验标准》GB 50150 的规定交接试验合格。

2）高压开关、熔断器等与变压器组合在同一个密闭油箱内的箱式变电所，交接试验按产品提供的技术文件要求执行。

3）低压成套配电柜和馈电线路的每路配电开关及保护装置的相间和相对地间的绝缘电阻值应不小于 0.5MΩ；电气装置的交流工频耐压试验电压 1kV，当绝缘电阻值大于 10MΩ 时，可采用 2500V 兆欧表摇测替代，试验持续时间 1min，无击穿闪络现象。

（6）变压器中性点的接地连接形式及接地电阻值必须符合设计要求。

（7）变压器箱体、干式变压器的支架、基础型钢及外壳应分别单独与保护导体（PE）干线可靠连接，紧固件及防松零件齐全。

（8）装有气体继电器的变压器顶盖，沿气体继电器的气流方向有 1.0%～1.5% 的升高坡度。当与母线槽连接时，其套管中心线应与母线槽中心线在同轴线上。

（9）变压器的低压导线不得在高压线圈和外壳之间通过。

（10）对有防护等级要求的变压器，在高压或低压及其他用途的绝缘盖板上开孔时，应验证符合其防护保护的要求。

（11）有载调压开关的传动部分润滑应良好，动作灵活，点动给定位置与开关实际位置一致，自动调节符合产品的技术文件要求。

（12）绝缘件应无裂纹、缺损和瓷件瓷釉损坏等缺陷，外表清洁，测温仪表指示准确。

（13）装有滚轮的变压器就位后，应将滚轮用能拆卸的制动部件固定。

（14）箱式变电所内外涂层完整、无损伤，有通风口的风口防护网完好。

（15）箱式变电所的高低压柜内部接线完整、低压每个输出回路标记清晰，回路名称准确。

14.1.2 成套配电柜、控制柜（台、箱）和配电箱（盘）安装质量控制

（1）成套配电柜、控制柜（台、箱）和配电箱（盘）的安装应符合下列规定：

1）成套配电柜（台）、控制柜安装前，室内顶棚、墙体的装饰工程应完成施工，无渗漏水，室内地面的找平层应完成施工，基础型钢和柜、台、箱下的电缆沟等经检查应合格，落地式柜、台、箱的基础及埋入基础的导管应验收合格。

2）墙上明装的配电箱（盘）安装前，室内顶棚、墙体、装饰面应完成施工，暗装的控制（配电）箱的预留孔和动力、照明配线的线盒及导管等经检查应合格。

3）电源线连接前，应确认电涌保护器（SPD）型号、性能参数符合设计要求，接地线与 PE 排连接可靠。

4）试运行前，柜、台、箱、盘内 PE 排应完成连接，柜、台、箱、盘内的元件规格、型号应符合设计要求，接线应正确且交接试验合格。

（2）柜、屏、台、盘、箱安装，基础型钢、支架安装必须控制在允许偏差内。

（3）对于一般有高低压开关柜、直流屏、UPS 柜各种电机控制柜及引进设备，应分别按其产品说明书的要求及设计要求安装。注意检查各部分设备的配套和分头设计的吻合。

（4）箱（盘）内配线整齐，无铰接现象。导线连接紧密，不伤芯线，不断股。垫圈下螺丝两侧不应压不同截面导线，同一端子上导线连接不应超过两根，防松垫圈等配件齐全。

（5）箱（盘）内开关动作应灵活可靠，带有漏电保护的回路，漏电保护装置动作电流和动作时间应分别不大于 30mA 和 0.1s。

（6）位置正确，部件齐全、箱体开孔与线管管径相适配，暗式配电箱箱盖紧贴墙面，箱（盘）涂层完整。

（7）箱（盘）内接线整齐，回路编号齐全，标识正确。

（8）照明配电箱（盘）不应采用可燃材料制作。

（9）箱（盘）应安装牢固，垂直度允许偏差为 1.5‰，底边距地面为 1.5m，照明配电板底边距地面不小于 1.8m。

（10）照明箱（盘）内，分别设置中性线（N）和保护地线（PE 线）汇流排，中性线和保护地线经汇流排配出。

（11）箱、盘的金属框架及基础型钢必须接地（PE）或接零（PEN）可靠；装有电器的可开启门，门和框架的接地端子间应用裸编织铜线连接，且有标识。

（12）绝缘测试：配电箱（盘）全部电器安装完毕后，用 500V 兆欧表对线路进行绝缘摇测。摇测项目包括相线与相线之间，相线与中性线之间，相线与保护地线之间，中性线与保护地线之间。两人进行摇测，同时做好记录，作为技术资料存档。

14.2 供 电 干 线

14.2.1 梯架、支架、托盘和槽盒安装质量控制

1. 一般规定

梯架、托盘和槽盒安装应符合下列规定：

（1）支架安装前，应先测量定位。

（2）梯架、托盘和槽盒安装前，应完成支架安装，且顶棚和墙面的喷浆、油漆或壁纸等应基本完成。

2. 施工质量控制要点

（1）选用的金属梯架、托盘或槽盒及其连接件和附件均应符合国家现行技术标准的规定，并应该有合格证件。

（2）直线段钢制或塑料梯架、托盘和槽盒长度超过 30m、铝合金或玻璃钢制梯架、托盘和槽盒长度超过 15m 设有伸缩节；梯架、托盘和槽盒跨越建筑物变形缝处，应设置补偿装置。

（3）当设计无要求时，梯架、托盘、槽盒及支架安装尚应符合下列规定：

1）敷设在竖井内穿楼板处和穿越不同防火区的梯架、托盘和槽盒，有防火隔堵措施。

2）除设计要求外，承力建筑钢结构构件上不得熔焊支架，且不得热加工开孔。

3）支架应安装牢固、无明显扭曲；与预埋件焊接固定时，焊缝饱满；膨胀螺栓固定时，选用螺栓适配，螺栓紧固，防松零件齐全。

（4）桥架、线槽的连接应连续无间断，在转角、分支处和端部均应有固定点，并应紧贴墙面固定，接口应平直、严密，盖板应齐全、平整、无翘角。

（5）桥架、线槽的盖板在直线段上和90°转角处，应成45°斜口相接，分支处应成三角叉接，盖板应无翘角，接口应严密整齐。

（6）电缆梯架、托盘和槽盒转弯处的弯曲半径，不小于梯架、托盘和槽盒内电缆最小允许弯曲半径。

（7）梯架、托盘和槽盒与支架间及与连接板的固定螺栓应紧固无遗漏，螺母位于梯架、托盘和槽盒外侧；当铝合金梯架、托盘和槽盒与钢支架固定时，有相互间绝缘的防电化腐蚀措施。

3. 接地要求

金属梯架、托盘或槽盒必须与保护导体（PE）可靠连接，且必须符合下列规定：

（1）金属梯架、托盘和槽盒全长不大于30m时，不应少于2处与保护导体（PE）可靠连接，全长大于30m时，应每隔20～30m增加连接点，起始端和终点端均应可靠接地。

（2）金属槽盒不应作为保护导体（PE）的接续导体。

（3）非镀锌梯架、托盘和槽盒本体间连接板的两端跨接铜接地线，接地线的截面积应符合设计要求，其截面积不小于 $4mm^2$。

（4）镀锌梯架、托盘和槽盒本体间连接板的两端不跨接接地线，但连接板两端不少于2个有防松螺帽或防松垫圈的连接固定螺栓。

14.2.2 电缆敷设质量控制

1. 一般规定

（1）电缆敷设应符合下列规定：

1）支架安装前，应先清除电缆沟、电气竖井内的施工临时设施、模板及建筑废料等，并应对支架进行测量定位。

2）电缆敷设前，电缆支架、电缆导管、梯架、托盘和槽盒应完成安装，并已与保护导体完成连接，且经检查应合格。

3）电缆敷设前，绝缘测试应合格。

4）通电前，电缆交接试验应合格，检查并确认线路去向、相位和防火隔堵措施等应符合设计要求。

（2）电力电缆、控制电缆等在敷设前，应认真核对其型号、规格、电压等级等是否符合设计要求，当有变更时应取得原设计单位的书面变更通知书，有防火要求的电气回路电缆敷设不得违反设计施工图要求和规范要求。

（3）电缆外观不应受损，不得有铠装压扁、电缆绞拧、护层折裂等机械损伤，电缆应绝缘良好、电缆封端应严密；电缆终端头应是定型产品，附件齐全，套管应完好，并应有合格证和试验数据记录。

（4）电缆敷设前应对整盘电缆进行绝缘电阻测试，电缆敷设后还应对每根电缆进行绝缘电阻测试。

（5）电缆额定电压为 500V 及以下的，应采用 500V 摇表，绝缘电阻值应大于 0.5MΩ。

（6）电缆敷设完毕应及时将电缆端部密封，盘内剩余电缆端部也应及时密封，以免潮气进入降低绝缘性能。

（7）梯形桥架转弯处的弯曲半径，不小于桥架内电缆最小允许弯曲半径，电缆最小允许弯曲半径应符合现行国家标准《建筑电气工程施工质量验收规范》GB 50303 的规定。

（8）电缆敷设应尽量减少中间接头，必须有接头时，并列敷设的电缆，其接头位置应错开；明敷电缆的接头，应用托板托住固定；埋地敷设电缆的接头应装设保护盒，以防意外机械损伤。

（9）电缆在进入配电柜内应及时做好电缆头，电缆头应绑扎固定，整齐统一，并挂上电缆标志牌；电缆芯线应排列整齐，绑扎间距一致并应留有适当余量。

（10）电缆保护管内径不应小于电缆外径的 1.5 倍；保护管的弯曲半径一般为管外径的 10 倍，但不应小于所穿电缆的允许最小弯曲半径。

（11）电缆芯线应有明显相色标志或编号，且与系统相位一致。

（12）梯架及电缆接地应符合以下规定：

1）电力电缆当有铠装钢带护层时，在终端处应可靠接地。接地线应采用铜绞线或镀锡铜编织线，电缆截面在 $120mm^2$ 及以下的不应小于 $16mm^2$；截面在 $150mm^2$ 及以上的不应小于 $25mm^2$。

2）梯架连接处应可靠接地，镀锌金属线槽连接处可不作跨接线接地，但连接两端应不少于 2 处的固定螺栓上应有防松件。

3）梯架的全长和起、终端应与接地干线进行多处可靠连接，或在桥架（托盘）内全长敷设接地线。接地线可采用绿黄绝缘导线、裸铜线和镀锌扁钢，其截面当设计无规定时不宜小于 $100mm^2$。

4）电缆梯架、支架、托架应与接地干线可靠连接。一般可采用黄绿双色导线与梯形桥架同行敷设的 $25mm \times 4mm$ 镀锌扁钢用螺栓进行连接。

2. 埋地电缆敷设

（1）埋地敷设的电缆，表面至地面的深度不应小于 700mm；电缆应埋设于冻土层以下，当受条件限制时，应采取防止电缆受到损坏的措施。

（2）埋地电缆的上、下部应铺设不少于 100mm 厚的软土或砂层，上部并加以电缆盖板保护，保护盖板的宽度应大于电缆两侧各 50mm。

（3）埋地电缆在直线段每隔 50～100m 处、中间接头处、转角处、进入建筑物处，应设置明显的电缆标志桩。

（4）埋地电缆进入建筑物应有钢导管保护，管口宜做成喇叭形，保护管室内部分应高于室外埋地部位，电缆敷设完毕，保护管口应采用密封措施。

（5）埋地电缆在回填土前，应作隐蔽验收，验收通过后方可覆土。

3. 电缆沟内电缆敷设

（1）电缆沟内支架应排列整齐、高低一致、安装牢固。

（2）电缆在电缆沟内敷设时应排列整齐，不宜交叉，电缆在直线段每5～10m及转角处、电缆接头两端处应绑扎牢固。

（3）电力电缆和控制电缆不应敷设在同一层支架上。

（4）电缆敷设完毕后，应及时清除杂物，盖好盖板。电缆沟内严禁有积水现象。

（5）交流单芯电力电缆、矿物绝缘电缆在桥架内敷设相位排列应避免交流电阻、感生电压、电缆涡流等影响。

4. 电缆桥架内电缆敷设

（1）梯形桥架的固定支、吊架安装应牢固，其固定间距应符合设计要求，当设计无要求时应不大于2m，梯形桥架的起、终端和转角两侧、分支处三侧应有支、吊架固定，固定点宜为300～500mm。

（2）梯形桥架连接板处螺栓应紧固，螺栓应由里向外穿，螺母位于桥架（托盘）的外侧。

（3）支架与预埋件焊接固定时，焊缝饱满；膨胀螺栓固定时，选用螺栓适配，连接紧固，防松零件齐全。钢支架与吊架应焊接牢固，无显著变形，焊缝均匀平整，焊缝长度应符合要求，不得出现裂纹、咬边、气孔、凹陷、漏焊等缺陷。

（4）支架与吊架应安装牢固，保证横平竖直，在有坡度的建筑物上安装支架与吊架应与建筑物有相同坡度。

（5）严禁用木砖固定支架与吊架。

（6）梯形桥架转角和三通处的最小转弯半径应大于敷设电缆最大者的最小弯曲半径。

（7）梯形桥架跨越变形缝（沉降缝、伸缩缝）处或梯形桥架直线长度超过30m应有补偿装置，并保证补偿装置伸缩节处接地跨接线的贯通。

（8）电缆在梯形桥架内宜单层敷设，排列整齐，不宜交叉。电缆在每一直线段5～10m、转角、电缆中间接头的两端处应绑扎固定。

（9）不同电压等级的电缆在桥架（托盘）内敷设时，中间应用隔板分开。

5. 电缆穿保护管敷设

（1）电缆导管敷设要求

1）电缆管弯制后，不应有裂缝和显著的凹瘪现象，其弯扁程度不宜大于管子外径的10%。

2）电缆管的内径与电缆外径之比不得小于1.5。

3）每根电缆管的弯头不应超过3个，直角弯不应超过2个。

4）金属电缆管严禁对口熔焊连接，宜采用套管焊接的方式，连接时应两管口对准、连接牢固，密封良好；套接的短套管或带螺纹的管接头的长度，不应小于电缆管外径的2.2倍；镀锌和壁厚小于2mm的钢导管不得套管熔焊连接。

5）地下埋管距地面深度不宜小于0.5m；与铁路交叉处距路基不宜小于1.0m；距排水沟底不宜小于0.3m；并列管间宜有不小于20mm的间隙。

（2）穿入管中电缆的数量应符合设计要求，交流单芯电缆不得单独穿入钢管内。

（3）敷设在混凝土管、陶土管、石棉水泥管内的电缆，宜穿塑料护套电缆。

（4）拐弯、分支处以及直线段每隔50m应设人孔检查井，井盖应高于地面，井内有集水坑且可排水。

（5）电缆管内径与电缆外径之比不得小于1.5；混凝土管、陶土管、石棉水泥管除应满足本条要求外，其内径尚不宜小于100mm。

（6）电缆穿保护管前，应先清理保护管，电缆保护管内部应无积水，且无杂物堵塞。

（7）穿电缆时，可采用无腐蚀性的润滑剂（粉），如滑石粉或黄油等润滑物，以防损伤电缆护层。

（8）直埋电缆进入建筑物内的保护管必须符合防水要求，并有适当的防水坡度，保护管伸出建筑物散水坡的长度不应小于250mm，除注明外，保护管应伸出墙外1m。管口应无毛刺和尖锐棱角，宜做成喇叭形；非镀锌钢管外壁应刷两道沥青漆防腐。

（9）电缆直埋引入建筑物时，应穿钢管保护，并做好防水处理，保护钢管内径不应小于电缆外径的1.5倍。穿墙钢管与钢板须事先焊好，并应配合土建墙体施工预埋。

（10）在电缆穿过竖井、墙壁、楼板或进入电气盘、柜的孔洞处，用防火堵料密实封堵。

14.2.3 电缆头制作、导线连接与线路检查与绝缘测试质量控制

1. 一般规定

电缆头制作和接线应符合下列规定：

（1）电缆头制作前，电缆绝缘电阻测试应合格，检查并确认电缆头的连接位置、连接长度应满足要求。

（2）控制电缆接线前，应确认绝缘电阻测试合格，校线正确。

（3）电力电缆或绝缘导线接线前，电缆交接试验或绝缘电阻测试应合格，相位核对应正确。

2. 电缆头制作

（1）制作电缆终端与接头，从剥切电缆开始应连续操作直至完成，缩短绝缘暴露时间。剥切电缆时不应损伤线芯和保留的绝缘层。附加绝缘的包绕、装配、热缩等应清洁。

（2）电缆终端和接头应采取加强绝缘、密封防潮、机械保护等措施。6kV及以上电力电缆的终端和接头，尚应有改善电缆屏蔽端部电场集中的有效措施，并应确保外绝缘相间和对地绝缘。

（3）在制作塑料绝缘电缆终端头和接头时，应彻底清除半导

电屏蔽层。对包带石墨屏蔽层，应使用溶剂擦去碳迹；对挤出屏蔽层，剥除时不得损伤绝缘表面，屏蔽端部应平整。

（4）电缆芯线连接时应除去线芯和连接管内壁油污及氧化层。压接模具与金具应配合适当。压缩比应符合要求。压接后应将端子或连接管上的凸痕修理光滑，不得残留毛刺。采用锡焊连接铜芯，应使用中性焊锡膏，不得烧伤绝缘。

（5）三芯电力电缆接头两侧电缆的金属屏蔽层（或金属套）、铠装层应分别连接良好，不得中断。直埋电缆接头的金属外壳及电缆的金属护层应做防腐处理。

（6）三芯电力电缆终端处的金属护层必须接地良好；塑料电缆每相铜屏蔽和钢铠应用焊锡焊接接地线。电缆通过零序电流互感器时，电缆金属护层和接地线应对地绝缘，电缆接地点在互感器以下时，接地线应直接接地；接地点在互感器以上时，接地线应穿过互感器接地。

（7）装配、组合电缆终端和接头时，各部件的配合和搭接处必须采取堵漏、防潮和密封措施。塑料电缆宜采用自黏带、黏胶带、胶黏剂（热溶胶）等方式密封；塑料护套表面应打毛，黏接表面应用溶剂除去油污，黏接应良好。

（8）电缆终端上应有明显的终端标志，且应与系统的相位一致。

（9）控制电缆终端可采用一般包扎，接头应有防潮措施。

3. 导线连接

（1）导线连接熔焊的焊缝外形尺寸应符合焊接工艺标准的规定，焊接后应清除残余焊药和焊渣。焊缝严禁有凹陷、夹渣、断股、裂缝及根部未焊合等缺陷。

（2）锡焊连接的焊缝应饱满、表面光滑。焊剂应无腐蚀性，焊接后应清除焊区的残余焊剂。

（3）在配电配线的分支线连接处，干线不应受到支线的横向拉力。

4. 线路检查与绝缘测试

导线接、焊、包全部完成后，要进行自检和互检；检查导线接、焊、包是否符合设计要求及有关施工验收规范及质量验评标准的规定。不符合规定时要立即纠正，检查无误后再进行绝缘摇测。

14.2.4 母线槽及裸母线安装质量控制

随着城市建设的发展和成套产品的规范化、标准化，配电系统已大量采用成套设备，馈电母线以母线槽居多，裸母线已基本不再被使用于建筑电气工程中，但一些经济欠发达地区仍需要采用裸母线作为馈电线路，本书保留裸母线的相关内容。

1. 母线槽安装

（1）母线槽安装应符合下列规定：

1）变压器和高低压成套配电柜上的母线槽安装前，变压器、高低压成套配电柜、穿墙套管等应安装就位，并应经检查合格。

2）母线槽支架的设置应在结构封顶、室内底层地面完成施工或确定地面标高、清理场地、复核层间距离后进行。

3）母线槽安装前，与母线槽安装位置有关的管道、空调及建筑装修工程应完成施工。

4）母线槽组对前，每段母线的绝缘电阻应经测试合格，且绝缘电阻值不应小于 20MΩ。

5）通电前，母线槽的金属外壳应与外部保护导体完成连接，且母线绝缘电阻测试和交流工频耐压试验应合格。

（2）悬挂式母线槽的吊钩应有调整螺栓，固定点间距离不得大于 3m。

（3）母线槽的端头应装封闭罩，引出线孔的盖子应完整。

（4）各段母线槽的外壳的连接应是可拆的，外壳间应有跨接线，并应接地可靠。

（5）母线槽水平安装应符合以下规定：

1）水平平卧安装用水平压板及螺栓、螺母、平垫片、弹簧垫圈将母线（平卧）固定于角钢吊支架上。

2）水平侧卧安装用侧装压板及螺栓、螺母、平垫片、弹簧垫圈将母线（侧卧）固定于角钢支架上。水平安装母线时要保证母线的水平度，在终端加终端盖并用螺栓紧固。

2. 裸母线安装

（1）裸母线符合国家或部颁现行标准，并具备生产许可证、产品合格证及国家产品质量认证制度中的各项检测合格证。

（2）支架安装固定方式。支架可预埋在承重结构中；也可采用膨胀螺栓固定，或者用射钉法固定在混凝土结构上。母线的支架与铁件焊接连接时，焊缝应饱满；采用膨胀螺栓固定时，选用的螺栓应适配，连接牢固，并有防松措施。

（3）支架焊接处应做防腐处理，焊接处氧化物应清理彻底，涂刷防腐涂料应均匀，无漏刷，注意保护其他成品。

（4）绝缘子安装前要摇测绝缘，绝缘电阻值大于 $1M\Omega$ 为合格。检查绝缘子外观无裂纹、缺损现象，绝缘子灌注的螺栓、螺母牢固后方可使用。

（5）金具与绝缘子间的固定平整牢固，不使母线受额外应力。

（6）固定单相交流母线的金具构件及金具间或其他支持金具禁止形成闭合铁磁回路，以免产生环流，造成发热，避免引发故障或事故。

（7）母线下料：长度合理，长母线适当分段便于维修，留有适当裕量。

（8）母线的紧固螺栓：应选用镀锌螺栓；铝母线宜用铝合金螺栓，铜母线宜用铜螺栓；紧固螺栓时应用力矩扳手，螺栓长度应是只露出 2～3 扣为宜。

3. 封闭母线安装

（1）支座必须安装牢固，母线按分段图、相序、编号、方向和标志正确放置，每相外壳的纵向间隙应分配均匀。

（2）母线与外壳应同心，其误差不得超过 5mm，段与段连接时，两相邻段母线及外壳应对准，连接后不应使母线及外壳受到机械应力。

（3）封闭母线不得用裸钢丝绳起吊和绑扎，母线不得任意堆放和在地面上拖拉，外壳上不得进行其他作业，外壳内和绝缘子必须擦拭干净，外壳内不得有遗留物。

（4）橡胶伸缩套的连接头、穿墙处的连接法兰、外壳与底座之间、外壳各连接部位的螺栓应采用力矩扳手紧固，各接合面应密封良好。

（5）外壳的相间短路板应位置正确，连接良好，相间支撑板应安装牢固，分段绝缘的外壳应做好绝缘措施。

（6）母线焊接应在封闭母线各段全部就位并调整误差合格，绝缘子、盘形绝缘子和电流互感器经试验合格后进行。

（7）插接箱安装必须固定可靠，垂直安装时，标高应以插接箱底口为准。

（8）封闭母线在穿防火分区时必须对母线与建筑物之间的缝隙做防火处理，用防火堵料将母线与建筑物间的缝隙填满，防火堵料厚度不低于结构厚度，防火堵料必须符合设计及国家有关规定。

4. 母线接地

绝缘子的底座、套管的法兰、保护网（罩）、封闭、插接式母线的外壳及母线支架等可接近裸露导体应接地（PE）或接零（PEN）可靠，其接地电阻值应符合设计要求和规范的规定。不应作为接地（PE）或接零（PEN）的接续导体。

14.3 配 电 线 路

14.3.1 导管敷设质量控制

1. 一般规定

（1）导管敷设应符合下列规定：

1）配管前，除埋入混凝土中的非镀锌钢导管的外壁外，应确认其他场所的非镀锌钢导管内、外壁均已做防腐处理。

2）埋设导管前，应检查确认室外直埋导管的路径、沟槽深度、宽度及垫层处理等符合设计要求。

3）现浇混凝土板内的配管，应在底层钢筋绑扎完成，上层钢筋未绑扎前进行，且配管完成后应经检查确认后，再绑扎上层钢筋和浇捣混凝土。

4）墙体内配管前，现浇混凝土墙体内的钢筋绑扎及门、窗等位置的放线应已完成。

5）接线盒和导管在隐蔽前，经检查应合格。

6）穿梁、板、柱等部位的明配导管敷设前，应检查其套管、埋件、支架等设置符合要求。

7）吊顶内配管前，吊顶上的灯位及电气器具位置应先进行放样，并应与土建及各专业施工协调配合。

（2）电气导管遇下列情况之一时，中间应增设接线盒或拉线盒，且接线盒或拉线盒的位置应便于穿线和检修：

管长度每超过 30m，无弯曲。

管长度每超过 20m，有一个弯曲。

管长度每超过 15m，有两个弯曲。

管长度每超过 8m，有三个弯曲。

（3）电气导管工程中所采用的管卡、支吊架、配件和箱盒等黑色金属附件都应作镀锌或涂防锈漆等防腐措施。

（4）进入箱、盒、柜的导管应排列整齐，固定点间距均匀，安装牢固；进入落地式柜、台、箱、盘内的电气导管，应高出柜、台、箱、盘的基础面 50～80mm。所有管口在穿入电线、电缆后应做密封处理。

（5）电气导管敷设完成后应对施工中造成建筑物、构筑物的孔、洞、沟、槽等进行修补。

（6）电气导管及线槽经过建筑物的沉降缝或伸缩缝处，必须设置补偿装置。

（7）金属导管严禁对口熔焊连接；镀锌和壁厚小于等于 2mm 的钢导管不得套管熔焊连接。

（8）镀锌钢导管不得熔焊跨接接地线。

（9）导管在砌体上剔槽埋设时，保护层厚度应大于 15mm，抹面水泥砂浆强度等级用不小于 M10 做保护。

2. 导管的敷设要求

（1）电气导管混凝土或砖砌墙暗敷

1）埋入墙体中可采用薄壁钢导管、复合型可挠金属导管或绝缘导管。

2）暗配的电气导管，埋设深度与建筑物、构筑物表面的距离不应小于 15mm。当电气导管在砌体上剔槽埋设时，应采用强度等级不小于 M10 的水泥砂浆抹面保护，保护层厚度大于 15mm。

3）金属导管内外壁应防腐处理；埋设于混凝土内的导管内壁应防腐处理，外壁可不防腐处理。

4）埋入混凝土中的电气导管应在底层钢筋绑扎完成后方可进行，导管与模板之间距离不得小于 15mm，导管不得直接敷设在底层钢筋下面模板上面，以免产生"电管露底"现象。并列敷设的导管之间间距不应小于 25mm，管间用混凝土浇捣密实。

5）电气导管在墙体（实心砖、空心砖、砌块砖等）内暗敷，走向应合理，不得有明显破坏墙体结构现象。剔槽时不得留置水平槽和斜形槽。（斜走剔槽对结构破坏较大，尤其是空心砖等）。

6）剔槽宜采用机械方式。以保证槽的宽度和深度基本一致。

7）预埋在墙体中的箱盒应固定牢固，位置或高度应正确、统一，箱盒宜和混凝土墙体表面平。

（2）电气导管沿墙明敷或在吊顶内敷设

1）导管宜按照明敷管线的要求，基本做到"横平竖直"，不应有斜走、交叉等现象。

2）吊支架的距离宜采用明导管的要求，在箱盒和转角等处应对称、统一。

3）吊支架宜采用膨胀螺栓镀锌螺纹吊杆和镀锌弹性管卡固定电线保护导管。刚性绝缘导管宜用同样材质的管卡固定。

4）从接线盒引至灯位的导管应采用软管，其长度不宜大于

1.2m。接线盒的盖板面设置宜朝下便于检修。

5）电气导管敷设在石膏板轻钢龙骨墙体内，应在龙骨上采用管卡或绑扎方法固定。

6）电气导管在吊平顶内敷设应有单独的吊支架，不得利用龙骨的吊架，也不得将电气导管直接固定在轻钢龙骨上。

（3）电气导管进箱盒、线槽

1）电气导管进箱盒或线槽，必须用机械方法开孔，严禁用电焊或气焊开孔；箱盒有敲落孔的，敲落孔径应与电气导管相匹配。

2）电气导管进箱盒及线槽，管径在 $\phi50$ 及以下的应采用螺纹丝扣连接，并用锁紧螺母固定，螺纹露出锁紧螺母 2～3 扣；管径在 $\phi65$ 及以上的可采用电焊"点焊"固定，管口露出箱盒或线槽 3～5mm，点焊处应刷防腐漆及面漆。

3）刚性绝缘导管进箱盒或线槽应采用专用护口配件，并涂以专用胶黏剂。

（4）电气导管在室外、埋地及特殊场地的敷设

1）直接敷设于室内和室外地坪部位的焊接钢管的内外壁、镀锌钢管的外壁必须经过防腐处理，才能进行埋地敷设。

2）薄壁电线管不得直接在室外埋地敷设。

3）室外和屋面用于电气动力系统的保护导管应使用经过防腐处理的焊接钢管和厚壁镀锌钢管，电管进入设备处应有防雨弯头。

4）临空墙、密闭墙及出入人防工程防护区域预埋的电气套管及导管必须使用厚壁镀锌钢管。

3. 厚壁金属电线管配管

（1）厚壁钢导管的连接应采用螺纹连接、紧固螺钉式套管连接，管径大于 $\phi50$ 可套管焊接连接。镀锌厚壁钢导管不得采用对口熔焊连接。

（2）采用丝扣连接的，管端螺纹长度应等于或接近于管接头长度 1/2，其管螺纹不应有明显锥度，连接处管螺纹光洁无缺

损、紧密、牢固无松动，外露丝扣宜为 2～3 扣。

（3）采用套管焊接连接的，钢导管对口处应在套管中心，套管长度应为钢导管直径的 1.5～3 倍；焊接应紧密牢固，焊缝应平整、饱满，无夹渣、气孔、焊瘤等现象。焊接后应及时清除焊渣并刷两度防锈（腐）漆进行保护。钢导管严禁有焊穿现象。

（4）弯管时管子的弯扁程度应不大于管外径的 10%，弯曲半径应符合以下要求：

1）明配线管的弯曲半径，常规不应小于管外径的 6 倍。如只有一个弯时，可不小于管外径的 4 倍。

2）暗配线管弯曲半径，常规不应小于管外径的 6 倍。埋入地下或混凝土结构内，其弯曲半径不应小于管外径的 10 倍。

（5）单层面积大的建筑，有可能造成管线长度过长，所以当管路超过以下长度时，要在适当位置上加设接线盒。

水平配线管路长度 30m，开始加弯接线盒；再超过 20m，再加 1 个弯接线盒；管还超过 15m，还加 1 个弯接线盒。

（6）在住宅建筑中，电器与其他专业管道、门的距离要求，配管时必须考虑。

1）插座离暖气片水平最小的距离为 30mm；插座离煤气管道水平最小的距离为 15mm。

2）扳把开关距地面高度为 1.4m，距门口为 150～200mm；开关不得安于单扇门后。

3）成排安装的开关高度应一致，高低差不大于 0.5mm。

4）同一室内安装的插座高低差不应大于 5mm；成排安装的插座高低差不应大于 0.5mm；厨卫内的插座标高不得低于 1400mm。

4．薄壁金属电线管配管

（1）薄壁钢导管应采用螺纹连接，管端螺纹长度应等于或接近于管接头长度 1/2，其管螺纹处不应有明显锥度，连接处管螺纹光洁无缺损、紧密、牢固无松动，外露丝扣宜为 2～3 扣。

（2）管入箱、盒要采用爪型螺纹管接头。使用专用扳手锁紧，爪型根母护口要良好使金属箱、盒达到导电接地的要求。箱、盒开孔应整齐，与管径相吻合，要求一管一孔，不得开长孔。铁制箱、盒严禁用电气焊开孔。两根以上管入箱、盒，要长短一致，间距均匀，排列整齐。

（3）暗配管路弯曲过多，敷设管路时，应按设计图要求及现场情况，沿最近的路线敷设。

（4）预埋盒、箱、支架、吊杆歪斜，或者盒、箱里进外出严重，应根据具体情况进行修复。

（5）剔挖暗装盒、箱出现空、收口不好，应在稳筑盒、箱时，其周围灌满灰浆，盒箱口应及时收好后再穿线安装器具。

（6）明配管、吊顶内或护墙板内配管、固定点不牢，螺丝松动，管卡子固定点间距过大或不均匀。应采用配套管卡，固定牢固，间距应安排均匀。

（7）暗配管路堵塞，配管后应及时扫管，发现堵管及时修复，配管后应及时加管堵将管口堵严。

（8）管口不齐有毛刺，断管后未及时处理管口。

（9）盒、箱与螺纹管接头应按操作工艺进行，否则造成电气接地不良；管与管连接时，扣压器应配套使用。

5. 塑料管配管

（1）阻燃塑料管及其配件的敷设，安装和煨弯制作，均应在原材料规定的允许环境温度下进行，其温度不宜低于-15℃。

（2）暗敷设保护层小于15mm的管路有外露现象，应将管槽深度剔到1.5倍管外径的深度，将管子固定好后用水泥砂浆保护，并抹平灰层。

（3）对于稳埋盒、箱应先用线坠找正，位置正确后再进行固定稳埋；暗装的盒口或箱口应与墙面平齐，不出现凹陷或凸出墙面的现象。暗箱的贴脸与墙面缝隙预留适中；用水泥砂浆将盒箱底部四周填实抹平，盒子收口平整。

（4）对于较薄厚度的墙体，对于箱体厚度与墙厚接近的情况，为避免箱底处抹灰开裂，应配合土建施工时在箱底加金属网固定后，再抹灰找齐。

（5）朝上的管口应及时封堵，避免杂物落入管内。应在安装立管时，随时堵好管口，其他工种作业时，应注意提醒不要碰坏已经敷设完毕的管路。

（6）PVC管进行加热煨弯时，应避免出现变色、凹扁过大、煨弯倍数不够等现象。

6. 柔性导管配管

（1）导管经柔性导管与电气设备、器具连接，柔性导管的长度在动力工程中不大于0.8m，在照明工程中不大于1.2m。

（2）柔性导管与电气设备、器具的连接必须采用配套的专用接头，不应将柔性导管直接插入电气导管或设备、器具中。

（3）柔性导管不宜埋墙敷设。

（4）除过变形缝外，柔性导管不可做电气导管的中间接驳体。

7. 导管的接地保护

（1）当非镀锌钢导管在采用螺纹连接时，连接处的两端应采用不小于6mm圆钢焊跨接接地线。当镀锌钢导管采用螺纹连接时，连接处的两端采用专用接地卡固定跨接接地线。

（2）镀锌的钢导管、可挠性导管和金属线槽不得熔焊跨接接地线，以专用接地卡跨接的两卡间连线为铜芯软导线，截面积不小于$4mm^2$。

（3）金属线槽不作设备的接地导体，当设计无要求时，金属线槽全长不少于2处与接地（PE）或接零（PEN）干线连接。

（4）非镀锌金属线槽间连接板的两端跨接铜芯接地线，镀锌线槽间连接板的两端不跨接接地线，但连接板两端不少于2个有防松螺帽或防松垫圈的连接固定螺栓。

（5）钢导管与金属箱盒、金属线槽连接时，应作可靠的跨接接地连接，其方法如下：

1）镀锌钢导管进入金属箱盒应将专用接地线卡上的连接导线接入箱盒内专用接地螺栓或PE排上，不应直接与箱盒外壳连接。

2）非镀锌钢导管应焊接接地螺栓，用黄绿双色导线接入箱盒内专用接地螺栓或 PE 排上，不应直接与箱盒外壳连接，焊接处及时做好防腐处理。

（6）镀锌钢导管或非镀锌钢导管在进入金属线槽时，线槽和钢导管上的跨接接地必须符合以下规定：

1）金属线槽和导管为镀锌件时，导管和线槽间可用导线跨接接地。

2）非镀锌钢导管和镀锌线槽连接时，钢导管上应焊接接地螺栓，并用黄绿双色导线可靠连接接地跨接。

3）成排镀锌钢导管进入箱盒或线槽，应在成排钢导管上用专用接地线卡将接地跨接接地线并联连接后和线槽箱盒可靠连接。非镀锌钢导管应焊接圆钢跨接线将成排钢导管连成一整体，其中一钢导管上焊接接地螺栓后用导线把钢导管和线槽及箱盒可靠连接。

4）跨接接地线采用导线的，其颜色应为黄绿双色；采用的螺栓应为镀锌件，且平垫片、弹簧垫片齐全。

14.3.2 管内穿线和槽盒内敷线质量控制

1. 一般规定

绝缘导线、电缆穿导管及槽盒内敷线应符合下列规定：

（1）焊接施工作业应已完成，检查导管、槽盒安装质量应合格。

（2）导管或槽盒与柜、台、箱应已完成连接，导管内积水及杂物应已清理干净。

（3）绝缘导线、电缆的绝缘电阻应经测试合格。

（4）通电前，绝缘导线、电缆交接试验应合格，检查并确认接线去向和相位等应符合设计要求。

2. 管内穿线

（1）同一交流回路的导线必须穿于同一管内。

（2）不同回路、不同电压和交流与直流的导线，不得穿入同一管内，但以下几种情况除外：额定电压为 50V 以下的回路；同一设备或同一流水作业线设备的电力回路和无特殊防干扰要求的控制回路；同一花灯的几个回路；同类照明的几个回路，但管内的导线总数不应多于 8 根。

（3）导线在变形缝处，补偿装置应活动自如。导线应留有一定的余度。

（4）敷设于垂直管路中的导线，当超过下列长度时，应在管口处和接线盒中加以固定：截面积为 50mm² 及以下的导线为 30m；截面积为 70～95mm² 的导线为 20m；截面积在 180～240mm² 之间的导线为 18m。

3. 槽盒内敷线

（1）电线在线槽内有一定余量，不得有接头。电线按回路编号分段绑扎，绑扎点间距不应大于 2m。

（2）同一回路的相线和中性线，敷设于同一金属线槽内。

（3）同一电源的不同回路无抗干扰要求的线路可敷设于同一线槽内；敷设于同一线槽内有抗干扰要求的线路用隔板隔离，或采用屏蔽电线且屏蔽护套一端接地。

14.3.3　塑料护套线直敷布线质量控制

（1）塑料护套线直敷布线应符合下列规定：

1）弹线定位前，应完成墙面、顶面装饰工程施工。

2）布线前，应确认穿梁、墙、楼板等建筑结构上的套管已安装到位，且塑料护套线经绝缘电阻测试合格。

（2）导线的规格型号必须符合设计和国家现行技术标准规范的要求，并具备产品质量合格证、备案证。

（3）工程上使用的塑料护套线必须保证最小芯线截面为 2.5mm²。塑料护套线采用明敷设时，导线截面积一般不宜大于 10mm²。

（4）放线要确保布线时导线顺直，不能拉乱，或者导线产生扭曲现象。

（5）导线直敷设时必须横平竖直。竖向垂直布线时，应自上而下作业。

（6）布线必须转弯布线时，可在转弯处装设接线盒，以求得整齐、美观、装饰性强。如布线采取导线本身自然转弯时，必须保持相互垂直，弯曲角要均匀，弯曲半径不得小于塑料护套线宽度的 3～6 倍。

（7）布线的导线接头应甩入接线盒、开关盒、灯头盒和插座盒内。

（8）暗敷布线时，应满足以下要求：

1）如导线穿越墙壁和楼板时，要加保护管。

2）在空心楼板板孔内暗配敷设时，不得损伤护套线，并应便于更换导线。在板孔内不得有接头，板孔应洁净，无积水和无杂物。

14.3.4 钢索配线质量控制

1. 一般规定

钢索配线的钢索吊装及线路敷设前，除地面外的装修工程应已结束，钢索配线所需的预埋件及预留孔应已预埋、预留完成。

2. 钢索吊装金属管

（1）根据设计要求选择金属管、三通及五通专用明配接线盒，相应规格的吊卡。

（2）在吊装管路时，应按照先干线后支线的顺序进行，把加工好的管子从始端到终端按顺序连接起来，与接线盒连接的丝扣应该拧牢固，进盒的丝扣不得超过 2 扣。吊卡的间距应符合施工及验收规范要求。每个灯头盒均应用 2 个吊卡固定在钢索上。

（3）双管并行吊装时，可将两个吊卡对接起来的方式进行吊装，管与钢索应在同一平面内。

（4）吊装完毕后应做整体的接地保护，接线盒的两端应有跨接地线。

3. 钢索吊装塑料管

（1）根据设计要求选择塑料管、专用明配接线盒及灯头盒、管子接头及吊卡。

（2）管路的吊装方法同于金属管的吊装，管进入接线盒及灯头盒时，可以用管接头进行连接；两管对接可用管箍黏结法。

（3）吊卡应固定平整，吊卡间距应均匀。

4. 钢索吊护套线

（1）根据设计图，在钢索上量出灯位及固定的位置。将护套线按段剪断，调直后放在放线架上。

（2）敷设时应从钢索的一端开始，放线时应先将导线理顺，同时用铝卡子在标出固定点的位置上将护套线固定在钢索上，直至终端。

（3）在接线盒两端 100～150mm 处应加卡子固定，盒内导线应留有适当余量。

（4）灯具为吊装灯时，从接线盒至灯头的导线应依次编叉在吊链内，导线不应受力。吊链为瓜子链时，可用塑料线将导致垂直绑在吊链上。

14.4 电气照明装置安装

14.4.1 普通灯具安装质量控制

（1）照明灯具安装应符合下列规定：

1）灯具安装前，应确认安装灯具的预埋螺栓及吊杆、吊顶上安装嵌入式灯具用的专用支架等已完成，对需做承载试验的预埋件或吊杆经试验应合格。

2）影响灯具安装的模板、脚手架应已拆除，顶棚和墙面喷浆、油漆或壁纸等及地面清理工作应已完成。

3）灯具接线前，导线的绝缘电阻测试应合格。

4）高空安装的灯具，应先在地面进行通断电试验合格。

（2）灯具的固定应符合下列规定：

1）灯具重量大于 3kg 时，固定在螺栓预埋吊钩上；软线吊灯，灯具重量在 0.5kg 及以下时，采用软电线自身吊装；大于 0.5kg 的灯具采用吊链，且软电线编叉在吊链内，使电线不受力。

2）灯具固定牢固可靠，不使用木楔。每个灯具固定用螺钉或螺丝不少于2个；当绝缘台直径在75mm及以下时，采用1个螺钉或螺栓固定。

3）花灯吊钩圆钢直径不小于灯具挂销直径，且不小于6mm。大型花灯的固定及悬吊装置，应按灯具重量的3倍做过载试验；当钢管做灯杆时，钢管内径不应小于10mm，钢管厚度不应小于1.5mm。

4）灯具带电部件的绝缘材料以及提供防触电保护的绝缘材料，应耐燃烧和防明火。

（3）当设计无要求时，灯具的安装高度和使用电压等级应符合下列规定：

1）一般敞开式灯具，灯头对地面距离不小于下列数值（采用安全电压时除外）：室外为2.5m（室外墙上安装）；厂房为2.5m；室内为2m；软吊线带升降器的灯具在吊线展开后为0.8m。

2）危险性较大及特殊危险场所，当灯具距地面高度小于2.4m时：使用额定电压为36V及以下的照明灯具，或有专用保护措施。

3）灯具的可接近裸露导体必须接地（PE）或接零（PEN）可靠，并应有专用接地螺栓，且有标识。

4）装有白炽灯泡的吸顶灯具，灯泡不应紧贴灯罩。

5）当灯泡与绝缘台间距离小于5mm时，灯泡与绝缘台间应采取隔热措施。

14.4.2 专用灯具安装质量控制

专用灯具的安装除应符合上述"14.4.1普通灯具安装质量控制"中（1）的要求外，还要求导线相位与灯具相位必须相符，灯具内预留余量应符合规范的规定；灯具线不许有接头，绝缘良好，严禁有漏电现象，灯具配线不得外露；穿入灯具的导线不得承受压力和磨损，导线与灯具的端子螺栓拧牢固。

1. 手术台无影灯

（1）固定灯座的螺栓数量不少于灯具法兰底座上的固定孔数，且螺栓直径与底座孔径相适配；螺栓采用双螺母锁固；底座紧贴顶板，四周无缝隙；在混凝土结构上螺栓与主筋相焊接或将螺栓末端弯曲与主筋绑扎锚固。

（2）配电箱内装有专用总开关及分路开关，电源分别接在两条专用的回路上，开关至灯具的电线采用额定电压不低于750V的铜芯多股绝缘电线。表面保持整洁、无污染，灯具镀、涂层完整无划伤。

2. 应急照明灯具

（1）疏散照明采用荧光灯或白炽灯；安全照明采用卤钨灯或采用瞬时可靠点燃的荧光灯。

（2）安全出口标志灯和疏散标志灯装有玻璃或非燃材料的保护罩，面板亮度均匀度为1：10（最低：最高），保护罩应完整、无裂纹。

（3）应急照明灯的电源除正常电源外，另有一路电源供电；或者是独立于正常电源的柴油发电机组供电；或由蓄电池柜供电或选用自带电源型应急灯具。

（4）应急照明在正常电源断电后，电源转换时间为：疏散照明≤15s；备用照明≤15s（金融商店交易所≤1.5s）；安全照明≤0.5s。

（5）疏散照明由安全出口标志灯和疏散标志灯组成。安全出口标志灯距地高度不低于2m，且安装在疏散出口和楼梯口里侧的上方。

（6）疏散标志灯安装在安全出口的顶部，楼梯间、疏散走道及其转角处应安装在1m以下的墙面上。不易安装的部位可安装在上部。疏散通道上的标志灯间距不大于20m（人防工程不大于10m）；不影响正常通行，且不在其周围设置容易混淆疏散标志灯的其他标志牌等。

（7）应急照明灯具、运行中温度大于60℃的灯具，当靠近可燃物时，采取隔热、散热等防火措施。当采用白炽灯、卤钨灯等光源时，不直接安装在可燃装修材料或可燃物件上；应急照明线路在每个防火分区有独立的应急照明回路，穿越不同防火分区的线路有防火隔堵措施。

(8) 疏散照明线路采用耐火电线、电缆，穿管明敷或在非燃烧体内穿刚性导管暗敷，暗敷保护层厚度不小于 30mm。电线采用额定电压不低于 750V 的铜芯绝缘电线。

3. 防爆灯具

(1) 灯具开关的外壳完整，无损伤、无凹陷或沟槽，灯罩无裂纹，金属护网无扭曲变形，防爆标志清晰；防爆标志、外壳防护等级和温度组别与爆炸危险环境相适配。

(2) 灯具配套齐全，不得用非防爆零件替代灯具配件（金属护网、灯罩、接线盒等）；灯具及开关的紧固螺栓无松动、锈蚀，密封垫圈完好；安装位置离开释放源，且不在各种管道的泄压口及排放口上下方安装灯具。

(3) 灯具开关安装高度 1.3m，牢固可靠，位置便于操作；灯具吊管及开关与接线盒螺纹啮合扣数不少于 5 扣，螺纹加工光滑、完整、无锈蚀，并在螺纹上涂以电力复合脂或导电性防锈脂。

(4) 行灯变压器的固定支架牢固，油漆完整；携带式局部照明灯电线采用橡套软线。

4. 建筑物彩灯安装

彩灯安装一般位于建筑物的外部和顶部，彩灯灯具必须是具有防雨性能的专用灯具，安装时应将灯罩拧紧；配线管路应按明配管敷设，并具有防雨功能；垂直彩灯悬挂挑臂安装。挑臂的槽钢型号、规格及结构形式应符合设计要求，并应做好防腐处理，挑臂槽钢如是镀锌件应采用螺栓固定连接，严禁焊接。

吊挂钢索。常规应采用直径≥10mm 的开口吊钩螺栓。地锚应为架空外线用拉线盘，埋置深度应大于 1500mm。底把采用 ϕ16 圆钢或者采用镀锌花篮螺栓。垂直彩灯采用防水吊线灯头，下端灯头距离地面高于 3000mm。

5. 景观照明灯具安装

（1）景观灯具安装。灯具落地式的基座的几何尺寸必须与灯箱匹配，其结构形式和材质必须符合设计要求。每套灯具安装的位置，应根据设计图纸而确定。投光的角度和照度应与景观协调一致。其导电部分对地绝缘电阻值必须大于 $2M\Omega$。

（2）景观落地式灯具安装在人员密集流动性大的场所时，应设置围栏防护。如条件不允许无围栏防护，安装高度应距地面2500mm 以上。

（3）金属结构架和灯具及金属软管，应做保护接地线，连接牢固可靠，标识明显。

（4）水下照明灯具安装

1）水下照明灯具及配件的型号、规格和防水性能，必须符合设计要求。

2）水下照明设备安装。必须采用防水电缆或导线。压力泵的型号、规格符合设计要求。

3）根据设计图纸的灯位，放线定位必须准确。确保投光的准确性。

4）位于灯光喷水池或音乐灯光喷水池中的各种喷头的型号、规格，必须符合设计要求，并应有产品质量合格证。

5）水下导线敷设应采用配管布线，严禁在水中有接头，导线必须甩在接线盒中。各灯具的引线应由水下接线盒引出，用软电缆相连。

6）灯头应固定在设计指定的位置（是指已经完成管线及灯头盒安装的位置），灯头线不得有接头，在引入处不受机械力。安装时应将专用防水灯罩拧紧，灯罩应完好，无碎裂。

7）喷头安装按设计要求，控制各个位置上喷头的型号和规格。安装时，必须采用与喷头相适应的管材，连接应严密，不得有渗漏现象。

8）压力泵安装牢固，螺栓及防松动装置齐全。防水防潮电气设备的导线入口及接线盒盖等应作防水密闭处理。

6. 航空障碍标志灯安装

航空障碍灯安装方式有侧装式和底装式，通过联结件固定在支承结构件上，根据安装板上定位线，将灯具用 M12 螺栓固定牢靠；预埋钢板焊专用接地螺栓，并与接地干线可靠连接。

接线方法。接线时采用专用三芯防水航空插头及插座。

障碍照明灯应属于一级负荷，应接入应急电源回路中。

灯的启闭应采用露天安装光电自动控制器进行控制，以室外自然环境照度为参量来控制光电元件的导通以启闭障碍灯。采用时间程序来启闭障碍灯，为了有可靠的供电电源、两路电源的切换最好在障碍灯控制盘处进行。

7. 庭院灯（路灯）安装

每套庭院灯（路灯）应在相线上装设熔断器。由架空线引入路灯的导线，在灯具入口处应做防水弯；路灯照明器安装的高度和纵向间距是道路照明设计中需要确定的重要数据。

灯具的导线部分对地绝缘电阻值必须大于 $2M\Omega$；接线盒或熔断器盒，其盒盖的防水密封垫应完整；金属结构支托架及立柱、灯具，均应做可靠保护接地线，连接牢固可靠。接地点应有标识。

灯具供电线路上的通、断电自控装置动作正确，熔断器盒内熔丝齐全，规格与灯具适配。

8. 水下灯及防水灯具

游泳池和类似场所灯具（水下灯及防水灯具）的等电位联结应可靠，且有明显标识，其电源的专用漏电保护装置全部检测合格。自电源引入灯具的导管必须采用绝缘管。

9. 太阳能灯具

灯具表面平整光洁，色泽均匀，无明显的裂纹、划痕、缺损、锈蚀及变形等缺陷。

太阳能灯具与基础固定应可靠，地脚螺栓有防松措施，灯具接线盒盖的防水密封垫齐全、完整。

太阳能电池板的朝向和仰角调整符合地区纬度，使受光时间最长，迎光面上无遮挡物阴影，上方无直射光源。电池组件与支架连接牢固可靠，组件的输出线不裸露，并用扎带绑扎固定。

14.4.3 开关、插座、风扇安装质量控制

照明开关、插座、风扇安装前，应检查吊扇的吊钩已预埋完成、导线绝缘电阻测试应合格，顶棚和墙面的喷浆、油漆或壁纸等已完工。

1. 开关安装

相线应经开关控制。接线时应仔细，识别导线的相线与中性线，严格做到开关控制电源相线，应使开关断开后灯具上不带电。

扳把开关通常为两个静触点，分别由两个接线柱连接；连接时除应把相线接到开关上外，并应接成扳把向上为开灯，扳把向下为关灯。接线后将开关芯固定在开关盒上，将扳把上的白点（红点）标记朝下面安装。开关的扳把必须安正，不得卡在盖板上，盖板应紧贴建筑物表面。

双联及以上的暗扳把开关，每一联即为一只单独的开关，能分别控制一盏电灯。接线时，应将相线连接好，分别接到开关上与动触点连通的接线柱上，而将开关线接到开关静触点的接线柱上。

暗装的开关应采用专用盒。专用盒的四周不应有空隙，盖板应端正，并应紧贴墙面。

2. 插座安装

单相双孔插座接线时，应根据插座的类别和安装方式而确定接线方法。横向安装时，面对插座的右极接线柱应接相线，左极接线柱应接中性线；竖向安装时，面对插座的上极接线柱应接相线，下极接线柱应接中性线。

单相三孔插座接线时，面对插座上孔的接线柱应接保护接地线，面对插座的右极的接线柱应接相线，左极接线柱应接中性线；三相四孔插座接线时，面对插座上孔的接线柱应接保护地线，下孔极和左右两极接线柱分别接相线；接地或接中性线在插

座处不得串联连接；插座箱是由多个插座组成，众多插座导线连接时，应采用 LC 型压接帽压接总头后，然后再作分支线连接。

3.吊扇安装

（1）不改变扇叶角度；扇叶的固定螺钉防松零件齐全。

（2）吊杆之间、吊杆与电机之间的螺纹连接，其啮合长度每端不小于 20mm，且防松零件齐全紧固。

（3）吊扇应接线正确，当运转时扇叶不应有明显颤动和异常声响。

（4）涂层完整，表面无划痕、无污染，吊杆上下扣碗安装牢固到位；同一室内并列安装的吊扇开关高度一致，且控制有序不错位。

4.壁扇安装

（1）壁扇底座采用尼龙塞或膨胀螺栓固定；尼龙塞或膨胀螺栓的数量不应少于两个，且直径不应少于 8mm。壁扇底座固定牢固可靠。

（2）壁扇的安装，其下侧边缘距地面高度不宜小于 1.8m，且底座平面的垂直偏差不宜大于 2mm；涂层完整，表面无划痕、无污染，防护罩无变形。

（3）壁扇防护罩扣紧，固定可靠，当运行时扇叶和防护罩均无有明显的颤动和异常声响。

14.4.4 建筑物照明通电试运行

（1）照明系统的测试和通电试运行应符合下列规定：

1）导线绝缘电阻测试应在导线接续前完成。

2）照明箱（盘）、灯具、开关、插座的绝缘电阻测试应在器具就位前或接线前完成。

3）通电试验前，电气器具及线路绝缘电阻应测试合格，当照明回路装有剩余电流动作保护器时，剩余电流动作保护器应检测合格。

4）备用照明电源或应急照明电源做空载自动投切试验前，应卸除负荷，有载自动投切试验应在空载自动投切试验合格后进行。

5）照明全负荷试验前，应确认上述工作应已完成。

（2）每一回路的线路绝缘电阻不小于 0.5MΩ，关闭该回路上的全部开关，测量调试电压值是否符合要求，符合要求后，选用经试验合格的 5～6mA 漏电保护器接电逐一测试，通电后应仔细检查和巡视，检查灯具的控制是否灵活，准确；开关与灯具控制顺序相对应，电扇的转向及调速开关是否正常，如果发现问题必须先断电，然后查找原因进行修复，合格后，再接通正式电路试亮。

（3）全部回路灯具试验合格后开始照明系统通电试运行。

（4）照明系统通电试运行检验方法：

1）灯具、导线、电缆和继电保护系统的调整试验结果，查阅试验记录或试验时旁站。

2）空载试运行和负荷试运行结果，查阅试运行记录或试运行时旁站。

3）绝缘电阻和接地电阻的测试结果，查阅测试记录或测试时旁站或用适配仪表进行抽测。

4）漏电保护器动作数据值和插座接线位置准确性测定，查阅测试记录或用适配仪表进行抽测。

5）螺栓紧固程度用适配工具作拧动试验；有最终拧紧力矩要求的螺栓用扭力扳手抽测。

14.5　低压电气动力设备安装

14.5.1　电动机、电加热器及电动执行机构检查接线质量控制

电动机、电加热器及电动执行机构接线前，应与机械设备完成连接，且经手动操作检验符合工艺要求，绝缘电阻应测试合格。

穿导线的钢管应在浇混凝土前预埋好，钢管管口离地不低于 100mm，应靠近电动机的接线盒，用金属或塑料软管与电动机

接线盒连接。

电动机及电动执行机构的可接近导体应严格做好接地（或接零），接地线应连接固定在电动机的接地螺栓上。电动机、控制设备和开关等不带电的金属外壳，应作良好的保护接地或接零，接地（或接零）严禁串联。电动机电缆金属保护管与软管连接时应做好跨接。电气设备安装应牢固，螺栓及防松零件齐全，不松动。防水防潮电气设备的接线入口及接线盒盖等应做密封处理。在电动机接线盒内裸露的不同相导线间和导线对地间最小距离应大于 8mm，否则应采用绝缘防护措施。

14.5.2 低压电气设备试验和试运行

（1）电气动力设备试验和试运行应符合下列规定：

1）电气动力设备试验前，其外露可导电部分应与保护导体完成连接，并经检查应合格。

2）通电前，动力成套配电（控制）柜、台、箱的交流工频耐压试验和保护装置的动作试验应合格。

3）空载试运行前，控制回路模拟动作试验应合格，盘车或手动操作检查电气部分与机械部分的转动或动作应协调一致。

（2）电动机的铭牌所示电压、频率与使用的电源是否一致，接法是否正确，电源容量与电动机的容量及启动方法是否合适。

（3）使用的电线规格是否合适，电动机引出线与线路连接是否牢固，接线有无错误，端子有无松脱。

（4）开关和接触器的容量是否合适，触点的接触是否良好。

（5）熔断器和热继电器的额定电流与电动机容量是否匹配，热继电器是否复位。

（6）用手盘车应均匀、平稳、灵活，窜动不应超过规定值。

（7）传动带不得过紧或过松，连接要可靠，无裂伤迹象。联轴器螺钉及销子应完整、紧固，不得松动、少缺。

（8）电动机外壳有无裂纹，接地要可靠，地脚螺栓、端盖螺母不得松动。

（9）对不可逆运转的电动机，应检查电动机的旋转方向与电动机所标出的箭头运动方向是否一致。

（10）电动机绕组相间和绕组对地绝缘是否良好，测量绝缘电阻应符合规范要求。

（11）电动机内部有无杂物，可用干燥、清洁的压缩空气或"皮老虎"吹净。保持电动机周围的清洁，不准堆放煤灰，不得有水汽、油污、金属导线、棉纱头等无关的物品，以免被卷入电动机内。

（12）要求电动机的定子绕组、绕线转子异步电动机的转子绕组的三相直流电阻偏差应小于2%。

14.6 防雷及接地

14.6.1 接地装置安装质量控制

1. 一般规定

（1）接地装置安装应符合下列规定：

1）对于利用建筑物基础接地的接地体，应先完成底板钢筋敷设，然后按设计要求进行接地装置施工，经检查确认后，再支模或浇捣混凝土。

2）对于人工接地的接地体，应按设计要求利用基础沟槽或开挖沟槽，然后经检查确认，再埋入或打入接地极和敷设地下接地干线。

（2）降低接地电阻的施工应符合下列规定：

1）采用接地模块降低接地电阻的施工，应先按设计位置开挖模块坑，并将地下接地干线引到模块上，经检查确认，再相互焊接。

2）采用添加降阻剂降低接地电阻的施工，应先按设计要求开挖沟槽或钻孔垂直埋管，再将沟槽清理干净，检查接地体埋入位置后，再灌注降阻剂。

3）采用换土降低接地电阻的施工，应先按设计要求开挖沟槽，并将沟槽清理干净，再在沟槽底部铺设经确认合格的低电阻率土壤，经检查铺设厚度达到设计要求后，再安装接地装置；接地装置连接完好，并完成防腐处理后，再覆盖上一层低电阻率土壤。

4）隐蔽装置前，应先检查验收合格。

（3）装置隐蔽：检查验收合格，才能覆土回填。

（4）电气装置的下列部位（金属），均应接地或接零。

1）屋内外配电装置的金属以及靠近带电部分的金属遮拦和金属门窗。

2）配电、控制、保护用的屏（柜、箱）及操作台、电机及其电器等的金属框架和底座。

3）电缆的接线盒、终端头和电缆的金属保护层、可触及的电缆金属保护管和穿线钢管。

4）电缆桥架、支架；封闭母线的外壳及其他裸露的金属部分。

5）电力线路杆塔；装在配电线路杆上的电力设备。

6）电热设备的金属外壳；封闭式组合电器和箱式变电站的金属箱体。

7）卫生间各个金属部件及金属管道等。

（5）在中性点直接接地的配电线路中，所有用电设备的金属外壳应作接地保护。

（6）保护接地及中性点直接接地装置的接地电阻不应大于 4Ω。但供给这些配电线路中的变压器或发电机的容量在 100kVA 及以下时，接地电阻可在 10Ω 以下。

（7）电力电源线（电缆）在引入建筑物处，中性线应重复接地（距接地点不超过 50m 者除外），室内的配电箱（屏）有接地装置，可将中性线直接连接到接地装置上。

（8）电气装置所设接地，每个接地部分应以单独的接地线与接地干线相连接；电气装置中有移动式或携带式电气用电设备的工作场所和住宅、托儿所、幼儿园、学校，应装有短路、过载功能的漏电保护装置。

2. 接地装置焊接

当接地极为铜材和钢材组成，且铜与铜或铜与钢材连接采用热剂焊时，接头应无贯穿性的气孔且表面平滑。接地装置的焊接应采用搭接焊，除埋设在混凝土中的焊接接头外，应采取防腐措施，焊接搭接长度应符合下列规定：

（1）扁钢与扁钢搭接不应小于扁钢宽度的 2 倍，且应至少三面施焊；

（2）圆钢与圆钢搭接不应小于圆钢直径的 6 倍，且应双面施焊；

（3）圆钢与扁钢搭接不应小于圆钢直径的 6 倍，且应双面施焊；

（4）扁钢与钢管，扁钢与角钢焊接，应紧贴角钢外侧两面，或紧贴 3/4 钢管表面，上下两侧施焊。

3. 接地装置埋设

当设计无要求时，接地装置顶面埋设深度不应小于 0.6m，且应在冻土层以下。圆钢、角钢、钢管、铜棒、铜管等接地极应垂直埋入地下，间距不应小于 5m；人工接地体与建筑物的外墙或基础之间的水平距离不宜小于 1m。

防雷接地装置的位置与道路或建筑物的出入口等的距离不宜小于 3m；若小于 3m，为降低跨步电压应采取以下措施：

（1）水平接地体局部埋置深度不小于 1m，并在局部上部覆盖一层绝缘物（50～80mm 厚的沥青层）。

（2）采用沥青碎石地面或在接地装置上面敷设 50～80mm 厚的沥青层，其宽度应超过接地装置边 2m，敷设沥青层时，其基底须用碎石，夯实。

（3）接地体上部装设用圆钢或扁钢焊成的 500mm×500mm 的"栅格"，其边缘距接地体不得小于 2.5m。

（4）根据设计标高挖接地体沟，挖沟时如附近有建筑物或构筑物，沟的中心线与建筑物或构筑物的基础距离不宜小于 2m。

14.6.2 防雷引下线质量控制

1. 一般规定

防雷引下线必须采用焊接或卡接器连接，防雷引下线与接地装置必须采用焊接或螺栓连接。防雷引下线安装应符合下列规定：

(1) 当利用建筑物柱内主筋作引下线时，应在柱内主筋绑扎或连接后，按设计要求进行施工，经检查确认，再支模。

(2) 对于直接从基础接地体或人工接地体暗敷埋入粉刷层内的引下线，应先检查确认不外露后，再贴面砖或刷涂料等。

(3) 对于直接从基础接地体或人工接地体引出明敷的引下线，应先埋设或安装支架，并经检查确认后，再敷设引下线。

2. 防雷引下线明敷

(1) 引下线沿外墙面明敷时，首先将引下线调直，然后根据设计的位置定位，在墙表面进行弹线或吊铅垂线测量，根据测量的长度，上端为 250～300mm，均分支架间距，并确保其垂直度。安装支持件（固定卡子），支持件（固定卡子）应随土建主体施工预埋。一般在距室外护坡 2m 高处，预埋第一个支持卡子，卡子间距 1.5～2m，但必须均匀。卡子应突出墙装饰面 15mm。将调直的引下线由上到下安装。用绳子提升到屋顶，将引下线固定到支持卡子上。上部与避雷带焊接，下部与接地体焊接，依次安装完毕。引下线的路径尽量短而直，不能直线引下时，应做成弯曲半径为圆钢直径 10 倍的圆弧。

(2) 防雷引下线、接闪线的焊接连接搭接长度参见上述"14.6.1 接地装置安装质量控制"中"2. 接地装置焊接"相关内容。引下线应沿最短路线引至接地体，拐弯处应制成大于 90°的弧状。

(3) 固定引下线，一般采用扁钢支架，支持件用膨胀螺栓固定在墙面上，支架与引下线之间可采用焊接或套箍固定。引下线与墙面距离宜为 15mm。

(4) 直接从基础接地体或人工接地体引出明敷的引下线，先埋设或安装支架，然后敷设引下线。

3. 防雷引下线暗敷

（1）引下线暗敷，一般利用混凝土柱内主钢筋作引下线或在引下线位置向上引两根至女儿墙上，钢筋在屋面与女儿墙上避雷带连接。利用建筑物主筋作暗敷引下线：当钢筋直径为16mm及以上时，应利用两根钢筋（绑扎或焊接）作为一组引下线，当钢筋直径为10mm及以上时，应利用四根钢筋（绑扎或焊接）作为一组引下线。引下线的上部与接闪器焊接，下部与接地体焊接。

（2）利用建筑物柱内主筋作引下线，柱内主筋绑扎后，按设计要求施工，经检查确认，才能支模。

（3）引下线沿墙或混凝土构造柱暗敷设：应使用不小于$\phi 12$镀锌圆钢或不小于-25mm×4mm的镀锌扁钢。施工时配合土建主体外墙（或构造柱）施工。将钢筋（或扁钢）调直后与接地体（或断接卡）连接好，由下到上展放钢筋（或扁钢）并加以固定，敷设路径要尽量短而直，可直接通过挑檐或女儿墙与避雷带焊接。

（4）直接从基础接地体或人工接地体暗敷埋入粉刷层内的引下线，经检查确认不外露，才能贴面砖或刷涂料等。

（5）引下线的根数及断接卡（测试点）的位置、数量按设计要求安装。

4. 重复接地引下线安装

（1）在低压TN系统中，架空线路干线和分支线的终端，其PEN或PE线应做重复接地。电缆线路和架空线路在每个建筑物的进线外均需做重复接地（如无特殊要求，对小型单层建筑，距接地点不超过50m可除外）。

（2）低压架空线路进户线重复接地可在建筑物的进线处做引下线。引下线处可不设断接卡，N线与PE线的连接可在重复接地节点处连接。需测试接地电阻时，打开节点处的连接板。架空线路除在建筑物外做重复接地外，还可利用总配电屏、箱的接地装置做 PEN 或 PE 线的重复接地。

（3）电缆进户时，利用总配电箱进行 N 线与 PE 线的连接，重复接地线再与箱体连接。中间可不设断接卡，需测试接地电阻时，卸下端子，把仪表专用导线连接到仪表的端钮上，另一端连到与箱体焊接为一体的接地端子板上测试。

（4）引下线各部位的连接：当引下线长度不足时，需要在中间做接头搭接焊。扁钢搭接长度不小于宽度的 2 倍，三个棱边都要焊接。圆钢引下线搭接长度不小于圆钢直径的 6 倍，两面焊接。

5. 断接卡（测试点）

（1）接地装置由多个接地部分组成时，应按设计要求设置便于分开的断接卡，自然接地体与人工接地连接处应有便于分开的断接卡。断接卡设置高度一般为 1.5～1.8m。

（2）建筑物上的防雷设施采用多根引下线时，宜在各引下线处设断接卡并安装断接卡箱。在一个单位工程或一个小区内须统一高度。

（3）断接卡可采用明装和暗装，断接卡可利用不小于 －40mm×4mm 或 －25mm×4mm 的镀锌扁钢制作。

断接卡的接地线至地下 0.3m 处须有钢管或角钢保护。保护管上下两端须有固定管卡，地面上保护管长度宜为 1.5m，地下不应小于 0.3m。

高层建筑断接卡暗装时可按设计要求，从引下线上引出接地干线至接地电阻测试箱。

14.6.3 接地干线安装质量控制

接地干线（即接地母线），连接多个设备、器件与引下线、接地体与接地体之间、避雷针与引下线之间和连接垂直接地体之间的连接线。接地干线一般使用镀锌扁钢制作。接地干线分为室内和室外连接两种。

1. 室外接地干线敷设

（1）根据设计图纸要求进行定位放线和挖土。

（2）将接地干线进行调直、测位、煨弯，并将断接卡及接线端子装好。然后将扁钢放入地沟内，扁钢应保持侧放，依次将扁钢在距接地体顶端大于50mm处与接地体用电焊焊接。焊接时应将扁钢拉直，将扁钢弯成弧形与接地钢管（或角钢）进行焊接。敷设完毕经隐蔽验收后，进行回填并夯实。

2. 室内接地干线敷设

（1）室内接地线是供室内的电气设备接地使用，多数是明敷设，但也可以埋设在混凝土内。明敷设的接地线大多数敷设在墙壁上，或敷设在母线架和电缆的构架上。

（2）保护套管埋设：在配合土建墙体及地面施工时，在设计要求的位置上，预埋保护套管或预留出接地干线保护套管孔。保护套管孔为方形，其规格应能保证接地干线顺利穿入。

（3）接地支持件固定：按照设计要求的位置进行定位放线，固定支持件无设计要求时，距地面250~300mm的高度处固定支持件。支持件的间距必须均匀，水平直线部分为0.5~1.5m，垂直部分1.5~2m，弯曲部分为0.3~0.5m。固定支持件的方法有预埋固定钩或托板法、预留支架洞口后安装支架法、膨胀螺栓及射钉直接固定接地线法等。

（4）接地线的敷设：将接地扁钢事先调直、煨弯加工后，将扁钢沿墙吊起，在支持件一端将扁钢固定，接地线距墙面间隙应为10~15mm，过墙时穿保护套管，钢制套管必须与接地线做电气连通，接地干线在连接处进行焊接，末端预留或连接应符合设计规定。

（5）接地干线经过建筑物的伸缩（沉降）缝时，如采用焊接固定，应将接地干线在过伸缩（沉降）缝的一段做成弧形，或用ϕ12mm圆钢弯出弧形与扁钢焊接，也可以在接地线断开处用50mm^{2}裸铜软绞线连接。

（6）临时接地线柱的安装，应根据接地干线的敷设形式不同采用不同的安装形式。

（7）配电室接地干线等明敷接地线的表面应涂以用15~

100mm 宽度相等的绿色和黄色相间的条纹。在每个接地导体的全部长度上或只在每个区间或每个可接触到的部位上宜作出标识。中性线宜涂淡蓝色标识,在接地线引向建筑物的入口处和在检修用临时接地点处,均应刷白色底漆并标以黑色接地标识。

(8)室内接地干线与室外接地干线的连接应使用螺栓连接以便检测,接地干线穿过套管或洞口应用沥青丝麻或建筑密封膏封堵。

3. 接地线与电气设备的连接

电气设备的外壳上一般都有专用接地螺栓。将接地线与接地螺栓的接触面擦净至发出金属光泽,接地线端部挂上锡,并涂上中性凡士林油,然后穿入螺栓并将螺帽拧紧。在有振动的地方,所有接地螺栓都必须加垫弹簧垫圈。接地线如为扁钢,其孔眼必须用机械钻孔。

4. 接地体连接母线敷设

(1)接地体连接母线(接地母线即连接垂直接地体之间的热镀锌扁钢),一般采用-40mm×4mm 热镀锌扁钢,最小截面积不宜小于 100mm², 厚度不宜小于 4mm。

(2)热镀锌扁钢敷设前,先调直,然后将扁钢垂直放置于地沟内,依次将扁钢在距接地体顶端大于 50mm 处,与接地体用电(气)焊焊接牢固。

(3)为使接地扁钢与接地体接触连接严密,先按接地体外形制成弧形,用卡具将连接扁钢与接地体相互接触部位固定后,再焊接。

(4)焊接的焊缝应饱满并有足够的机械强度,不得有夹渣、咬肉、裂纹、虚焊和气孔等缺陷。

14.6.4 接闪器安装质量控制

1. 一般规定

接闪器安装前,应先完成接地装置和引下线的施工,接闪器安装后应及时与引下线连接。

防雷接地系统测试前,接地装置应完成施工且测试合格;防雷接闪器应完成安装，整个防雷接地系统应连成回路。

2. 避雷网安装

（1）接闪器必须采用焊接或卡接器连接。

（2）接闪网（避雷网）和接闪带（避雷带）的焊接连接搭接长度参见上述"14.6.1 接地装置安装质量控制"中"2. 接地装置焊接"相关内容。

（3）扁钢与支持件（扁钢）的焊接，扁钢宜高出支持件约5mm，这样焊接后上端可以平整。

（4）焊接处焊缝应平整，发现有夹渣、咬边、焊瘤现象，应返工重焊。焊接后应及时清除焊渣，并在焊接处刷防锈漆一遍，饰面漆两遍。

（5）高层建筑小屋面机房、设备房等墙面与女儿墙相连时，女儿墙上避雷网应与墙面明敷引下线连成一体；当引下线为主筋暗敷时，应从墙内主筋引下线焊接热镀锌钢筋引出与女儿墙扁钢（圆钢）搭接连成一体。

（6）避雷网的搭接焊焊缝应有加强高度。

（7）避雷网沿屋脊、屋檐、女儿墙应平直敷设，在转角处弯曲弧度宜统一。

（8）避雷网在女儿墙敷设时，一般宜敷设在女儿墙的中间，并且离女儿墙的外侧距离不小于避雷网的高度为宜；避雷网在经过沉降（伸缩）缝时须弯成较大弧状。

（9）对于镀锌层被破坏的部分，如焊口处须涂樟丹涂料一遍和银粉两遍。

3. 避雷网格的敷设

屋面网格应按照设计要求敷设，若设计未明确时，应检查明敷接闪器的布置和接闪网（避雷网）的网格尺寸是否大于以下数据：第一类防雷建筑物 5m×5m 或 4m×6m、第二类防雷建筑物 10m×10m 或 8m×12m、第三类防雷建筑物 20m×20m 或 16m×24m 的要求。

4. 避雷针安装

（1）避雷针针体按设计采用热镀锌圆钢或钢管制作。避雷针体顶端按设计或标准图制成尖状。采用钢管时管壁的厚度不得小于 3mm，避雷针尖除锈后涂锡，涂锡长度不得小于 200mm。

（2）避雷针安装必须垂直、牢固，其倾斜度不得大于 5‰。

14.6.5 建筑物等电位联结质量控制

1. 一般规定

等电位联结应符合下列规定：

（1）对于总等电位联结，应先检查确认总等电位联结端子的接地导体位置，再安装总等电位联结端子板，然后按设计要求作总等电位联结。

（2）对于局部等电位联结，应先检查确认连接端子位置及连接端子板的截面积，再安装局部等电位联结端子板，然后按设计要求作局部等电位联结。

（3）对特殊要求的建筑金属屏蔽网箱，应先完成网箱施工，经检查确认后，再与 PE 连接。

2. 联结导体间的连接

等电位联结内各联结导体间的连接可采用焊接、螺栓连接或熔接；当等电位联结采用钢材焊接时，应采用搭接焊，焊接处不应有夹渣、咬边、气孔及未焊透情况，并满足如下要求：

（1）需做等电位联结的外露可导电部分或外界可导电部分的连接应可靠。采用焊接时，搭接长度参见上述"14.6.1 接地装置安装质量控制"中"2. 接地装置焊接"相关内容。

（2）采用螺栓连接时，搭接面的处理应符合以下规定，其螺栓、垫圈、螺母等应为热镀锌制品，且应连接牢固。

1）铜与铜：当处于室外、高温且潮湿的室内时，搭接面应搪锡或镀银；干燥的室内，可不搪锡、不镀银。

2）铝与铝：可直接搭接。

3）钢与钢：搭接面应搪锡或镀锌。

4）铜与铝：在干燥的室内，铜导体搭接面应搪锡；在潮湿场所，铜导体搭接面应搪锡或镀银，且应采用铜铝过渡连接。

5）钢与铜或铝：钢搭接面应镀锌或搪锡。

（3）需做等电位联结的卫生间内金属部件或零件的外界可导电部分，应设置专用接线螺栓与等电位联结导体连接，并应设置标识；连接处螺帽应紧固、防松零件应齐全。

（4）当等电位联结导体在地下暗敷时，其导体间的连接不得采用螺栓压接。

（5）等电位联结线采用不同材质的导体连接时，可采用熔接法进行连接，也可采用压接法，压接时压接处应进行热搪锡处理，注意接触面的光洁、足够的接触压力和面积。

（6）在腐蚀性场所应采取防腐措施，如热镀锌或加大导线截面等；等电位联结端子板应采取螺栓连接，以便拆卸进行定期检测。

（7）建筑物等电位联结干线应从与接地装置有不少于2处直接连接的接地干线或总等电位箱引出，等电位联结干线或局部等电位箱间的连接线构成环形网络，环形网路应就近与等电位联结干线或局部等电位箱连接。支线间不应串联连接。

3. 等电位联结要求

（1）等电位联结线与金属管道的连接。应采用抱箍，与抱箍接触的管道表面须刮拭干净，安装完毕后刷防护涂料，抱箍内径略小于管道外径，其大小依管径大小而定。金属部件或零件，应有专用接线螺栓与等电位联结支线连接，连接处螺帽紧固、防松件齐全。

（2）等电位联结的可接近裸露导体或其他金属部件、构件与支线连接应可靠，熔焊、钎焊或机械紧固应导通正常。

（3）等电位联结经测试导电的连续性，导电不良的连接处需作跨接线。

（4）等电位联结端子板与插座保护线端子的连接线的电阻包括连接点的电阻不大于0.2Ω。

（5）等电位联结线应有黄绿相间的色标，在等电位联结端子板上刷或喷黄色底漆，并做接地标识。

4. 等电位联结的导通性测试

等电位联结进行导通性测试，即是对等电位用的管夹、端子板、联结线、有关接头、截面和整个路径上的色标进行检验，等电位联结的有效性必须通过测定来证实。测量等电位联结端子板与等电位联结范围内的金属管道末端之间的电阻，若距离较远，可分段测量，然后电阻值相加。

等电位联结安装完毕后应进行导通性测试，测试用电源可采用空载电压为 4～24V 直流或交流电源，测试电流不应小于0.2A，当测得等电位联结端子板与等电位联结范围内的金属管道等金属体末端之间的电阻不超过 3Ω 时，可认为等电位联结是有效的。如发现导通不良的管道连接处，应作跨接线，在投入使用后应定期作导通性测试。

15 智能建筑工程

15.1 信息化应用系统

信息化应用系统是以信息设施系统和建筑设备管理系统等智能化系统为基础，为满足建筑物的各类专业化业务、规范化运营及管理的需要，由多种类信息设施、操作程序和相关应用设备等组合而成的系统。

信息化应用系统可包括专业业务系统、信息设施运行管理系统、物业管理系统、通用业务系统、公众信息系统、智能卡应用系统和信息安全管理系统等，检测和验收的范围应根据设计要求确定。

（1）信息化应用系统设备与软件在安装、调试和检测时，需要特别注意以下事项：

1）应为操作系统、数据库、防病毒软件安装最新版本的补丁程序。

2）软件和设备在启动、运行和关闭过程中不应出现运行时错误。

3）软件修改后，应通过系统测试和回归测试。

（2）信息化应用系统在安装、调试和检测时，还应注意以下事项：

1）应依据网络规划和配置方案，配置服务器、工作站等设备的网络地址。

2）操作系统、数据库等基础平台软件、防病毒软件必须具有正式软件使用（授权）许可证。

3）服务器、工作站的操作系统应设置为自动更新的运行方式。

4）服务器、工作站上应安装防病毒软件，并设置为自动更新的运行方式。

5）应记录服务器、工作站等设备的配置参数。

15.2　智能化集成系统

智能化集成系统是为实现建筑物的运营及管理目标，基于统一的信息平台，以多种类智能化信息集成方式，形成的具有信息汇聚、资源共享、协同运行、优化管理等综合应用功能的系统。

（1）智能化集成系统的设备、软件和接口等的检测和验收范围应根据设计要求确定。

（2）智能化集成系统的设备与软件在安装、调试和检测时，需要特别注意以下事项，以便保障对于该系统安装、调试的质量控制。

1）应为操作系统、数据库、防病毒软件安装最新版本的补丁程序。

2）软件和设备在启动、运行和关闭过程中不应出现运行时错误。

15.3　信息设施系统

信息设施系统是为满足建筑物的应用与管理对信息通信的需求，将各类具有接收、交换、传输、处理、存储和显示等功能的信息系统整合，形成建筑物公共通信服务综合基础条件的系统。

15.3.1　布线系统

1. 综合管线

（1）电力线缆和信号线缆严禁在同一线管路内敷设。

（2）敷设在竖井内和穿越不同防火分区的桥架及线管的孔洞，应有防火封堵。

（3）桥架、线管经过建筑物的变形缝处应设置补偿装置，线缆应留余量。

（4）桥架切割和钻孔后，应采取防腐措施，支吊架应做防腐处理。

（5）吊顶内配管，宜使用单独的支吊架固定，支吊架不得架设在龙骨或其他管道上。

（6）套接紧定式钢管连接处应采取密封措施。

（7）桥架应安装牢固、横平竖直，无扭曲变形。

（8）线管两端应设有标志，并穿带线。

（9）线管与控制箱、接线箱、拉线盒等连接时应采用锁母，并将管固定牢固。

（10）桥架、管道内线缆间不应拧绞，不得有接头。

（11）线缆两端应有防水、耐摩擦的永久性标签，标签书写应清晰、准确。

（12）桥架、线管及接线盒应可靠接地，当采用联合接地时，接地电阻不应大于 1Ω。

2. 综合布线

（1）综合布线的工程质量，要依据现行国家标准《综合布线系统工程设计规范》GB 50311 和《综合布线系统工程验收规范》GB 50312 及相关标准，制定综合布线系统工程的质量管理计划。

（2）综合布线工程的施工时，需要特别注意以下事项：

1）线缆、配线设备等产品有合格证和质量检验报告，且符合设计要求。

2）双绞线中间不得有接头，不得拧绞、打结。

3）线缆两端应有永久性标签，标签书写应清晰、准确。

（3）综合布线工程的施工时，还应注意以下事项：

1）从配线间引向工作区各信息点双绞线的长度不应大于 90m。

2）线缆标识一致性，其终结处必须牢固且接触良好。

3）线管和桥架中线缆的占空比不宜大于 50%。

4）壁挂式配线箱的安装标高不应小于 1.2m。

5）屏蔽电缆的屏蔽层端到端应保持完好的导通性。

15.3.2 用户电话交换系统

（1）电话交换系统和通信接入系统的检测阶段、检测内容、检测方法及性能指标要求应符合现行行业标准《程控电话交换设备安装工程验收规范》YD/T5077 等的要求。

（2）通信系统连接公用通信网信道的传输率、信号方式、物理接口和接口协议应符合设计要求。

（3）设备、线缆标识应清晰、明确。

（4）电话交换系统安装各种业务板及业务板电缆，信号线和电源应分别引入。

（5）各设备、器件、盒、箱、线缆等的安装应符合设计要求，布局合理，排列整齐，牢固可靠，线缆连接正确，压接牢固。

（6）馈线连接头应牢固安装，接触良好，并采取防雨、防腐措施。

15.3.3 信息网络系统

（1）在信息网络系统工程施工时，需要特别注意以下事项：

1）计算机网络系统、应用软件、网络安全系统的检验应符合现行国家标准《智能建筑工程质量验收规范》GB 50339 的规定。

2）系统测试、检验的样本数量应符合信息网络系统的设计要求。

3）系统配置应符合经审核批准的规划和配置方案，并完整记录。

（2）在信息网络系统工程施工时，还应注意以下事项：

1）应使用网络管理软件配合人为设置的方式，对网络进行容错功能、自动恢复功能、故障隔离功能、自动切换功能和切换时间进行检验。

2）网络管理功能应符合下列要求：

① 应对网络进行远程配置并对网络进行性能分析。

② 应对发生故障的网络设备或线路及时进行定位与报警。

③ 应对关键的部件进行冗余设置，并在出现故障时可自动切换。

3）应检验软件系统的操作界面，操作命令不得有二义性。

4）应检验软件系统的可扩展性、可容错性和可维护性。

5）应检验网络安全管理制度、机房的环境条件、防泄露与保密措施。

15.3.4 有线电视及卫星电视接收系统

（1）天线系统的接地与避雷系统的接地应分开，设备接地与防雷系统接地应分开。

（2）卫星天线馈电端、阻抗匹配器、天线避雷器、高频连接器和放大器应连接牢固，并采取防雨、防腐措施。

（3）卫星接收天线应安装牢固。

（4）有线电视系统各设备、器件、盒、箱、电缆等的安装应符合设计要求，布局合理，排列整齐，牢固可靠，线缆连接正确，压接牢固。

（5）卫星接收天线应在避雷针保护范围内，天线底座接地电阻应小于 4Ω。

（6）放大器箱体内门板内侧应贴箱内设备的接线图，并标明电缆的走向及信号输入、输出电平。

（7）暗装的用户盒面板应紧贴墙面，四周无缝隙，安装应端正、牢固。

（8）分支分配器与同轴电缆应连接可靠。

15.3.5 公共广播系统

公共广播系统可包括业务广播、背景广播和紧急广播。

（1）扬声器、控制器、插座等设备安装应牢固可靠，导线连接排列整齐，线号正确清晰。

（2）同一室内的吸顶扬声器应排列均匀。扬声器箱、控制器、插座等标高应一致，平整牢固。扬声器周围不应有破口现象，装饰罩不应有损伤，并且应平整。

（3）各设备导线连接正确、可靠、牢固。箱内电缆（线）应排列整齐，线路编号正确清晰。线路较多时应绑扎成束，并在箱（盒）内留有适当空间。

（4）系统的输入、输出不平衡度，音频线的敷设，放声系统的分布、接地形式及安装质量均应符合设计要求，设备之间阻抗匹配合理。

（5）最高输出电平、输出信噪比、声压级和频宽的技术指标应符合设计要求。

（6）紧急广播与公共广播系统共用设备时，其紧急广播由消防分机控制，具有最高优先权，在火灾和突发事故发生时，应能强制切换为紧急广播并以最大音量播出。系统应能在手动或警报信号触发的 10s 内，向相关广播区播放警示信号（含警笛）、警报语声文件或实时指挥语声。以现场环境噪声为基准，紧急广播的信噪比应大于 15dB。

（7）公共广播系统应按设计要求分区控制，分区的划分应与消防分区的划分一致。

15.3.6 会议系统

会议系统一般包括会议扩声系统、会议视频显示系统、会议灯光系统、会议同声传译系统、会议讨论系统、会议电视系统、会议表决系统、会议集中控制系统、会议摄像系统、会议录播系统和会议签到管理系统等。

会议系统设备与大屏幕在安装、调试和检测时，需要特别注意以下事项，以便保障对于该系统安装、调试的质量控制。

（1）应保证机柜内设备安装的水平度，严禁在有尘、不洁环境下施工。

（2）保证显示设备承重机构的承重能力，对轻质墙体、吊顶等须采取可靠的加固措施，安装完毕应及时检查安装的牢固度，严禁出现松动、坠落等倾向。

（3）信号电缆长度严禁超过设计要求。

（4）视频会议应具有较高的语言清晰度，适当的混响时间，当会场容积在 200m³ 以下时，混响时间宜为 0.4～0.6s。当视频会议室还作为其他功能使用时混响时间不宜大于 0.8s。当会场容积在 500m³ 以上时，按现行国家标准《剧场、电影院和多用途厅堂建筑声学技术规范》GB/T 50356 执行。

（5）应检测会场建筑声学指标，混响时间、隔声量、本底噪声应符合会议系统设计技术指标要求。

（6）电缆布放前应作整体通路检测，穿管过程中不得用力强拉，避免损伤和影响电气性能。

（7）设备安装位置与设计相符，扬声器的变更必须满足音响设计的要求并有变更洽商的手续。

15.3.7 信息导引及发布系统

信息引导系统是以信息发布为主导的软件系统。它通过多媒体方式，向人们传达各种宣传信息。

（1）应保证机柜内设备安装的水平度，严禁在有尘、不洁环境下施工。

（2）保证显示设备承重机构的承重能力，对轻质墙体、吊顶等须采取可靠的加固措施，安装完毕应及时检查安装的牢固度，严禁出现松动、坠落等倾向。

（3）多媒体显示屏安装必须牢固。供电和通信传输系统必须连接可靠，确保应用要求。

（4）信号电缆长度严禁超过设计要求。

（5）设备、线缆标识应清晰、明确。

（6）各设备、器件、盒、箱、线缆等的安装应符合设计要求，布局合理，排列整齐，牢固可靠，线缆连接正确，压接牢固。

（7）馈线连接头应牢固安装，接触良好，并采取防雨、防腐措施。

15.3.8 时钟系统

时钟系统也称"时间服务系统"，它对一个建筑各用户提供统一的标准时间信号，还具有向整个楼宇智能化管理的其他弱电系统提供同步时间信号的功能。

（1）时钟系统检查时，需要特别注意以下事项：

1）应保证机柜内设备安装的水平度，严禁在有尘、不洁环境下施工。

2）保证显示设备承重机构的承重能力，对轻质墙体、吊顶等须采取可靠的加固措施，安装完毕应及时检查安装的牢固度，严禁出现松动、坠落等倾向。

3）时钟系统的时间信息设备、母钟、子钟时间控制必须准确、同步。

4）多媒体显示屏安装必须牢固。供电和通信传输系统必须连接可靠，确保应用要求。

5）信号电缆长度严禁超过设计要求。

（2）时钟系统检查时，还应注意以下事项：

1）设备、线缆标识应清晰、明确。

2）各设备、器件、盒、箱、线缆等的安装应符合设计要求，布局合理，排列整齐，牢固可靠，线缆连接正确，压接牢固。

3）馈线连接头应牢固安装，接触良好，并采取防雨、防腐措施。

15.4　建筑设备管理系统

建筑设备管理系统是对建筑设备监控系统和公共安全系统等实施综合管理的系统。

15.4.1　一般规定

（1）现场设备如传感器、执行器、控制箱柜的安装质量应符合设计要求。

（2）控制器箱接线端子板的每个接线端，接线不得超过两根。

（3）现场控制器箱至少应留有10%的卡件安装空间和10%

的备用接线端子。

（4）温湿度传感器的安装位置不应安装在阳光直射处，室外型温、湿度传感器有防风雨的防护罩，室内温湿度传感器的安装位置与门窗距离应大于 2m，与出风口位置距离应大于 2m。

（5）压力、压差传感器应安装在温、湿度传感器的上游侧。测压段大于管道口径的 2/3 时，安装在管道顶部，测压段小于管道口径 2/3 时，应安装在管道的侧面或底部。

（6）风管压力、温度、湿度、空气质量、空气速度等传感器和压差开关应在风管保温完成后安装。

（7）水管型温度传感器、水管型压力传感器、蒸汽压力传感器、水流开关的安装宜与工艺管道安装同时进行。

（8）水管型压力、压差、蒸汽压力传感器、水流开关、水管流量计的开孔与焊接，必须在工艺管道的防腐、衬里、吹扫和压力试验前进行。

（9）风机盘管温控器与其他开关并列安装时，高度差应小于 1mm，在同一室内，其高度差应小于 5mm。

（10）安装于室外的阀门及执行器应有防晒、防雨措施。

15.4.2 施工质量控制要点

（1）传感器的安装需进行焊接时，应符合现行国家标准《现场设备、工业管道焊接工程施工规范》GB 50236 的规定。

（2）传感器、执行器应安装在方便操作的位置，并应与管道保持一定距离。避免安装在有振动、潮湿、易受机械损伤、有强电磁场干扰、高温的位置，避开阀门、法兰、过滤器等管道器件。

（3）传感器、执行器安装过程中不应敲击、振动，安装应牢固、平正。安装传感器、执行器的各种构件间应连接牢固，受力均匀，并作防锈处理。

（4）传感器、执行器接线盒的引入口不宜朝上，当不可避免时，应采取密封措施。

（5）传感器、执行器的安装应严格按照说明书的要求进行，接线应按照接线图和设备说明书进行，配线应整齐，不宜交叉，并固定牢靠，端部均应标明编号。

（6）水管型温度传感器、蒸汽压力传感器、水管压力传感器、水流开关、水管流量计应安装在水流平稳的直管段，避开水流流束死角，不宜安装在管道焊缝处。

（7）风管型温、湿度传感器、室内温度传感器、压力传感器、空气质量传感器的应安装在风管的直管段且气流流束稳定的位置，避开风管内通风死角，应避开蒸汽放空口及出风口处。

（8）水管温度传感器、水管型压力、压差传感器、蒸汽压力传感器不宜安装在阀门等阻力件附近和振动较大的位置。

（9）流量传感器应安装在水流平稳的直管段，上游应留 10 倍管内径长度的直管段，下游应留 5 倍管内径长度的直管段，安装要水平，流体的流动方向必须与传感器壳体上所示的流向标志一致。

（10）电动风门驱动器上的开闭箭头的指向应与风门开闭方向一致，与风阀门轴垂直安装。

（11）电动阀阀体上箭头的指向应与水流方向一致。

15.5　公共安全系统

公共安全系统是为维护公共安全，运用现代科学技术，具有以应对危害社会安全的各类突发事件而构建的综合技术防范或安全保障体系综合功能的系统。

15.5.1　火灾自动报警系统

（1）火灾自动报警及消防联动控制系统设备、管线与监控屏幕在安装、调试和检测时，需要特别注意的事项：

1）设备与材料必须有质量合格证明和检验报告，不合格的不得进场。

2）探测器、模块、报警按钮等类别、型号、位置、数量、功能等应符合设计要求。

3）火灾报警电话及火警电话插孔型号、位置、数量、功能等应符合设计要求。

4）消防广播位置、数量、功能等应符合设计要求。应能在火灾发生时迅速切断背景音乐广播，播出火警广播。

5）火灾报警控制器功能、型号应符合设计要求，并符合现行国家标准《火灾自动报警系统施工及验收规范》GB 50166 的有关规定。

6）火灾自动报警系统与消防设备的联动逻辑关系应符合设计要求。

7）火灾自动报警系统的施工过程质量控制还应符合现行国家标准《火灾自动报警系统施工及验收规范》GB 50166 规定。

（2）火灾自动报警及消防联动控制系统设备、管线与监控屏幕在安装、调试和检测时，还应注意以下事项：

1）探测器、模块、报警按钮等安装应牢固、配件齐全，无损伤变形和破损。

2）探测器、模块、报警按钮等导线连接应可靠压接或焊接，并应有标志，外接导线应留余量。

3）探测器安装位置应符合保护半径、保护面积要求。

15.5.2 安全防范系统

安全防范系统设计、施工与验收应符合现行国家标准《智能建筑设计标准》GB 50314、《智能建筑工程质量验收规范》GB 50339、《安全防范工程技术规范》GB 50348、《入侵报警系统工程设计规范》GB 50394、《视频安防监控系统工程设计规范》GB 50395、《出入口控制系统工程设计规范》GB 50396 及《民用闭路监视电视系统工程技术规范》GB 50198 等相关国家标准的规定。

（1）安全防范系统在安装、调试和检测时，需要特别注意的事项：

1）各系统设备安装应安装牢固，接线正确，并应采取有效的抗干扰措施。

2）应检查系统的互联互通，子系统之间的联动应符合设计要求。

3）监控中心系统记录的图像质量和保存时间应符合设计要求。

4）监控中心接地应做等电位连接，接地电阻应符合设计要求。

（2）安全防范系统在安装、调试和检测时，还应注意以下事项：

1）各设备、器件的端接应规范。

2）视频图像应无干扰纹。

3）防雷施工应符合《建筑物电子信息系统防雷技术规范》GB 50343 等现行国家标准相关的规定。

15.6 智能化系统机房工程

15.6.1 机房工程

机房工程是为提供机房内各智能化系统设备及装置的安置和运行条件，以确保各智能化系统安全、可靠和高效地运行与便于维护的建筑功能环境而实施的综合工程。

机房工程工程质量控制，要依据《电子信息系统机房设计规范》GB 50174、《数据中心基础设施施工及验收规范》GB 50462、《建筑电气工程施工质量验收规范》GB 50303、《施工现场临时用电安全技术规范》JGJ 46 和《智能建筑工程质量验收规范》GB 50339 及其他相关标准，制定机房系统工程的质量管理计划。

（1）在机房系统工程施工时，需要特别注意以下事项：

1）机房内的给排水管道安装不应渗漏。

2）给排水干管不宜穿过机房。若要穿过时，应设套管，套管内的管道不应有接头，管子和套管间应采用阻燃的材料密封。

3）机房内的冷热管道的保温应采用阻燃材料；保温层应平

整、密实，不应有裂缝、空隙；防潮层应紧贴在保温层上，密闭良好；保护层表面应光滑平整，不起尘。

4）电气装置应安装牢固、整齐，标识明确，内外清洁。

5）电气接线盒内不应有残留物，盖板应整齐、严密、紧贴墙面。

6）接地装置的安装及其接地电阻值应符合设计要求，并连接正确。

（2）在机房系统的施工时，还应注意以下事项：

1）吊顶内电气装置应安装在便于维修处。

2）配电装置应有明显标志，并应注明容量、电压、频率等。

3）落地式电气装置的底座与楼地面应安装牢固。

4）机房内的电源线、信号线和通信线应分别铺设，排列整齐，捆扎固定，长度留有余量。

5）成排安装的灯具应平直、整齐。

15.6.2 防雷与接地

（1）智能建筑的防雷与接地系统检测应检查下列内容，结果符合设计要求的应判定为合格：

1）接地装置及接地连接点的安装。

2）接地电阻的阻值。

3）接地导体的规格、敷设方法和连接方法。

4）等电位联结带的规格、联结方法和安装位置。

5）屏蔽设施的安装。

6）电涌保护器的性能参数、安装位置、安装方式和连接导线规格。

（2）智能建筑的接地系统必须保证建筑内各智能化系统的正常运行和人身、设备安全。

（3）检测建筑智能化系统工程中的接地装置、接地线、接地电阻和等电位联结符合设计的要求，并检测电涌保护器、屏蔽设施、静电防护设施、智能化系统设备及线路可靠接地。接地电阻值除另有规定外，电子设备接地电阻值不应大于4Ω；接地系统共用接地电阻不应大于 1Ω。当电子设备接地与防雷接地系统分开时，两接地装置的距离不应小于 10m。

（4）钢制接地线的焊接连接应焊缝饱满，并应采取防腐措施。

（5）接地线在穿越墙壁和楼板处应加金属套管，金属套管应与接地线连接。

16　建筑节能工程

16.1　墙体节能工程

16.1.1　一般规定

（1）主体结构完成后进行施工的墙体节能工程，应在基层质量验收合格后施工。施工过程中应及时进行质量检查、隐蔽工程验收和检验批验收，施工完成后进行墙体分项工程验收。

（2）墙体节能工程的施工，应符合下列要求：

1）保温隔热材料的厚度必须符合设计要求。

2）保温板材与基层及各构造层之间的黏结或连接必须牢固，黏结强度和连接方式应符合设计要求，保温板材与基层的黏结强度应做现场拉拔试验。

3）当采用保温浆料做外保温时，保温浆料厚超过 20mm 应分层施工。保温层与基层之间及各层之间的黏结必须牢固，不应脱层、空鼓和开裂。保温浆料应厚度均匀、接槎平顺。

4）当墙体节能工程的保温层采用预埋或后置锚固件固定时，锚固件数量、位置、锚固深度和拉拔力应符合设计要求。后置锚固件应进行现场拉拔试验。

5）外墙与屋面的热桥部位和变形缝等均应进行保温处理，并应保证热桥部位和变形缝两侧墙的内表面温度不低于室内空气设计温、湿度条件下的露点温度，防止结露。

6）地下室外墙应根据地下室不同用途，采取合理的保温措施。

7）防护层施工必须按系统供应商的要求做好防裂处理，并符合系统性能要求。

（3）严寒和寒冷地区外墙热桥部位，应按设计要求和施工方案采取节能保温等隔断热桥措施。

（4）墙体节能工程应对下列部位或内容进行隐蔽工程验收，并应有详细的文字记录和必要的图像资料：

1）保温层附着的基层及其表面处理。

2）保温板黏结或固定。

3）锚固件。

4）增强网铺设。

5）墙体热桥部位处理。

6）预置保温板或保温墙板的板缝及构造节点。

7）现场喷涂或浇注有机类保温材料的界面。

8）被封闭的保温材料厚度。

9）保温隔热砌块填充墙体。

（5）墙体节能工程验收的检验批划分应符合下列规定：

1）采用相同材料、工艺和施工做法的墙面，每 $500 \sim 1000 m^2$ 面积划分为一个检验批，不足 $500 m^2$ 也为一个检验批。

2）检验批的划分也可根据与施工流程相一致且方便施工与验收的原则，由施工单位与监理（建设）单位共同商定。

16.1.2 外墙外保温系统

1. 聚苯板薄抹灰外墙外保温系统

（1）基层表面应清洁，无油污、脱模剂等妨碍黏结的附着物。凸起、空鼓和疏松部位应剔除并找平。找平层应与墙体黏结牢固，不得有脱层、空鼓、裂缝，面层不得有粉化、起皮、爆灰等现象。

（2）外保温工程应在外墙基层的质量检验合格后，方可施工。施工前，应装好门窗框或附框、阳台栏杆和预埋件等，并将墙上的施工孔洞堵塞密实。

（3）聚苯板胶黏剂和抹面砂浆应按配合比要求严格计量，机械搅拌。超过可操作时间后严禁使用。

（4）黏贴聚苯板时，基面平整度≤5mm 时宜采用条黏法，基面平整度＞5mm时宜采用点框法；当设计饰面为涂料时，黏结面积率不小于 40%；设计饰面为面砖时黏结面积率不小于50%；对于 XPS 板宜采用配套界面剂涂刷后使用。

聚苯板应按顺砌方式黏贴，竖缝应逐行错缝。EPS 板应黏贴牢固，不得有松动和空鼓。

墙角处聚苯板应交错互锁。门窗洞口四角处聚苯板不得拼接，应采用整块聚苯板切割成形，聚苯板接缝应离开角部至少 200mm。

(5) 锚固件数量：当采用涂料饰面时，墙体高度在 20～50m 时，不宜少于 4 个/m²，50m 以上时不宜少于 6 个/m²；当采用面砖饰面时不宜小于 6 个/m²。锚固件安装应在聚苯板黏贴 24h 后进行，涂料饰面外保温系统安装时锚固件盘片压住聚苯板，面砖饰面盘片压住抹面层的增强网。

(6) 增强网：涂料饰面时应采用耐碱玻纤网，面砖饰面时宜采用后热镀锌钢丝网；施工时增强网应绷紧绷平，搭接长度玻纤网不少于 80mm，钢丝网不少于 50mm 且保证两个完整网格的搭接。

(7) 聚苯板安装完成后应尽快抹灰封闭，抹灰分底层砂浆和面层砂浆两次完成，中间包裹增强网，抹灰时切忌不停揉搓，以免形成空鼓；抹灰总厚度宜控制在设计范围内。

(8) 各种缝、装饰线条及防火构造措施的具体做法参见相关标准。

(9) 外墙饰面宜选用涂装饰面。当采用面砖饰面时，其相关产品要求应符合现行行业标准《外墙饰面砖工程施工及验收规程》JGJ 126、《外墙外保温工程技术规程》JGJ 144 和《膨胀聚苯板薄抹灰外墙外保温系统》JG 149 等相关标准的规定。

外饰面应在抹面层达到施工要求后方可进行施工。选择面砖饰面时应在样板件检测合格、抹面砂浆施工 7d 后，按现行行业标准《外墙饰面砖工程施工及验收规程》JGJ 126 的要求进行。

2. 聚苯板现浇混凝土外墙外保温系统

（1）垫块绑扎：外墙围护结构钢筋验收合格后，应绑扎按混凝土保护层厚度要求制作的水泥砂浆垫块，同时在外墙钢筋外侧绑扎砂浆垫块（不得采用塑料垫卡），每 $1m^2$ 板内不少于 3 块，用以保证保护层厚度并确保保护层厚度均匀一致。

（2）聚苯板安装：当采用 XPS 保温板时，内外表面及钢丝网均应涂刷界面砂浆，采用 EPS 保温板时，外表面应涂刷界面砂浆。施工时先安装阴阳角保温构件，再安装角板之间的保温板。安装前先在保温板高低槽口均匀涂刷聚苯胶，将保温板竖缝两侧相互黏结在一起。在保温板上弹线标出锚栓的位置再安装尼龙锚栓，其锚入混凝土长度不得小于 50mm。

（3）模板安装：宜采用钢质大模板，按保温板厚度确定模板配制尺寸、数量。安装外墙外侧模板前应在保温板外侧根部采取可靠的定位措施，模板连接必须严密、牢固，以防止出现错台和漏浆现象。不得在墙体钢筋底部布置定位筋。宜采用模板上部定位。

（4）浇筑混凝土：混凝土浇筑前在保温板槽口处用金属"冂"形遮盖"帽"，将外模板和保温板扣上。现浇用混凝土的坍落度应不小于 180mm，分层浇筑，混凝土一次浇筑高度不宜大于 1m，混凝土需振捣密实均匀，墙面及接槎处应光滑、平整。注意门窗洞口两侧对称浇筑。

（5）模板拆除后穿墙套管的孔洞应以干硬性砂浆捻塞，保温板部位孔洞用保温浆料堵塞。聚苯板表面凹进或破损、偏差过大的部位，应用胶粉聚苯颗粒保温浆料填补找平。

（6）抹面层：用聚合物水泥砂浆抹灰。标准层总厚度 3～5mm，首层加强层 5～7mm。玻纤网搭接长度不小于 80mm。首层与其他需加强部位应满足抗冲击要求，在标准外保温做法的基础上加铺一层玻纤网，并再抹一道抹面砂浆罩面，厚度 2mm 左右。

（7）各种缝、装饰线条及防火构造措施应符合相关标准的规定。

3. 聚苯板钢丝网架现浇混凝土外墙外保温系统

（1）有网现浇系统聚苯板钢丝网架板厚度、每平方米腹丝数量和表面荷载值应通过试验确定。聚苯板钢丝网架板构造设计和施工安装应考虑现浇混凝土侧压力影响，抹面层厚度应均匀，钢丝网应完全包覆于抹面层中。

（2）机械固定聚苯钢丝网架板外墙外保温系统

1）机械固定系统不适用于加气混凝土和轻集料混凝土基层。

2）机械固定系统锚栓、预埋金属固定件数量应通过试验确定，并且每平方米不应小于7个。单个锚栓拔出力和基层力学性能应符合设计要求。

3）机械固定系统固定EPS钢丝网架板时应逐层设置承托件，承托件应固定在结构构件上。

4）机械固定系统金属固定件、钢筋网片、金属锚栓和承托件应做防锈处理。

（3）安装聚苯板。保温板内外表面及钢丝网均应涂刷界面砂浆。施工时外墙钢筋外侧需绑扎水泥砂浆垫块（不得采用塑料垫卡），安装保温板就位后，应将塑料锚栓穿过保温板，锚入混凝土长度不得小于50mm，螺丝应拧入套管，保温板和钢丝网宜按楼层层高断开，中间放入泡沫塑料棒，外表用嵌缝膏嵌缝。板缝处钢丝网用火烧丝绑扎，间隔150mm。

（4）在每层层间宜留水平抗裂分隔缝，层间保温板外钢丝网应断开，抹灰时嵌入层间塑料分隔条或泡沫塑料棒，外表用建筑密封膏嵌缝。垂直抗裂分隔缝宜按墙面面积设置，在板式建筑中不宜大于30m^2，在塔式建筑中可视具体情况而定，宜留在阴角部位。

（5）应采用钢制大模板施工，并应采取可靠措施保证聚苯板钢丝网架板和辅助固定件安装位置准确。

（6）混凝土一次浇筑高度不宜大于1m，混凝土需振捣密实均匀，墙面及接槎处应光滑、平整。

（7）砂浆抹灰。拆除模板后，应用专用抗裂砂浆分层抹灰，在常温下待第一层抹灰初凝后方可进行上层抹灰，每层抹灰厚度不大于 15mm。总厚度不宜大于 25mm。

（8）采用涂料饰面时，应在抗裂砂浆外再抹 5～6mm 厚聚合物水泥砂浆防护层。

（9）各种缝、装饰线条及防火构造措施应符合相关标准的规定。

4. 胶粉聚苯颗粒保温复合型外墙外保温系统

（1）基层处理。基层墙面应清理干净、清洗油渍、清扫浮灰等。墙面空鼓、松动、风化部分应剔除干净。墙表面凸起物大于 10mm 时应剔除。

（2）界面处理。基层均应做界面处理，用喷枪或滚刷均匀喷刷界面处理剂。

（3）采用保温浆料系统时，应先按厚度控制线做标准厚度灰饼、冲筋。当保温层厚度大于 20mm 时应分层施工，抹灰不应少于两遍，每遍施工间隔应在 24h 以上，最后一遍宜为 10mm。

（4）采用贴砌聚苯板系统时，梯形槽 EPS 板应在工厂预制好横向梯形槽并且槽面涂刷好界面砂浆。XPS 板应预先用专用机械钻孔，贴砌面涂刷 XPS 板界面剂。贴砌聚苯板时，胶粉聚苯颗粒黏结层厚度约 15mm，聚苯板间留约 10mm 的板缝用浆料砌筑，灰缝不饱满处及聚苯两开孔处用浆料填平。贴砌 24h 后再满涂聚苯板界面砂浆，涂刷界面砂浆再经 24h 后用胶粉聚苯颗粒黏结找平砂浆罩面找平。

（5）抗裂砂浆层施工。待聚苯颗粒保温层或找平层施工完成 3～7d 且验收合格后方可进行抗裂砂浆层施工。涂料饰面时抗裂砂浆复合耐碱玻纤网布，总厚度 3～5mm；面砖饰面时抗裂砂浆复合热镀锌电焊网，总厚度 8～12mm。

（6）外饰面施工质量要求应符合相关标准的规定。

5. 喷涂硬泡聚氨酯外墙外保温系统

（1）外墙基层应符合下列要求：

1）墙体基层施工质量应经检查并验收合格。

2）墙体基层应坚实，平整、干燥、干净。

3）找平层应与墙体黏结牢固，不得有脱层、空鼓、裂缝。

4）对于潮湿或影响黏结和施工的墙体基层，宜喷涂界面处理剂。

5）外墙外保温工程施工，门窗洞口应通过验收，门窗框或辅框应安装完毕。伸出墙面的预埋件、连接件应按外墙外保温系统厚度留出间隙。

（2）喷涂硬泡聚氨酯外墙外保温工程施工应符合下列要求：

1）喷涂作业，喷嘴与施工基面的间距宜为 800～1200mm。

2）根据设计厚度，一个作业面应分几遍喷涂完成，每遍厚度不宜大于 15mm。当日的施工作业面必须于当日连续地喷涂施工完毕。

3）硬泡聚氨酯的喷涂厚度应达到设计要求，对喷涂后不平的部位应及时进行修补，并按墙面垂直度和平整度的要求进行修整。

4）硬泡聚氨酯表面固化后，应及时均匀喷（刷）涂界面砂浆。

（3）硬泡聚氨酯板外墙外保温工程施工应符合下列要求：

1）施工前应按设计要求绘制排板图，确定异型板块的规格及数量。

2）施工前应在墙体基层上用墨线弹出板块位置图。带面层、饰面层的硬泡聚氨酯板材应留出拼接缝宽度，宽度宜为5～10mm。

3）黏贴硬泡聚氨酯板材时，应将胶黏剂涂在板材背面，黏结层厚度应为 3～6mm，黏结面积不得小于硬泡聚氨酯板材面积的 40%。

4）硬泡聚氨酯板材的黏贴应自下而上进行，水平方向应由墙角及门窗处向两侧黏贴，并轻敲板面，使之黏结牢固。必要时，应采用锚栓辅助固定。

5）带抹面层、饰面层的硬泡聚氨酯板黏贴 24h 后，用单组分聚氨酯发泡填缝剂进行填缝，发泡面宜低于板面 6～8mm。外口应用密封材料或抗裂聚合物水泥砂浆进行嵌缝。

6）当采用涂料做饰面层时，在抹面层上应满刮腻子后方可施工。

（4）聚氨酯保温层表面应用聚氨酯专用界面进行涂刷。

（5）硬泡聚氨酯保温层经过处理后用抹面胶浆进行找平刮糙，抹面胶浆中应复合玻纤网格布或热镀锌钢丝网。

16.1.3 外墙内保温系统

1. 复合板内保温系统

（1）施工时，宜先在基层墙体上做水泥砂浆找平层，采用以黏为主、黏锚结合方式将复合板固定于垂直墙面，并应采用嵌缝材料封填板缝。

（2）当复合板的保温层为 XPS 板或 PU 板时，在黏贴前应在保温板表面做界面处理。XPS 板面应涂刷表面处理剂，表面处理剂的 pH 值应为 6～9，聚合物含量不应小于 35%；PU 板应采用水泥基材料作界面处理，界面层厚度不宜大于 1mm。

（3）复合板与基层墙体之间的黏贴，应符合下列规定：

1）涂料饰面时，黏贴面积不应小于复合板面积的 30%；面砖饰面时，黏贴面积不应小于复合板面积的 40%。

2）在门窗洞口四周、外墙转角和复合板上下两端距顶面和地面 100mm 处，均应采用通长黏结，且宽度不应小于 50mm。

（4）复合板内保温系统采用的锚栓应符合下列规定：

1）应采用材质为不锈钢或经过表面防腐处理的碳素钢制成的金属钉锚栓。

2）锚栓进入基层墙体的有效锚固深度不应小于 25mm，基层墙体为加气混凝土时，锚栓的有效锚固深度不应小于 50mm。有空腔结构的基层墙体，应采用旋入式锚栓。

3）当保温层为 EPS、XPS、PU 板时，其单位面积质量不宜超过 15kg/m²，且每块复合板顶部离边缘 80mm 处，应采用不少于 2 个金属钉锚栓固定在基层墙体上，锚栓的钉头不得凸出板面。

4）当保温层为纸蜂窝填充憎水型膨胀珍珠岩时，锚栓间距不应大于 400mm，且距板边距离不应小于 20mm。

（5）基层墙体阴角和阳角处的复合板，应做切边处理。

（6）复合板内保温系统接缝处理应符合下列规定：

1）板间接缝和阴角宜采用接缝带，可采用嵌缝石膏（或柔性勾缝腻子）黏贴牢固。

2）阳角宜采用护角，可采用嵌缝石膏（或柔性勾缝腻子）黏贴牢固。

3）复合板之间的接缝不得位于门窗洞口四角处，且距洞口四角不得小于 300mm。

2. 有机保温板内保温系统

（1）施工时，宜先在基层墙体上做水泥砂浆找平层，采用黏结方式将有机保温板固定于垂直墙面。

（2）当保温层为 XPS 板和 PU 板时，在黏贴及抹面层施工前应做界面处理。XPS 板面应涂刷表面处理剂，表面处理剂的 pH 值应为 6～9，聚合物含量不应小于 35％；PU 板应采用水泥基材料做界面处理，界面层厚度不宜大于 1mm。

（3）有机保温板与基层墙体的黏贴，应符合下列规定：

1）涂料饰面时，黏贴面积不得小于有机保温板面积的 30％；面砖饰面时，不得小于有机保温板面积的 40％。

2）保温板在门窗洞口四周、阴阳角处和保温板上下两端距顶面和地面 100mm 处，均应采用通长黏结，且宽度不应小于 50mm。

（4）在墙面黏贴有机保温板时，应错缝排列，门窗洞口四角处不得有接缝，且任何接缝距洞口四角不得小于 300mm。阴角和阳角处的有机保温板，应做切边处理。

（5）有机保温板的终端部，应用玻璃纤维网布翻包。

（6）抹面层施工应在保温板黏贴完毕 24h 后方可进行。

3. 无机保温板内保温系统

（1）无机保温板黏贴前，应清除板表面的碎屑浮尘。

（2）无机保温板的黏贴应符合下列规定：

1）在外墙阳角、阴角以及门窗洞口周边应采用满黏法，其余部位可采用条黏法或点黏法，总的黏贴面积不应小于保温板面积的40%。

2）上下排之间保温板的黏贴，应错缝1/2板长，板的侧边不应涂抹胶黏剂。

3）阳角上下排保温板应交错互锁。

4）门窗洞口四角保温板应采用整板截割，且板的接缝距洞口四角不得小于150mm。

5）保温板四周应靠紧且板缝不得大于2mm。

6）保温板的终端部应采用玻璃纤维网布翻包。

（3）无机保温板内保温系统的抹面胶浆施工应符合下列规定：

1）无机保温板黏贴完毕后，应在室内环境温度条件静待1～2d后，再进行抹面胶浆施工。

2）施工前应采用2m靠尺检查无机保温板板面的平整度，对凸出部位应刮平，并应清理碎屑后再进行抹面施工。

4. 保温砂浆内保温系统

（1）界面砂浆应均匀涂刷于基层墙体。

（2）保温砂浆施工应符合下列规定：

1）应采用专用机械搅拌，搅拌时间不宜少于3min，且不宜大于6min。搅拌后的砂浆应在2h内用完。

2）应分层施工，每层厚度不应大于20mm。后一层保温砂浆施工，应在前一层保温砂浆终凝后进行（一般为24h）。

3）应先用保温砂浆做标准饼，然后冲筋，其厚度应以墙面最高处抹灰厚度不小于设计厚度为准，并应进行垂直度检查，门窗口处及墙体阳角部分宜做护角。

（3）抹面胶浆施工应符合下列规定：

1）应预先将抹面胶浆均匀涂抹在保温层上，再将耐碱玻璃纤维网布埋入抹面胶浆层中，不得先将耐碱玻璃纤维网布直接铺在保温层面上，再用砂浆涂布黏结。

2）耐碱玻璃纤维网布搭接宽度不应小于 100mm，两层搭接耐碱玻璃纤维网布之间必须满布抹面胶浆，严禁干槎搭接。

3）抹面胶浆层厚度：保温层为无机轻集料保温砂浆时，涂料饰面不应小于 3mm，面砖饰面不应小于 5mm；保温层为聚苯颗粒保温砂浆时，不应小于 6mm。

4）对需要加强的部位，应在抹面胶浆中铺贴双层耐碱玻璃纤维网布，第一层应采用对接法搭接，第二层应采用压槎法搭接。

（4）保温砂浆内保温系统的各构造层之间的黏结应牢固，不应脱层、空鼓和开裂。

（5）保温砂浆内保温系统采用涂料饰面时，宜采用弹性腻子和弹性涂料。

5. 喷涂硬泡聚氨酯内保温系统

（1）喷涂硬泡聚氨酯的施工应符合下列规定：

1）环境温度不应低于 10℃，空气相对湿度宜小于 85%。

2）硬泡聚氨酯应分层喷涂，每遍厚度不宜大于 15mm。当日的施工作业面应在当日连续喷涂完毕。

3）喷涂过程中应保证硬泡聚氨酯保温层表面平整度，喷涂完毕后保温层平整度偏差不宜大于 6mm。

4）阴阳角及不同材料的基层墙体交接处，保温层应连续不留缝。

（2）喷涂硬泡聚氨酯保温层的密度、厚度，应抽样检验。

（3）硬泡聚氨酯喷涂完工 24h 后，再进行下道工序施工。

6. 玻璃棉、岩棉、喷涂硬泡聚氨酯龙骨固定内保温系统

（1）龙骨应采用专用固定件与基层墙体连接，面板与龙骨应采用螺钉连接。当保温材料为玻璃棉板（毡）、岩棉板（毡）时，应采用塑料钉将保温材料固定在基层墙体上。

（2）复合龙骨应由压缩强度为 250～500kPa、燃烧性能不低

于 D 级的挤塑聚苯乙烯泡沫塑料板条和双面镀锌量不应小于 $100g/m^2$ 的建筑用轻钢龙骨复合而成。

（3）对于固定龙骨的锚栓，实心基层墙体可采用敲击式固定锚栓或旋入式固定锚栓；空心砌块的基层墙体应采用旋入式固定锚栓。锚栓进入基层墙体的有效锚固深度不应小于 50mm。

（4）当保温材料为玻璃棉板（毡）、岩棉板（毡）时，应在靠近室内的一侧，连续铺设隔汽层，且隔汽层应完整、严密，锚栓穿透隔汽层处应采取密封措施。

（5）纸面石膏板最小公称厚度不得小于 12mm；无石棉硅酸钙板及无石棉纤维水泥平板最小公称厚度，对高密度板不得小于 6.0mm，对中密度板不得小于 7.5mm，低密度板不得小于 8.0mm。对易受撞击场所面板厚度应适当增加。竖向龙骨间距不宜大于 610mm。

16.1.4 夹芯保温系统

1. 混凝土小型空心砌块夹心保温墙

（1）砌筑内叶墙：砌筑从转角或定位处开始，内外墙同时进行，外墙转角处、纵横墙交接处，混凝土砌块墙体应对孔错缝搭砌。搭接长度不应小于 90mm，当不能保证此规定时，应在灰缝中设置拉结钢筋或网片。

（2）砌筑外叶墙：按设计要求尺寸设置砂浆挡板；将外叶墙砌至拉结件的竖向间距，取出砂浆挡板；清理槽内掉落的砂浆并刮平灰缝砂浆。

（3）保温板安装固定

1）将与拉结件间距等高的保温板贴内叶墙放好，要求上下采用企口连接，左右保温板间靠紧。

2）当夹心墙设计有空气隔层时，要固定保温板，保证空气间层尺寸准确，上下贯通。

3）每层圈梁顶部，均应在外叶墙竖向灰缝中预留排湿通道。

4）铺设防腐拉结件，拉结网片的横向钢筋放置在砌块肋部，网片搭接长度不小于 200mm。

（4）外墙饰面：夹心墙黏贴饰面施工必须在外叶墙干缩稳定后进行。

2. 砖砌体夹芯保温施工

（1）砌筑内墙和放置保温板

1）砌筑时先砌内叶承重部分。做法应符合砖砌体结构砌筑的相关要求。

2）内叶承重墙经质量检查合格后，方可在内叶墙外侧放置保温板。现场剪裁保温板应使用专用工具。最下层保温板应从防潮层向上安装。施工时注意成品保护，当保温板出现空隙时应用同材质保温材料补实，同时防止砂浆落在保温板上造成热桥。

（2）砌筑外墙

1）保温层经质量检查合格并做好隐蔽工程记录后，方可进行外叶墙砌筑施工。做法应符合砖砌体结构砌筑的相关要求。

2）内外墙拉结钢筋随砌随放。竖向距离不大于 500mm，水平距离不大于 1000mm。并应埋置在砂浆层中。

3）墙体端部构造：沿高度方向每 300mm 设置一道拉结钢筋。

（3）圈梁及过梁处构造：外墙圈梁及过梁外侧在浇筑混凝土前应采用保温材料进行处理。

（4）成品保护：做好外墙防污染，对已砌筑完工的墙体遮盖保护。为防止污染，支模时应严密，模板与墙体不留缝隙，周围用海棉条黏贴防止漏浆，模板间的缝隙用胶带黏贴，对已经漏浆的墙体应及时用高压水或清洗剂清洗，直至清除整个墙体。

16.1.5 自保温系统

墙体自保温系统中采用自保温混凝土复合砌块、蒸压砂加气混凝土、陶粒增强加气砌块和硅藻土保温砌块（砖）等为墙体材料，辅以节点保温构造措施，适用于夏热冬冷地区和夏热冬暖地区的节能设计要求；辅以其他保温隔热措施，可用于不同气候区的节能设计要求。本书主要介绍自保温混凝土复合砌块墙体的施工质量控制。

1. 一般规定

（1）用于自保温砌块墙体系统的自保温砌块、普通或专用砌筑砂浆、普通或专用抹灰砂浆、结构热桥及其保温处理材料和交接面抗裂处理材料应相配套。

（2）自保温砌块、结构性热桥保温处理材料等进场时均应有质量证明文件、型式检验报告，并进行查检和复验，合格后方可采用。

（3）自保温砌块进场应对自保温砌块密度、抗压强度以及自保温砌块墙体传热系数进行复验，复验应为见证取样送检。

（4）自保温砌块墙体系统配套的保温材料、增强网、黏结材料等材料进场应对其下列性能进行复验，复验应为见证取样送检：

1）保温材料密度、抗压强度或压缩强度、导热系数。

2）增强网的力学性能、抗腐蚀性能。

3）黏结材料的黏结强度。

（5）自保温砌块墙体砌筑过程中，应及时进行质量检查、隐蔽工程验收和检验批验收，施工完成后，墙体节能分项工程应与砌体分项工程一同验收；验收时结构部分应符合现行国家标准《砌体结构工程施工质量验收规范》GB 50203 中自承重墙体的有关规定，节能部分应符合现行国家标准《建筑节能工程施工质量验收规范》GB 50411 的有关规定。

（6）墙体节能分项工程验收应对下列部位进行隐蔽工程验收，并应有详细的文字记录和必要的图像资料：

1）自保温砌块填充墙体。

2）增强网铺设。

3）墙体热桥部位处理。

（7）墙体节能工程验收的检验批划分应符合下列规定：

1）采用相同材料、工艺和施工做法的墙体，每 500 ～ 1000m³ 砌体应划分为一个检验批，不足 500m³ 也应为一个检验批。

424

2）检验批的划分也可根据施工段的划分，应与施工流程相一致且方便施工与验收。

2. 施工质量控制要点

（1）当采用增强网作为防止开裂措施时，增强网的铺贴和搭接应符合设计要求。

（2）门保温砌块砌体尺寸的允许偏差应符合现行国家标准《砌体结构工程施工质量验收规范》GB 50203 的规定。

（3）自保温砌块砌体的水平灰缝、竖直灰缝饱满度均不应低于 90%。

（4）自保温砌块砌体留置的拉结钢筋或网片的位置应与块体皮数相符合。拉结钢筋或网片应置于灰缝中，埋置长度应符合设计要求。

（5）对有裂缝的自保温砌块砌体应分别按下列情况进行验收：

1）有可能影响结构安全性的自保温砌块砌体裂缝，应由有资质的检测单位检测鉴定。凡返修或加固处理的部分，应符合使用要求并进行再次验收。

2）不影响结构安全性的砌体裂缝，应予以验收。有碍使用功能或观感效果的裂缝，应进行遮蔽处理。

16.1.6 检测

（1）建筑围护结构的施工完成以后，应对外墙节能构造进行现场实体检测。外墙节能构造现场实体检验的目的：

1）验证墙体保温材料的种类是否符合设计要求。

2）验证保温层厚度是否符合设计要求。

3）检查保温层构造做法是否符合设计和施工方案要求。

（2）外墙节能构造的现场实体检验采用钻芯检验方法，应在外墙施工完成后，节能分部工程验收前进行。其抽样方法、监理见证、合格评定和钻芯检验方法按《建筑节能工程施工质量验收规范》GB 50411 执行。

16.2 幕墙节能工程

16.2.1 一般规定

（1）透明幕墙、非透明幕墙制作和安装的节能工程施工除应符合《建筑节能工程施工质量验收规范》GB 50411 和《建筑装饰装修工程质量验收规范》GB 50210 的规定外，尚应符合现行国家、行业标准及有关规定。

（2）幕墙附着在主体结构上的隔汽层、保温层应在主体结构工程质量验收合格后施工。施工过程中应及时进行质量检查、隐蔽工程验收和检验批验收，施工完成后应进行幕墙节能分项工程验收。

（3）幕墙节能工程使用的保温隔热材料，其导热系数、密度、燃烧性能应符合设计要求。幕墙玻璃的传热系数、遮阳系数、可见光透射比、中空玻璃露点应符合设计要求。

（4）建筑幕墙的非透明部分、窗坎部分和窗坎墙部分，应充分利用幕墙面板背后的空间，采用高效、耐久的保温层进行保温，以满足墙体的保温隔热要求。保温层可采用岩棉、超细玻璃棉或其他不燃、难燃保温材料制作的保温板。保温材料应有可靠的固定措施。严寒、寒冷地区，幕墙非透明部分面板的背后保温材料所在空间应充分隔汽密封，防止结露。隔汽密封空间的上、下密封应严密，空间靠近室内的一侧可采用防水材料或金属板作为隔汽层，隔汽层可附着在实体墙的外侧。幕墙与主体结构间（除结构连接部位外）不应形成热桥。

（5）严寒、寒冷、夏热冬冷地区，玻璃幕墙周边与墙体或其他维护结构连接处应为弹性构造，采用防潮型保温材料填塞，缝隙应采用密封剂或密封胶密封。

（6）严寒、寒冷、夏热冬冷地区建筑的玻璃幕墙宜进行结露验算，在设计计算条件下，其内表面温度不宜低于室内的露点温度。外窗、玻璃幕墙的结露验算应符合现行行业标准《建筑门窗玻璃幕墙热工计算规程》JGJ/T 151 的规定。

（7）幕墙的气密性能应符合设计规定的等级要求。当幕墙面积大于 3000m² 或大于建筑外墙面积 50% 时，应现场抽取材料和配件，在检测实验室安装制作试件进行气密性能检测，检测结果应符合设计规定的等级要求。密封条应镶嵌牢固、位置正确、对接严密。单元幕墙板块之间的密封加工、安装应符合设计要求。开启扇应关闭严密。气密性能检测试件应包括幕墙的典型单元、典型拼缝、典型可开启部分。试件应按照幕墙工程施工图进行设计。试件设计应经建筑设计单位项目负责人、监理工程师同意并确认。气密性能的检测应按照国家现行有关标准的规定执行。

（8）幕墙节能工程使用的保温材料，其厚度应符合设计要求，安装牢固，且不得松脱。

（9）幕墙工程热桥部位的隔断热桥措施应符合设计要求，断热节点的连接应牢固。

（10）幕墙隔汽层应完整、严密、位置正确，穿透隔汽层处的节点构造应采取密封措施。

（11）幕墙节能工程使用的保温材料在安装过程中，应采取防潮、防水等保护措施。

（12）对以下隐蔽部分工程进行验收，并有详细的文字和图片资料：

1）被封闭的保温材料厚度和保温材料的固定。

2）幕墙周边与墙体、屋面、地面的接缝处保温、密封构造。

3）构造缝、结构缝保温、密封构造。

4）隔汽层。

5）热桥部位、断热节点。

6）单元式幕墙板块之间的保温、密封接缝构造。

7）凝结水收集和排放构造。

8）幕墙的通风换气装置。

9）遮阳构件的锚固。

（13）幕墙节能工程检验批划分，可按照《建筑装饰装修工程质量验收规范》GB 50210 的规定执行。

16.2.2 施工质量控制要点

1. 幕墙玻璃安装

(1) 玻璃安装前应进行表面清洁。除设计另有要求外，应将单片阳光控制镀膜玻璃的镀膜面朝向室内，非镀膜面朝向室外。

(2) 按规定型号选用玻璃四周的密封材料，并应符合现行有关标准的规定。

(3) 橡胶条，其长度宜比边框内槽口长 2%；橡胶条斜面断开后应拼成预定的设计角度，并应采用胶黏剂黏结牢固，镶嵌平整。

(4) 硅酮建筑密封胶不宜在夜晚、雨天打胶，打胶温度、湿度应符合设计要求和产品要求，打胶前应使打胶面清洁、干燥。

(5) 铝合金装饰压板的安装，应表面平整、色彩一致，接缝均匀严密。

(6) 密封胶在接缝内应与缝隙的两侧面黏结，与缝隙的底面或嵌填的泡沫材料不黏结。密封胶注胶应严密平顺，黏结牢固，不渗漏、不污染相邻的表面。

2. 附着于主体结构上的隔汽层、保温层施工

(1) 当幕墙的隔汽层和保温层附着在建筑主体的实体墙上时，保温材料和隔汽层需要在实体墙的墙面质量满足要求后才能进行施工作业。

(2) 保温材料性能及填塞、厚度应符合设计要求，填塞饱满、铺设平整、固定牢固，拼接处不留缝隙。在安装过程中应采取防潮、防水等保护措施。在采暖地区，保温棉板的隔汽铝箔面应朝向室内，无隔汽铝箔面时应在室内侧有内衬隔汽板。

(3) 隔汽层（或防水层）、凝结水收集和排放构造必须符合设计要求。

(4) 凝结水管排出管及其附件应与水平构件预留孔连接严密，与内衬板出水孔连接处应设橡胶密封圈密封。

3. 隔热构造施工

铝合金隔热型材，既有足够的强度，又有较小的导热系数，应满足设计要求和有关标准规定。

用穿条工艺生产的隔热型材，其隔热材料应使用尼龙（聚酰胺＋玻璃纤维）材料，不得使用 PVC 材料；用浇注工艺生产的隔热型材，其隔热材料应使用 PUR（聚氨基甲酸乙酯）材料。连接部位的抗剪强度必须满足设计要求。

当幕墙节能工程采用隔热型材时，隔热型材生产企业应提供型材隔热材料的力学性能、隔热性能和耐老化性能试验报告。

4. 遮阳板的安装

遮阳板板面应该离开玻璃墙面一定的距离安装，以使大部分热空气沿着墙面排走。如果遮阳是活动式的，要求轻便灵活，以便调节或拆除。遮阳设施的安装位置应满足设计要求，遮阳设施的安装应牢固。

5. 幕墙其他部位安装

（1）幕墙周边与墙体缝隙的密封，幕墙周边与墙体缝隙处、幕墙的构造缝、沉降缝、热桥部位、断热节点等部位，必须按设计要求处理好。

（2）其他通气槽孔及雨水排出口等应按设计要求施工，不得遗漏。

（3）单元式幕墙板块间的接缝构造及单元式幕墙板块间缝隙的密封非常重要，应做好防空气渗漏和雨水渗漏的措施。

（4）封口应按设计要求进行封闭处理。

（5）幕墙的通风换气装置，必须按设计要求安装。

16.3 门窗节能工程

16.3.1 一般规定

（1）断桥铝合金门窗的品种、类型、规格、尺寸、性能、开启方向及铝合金门窗的型材壁厚应符合设计要求；塑料门窗的品种、类型、规格尺寸、开启方向及填嵌密封处理、内衬增强型钢的壁厚及设置应符合设计要求和国家现行产品标准的质量要求。

（2）节能门窗气密性能、保温性能、采光性能须达到节能设计要求。

（3）不同气候区域，外门窗选用节能门窗时，必须确保其保温隔热性、气密性。严寒和寒冷地区，不宜采用推拉窗和凸窗。

（4）节能门窗进入施工现场时，应按现行国家标准《建筑节能工程施工质量验收规范》GB 50411 的规定进行复验。

（5）门窗正式施工前，应在现场制作样板间或样板件，经有关各方确认后方可进行施工。

（6）门窗工程施工中，应进行隐蔽工程验收，并应有验收记录和必要的图像资料。隐蔽工程验收记录应包括以下几方面：

1）外门窗框与周边墙体连接部位的保温和密封处理。

2）遮阳构件的锚固。

3）天窗的密封处理。

（7）门窗安装的允许偏差：结构施工门窗留洞偏差、门窗安装的允许偏差及检验方法遵照现行国家标准《建筑装饰装修工程质量验收规范》GB 50210 相关规定执行，并做好隐蔽验收记录。

（8）金属副框安装质量控制

1）金属副框隔热断桥方式。

2）金属副框的防腐处理，预埋件的数量、位置、埋设方式、与门窗框的连接方式。

3）外门窗框或副框与洞口之间的间隙处理。

（9）建筑外门窗工程的检验批应按下列规定划分：

1）同一厂家的同一品种、类型、规格的门窗及门窗玻璃每100 樘划分为一个检验批，不足 100 樘也为一个检验批。

2）同一厂家的同一品种、类型和规格的特种门每 50 樘划分为一个检验批，不足 50 樘也为一个检验批。

3）对于异形或有特殊要求的门窗，检验批的划分应根据其特点和数量，由监理（建设）单位和施工单位协商确定。

（10）建筑外门窗工程的检查数量应符合下列规定：

1）建筑门窗每个检验批应抽查 5%，并不少于 3 樘，不足 3 樘时应全数检查；高层建筑的外窗，每个检验批应抽查 10%，并不少于 6 樘，不足 6 樘时应全数检查。

2）特种门每个检验批应抽查 50%，并不少于 10 樘，不足 10 樘时应全数检查。

（11）门窗节能工程施工与质量验收应符合《建筑节能工程施工质量验收规范》GB 50411 和《建筑装饰装修工程质量验收规范》GB 50210 的有关规定。

16.3.2 施工质量控制要点

1. 门窗框、副框和扇的安装要点

门窗框、副框和扇的安装必须牢固。固定片或膨胀螺栓的数量与位置应正确，连接方式应符合设计要求，安装实施中，不应影响门窗的气密性能、保温性能。固定点应距窗角、中横框、中竖框 150～200mm，固定点间距应不大于 600mm，并做好隐蔽验收记录。门窗外框与副框间隙应满足设计要求。

塑料门窗拼樘料内衬增强型钢的规格、壁厚必须符合设计要求，型钢应与型材内腔紧密吻合，其两端必须与洞口固定牢固。窗框必须与拼樘料连接紧密，固定点间距应不大于 600mm。

2. 门窗框与洞口间隙的密封和隔热处理

对门窗框或副框与洞口之间的间隙应采用弹性闭孔材料填充饱满。外窗（门）洞口室外部分的侧墙面应做保温处理。并做好隐蔽验收记录。

（1）带副框的门窗一般是先装副框，连接固定后再进行洞口及室内外的装饰作业；不带副框门窗的通常是在室内外墙面及洞口粉刷完毕后进行安装。

（2）检查门窗框或副框安装质量，确保其安装精度。

（3）洞口处理：进行室内、外墙面及洞口侧面抹灰或黏贴装饰面层时应在副框两侧留出槽口，待其干后注入密封膏封严。

（4）无副框的门窗：一般宜在室内外及门窗洞口粉刷完毕后进行。

（5）填缝料修理后外墙保温层收口至门窗框的外边，减少此处的热桥效应，提高此处的保温效果。另外在这两种材料收口处应涂刷两遍以上的防水涂膜，防止门窗框与墙体之间渗漏。

（6）打密封胶：窗框四周内外密封胶应在内外墙涂料涂刷前施打，胶体斜面宽度不得少于12mm，以12～15mm为宜。打密封胶时应均匀不间断，胶体宽度均匀一致。

3. 门窗构件连接密封及玻璃与窗框之间密封处理

（1）构件四周的密封胶条的穿塞应到位，胶条脚部分应完全落入型材滑槽内，转角处应将胶条切割成45°角后用氰基丙烯酸酯胶黏剂快干胶黏结牢固。

（2）玻璃密封与固定：玻璃就位后，应及时用胶条固定。密封固定的方法有三种：用橡胶条嵌入凹槽挤紧玻璃，然后在胶条上面注入硅酮系列耐候密封胶；用10mm长的橡胶块将玻璃挤住，然后在凹槽中注入硅酮密封胶；将橡胶压入凹槽、挤紧，表面不再注胶。

（3）玻璃与型材间胶条的嵌填应牢固可靠，胶条嵌填前应事先用中性硅胶向胶条与玻璃接触面少量注入，特别注意胶条的断头留在窗扇部分的上部，同时，胶条应预留部分伸缩余地。

（4）玻璃放在凹槽的中间，内、外两侧的间隙不应少于2mm，否则会造成密封困难；但也不宜大于5mm，否则胶条起不到挤紧、固定的作用。玻璃的下部不能直接坐落在金属面上，而应用氯丁橡胶垫块将玻璃垫起。

4. 不同气候区封闭式阳台的保温

（1）当阳台和直接连通的房间之间不设置隔墙和门、窗时，阳台与室外空气接触的墙板、顶板、地板的传热系数以及阳台的窗墙面积比符合设计规定。

（2）当阳台和直接连通的房间之间设置隔墙和门、窗，且所设隔墙、门、窗的传热系数不大于设计限值，窗墙面积比不超过设计限值时，可不对阳台外表面作特殊热工要求。

（3）当阳台和直接连通的房间之间设置隔墙和门、窗，且所设隔墙、门、窗的传热系数大于设计限值时，应按《严寒和寒冷地区居住建筑节能设计标准》JGJ 26 的规定，进行围护结构的热工性能的权衡判断。

当阳台的面宽小于直接连通房间的开间宽度时，可按房间的开间计算隔墙的窗墙面积比。

16.3.3 工程检测

（1）材料和半成品进场后除进行可视检查（外观、品种、规格及附件）、质量证明文件的核查，还应做好材料和半成品的抽样复验工作。

（2）建筑外门窗的气密性、保温性能、中空玻璃露点、玻璃遮阳系数和可见光透射比应符合设计及规范要求。

（3）建筑外门窗抗风压、气密、水密、保温、隔声、采光性能分级标准和检测方法。

建筑外门窗抗风压、气密、水密、保温、隔声、采光性能分级标准和检测应符合设计要求，并分别按现行国家标准《建筑外门窗气密、水密、抗风压性能分级及检测方法》GB/T 7106、《建筑外门窗保温性能分级及检测方法》GB/T 8484、《建筑门窗空气隔声性能分级及检测方法》GB/T 8485、《建筑外窗采光性能分级及检测方法》GB/T 11976 进行检测。

16.4 屋面节能工程

16.4.1 一般规定

（1）保温隔热材料包括松散材料、现浇材料、喷涂材料、板材和块材以及绝热反射膜、绝热反射涂料等应符合设计要求和国家现行产品标准的质量要求。严禁使用国家明令禁止的材料和严格执行限用材料的使用范围。

（2）不同气候区域选用保温屋面、加贴绝热反射膜（或绝热反射涂料）的"凉帽"屋面、架空通风屋面、蓄水屋面、绿化屋面、采光屋面和坡屋面等，以达到节能设计要求。

（3）屋面节能工程使用的保温隔热材料，其导热系数、密度、抗压强度或压缩强度、燃烧性能应符合设计要求。

（4）屋面板（块）状保温材料进场后，应妥善保管，宜储存于室内；若置于室外，应堆放在平整、坚实场地上并防止雨淋、暴晒，避免破损、污染；搬运时应轻拿轻放，防止损坏断裂、缺棱掉角，保证板块外形完整。

（5）当屋面采用基层加设保温隔热系统的方式施工时，应选择高效节能、耐久性好的保温隔热材料，以减小保温隔热层的厚度及材料用量。

（6）屋面保温隔热施工，应基层质量验收合格后进行。

（7）施工过程中，应及时进行质量检查、隐蔽工程验收，并应有验收记录和必要的图像资料。隐蔽工程验收记录应包括以下几方面：

1）基层。

2）保温层的敷设方式、厚度，板材缝隙填充质量。

3）屋面热桥部位。

4）隔汽层。

（8）屋面保温隔热层施工完成后，应及时进行找平层和防水层施工，避免保温隔热层受潮、浸泡或受损。

16.4.2　施工质量控制要点

1. 平屋面保温屋面

（1）严格控制各构造层施工工艺及工序衔接，在每层施工完毕验收合格后才可进入下一构造层施工。

（2）松散的保温材料，分层铺设，压实适当，表面平整，找坡正确；板状保温材料，施工时要紧贴基层，铺平垫稳，找坡正确，上下层错缝并嵌填密实。

（3）保温层施工完成后，注意成品保护，在已铺好的松散、板状或整体保温层上不得直接行走、运输小车，行走线路应铺垫脚手板。

（4）保温层完成后及时铺抹水泥砂浆找平层，以减少受潮和进水，尤其在雨期施工，更要及时采取防雨措施，不能及时进行找平层施工时应做好覆盖。

2. 倒置式屋面

（1）防水层宜采用两种防水材料复合使用（屋面坡度宜优先采用3%结构起坡；当采用材料找坡时，坡度为2%），防水层完工后应按规定进行检查，包括48h蓄水试验不产生渗漏，且无积水、无质量缺陷，表面平整、坡度符合设计要求。经各项检查确认合格后，方可施工保温层。

（2）保温层必须采用"憎水性"保温材料，防止保温层内积水，严格按"憎水性"保温材料检验标准做好材料进场检测和复试。

（3）保温材料采用干铺或黏贴板状保温材料，也可采用现喷硬质聚氨酯泡沫塑料。板状保温材料铺放时各板块之间不宜挤紧，宜留宽约3~5mm的缝隙，在缝隙上贴胶带纸，以防止保护层的砂浆渗进缝内，铺放后应压重物，以防被风吹起。保温层在屋面周边靠女儿墙处设30mm缝隙，中间嵌填密封材料。整个保温层设置变形缝，间距为不大于6m，缝宽20mm，并嵌填密封材料。

（4）保护层：卵石保护层与保温层之间应铺设聚酯纤维无纺布或纤维织物进行隔离保护。

（5）檐沟、水落口等部位，采用现浇混凝土或砖砌堵头，并做好排水处理。

3. 架空隔热式屋面

（1）架空层的高度应按照屋面宽度或坡度大小的变化确定。如设计无规定时，一般以180~300mm为宜，当屋面宽度大于10m时应设通风屋脊。进风口应设置在炎热季节风向的正压区，出风口应设置在负压区。

（2）非上人屋面的砌体强度等级不应低于MU7.5，上人屋面的砌体强度等级不应低于MU10；混凝土板的强度等级不应低于C20，板内加设钢丝网片。

（3）架空层施工时，应先将屋面清扫干净，并应根据架空板的尺寸，在屋面上弹出支座中心线。

（4）支座的布置应整齐划一，条形支座应沿纵向平直排列，点式支座应沿纵横向排列整齐，以确保通风顺畅无阻。

（5）在支座底面的卷材、涂膜防水层上应采取加强措施。支座宜采用水泥砂浆砌筑。

（6）架空板与山墙、女儿墙间应留出 250mm 宽的距离，以满足通风和清扫的要求。

（7）铺设架空板时，应将灰浆刮平，随时清除屋面防水层上的落灰、杂物等，以减少空气流通时的阻力。

（8）架空板的铺设应平整、稳固；缝隙宜用水泥砂浆或水泥混合砂浆嵌填，板内预留铅丝或铁片埋入砂浆，并应按设计要求留变形缝。

4. 坡屋面

坡屋面内置保温隔热材料，不仅可提高屋面的热工性能，还有可能提供新的使用空间（顶层面积可增加约 60%），也有利于防水。坡屋面构造施工质量直接影响坡屋面保温隔热性能，需依次做保温隔热层、防水层、保护层施工。各层施工质量控制参见上述"11 屋面工程"相关内容。

同时，应根据设计坡度做好相应施工措施，坡度较大屋面采取分段分块施工，以保证施工质量。

5. 绿化（种植）式屋面

种植屋面长期在有水状态下或潮湿的状态下工作，应采用两道或两道以上防水设防；防水层的合理使用年限不应少于 15 年；防水层的材料应相容。防水工程竣工后，平屋面应进行 48h 蓄水检验，坡屋面应进行持续 3h 淋水检验。

根系阻挡层施工是种植屋面施工重点，施工时需严格控制，由于植物根系对防水层的穿刺力很强，防水层的上道防水层应是耐根穿刺防水层，防止植物根系对防水保温层产生破坏。

种植屋面基本构造层次：植被层、种植土、过滤层、排

（蓄）水层、保护层、耐根穿刺防水层、普通防水层、找平层（找坡层）、保温层、结构层。种植屋面构造层次应考虑功能的需要，因地制宜，由设计单位选择确定。

种植屋面防水和保温所采用的材料及施工质量控制应符合现行行业标准《种植屋面工程技术规程》JGJ 155 的要求。

6. 蓄水式屋面

蓄水屋面是在混凝土刚性防水层上蓄水，既可利用水层隔热降温，又改善了混凝土的使用条件，避免了直接暴晒和冰雪雨水引起的急剧伸缩；混凝土长期浸泡在水中有利于混凝土后期强度的增长；又由于混凝土中的成分在水中继续水化产生湿涨，因而水中的混凝土有更好的防渗性能。同时蓄水的蒸发和流动能及时地将热量带走，减缓了整个屋面的温度变化。

蓄水屋面有普通蓄水和深蓄水屋面之分。普通蓄水屋面需定期向屋顶供水，以维持一定的水面高度。深蓄水屋面可利用降雨量来补偿水面的蒸发，基本上不需要人为供水。一般水深不超过400mm，常见为 150～200mm 较适宜，否则将增加屋面静荷载使结构设计的难度加大。

蓄水屋面除增加结构的荷载外，如果其防水处理不当，非常容易引起漏水、渗水，因此蓄水屋面施工侧重点是防水施工质量控制。

蓄水屋面的刚性防水层完工后，应及时养护，养护时间不得少于 14d，蓄水后不得断水。

7. 采光屋面

采光屋面的各种材料的传热系数、遮阳系数、可见光透射比、气密性从选材到施工要充分满足设计要求，保证安装时部件牢固稳定，排水坡度正确，采光板搭接紧密，尤其是需防水部位要封闭严密，嵌缝处不产生渗漏。

8. 金属板保温夹芯屋面

在满足规范要求铺装牢固、接口严密、表面洁净、坡向正确的基础上应同时符合下列要求：

（1）屋面各类节点构造部位施工期间充分做好相应保温措施，避免产生热桥。

（2）填充材料或芯材应主要采用岩棉、超细玻璃棉、聚氨酯、聚苯板等绝热材料。

（3）聚氨酯及聚苯板等绝热材料防火性能较差，施工时应充分考虑满足防火要求。

16.4.3 工程检测

（1）用于屋面节能工程的保温隔热材料的检测

1）保温隔热材料进场时按进场批次，每批随机抽取3个试样进行检查，采用观察、尺量检查的方法进行检查；质量证明文件应按照其出厂检验批进行核查。

2）所有保温隔热材料，进场时对其导热系数、密度、抗压强度或压缩强度、燃烧性能进行复验，复验采用见证取样方式送检。

3）保温隔热材料的导热系数、密度、抗压强度或压缩强度、燃烧性能应符合设计要求。

（2）检查采光屋面的传热系数、遮阳系数、可见光透射比、气密性应符合设计要求。

（3）检测依据

现行国家标准《绝热材料稳态热阻及有关特性的测定　防护热板》GB/T 10294、《绝热材料稳态热阻及有关特性测定　热流计法》GB/T 10295、《泡沫塑料及橡胶　表观密度的测定》GB/T 6343、《硬质泡沫塑料压缩性能的测定》GB/T 8813、《建筑材料及制品燃烧性能分级》GB 8624、《建筑材料难燃性试验方法》GB/T 8625、《无机硬质绝热制品试验方法》GB/T 5486 等。

16.5　地面节能工程

16.5.1　一般规定

（1）地面节能工程的施工应在主体或基层质量验收合格后进

行。施工过程中应及时进行质量检查、隐蔽工程验收和检验批验收,施工完成后应进行地面节能分项工程验收。

（2）应对以下部位进行隐蔽工程验收,并应有详细的文字记录和必要的图像资料：

1）基层。

2）被封闭的保温材料厚度。

3）保温材料黏结。

4）隔断热桥部位。

（3）地面节能分项工程检验批划分应符合下列规定：

1）检验批可按施工段或变形缝划分。

2）当面积超过200m² 时,每200m² 划分为一个检验批,不足200m² 也为一个检验批。

3）不同构造做法的地面节能工程应单独划分检验批。

（4）建筑地面与楼面保温或隔热工程施工控制与验收应符合《建筑节能工程施工质量验收规范》GB 50411 和《建筑地面工程施工质量验收规范》GB 50209 等现行国家标准的有关规定。

16.5.2 施工质量控制要点

1. 松散保温材料铺设填充层

（1）检查材料的质量,其表观密度、导热系数、粒径。

（2）清理基层表面,弹出标高线。

（3）地漏、管根局部用砂浆或细石混凝土处理好,暗敷管线安装完毕。

（4）松散材料铺设前,预埋间距 800～1000mm 木龙骨（防腐处理）、半砖矮隔断或抹水泥砂浆矮隔断一条,高度符合填充层设计厚度要求,控制填充层厚度。

（5）虚铺厚度不宜大于150mm,应根据其设计厚度确定需要铺设的层数。分层铺设保温材料,每层均应铺平压实,压实采用压滚和木夯,填充层表面应平整。

2. 整体保温材料铺设填充层

（1）所有材料质量应符合设计规定,水泥、沥青等胶结材料应符合国家有关标准的规定。

（2）按设计要求的配合比拌制整体保温材料。

（3）水泥、沥青膨胀珍珠岩、膨胀蛭石应采用人工搅拌，避免颗粒破碎，拌合均匀，随拌随铺。

（4）水泥为胶结材料时，应将水泥制成水泥浆后，边拨边搅。当以热沥青为胶结材料时，沥青加热温度不应高于240℃，使用温度不宜低于190℃；膨胀珍珠岩、膨胀蛭石的余热温度宜为100～120℃，拌合时以色泽一致，无沥青团为宜。

（5）铺设时应分层夯实，其虚铺厚度与压实程度通过试验确定，拍实抹平至设计厚度后宜立即铺设找平层。

3. 板状保温材料铺设填充层

（1）所有材料应符合设计要求，水泥、沥青等胶结材料应符合国家有关标准的规定。

（2）板状保温材料应分层错缝铺贴，每层应采用同一厚度的板块，厚度应符合设计要求。

（3）黏贴的板状材料，应贴严、铺平。

（4）板状保温材料不应破碎、缺棱掉角，铺设时遇有缺棱掉角、破碎不齐的，应锯平拼接使用。

（5）干铺板状保温材料时，应紧靠基层表面，铺平、垫稳。分层铺设时，上下接缝应相互错开。

（6）用沥青黏贴板状保温材料时，应边刷、边贴、边压实，务必使沥青饱满，防止板块翘曲。

（7）用水泥砂浆黏贴板状保温材料时，板缝间应用保温砂浆填实并勾缝。保温砂浆配合比一般为体积比1：1：10（水泥：石灰膏：同类保温材料碎粒）。

4. 低温（水媒）辐射采暖地板

低温（水媒）辐射采暖地板施工质量控制应符合现行行业标准《辐射供暖供冷技术规程》JGJ 142 的规定。

（1）混凝土填充层施工应在所有伸缩缝安装、加热管安装、水压试验合格、温控器的安装盒布置等完毕，加热管处于有压状态且通过隐蔽验收后进行。

（2）混凝土填充层施工中，加热管内的水压不应低于0.6MPa；填充层养护过程中，系统水压不应低于0.4MPa。

（3）混凝土填充层施工中，严禁使用机械振捣设备；施工人员应穿软底鞋。

（4）在加热管的铺设区内，严禁穿凿、钻孔或进行射钉作业。

（5）初始加热前，混凝土填充层的养护期不应少于21d。施工中，应对地面采取保护措施，不得在地面上加以重载、高温烘烤、直接放置高温物体和高温加热设备。

（6）混凝土填充层浇捣和养护过程中试压临时管路暂不拆除，并将系统内压力保持在0.6MPa。

（7）混凝土填充层应设置以下热膨胀补偿构造措施：

辐射采暖地板面积大于30m² 或长边超过6m 时，填充层应设置间距不大于6m、宽度不小于5mm 的伸缩缝，缝中填充弹性膨胀材料；与墙、柱的交接处，应填充厚度不小于10mm 的软质闭孔泡沫塑料；加热管穿越伸缩缝处，应设长度不小于100mm 的柔性套管。

16.5.3　工程检测

（1）地面节能工程施工一般只进行节能现场质量检测，若存在下列情况还应进行热工性能检测：

1）设计图纸、合同文件或其他方面有明确要求的。

2）楼地面节能施工质量现场检测达不到质量要求的。

3）对已施工完的楼地面节能工程热工性能有怀疑或争议的。

（2）地面节能质量检测内容包括组成材料的进场复试和节能保温系统的性能检测。

1）地面节能材料进场复试项目：

① 松散保温材料的导热系数、干密度和阻燃性。

② 板材、块材及现浇等保温材料的导热系数、密度、压缩强度、阻燃性。

2）地面节能保温系统的性能检测项目：抗冲击性、吸水量、热阻、面层透水性、系统耐候性。

（3）地面热工性能检测项目：热工缺陷检测、传热系数检测。

16.6 采暖节能工程

16.6.1 一般规定

（1）采暖系统节能工程的验收，可按系统、楼层等进行，并应符合现行国家标准《建筑节能工程施工质量验收规范》GB 50411 的规定。

（2）设备、配件：采暖节能工程系统所采用的散热器、各类阀门、仪表、管材等必须符合设计要求和国家现行的有关标准和规范的要求。施工过程中不得随意减少和更换。

保温隔热材料的导热系数、密度、吸水率是采暖节能的重要性能参数，必须符合设计要求和国家现行的有关标准和规范的要求。

（3）室内热水采暖系统形式，必须按照图纸设计的采暖系统形式施工，不得任意更改。

（4）对于低温热水地板辐射采暖系统，施工时应按照设计划分的采暖分区进行施工，不得任意更改采暖分区和回路。

（5）室内热水采暖节能系统安装应符合设计要求，如散热器、阀门、过滤器、温度计的安装位置、数量符合设计要求，不得随意增减和更换；室内温控装置、计量装置、水力平衡装置、热力入口装置的安装位置和方向符合设计要求，并便于观察、操作和调试；保温隔热材料性能和厚度符合设计要求，系统安装均不能影响节能效果。

16.6.2 施工质量控制要点

1. 温度调控装置安装

温度调控装置的安装位置和方向应符合设计要求，安装时要参照其说明书进行施工和调试。

2. 热计量装置安装

(1) 热量表水平安装在进水管管道上。水流方向应与热量表箭头指示的方向一致。安装时热量表表头位置如果不便观察，可旋转表头至合适的位置。

(2) 测温球阀或测温三通必须安装在散热回路的回水管管道上。

(3) 系统管路在安装热量表前应进行清洗，以保证管道中无污染物和杂物。

(4) 流量传感器的方向不能接反，且前后管径要与流量计一致。

3. 采暖管道保温层和防潮层的施工

(1) 保温材料的强度、密度、导热系数、规格、防火性能和保温做法必须符合设计、防火要求和施工规范。

(2) 管道保温层厚度应符合设计要求。

(3) 保温层表面平整，做法正确，搭接方向合理，封口严密，无空鼓和松动。

(4) 保温管壳的黏贴应牢固、铺设应平整；硬质或半硬质的保温管壳每节至少应用防腐金属丝或难腐织带或专用胶带进行捆扎或黏贴 2 道，其间距为 300～350mm，且捆扎、黏贴应紧密，无滑动、松弛及断裂现象。

(5) 硬质或半硬质保温管壳的拼接缝隙不应大于 5mm，并用黏结材料勾缝填满；纵缝应错开，外层的水平接缝应设在侧下方。

(6) 松散或软质保温材料应按规定的密度压缩其体积，疏密应均匀；毡类材料在管道上包扎时，搭接处不应有空隙。

(7) 防潮层应紧密黏贴在保温层上，封闭良好，不得有虚黏、气泡、褶皱、裂缝等缺陷。

(8) 防潮层的立管应由管道的低端向高端敷设，环向搭接缝应朝向低端；纵向搭接缝应位于管道的侧面，并顺水。

(9) 卷材防潮层采用螺旋形缠绕的方式施工时，搭接宽度宜为 30～50mm。

（10）阀门及法兰部位的保温层结构应严密，能单独拆卸并不得影响其操作功能。

16.6.3　系统调试和检测

采暖系统的调试是检测采暖系统是否满足设计对其功能的要求，确保系统在设计工况状态下正常运行。

（1）联合试运转和调试结果应符合设计要求，采暖房间温度相对于设计温度不得低于 2℃，且不高于 1℃。

（2）采暖系统安装调试完后，应请有资质的检测单位对采暖房间的温度进行检测。

16.7　通风与空调节能工程

16.7.1　一般规定

（1）通风与空调系统施工中，对隐蔽部位或内容进行验收，并有详细的文字记录和必要的图像资料：

1）风管制作。

2）水管系统：①管道绝热层的基层及其表面处理；②管道绝热层的铺设、厚度、黏结或固定；③管道绝热层的接缝、构造节点、热桥部位处理；④管道穿楼板、穿墙处绝热层；⑤管道防潮层铺设、接缝处理；⑥管道阀门、过滤器、法兰部位绝热层铺设、厚度；⑦冷热水管道与支、吊架连接的绝热衬垫安装、填缝处理。

（2）通风与空调系统节能工程的验收，可按系统、楼层等进行，并应符合现行国家标准《建筑节能工程施工质量验收规范》GB 50411 的规定。对于楼层较多、系统较大的空调系统，可将 6～9 楼层的空调系统作为一个检验批，但一个项目不少于两个检验批。

（3）通风与空调工程使用的材料与设备必须符合设计要求及国家有关标准的规定，严禁使用国家明令禁止使用与淘汰的产品。

（4）风管系统

1）风管的材质、断面尺寸及厚度应符合设计要求。

2）正确选用保温材料，降低冷量损耗。

（5）水管系统

1）管材和各类阀门的选用应符合设计和规范的要求。

2）正确选用水力平衡阀门，保证其调节作用的实现。

3）正确选用保温材料，降低冷量损耗。

（6）节能设备规格、数量应符合节能设计要求。例如，在系统中使用变频水泵、热回收机组等。

16.7.2　施工质量控制要点

1. 风管系统安装与保温

（1）风管与部件、风管与土建风道及风管间的连接应严密、牢固。

（2）做好风管系统的保温隔热，有防热桥处理，并应符合设计要求。

（3）风管部件的保温不得影响其操作功能。调节阀保温要留出调节转轴或调节手柄的位置，并标明启闭位置，保证操作灵活方便。

（4）风管法兰部位保温层的厚度，不应低于风管绝热层厚度的 80%。

（5）带有防潮隔汽层保温材料的接缝处，用宽度不小于50mm 的黏胶带牢固地黏贴在防潮面层上，不得有胀裂、褶皱和脱落现象。

（6）风管穿楼板和墙体处的保温层应连续不间断。

（7）绝热涂料作绝热层时：应分层涂抹，厚度均匀，不得有气泡和漏涂等缺陷，表面固化层应光滑、牢固、无缝隙。

2. 水管系统安装与保温

（1）水管的安装应符合设计要求，做好防渗漏处理和防腐保温隔热。

（2）确保水系统的水力平衡，根据设计要求水力平衡阀门安装的数量和部位正确无误。

（3）水系统阀门的安装应严格按规范进行，防止阻力增加或者漏水造成安全隐患。

（4）空调水管道保温

1）采用橡塑作保温材料时，胶黏剂要分别涂在管壁和保温材料黏结面上，根据气温条件按规定静放后再覆盖保温材料，然后将所有结合缝用专用胶黏结严密，外面再用专用胶带黏贴；采用玻璃棉等管壳做保温材料时，用镀锌铁丝将其捆紧，铁丝间距一般为 300～350mm，每根管壳捆扎不少于 2 处，捆扎要松紧适度。

2）水平管道保温管壳纵向接缝应在侧面；垂直管道一般是自下而上施工，管壳纵横接缝要错开。

（5）管件及管道附件保温处理

1）管道弯头、三通处的管壳应根据管径割成 45°斜角，对拼成 90°角，或将保温材料按虾米弯头下料对拼。

2）三通处的保温一般先做主干管后做支管；主干管和支管处的间隙要用碎保温材料塞实并密封。

3）阀门、法兰、管道端部等部位的绝热结构应能单独拆卸，且不得影响其操作功能。

4）交叉管道的保温：管道交叉时，两根管道均需保温但距离又不够时，应先保低温管道，后保高温管道，与高温管道交叉的部位要用整节的管壳，纵向接缝放在上面；管壳的纵、横向接缝要用胶带密封，不得有间隙；高温管和低温管相接处的间隙用碎保温材料塞严，并用胶带密封；其中只有一根管道需保温时，为防止热桥产生，可将不需保温的管道在与保温管道交叉处两侧各延伸 200～300mm 进行绝热处理。

5）松散或软质保温材料应按规定的密度压缩其体积，疏密应均匀；毡类材料在管道上包扎时，搭接处不应有空隙。

6）硬质或半硬质绝热管壳的拼接缝隙，保温时不应大于

5mm，保冷时不应大于 2mm，并用黏结材料勾缝填满；纵缝应错开，外层的水平接缝应设在侧下方。当保温层的厚度大于 100mm 时，应分层铺设，层间应压缝。

7）管道穿楼板和墙体处的绝热层应连续不间断，且绝热层与套管之间应用不燃材料填实，不得有空隙。

3. 组合式空调机组安装

（1）组合式空调机组安装前应检查各段体与设计图纸是否相符，各段体内所安装的设备、部件是否完备无损，配件是否齐全。

（2）多台空调箱安装前对段体进行编号，段体的排列顺序必须与设备图相符。

（3）清理干净段体内的杂物、垃圾和积尘，从设备的一端开始，逐一将段体抬上基础，校正位置后加上衬垫，将相邻两个段体连接严密、牢固。

（4）过滤器的安装应平整、牢固，并便于拆卸和更换；过滤器与框架之间、框架与机组的围护结构之间缝隙应封堵严密。

（5）机组组装完毕，应做漏风量检测，漏风量必须符合现行国家标准《组合式空调机组》GB/T 14294 的规定。

4. 柜式空调机组、新风机组安装

（1）安装位置应正确；与风管、静压箱的连接应严密、可靠；与管道的连接采用软连接。

（2）冷凝水管的水封高度应符合要求。

5. 风机盘管安装

（1）风机盘管安装前宜逐台进行质量检查。

（2）电机壳体及表面热交换器有无损伤、锈蚀等缺陷。

（3）单机三速试运转，机械部分不得有摩擦，电气部分不得漏电。

（4）进行水压试验，试验压力为系统工作压力的 1.5 倍；定压观察 2～3min，压力不下降、机组不渗漏为合格。

（5）吊挂安装的风机盘管应平整牢固，位置正确；吊架应固定在主体结构上，吊杆不应自由摆动，吊杆与托架相连应用双螺母紧固。

（6）凝结水管的坡度和坡向应正确，凝结水应能畅通地流到指定位置。

（7）供回水阀、过滤器、电磁阀应靠近风机盘管安装，尽量安装在凝结水盘上方范围内，凝结水盘不得倒坡。

（8）风机盘管与水管的连接，应在管道系统冲洗合格后进行，以防止堵塞热交换器。

6. 风幕安装

（1）安装位置、方向应正确，与门框之间采用弹性垫片隔离，防止风幕的振动传递到门框上产生共振。

（2）风幕的安装不得影响其回风口过滤网的拆除和清洗。

（3）安装高度应符合设计要求，风幕吹出的空气应能有效地隔断室内外空气的对流。

（4）纵向垂直度和横向水平度的偏差均不应大于 2/1000。

7. 单元式空调机组安装

（1）分体单元式空调器的室外机和风冷整体单元式空调器的安装，固定应牢固可靠，无明显振动。遮阳、防雨措施不得影响冷凝器排风。

（2）分体单元式空调器的室内机的位置应正确，并保持水平，冷凝水排放应畅通，管道穿墙处必须密封，不得有雨水渗入。

（3）整体单元式空调器的四周应留有相应的检修空间。

（4）冷媒管道的规格、材质、走向及保温应符合设计要求；弯管的弯曲半径不应小于 $3.5D$（D 管道直径）。

8. 热回收装置安装

（1）转轮式热回收装置安装的位置、转轮旋转方向及接管应正确，运转应平稳。

（2）排风系统中的排风热回收装置的进、排风管的连接应正确、严密、可靠，室外进、排风口的安装位置、高度及水平距离应符合设计要求。

9. 变风量末端装置的安装

（1）应设单独支、吊架，与风管连接前宜做动作试验。

（2）与风管的连接应正确、严密、可靠。

16.7.3 系统调试与检测

1. 风机试运转

（1）运转前应将送、回（排）风管及风口上的阀门全部开启。

（2）风机正常运转后，定时测量轴承温升，所测温度应低于设备说明书中的规定值，如无规定值时，一般滚动轴承的温度不大于 80℃，滑动轴承的温度不大于 70℃。运转持续时间不小于 2h。

2. 无负荷联合试运转

进行风机风量、风压及转速测定，系统风口风量平衡，冷热源试运转，制冷系统压力、温度及流量等测定。

3. 风量、风压的测定与调整

主要为室内温度、相对湿度的测定与调整，室内气流组织的测定，室内噪声的测定，自动调节系统参数整定和联合试运调试，防排烟系统测定。

4. 风管系统测试的主要内容

（1）风机的风量、风压、噪声。

（2）系统的总风量及各风口的风量、风速。

（3）正压送风区域的正压。

（4）卫生间负压。

（5）空调房间的气流组织和噪声。

16.8 空调与采暖系统冷热源及管网节能工程

16.8.1 一般规定

（1）冷热源系统设备及管网的（主要包括冷热源设备、辅助设备及管网、保温等）的安装符合相关节能技术规范的要求。

（2）空调采暖系统中冷热源设备的规格、数量符合设计要求，安装位置连接合理、正确。

（3）空调与采暖系统冷热源设备、辅助设备及其管道和管网系统节能工程的验收，可分别按冷源和热源系统及室外管网进行，并应符合现行国家标准《建筑节能工程施工质量验收规范》GB 50411 的规定。

（4）空调与采暖系统冷、热源和辅助设备及其管网系统的施工质量验收，除应符合《建筑节能工程施工质量验收规范》GB 50411 的规定外，尚应按照批准的设计图纸和《建筑给水排水及采暖工程施工质量验收规范》GB 50242 及《通风与空调工程施工质量验收规范》GB 50243 等现行相关技术标准的规定执行。

16.8.2 系统安装

（1）管道系统的制式及其安装，应符合施工图设计要求。

（2）各种设备、自控阀门与仪表应安装齐全，不得随意增加、减少和更换。

（3）空调冷（热）水系统的变流量或定流量运行，应达到设计要求。

（4）热水采暖系统能根据热负荷及室外温度的变化，自动控制运行。

（5）空调与采暖系统冷热源及管网系统的施工安装中，随施工进度对与节能有关的隐蔽部位或内容进行验收，并有详细的文字记录和图片资料。

16.8.3 系统绝热

绝热材料的安装符合相关节能技术规范的要求；冷热源管道绝热层施工时加强对下列部位的处理：

（1）冷热源管道绝热层的基层及其表面处理，绝热层的铺设、厚度，黏结或固定，绝热层的接缝、构造节点、热桥部位处理。

（2）冷热源管道阀门、过滤器、法兰部位绝热层的铺设，尤其要保证其厚度。

(3) 冷热源管道与支、吊架的绝热衬垫安装和填缝处理。

16.8.4　系统调试与检测

1. 设备单机调试

空调与采暖系统冷热源和辅助设备及其管道和管网系统安装完毕后，进行空调冷热源和辅助设备的单机调试并应有详细的文字记录和必要的图像资料。

2. 系统联动调试与检测

通风与空调系统的联动调试应在风系统的风量平衡调试结束和冷冻水、冷却水及热水循环系统均运转正常的条件下进行。系统联动调试分手动控制调试和自动控制调试两步。

3. 通风与空调工程节能性能的检测

通风与空调工程交工前，应进行系统节能性能的检测，由建设单位委托具有检测资质的第三方进行并出具报告，检测的主要项目及要求参见现行国家标准《建筑节能工程施工质量验收规范》GB 50411 的规定。

16.9　配电与照明节能

16.9.1　一般规定

(1) 建筑节能工程使用的材料、设备等，必须符合设计要求及国家有关标准的规定。严禁使用国家明令禁止使用与淘汰的材料、设备。材料和设备进场验收应遵守下列规定：

1) 对材料和设备的品种、规格、包装、外观和尺寸等进行检查验收，并应经监理工程师（建设单位代表）确认，形成相应的验收记录。

2) 对材料和设备的质量证明文件进行核查，并应经监理工程师（建设单位代表）确认，纳入工程技术档案。进入施工现场用于节能工程的材料和设备均应具有出场合格证、中文说明书及相关性能检测报告；定型产品和成套技术应有型式检验报告，进口材料和设备应按规定进行出入境商品检验。

（2）建筑节能工程使用材料的燃烧性能等级和阻燃处理，应符合设计要求和国家现行标准《建筑设计防火规范》GB 50016的规定。

（3）建筑节能工程使用的材料应符合国家现行有关标准对材料有害物质限量的规定，不得对室内外环境造成污染。

（4）建筑配电与照明节能工程的施工质量验收，应符合现行国家标准《建筑节能工程施工质量验收规范》GB 50411 和《建筑电气工程施工质量验收规范》GB 50303 的有关规定、已批准的设计图纸、相关技术规定和合同约定内容的要求。

（5）建筑配电与照明节能工程验收的检验批划分应按现行国家标准《建筑节能工程施工质量验收规范》GB 50411 的规定执行。当需要重新划分检验批时，可按照系统、楼层、建筑分区划分为若干个检验批。

16.9.2 施工质量控制要点

1. 光源灯具及其附属装置的质量控制

（1）物资进场后，通过现场检查，对其技术资料和性能检测报告等质量证明文件与实物进行一一核对。

（2）检查内容包括产品出厂质量证明文件及检测报告（或相关认证文件）是否齐全；实际进场产品及其配件数量、规格等是否满足设计及施工要求；产品的外观质量能否满足设计要求或有关标准的规定。

合格证明文件必须是中文的表示形式，应具备产品名称、规格、型号，国家质量标准代号，出厂日期，生产厂家的名称、地址，必要的检测报告，其性能参数应满足设计和规范对照明光源灯具及其附属装置的参数要求。

2. 改善电能质量的措施

（1）电能质量的主要技术指标有电压偏差、频率偏差、电压三相不平衡、谐波和间谐波、电压波动和闪变。

（2）电源质量减少电压偏差的方法

正确选择变压器的变压比和电压分接头；降低系统阻抗；采取补偿无功功率措施；宜使三相负荷平衡。

（3）降低三相低压配电系统的不对称度的方法

设计低压配电系统时采取 220V 或 380V 单相设备接入三相系统，宜使三相平衡，由地区公共低压电网供电的 220V 单相负荷线路电流小于或等于 30A 时，可采用 220V 单相供电、大于 30A 时，宜以 220V/380V 三相四线制供电，降低三相低压配电系统的不对称度。

（4）总谐波畸变率降低的方法

用电设备的选型上应满足谐波的限值；电力公司向用户提供的电能质量应符合现行国家标准《电能质量　公共电网谐波》GB/T 14549 的要求；非线性负荷宜放置于配电系统的上游；根据不同的特性谐波治理可采用无源吸收谐波装置或有源吸收谐波装置；电压总谐波畸变率超过规范值时，可优先考虑安装零序谐波滤波器，使总谐波畸变率降低。

3. 太阳能草坪灯安装

（1）依照发货清单清点灯具；不合格品禁止安装。

（2）将灯体内预留的正、负极线穿过预埋管。

（3）将灯具底座安装于地脚螺栓上，并采用螺母紧固。

（4）安装蓄电池，将灯体中引出线的正、负极及蓄电池引出线的正、负极连接在一起；在连接过程中，严禁将正、负接线头短路。

4. 太阳能庭院灯安装

（1）灯杆组件及易磨损配件（例如太阳电池组件、灯头等）在放置及安装时应有保护措施以免在安装过程中造成划伤。

（2）组装灯杆组件，调整灯头与电池组件的方向。组装灯杆时，螺栓连接处连接紧固，受力均匀，必要时采用螺纹锁固胶。

（3）连接太阳电池组件及光源的护套线必须留有足够余量。

（4）安装太阳电池组件用螺栓固定太阳电池组件两个边并紧固。

护套线与太阳电池组件接线盒联接后必须采用硅胶进行密封；电缆（线）应在杆（管）内敷设；连线完毕后，应检测各个线路接线是否正确。

（5）安装蓄电池：将灯体中引出线的正、负极及蓄电池引出线的正、负极连接在一起；在连接过程中，严禁将正、负接线头短路。

5. 太阳能路灯安装

（1）灯杆组件及易磨损配件（例如太阳电池组件、灯头等）在放置及安装时应有保护措施以免在安装过程中造成划伤。

（2）太阳能路灯包括灯杆组件、灯臂组件、太阳电池组件固定结构；风光互补路灯包括太阳电池组件、风力发电机组、蓄电池组、负载等。

（3）组装灯臂：采用合适的螺栓紧固灯臂组件于灯杆上；固定灯臂组件时，避免灯臂组件挤压护套线，造成护套线线皮受损乃至切断。

（4）组装灯具（内装有光源）：将灯具安装于灯臂上，将护套线接在灯具内部的接线端子上，接线时注意正、负极接线的正确。

（5）组装灯杆组件：依次将支架组件和角钢框紧固于灯杆组件上，连接支架和角钢框的同时，太阳电池组件护板放置于角钢框中，然后将太阳电池组件放置于护板上；安放太阳电池组件时，依据路灯的系统电压和太阳电池组件的电压将太阳电池组件线接好，应检测太阳电池组件连线（接控制器端）是否短路，同时检测太阳电池组件输出电压是否符合系统要求。安装风力发电机组按照厂家安装说明书进行。

（6）组装太阳电池组件：电池组件支架用螺栓，螺母、垫圈紧固。安装时，应将螺栓由外向里安装，然后套上垫圈并用螺母紧固，紧固时要求螺栓连接处连接牢固，无松动。组装完后必须保证太阳电池组件固定框朝向安装地点的正南面。

16.9.3 系统检测项目

1. 材料复验项目

低压配电系统的电缆、电线截面、每芯导体电阻值进行见证取样送检。

2. 性能核查项目

（1）荧光灯灯具和高强度气体放电灯灯具的效率。

（2）管型荧光灯整流器能效限定值。

（3）照明设备谐波含量限定值。

3. 检测项目

（1）低压配电系统供电电压允许偏差。

（2）低压配电系统公共电网谐波电压限值。

（3）低压配电系统三相电压不平衡度。

（4）三相照明配电干线的各相负荷分配。

（5）照明系统的照度。

（6）照明系统的功率密度。

17　电梯安装工程

17.1　曳引式电梯安装

17.1.1　设备进场验收和土建交接检验

1. 设备进场验收

（1）随机文件必须包括下列资料：

1）土建布置图。

2）产品出厂合格证。

3）门锁装置、限速器、安全钳、缓冲器、夹绳器（若有）的型式试验证书复印件。

4）装箱单。

5）安装、使用维护说明书。

6）动力电路和安全电路的电气原理图。

（2）设备零部件应与装箱单内容相符。

（3）设备外观不应存在明显的损坏。

2. 土建交接检验

（1）机房（如果有）内部、井道土建（钢梁）结构及布置必须符合电梯土建布置图的要求。

（2）主电源开关必须符合要求。

（3）井道必须符合规定。

17.1.2　导轨支架和导轨的安装

1. 导轨支架

（1）支架若采用直接埋入法，埋入端应开脚，埋入深度不小于 120mm。

（2）导轨支架的连接螺孔凡是长腰形或气割开孔的，必须加装宽边平垫圈，并用点焊固定。

（3）经焊接后的支架、焊缝药渣应铲除干净，刷上防锈漆。

（4）导轨支架应从上而下编号，以便检查。

（5）导轨支架每档间距，应在 2.5m 以内，且每根导轨不少于两个支架。

（6）焊接的导轨支架要一次焊接成功。不可在调整轨道后再补焊，以防影响调整精度。

（7）导轨支架在井道壁上的安装应固定可靠。

2. 导轨安装

（1）运输导轨时不要碰撞，以免损伤工作面，不可拖动或滚动运输。

（2）导轨及其他附件在露天放置时必须有防雨、防雪措施。设备的下面必须垫起，以防受潮。

（3）导轨压板应压紧，螺栓应放置防松垫圈，每个导轨支架的每一点处均应检查。

（4）用扳手检查螺栓的紧固程度。

（5）检查两导轨相对内表面的间距。用导轨安装校正尺，检查每个导轨支架处的导轨内表面距离。不得出现负偏差，按工艺要求此项检验是在平行导轨的垂直度校正之后进行。在检验导轨内表面间距的同时应进行相对两导轨的侧工作面的平行度的检查。最后再进行两导轨侧工作面垂直度的复核。

（6）检查两导轨的相互偏差。在导轨的支架处用专用导轨安装校正尺检查两导轨的侧工作面的平行度。

17.1.3 轿厢及对重安装

1. 轿厢安装

（1）轿厢的拼装质量直接影响观感质量，因此必须做到横平竖直、组装牢固，轿壁结合处应平整，开门侧壁的不垂直度不大于 1‰。轿厢洁净、门扇平整、洁净、无损伤，启闭轻快、平稳。中分式门关闭时上、下部同时合拢，门缝一致。

（2）开门刀与各层层门地坎以及各层门开门装置的滚轮与轿

厢地坎间的间隙均必须在 5～10mm 范围以内。

（3）轿厢地坎与各层层门地坎距离偏差为 0～+3mm（在整个地坎长度范围内），且最大距离严禁超过 35mm。

（4）检查满载开关应在电梯额定载重量时动作，超载开关应在电梯额定载重量 110% 时动作。

2. 安全钳安装

（1）根据安全钳型式试验证书及安装、维护使用说明书，找到安全钳上的每个整定封记（可能多处）部位，观察封记是否完好。

（2）如采用定位销定位，用手检查定位销是否牢靠，不存在有脱落的可能。

（3）限速器与安全钳电气开关在联动试验中动作应可靠，且使曳引机立即制动。

（4）对瞬时式安全钳，轿厢应载有均匀分布 125% 的额定载荷，短接限速器与安全钳电气开关、轿内无人，并在机房内操作以检测速度下行，人为使限速器动作。

（5）对渐进式安全钳，轿厢应载有均匀分布的额定载荷，短接限速器与安全钳电气开关、轿内无人，在机房内操作以检修速度下行，人为使限速器动作。

（6）以上检查轿厢应可靠制动，且在载荷试验后对于原正常位置轿厢底的倾斜度不超过 5%。检查时，各种安全钳均采用空轿厢在检修速度下试验。

3. 导靴安装

（1）不同厂家所生产的导靴形式不一，检验调试可根据各生产厂提供的技术资料或说明书进行检验、调试。

（2）弹性滑动导靴的两边间隙值以 2mm 为宜。

（3）刚性导靴每边的间隙为 1mm。

4. 对重安装

对重导轨、对重导轨支架与轿厢导轨、轿厢导轨支架安装质量控制基本相似。

（1）对重（平衡重）块应可靠固定。对重（平衡重）架若有反绳轮时，其反绳轮应润滑良好，并应设置防护罩和挡绳装置。

（2）轿厢与对重间的最小距离为 50mm。

17.1.4 层门

（1）开门刀与各层层门地坎、各层层门开门装置与门锁滚轮间隙应均匀，尺寸应符合电梯厂的要求。

（2）层门导轨中心与地坎槽中心的水平距离，导轨本身的不铅垂度偏差应不大于 0.5mm。

（3）层门扇垂直度偏差不大于 2mm，在门下端用 150N 的力（约 15kg）扒开时：中分门间隙应不大于 45mm；旁开门间隙不大于 30mm，偏心轮对滑道间隙不大于 0.5mm。

（4）门扇安装、调整应达到：门扇平整、洁净、无损伤。启闭轻快平稳，无噪声，无摆动、撞击和阻滞。中分门关闭时上下部同时合拢，门缝一致。

（5）层门框架立柱的垂直误差和层门导轨的水平度偏差均不应超过 1‰。

（6）层门关好后，门锁应立即将门锁住，锁钩电气触点刚接触，电梯能够启动时，锁紧件啮合长度至少为 7mm。应由重力、弹簧或永久磁铁来产生并保持锁紧动作，做到安全可靠。

（7）层门门扇下端与地坎面的间隙、门套与门扇的间隙、门扇与门扇的间隙为：客梯 1～6mm，货梯 1～8mm。由于磨损，间隙值允许达到 10mm。如果有凹进部分，上述间隙从凹底处测量。

（8）层门地坎及门套安装的尺寸要求、允许偏差和检验方法应符合现行国家标准《电梯制造与安装安全规范》GB 7588 规定。

（9）施工时应注意的事项

1）若门套横梁与门套左右立柱厚度不同，组装时应保证门套内侧表面（门扇形成门缝的表面）在同一平面上。固定钢门套时，钢筋要焊在门套的加强板上，不可在门套上直接焊接，防止门套变形。

2）凡是需埋入混凝土的部件，要经甲方或监理检查验收合格后，办理隐蔽工程验收手续，才能浇筑混凝土。

3）层门与井道固定的可调式连接件，在层门调好后，应将连接件长孔处的垫圈电焊固定，以防移位。

17.1.5 机房曳引装置及限速器装置安装

1. 承重梁与曳引机组安装

（1）曳引机承重梁安装前要除锈并刷防锈漆，交工前再刷与机器颜色一致的油漆。为了不影响保养管理，限速器（GOV）与墙面的距离要确保≥100mm。限速器铭牌装在墙壁一侧看不到时，要将铭牌换装到限速器另一侧。

（2）在机房顶承重梁和吊钩上应标明最大允许载荷。

（3）观光梯的曳引机放置方式和普通客梯基本相同，但要注意放置搁机大梁的角度，需要严格按土建图的布置放置。

（4）曳引机承重梁安装必须符合设计要求和施工规范规定，并由建设单位代表参加隐蔽验收。

（5）机房设备的安装直接影响电梯整机运行性能和电梯运行舒适感，故主机的曳引轮垂直度误差≤0.5mm，制动器动作灵活，工作可靠。制动时两侧闸瓦紧密，均匀地贴合在制动轮的工作面上，松闸时应同时离开，制动器闸瓦平均间隙≤0.7mm。

（6）采用吊线法，从轮的上缘吊下，在轮的下缘边测量，若用钢皮直尺不易精确测定，可用斜塞尺进行测量。

（7）在曳引比1:1直拖式电梯中，曳引轮（或导向轮）轮缘宽度的中点应垂直对准轿厢（或对重梁）绳头板中点。

（8）在曳引比2:1的电梯中，曳引轮（或导向轮）轮缘宽度的中点应对准轿厢（或对重）反绳轮的对应位置。

（9）驱动主机减速箱（如果有）内油量应在油标所限定的范围内。

2. 导向轮（或复绕轮）安装

（1）轿厢空载时，曳引轮垂直度误差≤0.5mm，导向轮端面对曳引轮端面的平行度误差≤1mm。

（2）限速器绳轮、钢带轮、导向轮安装必须牢固，转动灵活，其垂直度误差≤0.5mm。

（3）采用吊线法，从轮的上缘吊下，在轮的下缘边测量，若用钢皮直尺不易精确测定，可采用斜塞尺测量。

（4）导向轮与曳引轮两者端面平行度的检查。可采用拉线法，但应注意导向轮与曳引轮的宽度要一致，如不一致时，两轮轮宽中心线应重合。

3. 钢丝绳安装

（1）钢丝绳上做平层标志，在停电时能确认轿厢所在楼层和平层位置。

（2）机房内钢丝绳与楼板孔洞边缘间隙为 20～40mm，通向井道的孔洞四周应设置高度不小于 50mm 的台阶。

（3）绳头组合必须安全可靠，且每个绳头组合必须安装防螺母松动和脱落的装置。

（4）钢丝绳规格型号符合设计要求，无死弯、锈蚀、松股、断丝等现象，麻芯润滑油脂无干枯现象。

（5）绳头浇筑完成后应待到冷却后才能放开，以免液态巴氏合金流出。

4. 制动器

（1）在对制动轮与闸瓦间隙进行检查时，应将闸瓦松开用塞尺测量，每片闸瓦两侧各测四点。

（2）检查时闸瓦四周间隙应均匀，其间隙在任何部位均在 0.7mm 之内。

5. 限速器装置安装

（1）核对限速器型式试验证书。根据安装说明书，检查限速器上的每个整定封记（可能多处）部位，观察封记是否完好。

（2）用线坠沿绳轮侧面吊线，测量其垂直度，绳轮铅垂线的偏差不大于 0.5mm。

17.1.6　井道机械设备安装

（1）在同一基础上安装两个缓冲器时，其顶部与轿底对应距离差不大于 2mm。

（2）轿厢、对重的缓冲器撞板中心与缓冲器中心的偏差不应大于 20mm。

（3）液压缓冲器活动柱塞的铅垂度不大于 0.5%。充液量正确，且应设有在缓冲器动作后未恢复到正常位置时，使电梯不能正常运行的电气安全开关。

（4）缓冲器底座必须按要求安装在混凝土或型钢基础上，接触面平整严实，如采用金属垫片找平，其面积不小于底座的 1/2。

（5）如采用混凝土底座，应保证不破坏井道底的防水层，避免渗水。

17.1.7　电气装置安装

机房内的配电箱、控制柜盘按图纸设计和现行国家标准《电梯工程施工质量验收规范》GB 50310 的要求安装。

电梯的随行电缆必须绑扎牢固，排列整齐、无扭曲，其敷设长度必须保证其在轿厢极限位置时不受力，不拖地。多根并列时，长度应一致。随行电缆两端以及不运动部分应可靠固定。

17.2　液压电梯安装工程

17.2.1　设备进场验收和土建交接验收

（1）随机文件必须包括下列资料：

1）土建布置图。

2）产品出厂合格证。

3）门锁装置、限速器（如果有）、安全钳（如果有）及缓冲器（如果有）的型式试验合格证书复印件。

4）装箱单。

5）安装、使用维护说明书。

6）动力电路和安全电路的电气原理图。

7）液压系统原理图。

（2）设备零部件应与装箱单内容相符。

（3）设备外观不应存在明显的损坏。

17.2.2 导轨支架和导轨（轿厢导轨、油缸导轨）的安装

参见"17.1 曳引式电梯安装工程"中相关内容。

17.2.3 油缸的安装

（1）应严格按照施工图纸及液压电梯施工规范、规程的规定施工。及早核对制造说明书与土建图纸是否一致。特别是不可拆卸的单节液压缸，在土建施工阶段，应考虑液压缸进入井道的方法，防止在土建主体结构完成后，液压缸难以运至井道。

（2）油缸底座的中心与油缸中心线的偏差不大于 1mm，立柱的垂直偏差（正、侧面两个方向测量）全高不大于 0.5mm。油缸与样板基准线前后、左右偏差小于 2mm，全长垂直度偏差严禁大于 0.4/1000。两油缸对接部位应连接平滑，丝扣旋转到位，无台阶，否则必须在厂方技术人员的指导下方可处理，不能擅自打磨。油缸抱箍与油缸接合处，应使油缸自由垂直，不得使缸体产生拉力变形。

17.2.4 轮及钢丝绳的安装

参见"17.1 曳引式电梯安装工程"相关内容。

17.2.5 轿厢安装

参见"17.1 曳引式电梯安装工程"相关内容。

17.2.6 机房设备安装及油管的安装

（1）控制柜质量要求参见上述"17.1 曳引式电梯安装工程"中"17.1.7 电气装置安装"相关内容。

（2）泵站水平度＜3/1000。用于机房液压站到油缸之间的高压软管上应印有制造厂名（或商标）、试验压力和试验日期，且固定软管时软管的弯曲半径应不小于制造厂规定的最小弯曲半径。

（3）液压管路及其附件，应可靠固定并易于检修人员的接近。如果管路在敷设时，需穿墙或地板，则在穿墙或地板处加金属套管，套管内应无接头。液压系统的液压管路应尽量地短，长度应控制在 7m 以内。油箱内壁应经除锈处理，并涂耐油防锈涂料。

（4）胶管收缩量为管长的 3%～4%，胶管安装时应留有余量，固定卡间隔小于 1.5m。

（5）清洗软管或管道接口和密封件时，应用煤油或机油进行清洗（不可使用汽油以免橡胶变质），然后用细布将锈沫清除。

17.2.7 平衡重及安全钳限速器安装

参见"17.1 曳引式电梯安装工程"相关内容。

17.2.8 层门的安装

参见"17.1 曳引式电梯安装工程"相关内容。

17.2.9 电气装置安装

参见"17.1 曳引式电梯安装工程"相关内容。

17.2.10 调试运行

（1）如果有钢丝绳，严禁有死弯。当轿厢悬挂在两根钢丝绳或链条上，其中一根钢丝绳或链条发生异常相对伸长时，为此装设的电气安全开关必须动作可靠。对具有两个或多个液压顶升机构的液压电梯，每一组悬挂钢丝绳均应符合上述要求。

（2）液压泵站溢流阀压力检查应符合下列规定：

液压泵站上的溢流阀应设定在系统压力为满载压力的 140%～170% 时动作。

（3）压力试验应符合下列规定：

轿厢停靠在最高层站，在液压顶升机构和截止阀之间施加 200% 的满载压力，持续 5min 后，液压系统应完好无损。

液压电梯监督检验内容要求与方法应符合现行国家标准《液压电梯制造与安装安全规范》GB 21240 的规定。

17.3 自动扶梯、自动人行道安装工程

17.3.1 设备进场验收和土建交接验收

（1）提供以下技术资料：

1）梯级或踏板的型式试验报告复印件，或胶带的断裂强度证明文件复印件。

2）对公共交通型自动扶梯、自动人行道应有扶手带的断裂强度证书复印件。

（2）提供以下随机文件：

1）土建布置图。

2）产品出厂合格证。

3）装箱单。

4）安装、使用维护说明书。

5）动力电路和安全电路的电气原理图。

（3）设备零部件应与装箱单内容相符。

（4）设备外观不应存在明显的损坏。

17.3.2 整机安装

1. 桁架安装

扶梯或自动人行道就位调整后，边框表面与地板的水平线标记高低误差小于 2mm，上下部水平调整误差小于 0.5/1000。桁架调整垫板与预埋钢板间点焊固定。

2. 导轨类的安装

主副轨间距尺寸偏差不大于 0～0.5mm。导轨高差间距偏差不大于 0～0.5mm。导轨接头错口不大于 0.5mm。

3. 扶手的安装

（1）扶壁板支架上下端圆弧段支架导轨的法线位置应与基准法线一致重合。

（2）扶手导轨连接处各平面贴合严密，接缝处凸台不应大于 0.5mm。安装后，螺钉的上表面必须低于减磨片。朝向梯级一侧的扶手装置应是光滑的，压条或镶条的装设方向与运行方向不一致时，其凸出高度不应超过 3mm，且应坚固和具有圆角和倒角的边缘。

（3）扶手护壁板边缘应是倒圆或倾角，钢化玻璃之间的间隙不允许大于 4mm，玻璃间隙上下一致，玻璃厚度不应小于

6mm。不锈钢护壁板拼缝间隙不大于 0.5mm。相邻两块玻璃之间的错位必须小于 2mm。

4. 挂扶手带

扶手带应光滑无划伤。全部扶手带必须嵌入扶手带导轨。扶手带的运行中心与扶手带导轨的中心应对齐。扶手带张紧装置调整合适，扶手带转动灵活。

5. 裙板及内外盖板的组装

裙板固定牢固，表面平整，不应有凹凸不平或有毛刺划伤的现象；连接处接口平整，接缝处凸台不大于 0.5mm，上下间隙一致，并与梯级外侧间隙一致（3mm 左右）且与梯级踏步侧面垂直。对围裙板的最不利部位，垂直施加一个 1500N 的力在 $25cm^2$ 的面积上，其凹陷不应大于 4mm，且不应由此而导致永久变形。

6. 梯级链的引入

安装后的梯级链应润滑度好，运转自如。链条张紧适度。销轴安装时应使用铜棒顶入，不许用铁锤直接敲击。散装链条存放运输时应有防雨、防腐蚀措施。对装好的梯级链禁止蹬踏。

7. 配管、配线

（1）电气照明、插座应与扶梯或自动人行道的主电路（包括控制电路）的电源分开。自动扶梯或自动人行道的电缆及其他导线必须绑扎牢固，排列整齐。

（2）自动扶梯或自动人行道配电控制屏的安装应布局合理，横竖端正。配电盘柜、箱、盒及设备配线应连接牢固、接触良好、包扎紧密、绝缘可靠、标志清楚、绑扎整齐美观。

（3）电线管、槽安装应牢固、无损伤、槽盖齐全、无翘角，与箱、盒及设备连接正确。电线管槽固定间距不大于 500mm；金属软管固定间距不大于 1000mm，端头固定牢固。

8. 梯级梳齿板的安装

两个相邻梯级的间隙应不超过 6mm。梯级与围裙板之间的间隙单边为 1~4mm，双边间隙总和不应小于 7mm。梳齿板梳齿与梯级齿槽的啮合深度不小于6mm。梯级至梳齿板梳齿槽根部的垂直距离应大于4mm。

9. 安全装置安装

（1）速度监控装置：速度监控装置作用是当扶梯或自动人行道的运行速度超过额定速度或低于额定速度时，及时切断电源。

（2）驱动链条伸长或断裂保护装置的安装：驱动链条伸长或断裂保护装置安装在链条张紧弹簧的端部，当链条因磨损或其他原因变长或断裂时，此开关动作。驱动链条伸长或断裂保护装置的工作距离为2～3mm。

（3）梳齿板保护装置：梳齿板受到一定的水平力时（980N），安全开关应能动作，梳齿板安全开关的闭合距离约为2～3.5mm，可用梳齿板下方的螺杆调节。

（4）扶手胶带入口异物保护装置：常用的扶手胶带入口异物保护装置是弹性体套圈防异物保护装置。如果有异物进入入口处，异物就会使弹性缓冲器变形，当变形达到一定程度时，缓冲器销钉就能触动装在入口处的开关，使扶梯或自动人行道停车。扶手胶带入口异物保护装置是可自动复位的。

（5）梯级塌陷保护装置：一般梯级塌陷保护装置有两套，分别装在梯路上、下曲线段处。安装时注意：连杆、角形件、开关连接必须牢固，螺钉拧紧；开关的立杆与梯级的距离为10～15mm。

（6）围裙板保护装置：自动扶梯正常工作时，围裙板与梯级的间隙单边为0.5～4mm，两边之和不大于7mm。通常围裙板保护装置共有四个，分别装在梯路上、下水平与曲线的交汇区段处，调节围裙板保护开关支架的伸出长度使围裙板保护开与C形钢间隙为0.5mm。在围裙板和梯级之间插入一块2～3mm厚不太硬的板条，此时自动扶梯应停止运行。

（7）急停按钮的安装：一般急停按钮位于上、下机房的上、下出入口。

10. 调试、调整

所有梯级与裙板不得发生摩擦现象，运行平稳，无异声响发生。相邻两梯级之间的整个啮合过程无摩擦现象。在额定频率和额定电压下，梯级沿运行方向空载时的速度与额定速度之间的允许偏差为±5%。扶手带的运行速度相对梯级的速度允许偏差为0～+2%。对各种安全装置和开关的作用逐个进行检查，动作应灵活可靠。制动器制动距离符合要求。